THOMAS HOBBES

VOM MENSCHEN

VOM BÜRGER

(Elemente der Philosophie II/III)

Eingeleitet und herausgegeben von

GÜNTER GAWLICK

VERLAG VON FELIX MEINER
HAMBURG

PHILOSOPHISCHE BIBLIOTHEK BAND 158

1918 In Auswahl übersetzt, mit Einleitung und Register herausgegeben von Max Frischeisen-Köhler
1949 Unveränderter Nachdruck
1959 Neuausgabe auf der Grundlage der Übersetzung von Max Frischeisen-Köhler, die von Günter Gawlick nach dem lateinischen Original berichtigt wurde
1966 Zweite, verbesserte Auflage
1977 Nachdruck mit ergänztem Literaturverzeichnis

ISBN 3-7873-0082-1
Herstellung: Hamburger Druckereigesellschaft
Kurt Weltzien K. G.
Printed in Germany

INHALT

Vorwort des Herausgebers

Vom Menschen

(Die mit * bezeichneten Kapitel sind nur im Auszuge wiedergegeben)

Vom Bürger

Freiheit

Staatsgewalt

Religion

VORWORT DES HERAUSGEBERS

1. Hobbes' Leben und Werk

1588 5. April: Thomas Hobbes in der Nähe von Malmesbury in Wiltshire geboren. Sein Vater ist ein Landgeistlicher ohne tiefere Bildung, seine Mutter stammt aus einer Bauernfamilie.
Mersenne geboren.

1592 *Gassendi* geboren.

1596 Hobbes erhält in Malmesbury Unterricht in den klassischen Sprachen, die er bei Verlassen der Schule so gut beherrscht, daß er eine elegante Übersetzung der „Medea" des *Euripides* in lateinischen Jamben anfertigen kann.
Descartes geboren.

1603 Hobbes nimmt das Universitätsstudium in Oxford auf. Sein College, *Magdalen Hall*, ist vom puritanischen Geist beherrscht. Der Unterricht, den er genießt, ist eine Einführung in die aristotelische Logik und Physik. Hobbes findet zwar keinen Gefallen an seinem Studium, eignet sich aber den Stoff an und gilt als guter Disputant.
Später hat er die auf den Universitäten herrschende Tradition der Philosophie scharf abgelehnt. Vor allem seine Äußerungen über *Aristoteles* sind fast immer polemisch; er nennt ihn einmal „den schlechtesten Lehrer, den es je gegeben hat, den schlechtesten Moral- und Staatsphilosophen". Von seinen Werken hat er nur die „Rhetorik" und die „Tierkunde" geschätzt.

1607 Hobbes erwirbt den Grad eines *Baccalaureus Artium* und damit das Recht, Vorlesungen über Logik zu halten. Indes ist er ebensowenig wie die anderen großen Denker des 17. Jh. zur Universitätslaufbahn bestimmt gewesen; sein ganzes Leben hindurch hat er eine höchst kritische Einstellung zu den Universitäten und den Professoren gehabt.

1608 Hobbes wird Erzieher, einige Jahre danach Sekretär des Sohnes des *Barons Cavendish von Hardwick*, der 1618 zum *Grafen von Devonshire* erhoben wird. Diese Verbindung zu einer der führenden Adelsfamilien Englands, aus der damals bedeutende Männer wie der philosophisch stark interessierte *Graf* (später *Marquis) von Newcastle* und der Mathematiker *Sir Charles Cavendish* hervorgingen, ist für Hobbes' weiteres Leben bestimmend; sie gibt ihm die Möglichkeit zu ausgedehnten Studien und Reisen und bringt ihn in fruchtbaren Kontakt mit Gelehrten und Politikern.

1610 Hobbes tritt mit seinem Zögling eine dreijährige Reise durch Frankreich und Italien an.
Galilei veröffentlicht den „Sidereus Nuncius".
König Heinrich IV. von Frankreich wird von dem religiösen Fanatiker *Ravaillac* ermordet. Die Tat macht starken Eindruck auf Hobbes, wie seine Schriften zeigen.
Nach der Rückkehr von dieser Reise widmet er sich jahrelang humanistischen Studien. In der Beschäftigung mit den Philosophen, Rednern und Historikern der Antike legt er die Fundamente seines Bildes vom Menschen.

1624 *Lord Herbert von Cherbury* veröffentlicht sein Hauptwerk „De Veritate", welches Hobbes, wie aus einem Brief des Jahres 1635 hervorgeht, hoch geschätzt hat.

1626 *Francis Bacon* gestorben.
Hobbes stand in freundschaftlicher Beziehung zu *Bacon* in dessen letzten Lebensjahren und hat ihn bei der Übersetzung seiner „Essays" ins Lateinische unterstützt.

1628 Hobbes gibt eine englische Übersetzung des *Thukydides* heraus, welche seine Freunde, die Dichter *Ben Jonson* und *Robert Ayton*, vor dem Druck prüfen.

Hobbes' Vorrede zur Ausgabe, die starkes Interesse an der Politik bekundet, ist für uns das früheste Zeugnis seines Denkens.

1629 Nach dem frühen Tode seines Patrons wird Hobbes Tutor des Sohnes einer englischen Adelsfamilie, mit dem er sich bis 1631 hauptsächlich in Paris aufhält.
Er stößt zufällig auf die „Elementa" des *Euklid* und ist von der mathematischen Methode fasziniert. Dieses ist einer der Wendepunkte in seinem Leben; er beginnt, sich wieder mit philosophischen Problemen zu beschäftigen.

1631 Hobbes tritt erneut in den Dienst der Familie *Cavendish,* jetzt als Tutor des Sohnes seines verstorbenen Patrons.
In einem der folgenden Jahre entsteht als erster Niederschlag seines philosophischen Denkens eine kleine Abhandlung über das Problem der Wahrnehmung (erst 1889 von *Tönnies* veröffentlicht).

1632 *Galileis* Hauptwerk „Dialogo sopra i due massimi sistemi del mondo" erschienen.
Hobbes und sein Freund, der Mathematiker *Sir Charles Cavendish,* werden bald auf das Werk aufmerksam.

1634 Hobbes begibt sich mit seinem Zögling auf eine dreijährige Reise nach Frankreich und Italien. Bei einem längeren Aufenthalt in Paris lernt er *Marin Mersenne* kennen, der im Mittelpunkt eines Kreises von Denkern und Naturforschern steht.

1636 Während eines Aufenthaltes in Florenz knüpft Hobbes freundschaftliche Beziehungen zu *Galilei* an.
Auf dieser Reise empfängt er entscheidende Anregungen. Bei seiner Rückkehr nach England hat er bereits die Grundlinien seiner Philosophie konzipiert. Der Kontakt mit *Mersenne* bleibt durch Briefe erhalten.

1637 Hobbes gibt als weiteren Ertrag seiner humanistischen Studien einen anonymen englischen Abriß der „Rhetorik" des *Aristoteles* heraus.

Descartes veröffentlicht den „Discours de la Méthode" nebst den drei „Essais de cette Méthode".
Hobbes erhält ein Exemplar durch seinen Freund, den Philosophen *Sir Kenelm Digby,* der die Bedeutung des „Discours" sogleich erfaßt.
Beginn der Unruhen in Schottland anläßlich der Einführung einer neuen Gottesdienstordnung durch den Staat.

1640 Die Unruhen greifen auf England über; das „Kurze Parlament" wird aufgelöst, das „Lange Parlament" einberufen.
Angesichts dieser politischen Entwicklung und auf Veranlassung des *Grafen von Newcastle* verfaßt Hobbes die Abhandlung „Elements of Law Natural and Politic". Er wird durch sie beim Parlament mißliebig und flieht nach Frankreich. Das ganze folgende Jahrzehnt verbringt er im Exil.

1641 *Descartes* veröffentlicht die „Meditationes de Prima Philosophia".
Hobbes verkehrt in Paris in dem Kreis um *Mersenne.* Er verfaßt Einwände gegen die „Meditationes" und führt eine Kontroverse mit *Descartes* über Probleme der Optik.

1642 Hobbes läßt „De Cive" drucken.
Ausbruch des Bürgerkrieges in England.

1644 Hobbes arbeitet an seiner Naturphilosophie.
Mersenne veröffentlicht in seinen beiden Werken „Ballistica" und „Cogitata Physico-Mathematica" Teile von Hobbes' Untersuchungen zur Wahrnehmung und Optik.
Descartes veröffentlicht die „Principia Philosophiae".

1645 *Gassendi* übernimmt eine Professur für Mathematik in Paris und kommt in nähere Berührung mit Hobbes.
Sir Charles Cavendish verfaßt einen Bericht über die Prinzipien der Hobbesschen Naturphilosophie für *Joachim Jungius* in Hamburg.

1646 Hobbes verfaßt eine (noch unedierte) Abhandlung „A Minute or First Draught of the Optiques", worin

er sich erneut mit *Descartes* auseinandersetzt.
Er führt mit Bischof *Bramhall* ein Gespräch über das Problem der Willensfreiheit, das später zum Anlaß einer langen Kontroverse wird. Hobbes' wichtigste Schrift hierzu erscheint 1656: „The Questions concerning Liberty, Necessity, and Chance."
Im Herbst des Jahres wird er berufen, dem in Paris weilenden *Prinzen von Wales*, dem späteren *König Karl II.*, Unterricht in Mathematik zu erteilen.

1647 „De Cive" erscheint in endgültiger Fassung.
Hobbes erkrankt schwer; er rechnet mit seinem Tode und übergibt seine Manuskripte einem Freund.
Gassendi veröffentlicht „De Vita et Moribus Epicuri".

1648 Hobbes trifft mit *Descartes* bei dessen letztem Besuch in Paris zusammen.
Mersenne gestorben.

1649 Verurteilung und Hinrichtung *König Karls I.*, England wird Republik.
Hobbes beginnt die Arbeit am „Leviathan".

1650 Hobbes veröffentlicht eine Entgegnung auf *Sir William Davenants* Vorrede zu dem Epos „Gondibert", worin er eine Poetik am Leitfaden seiner philosophischen Prinzipien entwirft.
Descartes gestorben.

1651 Der „Leviathan" erscheint in London. Das Werk wird am Hofe *Karls II.* sehr ungünstig aufgenommen, Hobbes des Verrats und des Atheismus beschuldigt. Er fühlt sich bedroht und kehrt Ende des Jahres nach England zurück, wo er sich der Republik unterwirft und unbehelligt in London lebt.

1653 Hobbes wird in eine Kontroverse um die Reform der englischen Universitäten verwickelt; er fordert ihre Säkularisierung.
Er folgt einer Einladung des *Grafen von Devonshire*, dessen Tutor er gewesen, und verbringt von nun an sein Leben vor allem auf den Besitzungen des Grafen in Derbyshire.

1655 Hobbes veröffentlicht „De Corpore".
An diese Schrift knüpft sich eine lange und unersprießliche Kontroverse mit dem Oxforder Mathematikprofessor *John Wallis,* in der es um die Quadratur des Kreises und die Algebraisierung der Geometrie geht.

Gassendi gestorben.

1658 Hobbes veröffentlicht „De Homine".

1660 Restauration der *Stuarts* in England.
Hobbes wird von seinem Freund und späteren Biographen *John Aubrey* zum Einzug des Königs nach London gerufen. *Karl II.* nimmt ihn leutselig auf und setzt ihm eine Pension aus.

1662 Gründung der *Royal Society,* die zum Mittelpunkt des experimentellen naturwissenschaftlichen Forschens in England wird. Zu ihren ersten Mitgliedern gehören Freunde und Gegner des Hobbes, der aber selber nicht aufgenommen wird.

1666 Nach der großen Pest- und Brandkatastrophe in London fordert die Geistlichkeit eine Untersuchung gegen angeblich atheistische Schriften, vor allem gegen den „Leviathan". Hobbes befürchtet eine Haussuchung und verbrennt einen Teil seiner Papiere. Das Verfahren wird jedoch niedergeschlagen.

1668 Hobbes vollendet „Behemoth or the Long Parliament", eine kritische Geschichte der Bürgerkriegsepoche (1640—1660), für die ihm jedoch die Druckerlaubnis verweigert wird.
Aus dem gleichen Grund erscheint eine lateinische Gesamtausgabe seiner philosophischen Schriften in *Amsterdam.*

1672 Hobbes verfaßt eine Autobiographie in lateinischen Distichen.

1673 Er beginnt, an einer englischen Übersetzung des *Homer* in gereimten Jamben zu arbeiten. Teile der „Odyssee" erscheinen 1673, die ganze „Odyssee"

1675, die „Ilias“ 1676, beide Epen in einer Ausgabe vereinigt 1677.

1679 4. Dezember: Hobbes in Hardwick (Derbyshire) gestorben.

2. Zur Entstehung und Veröffentlichung der Schriften „Vom Menschen“ und „Vom Bürger“

Die beiden Schriften, deren Übersetzung in diesem Band vorgelegt wird, sind Teile eines größeren Ganzen, das Hobbes bei seinem Pariser Aufenthalt in der Mitte der dreißiger Jahre konzipierte und an dessen Ausführung er bald nach seiner Rückkehr nach England heranging. Ihm schwebte nichts Geringeres vor als eine Darstellung der gesamten Philosophie in den Grundzügen. Der Plan dieser „Elementa Philosophiae“ sah drei Teile vor: Der erste sollte vom Körper und seinen allgemeinen Eigenschaften, der zweite vom Menschen, der dritte vom Bürger handeln. Hobbes hat seinen philosophischen Entwurf vollständig ausgeführt, allerdings in anderer Reihenfolge und in sehr viel längerer Zeit, als er vorgesehen hatte. Der als Abschluß gedachte Teil „Vom Bürger“ (De Cive) wurde als erster 1642 vollendet und veröffentlicht; mit großem Abstand folgten die beiden Teile, die ihm in der systematischen Ordnung vorangehen, „Vom Körper“ (De Corpore) 1655 und „Vom Menschen“ (De Homine) 1658. Im „Vorwort an die Leser“ der zweiten Auflage von „De Cive“ (1647), worin Hobbes den Plan der „Elementa Philosophiae“ umreißt, nennt er auch die Gründe, die ihn veranlaßten, zunächst den dritten Teil auszuarbeiten.[1]) Seit dem Ende der dreißiger Jahre verschärften sich die politischen Auseinandersetzungen in England zusehends; die Gegensätze in der Auffassung des Verhältnisses von König und Parlament und von Staat und Kirche drohten zu einem Bürgerkrieg zu führen. Hobbes war überzeugt, daß die Ursache dieser Auseinandersetzun-

[1] Vgl. unten S. 71 f.

gen in den herrschenden Meinungen über den Staat und die Staatsgewalt, über das Recht des Herrschers und die Pflicht der Untertanen zu suchen sei, und daß folglich dem sich abzeichnenden Unheil durch Verbreitung der Wahrheit über diese Gegenstände begegnet werden könne. Dies machte die Ausarbeitung seiner Rechts- und Staatsphilosophie zur vordringlichen Aufgabe.

Der Versuch der Lösung dieser Aufgabe fällt in Hobbes' philosophisch fruchtbarstes Jahrzehnt, in dem die langen humanistischen Studien und die Impulse, die er auf den Reisen der dreißiger Jahre empfangen hatte, zum Tragen kommen und seine Kraft noch nicht so sehr von Polemiken und Kontroversen in Anspruch genommen wird wie nach seiner Rückkehr nach England. Die Jahre des Exils in Paris sind die Zeit seiner Auseinandersetzung mit *Descartes*, der Vorarbeiten zu seiner Naturphilosophie und vor allem der Beschäftigung mit der Staatslehre. Er hatte ähnlich wie *Descartes* die Notwendigkeit eines völligen Neuanfanges erkannt. Das hieß für ihn: mit der herrschenden Tradition des Naturrechts zu brechen[2]), die Rechts- und Staatsphilosophie auf ein neues Bild vom Menschen zu gründen und sie von dieser Grundlage aus am Leitfaden der mathematischen Methode den sicheren Gang einer Wissenschaft einschlagen zu lassen. Indes ließ sich diese Aufgabe nicht im ersten Anlauf lösen. Er hat daher nicht weniger als dreimal innerhalb eines Jahrzehnts seine Lehre entwickelt: 1640 in den „Elements of Law Natural and Politic", 1642 in „De Cive", 1651 in dem großen Werk „Leviathan". Diese drei Schriften bilden in mancherlei Hinsicht, nicht nur in ihrem Umfang, eine Stufenfolge. Von Mal zu Mal wendet Hobbes sich an einen größeren Kreis: Die erste Abhandlung blieb ungedruckt und wurde nur in wenigen Abschriften unter seinen Freunden verbreitet[3]), „De Cive" wurde in sehr kleiner Auf-

---

[2] Vgl. hierzu *J. Ebbinghaus:* Die Idee des Rechtes. Ztschr. f. phil. Fschg., Band XII (1958), S. 17–42, 515–546, bes. 38 f.

[3] Ohne Wissen des Verfassers erschienen 1650 die beiden Teile der Abhandlung getrennt und unvollständig im Druck. Den originalen Text hat erst *F. Tönnies* 1889 herausgegeben.

lage gedruckt, der (nicht ohne Bedacht *englisch* abgefaßte) „Leviathan“ sollte in die Breite wirken. Von Mal zu Mal schlägt Hobbes einen schärferen Ton an. Das Jahrzehnt zwischen dem ersten und dem dritten Werk schien die unheilvollen Konsequenzen der von Hobbes kritisierten Meinungen in akuter Form an den Tag zu bringen: Bald nach Abschluß der „Elements of Law“ kam es zu Feindseligkeiten im Norden des Königreichs, 1642 brach dann der Bürgerkrieg in England offen aus, der nach jahrelangem Ringen zur völligen Vernichtung der Macht des Königs und zur unumschränkten Herrschaft des Parlaments führte und dessen letzter Akt, die Verurteilung und Hinrichtung *Karls I.* (Anfang 1649), nur der Anfang neuer Verwicklungen war. Der Schmerz, den Hobbes im Exil über diese Entwicklung empfinden mußte, macht es verständlich, daß seine Sprache immer leidenschaftlicher und polemischer wird. Zugleich rückt von einer Schrift zur anderen das Problem der Religion immer mehr in den Vordergrund; die Fragen, die das doppelte Untertanenverhältnis des Menschen — im irdischen Staat und im Reich Gottes — aufwirft, nehmen schließlich im „Leviathan“ die Hälfte des gesamten Werkes ein. Wenn Hobbes bei der Auflösung gerade dieser Probleme immer weiter ausholt, so darf man wohl auch hierin einen Reflex der politischen Entwicklung in England erblicken. Die grundlegenden und für Hobbes bezeichnenden Begriffe und Positionen werden in dieser Abfolge von Schriften jedoch durchgehalten; sie werden nur im einzelnen differenziert und umakzentuiert. Hobbes' Alter — er steht bereits im sechsten Lebensjahrzehnt — macht eine Entwicklung im Grundsätzlichen von vornherein unwahrscheinlich.

Die Schrift „Vom Bürger“ enthält die klassische Formulierung der Rechts- und Staatsphilosophie des Hobbes; sie hat von allen seinen Schriften die größte Wirkung auf das philosophische Denken der Neuzeit gehabt. Die Schrift, die den Abschluß der „Elementa Philosophiae“ bilden sollte und ihr Großes versprechender Auftakt wurde, ist in Paris entstanden, wo Hobbes seit seiner Flucht aus England weilte, und ebendort 1642 unter dem Titel „Elementorum

Philosophiae Sectio Tertia De Cive" erschienen.[4]) Der Name des Verfassers war nicht angegeben; die vom 1. November 1641 datierte Widmungsepistel an den *Grafen von Devonshire* war nur mit den Initialen T. H. gezeichnet. Das Buch war ein Privatdruck und kam nicht in den Handel; die wenigen Exemplare waren nicht für die Öffentlichkeit bestimmt, sondern für einen kleinen Kreis von Gelehrten, denen Hobbes seine Lehre in dieser Form zur Prüfung unterbreitete.[5])

Das Werk zog sofort die Aufmerksamkeit auf sich; das Interesse wurde durch die Anonymität nur erhöht. *Samuel Sorbière*, ein philosophisch interessierter Arzt aus dem Kreise um *Mersenne*, konnte bei diesem bereits das Manuskript einsehen und riet auf keinen Geringeren als *Descartes*. In einem Brief schreibt er: „Ich vermutete in *Dèscartes* den Verfasser; als ich ihn aber fragte, antwortete er, daß er in der Moralphilosophie niemals etwas veröffentlichen werde. Wer immer der Verfasser sein mag, seine Ansichten sind

---

[4] „Wie es scheint, dank der Liberalität des selber philosophisch tätigen Freundes *Sir Kenelm Digby.*" So vermutet *F. Tönnies* in der Einführung zu seiner deutschen Ausgabe der „Elements of Law" (Berlin 1926, S. 6), ohne jedoch eine Quelle anzugeben. Hobbes hat *Digby* ein Exemplar der ersten Ausgabe von „De Cive" überreicht; es trug die Widmung: „Domino Kenelmo Digby, genere, virtutibus, scientia et factis clarissimo, in signum obsequii ab Authore Tho. Hobbes." (*F. Tönnies:* Thomas Hobbes. Leben und Lehre. Stuttgart 1925, S. 278 Anm. 9). Die Widmung klingt freilich nicht so, als sei das Erscheinen des Werkes *Digby* zu verdanken gewesen.

[5] Es verhält sich mit „De Cive" also ähnlich wie mit den „Meditationes" des *Descartes,* die *Mersenne* einer Anzahl von Gelehrten – darunter auch Hobbes und *Gassendi* – im Manuskript überließ, um ihre Einwände zu sammeln und mitsamt den Erwiderungen des Verfassers im Anhang an den Text drucken zu lassen. Hobbes hat im Unterschied zu *Descartes* die Einwände erst in den Anmerkungen zur zweiten Auflage berücksichtigt, und zwar ohne die Urheber der Einwände zu nennen.

gewiß nicht gewöhnlich.“[6]) *Sorbière* hegte eine Abneigung gegen *Descartes* und übertrug sie zunächst auf das anonyme Werk; später hat er seine Einstellung gewandelt und sich in seiner Weise für es eingesetzt.

Descartes wurde offenbar auch noch von anderer Seite nach „De Cive“ gefragt; in einem Brief, dessen Adressaten und genaues Datum wir nicht kennen, der aber höchstwahrscheinlich in den Anfang des Jahres 1643 zu setzen ist, schreibt er: „Alles, was ich über das Buch ‚De Cive‘ sagen kann, ist, daß sein Verfasser nach meinem Urteil derselbe ist wie der Verfasser der ‚Dritten Einwände‘ gegen meine ‚Meditationen‘ und daß ich ihn in der Moral viel geschickter finde als in der Metaphysik und Physik. Nichtsdestoweniger kann ich seine Prinzipien und Maximen in keiner Hinsicht billigen; sie sind sehr schlecht und sehr gefährlich, insofern er unterstellt, daß alle Menschen böse sind, oder ihnen Anlaß gibt, es zu sein. Sein ganzes Ziel ist, zum Vorteil der Monarchie zu schreiben, was man aber besser und überzeugender tun kann, als es dort geschehen, indem man Maximen von größerer Sittlichkeit und Festigkeit nimmt. Und er schreibt so sehr zum Nachteil der Kirche und der römischen Religion, daß ich nicht sehe, wie er sein Buch der Verurteilung entziehen kann, wenn er sich nicht in besonderer Weise auf die Gunst eines sehr Mächtigen zu stützen vermag.“[7]) *Descartes* hat sofort richtig gesehen, daß „De Cive“ den gleichen Geist atmet wie die „Dritten Einwände“, die von Hobbes stammten. Auch hinsichtlich der Aufnahme, die das Werk in kirchlichen Kreisen finden würde, hat er sich nicht getäuscht: 1654 wurde es auf den *Index* gesetzt.

Die gelehrte Welt begann sich mit dem Werk zu beschäftigen; eine Neuauflage wurde notwendig. *Sorbière,* der

---

[6] Brief an *Thomas Martell* vom Februar 1643; das Original hat *F. Tönnies* im Archiv für Geschichte der Philosophie, Bd. III (1890), S. 66 veröffentlicht. *Martell* war ein Landsmann und Freund des Hobbes und hat später seine Bekanntschaft mit *Sorbière* vermittelt.

[7] Correspondence, ed. *Adam-Tannery,* Bd. IV, S. 67.

jetzt auch zu Hobbes' Bewunderern gehörte, unternahm es, sie bei *Ludovicus Elzevir* in Amsterdam zu besorgen. Bei einem Besuch in Paris im Frühjahr 1646 erhielt er hierzu das Handexemplar des Verfassers. Hierin hatte dieser eine Anzahl von Anmerkungen eingetragen, in denen er sich mit den Einwänden seiner Freunde auseinandersetzte, ohne jedoch seine Thesen wesentlich zu verändern oder abzuschwächen. Er änderte außerdem das Datum der Widmungsepistel in *1. November 1646* und fügte ein „Vorwort an die Leser" hinzu. Hobbes legte großen Wert darauf, daß die Vorbereitungen für die Neuauflage in aller Stille betrieben würden, weil er Intrigen gegen sie befürchtete. In einem Brief warnt er den Herausgeber: „Was die Ausgabe, wie mir scheint, verhindern kann, ist erstens, wenn diejenigen von der Drucklegung eines solchen Werkes erfahren, die an den Universitäten herrschen; denn für sie ist es eine Prestigefrage, daß in der Disziplin, die sie lehren, niemand etwas sieht, was sie nicht zuvor gesehen haben. Man muß daher diskret verfahren und darf Gutachten nur dort erbitten, wo man mit Sicherheit weiß, daß man sie bekommen wird. Wenn es sich verhindern läßt, darf man es also auch nicht dem Verleger überlassen, Leute, die nach seinem Urteil sachverständig sind, über den Wert des Buches zu befragen. Zweitens muß man sich vor denen in acht nehmen, die zwar das meiste loben, den Rest aber tadeln. Denn diese wollen den Schulmeister spielen und meinen, ich müsse mit dem Lob zufrieden sein, das sie mir privatim spenden; die Anerkennung in der Öffentlichkeit werden sie mir mißgönnen. Außerdem, wenn Herr *Descartes* merkt oder argwöhnt, daß ein Buch von mir (sei es dies oder irgendein anderes) herausgebracht werden soll, so weiß ich sicher, daß er es verhindern wird, wenn er kann. Glaube mir dies eine, denn ich weiß es."[8])

Dieser Brief ist aufschlußreich und rätselhaft zugleich. Die Warnung vor den Universitätsprofessoren stimmt ganz zu dem Mißtrauen, das Hobbes sein Leben lang gegen diesen Stand hegte. Um die Gutachten, von denen der Brief

---

[8] Archiv f. Gesch. d. Phil., Bd. III, S. 67 f.

spricht, hatte er sich offensichtlich schon selber bemüht, denn an einer anderen Stelle seines Briefes erwähnt er, daß *Gassendi* und *Mersenne* das Buch überschwenglich gelobt hätten, und spricht die Erwartung aus, daß *Sorbière* die Briefe der beiden bereits erhalten habe. In der Tat hatten *Gassendi* und *Mersenne* im April 1646 an *Sorbière* geschrieben und das Buch aufs wärmste zum Druck empfohlen: „Das Werk ist gewiß nicht vom gewöhnlichen Schlag, sondern verdient, von allen Verständigen immerfort benutzt zu werden. Und wenn ich von den Partien absehe, welche die Religion betreffen, worin wir verschiedener Meinung sind, so kenne ich keinen Autor, dessen Argumentation tiefer dringt. Hättest du doch auch das übrige, das er verfaßt hat, ihm entwinden können! Denn auch mit dessen Veröffentlichung hättest du den ganzen Kreis derjenigen, die auf fester Grundlage philosophieren, sehr glücklich gemacht. Ich kenne nämlich niemanden, der beim Philosophieren freier von Vorurteilen wäre und eine tiefere Einsicht in das Problem, welches es auch immer sei, besäße.“ So schrieb *Gassendi*, und ähnlich *Mersenne*: „Sieh zu, daß ein hervorragender Verleger dies goldene Buch wie mit Perlen besetzt und verziert ans Licht bringe, und laß nicht zu, daß wir es noch länger vermissen.“[9])

Das Mißtrauen gegen *Descartes*, das aus dem zitierten Brief des Hobbes spricht, muß zunächst rätselhaft erscheinen. Ohne Zweifel ist es ein Reflex der Verstimmung, mit der die Kontroverse des Jahres 1641 geendet hatte. *Descartes* hatte damals, nachdem einige Briefe über den Mittelsmann *Mersenne* hin und her gegangen waren, den Eindruck bekommen, daß Hobbes sich die Entdeckung gewisser Sachverhalte zu Unrecht anmaßen wollte, und hatte es brüsk

[9] Opera Philosophica, ed. *Molesworth*, Bd. II, S. 155 f. Diese Briefe waren natürlich für den Verleger gedacht. *Sorbière* nahm sich jedoch die Freiheit heraus, sie in dem Band mit abzudrucken, was *Mersenne* sehr verstimmte, da er sich kompromittiert fühlte und außerdem den Abdruck ausdrücklich untersagt hatte (Archiv f. Gesch. d. Phil., Bd. III, S. 200 f.). Die Briefe finden sich jedoch auch in den folgenden Auflagen; in der vorliegenden Übersetzung wurden sie weggelassen.

abgelehnt, sich weiter mit ihm auseinanderzusetzen.[10]) Als „De Cive" erschien, erklärte er, er sei „nicht neugierig auf die Schriften des Engländers."[11]) Umgekehrt war Hobbes, als *Descartes* 1644/45 in Paris zu Besuch weilte, ihm geflissentlich ausgewichen.[12]) Diese Vorgeschichte erklärt aber noch nicht hinreichend den gegen *Descartes* geäußerten Verdacht. Welches Motiv konnte dieser haben, das Erscheinen von „De Cive" zu hintertreiben? Hobbes' Äußerung wird erst verständlich, wenn man beachtet, daß er seinen Verdacht nicht nur auf den Druck von „De Cive", sondern auch von anderen Schriften bezieht, und wenn man eine Nachricht aus dem folgenden Brief an *Sorbière* hinzunimmt: Hobbes wollte eine Abhandlung zur Optik, die er 1645/46 englisch abgefaßt und als Manuskript dem *Marquis von Newcastle* gewidmet hatte, jetzt lateinisch veröffentlichen.[13]) Nun hat er dieser Abhandlung, zu deren Veröffentlichung es dann nicht gekommen ist, besondere Bedeutung beigemessen. Er setzt sich in ihr erneut mit der Optik des *Descartes* auseinander und nimmt auch in der Widmungsepistel auf den Prioritätsstreit des Jahres 1641 Bezug: Der Marquis könne bezeugen, daß er die Einsichten, die *Descartes* ihm streitig mache, bereits 1630 gewonnen habe. Im letzten Absatz der Abhandlung stellt er fest, er habe, wenn seine Ergebnisse akzeptiert würden — sie nicht zu akzeptieren, hieße den Boden der Erfahrung verlassen —, den Grund zu zwei Wissenschaften gelegt: zur Optik und zur Wissenschaft

---

[10] Brief an *Mersenne* vom 4. März 1641; Correspondence, ed. *Adam-Tannery,* Bd. III, S. 320 f. Die Kontroverse wird ausführlich dargestellt in dem grundlegenden Buch von *F. Brandt:* Thomas Hobbes' Mechanical Conception of Nature. Copenhagen/London 1928, S. 129 ff.

[11] Brief an *Mersenne* vom 23. Februar 1643; Correspondence, ed. *Adam-Tannery,* Bd. III, S. 633.

[12] Dies geht aus einem Brief des *Sir Charles Cavendish* an den Mathematiker *John Pell* vom 1. Mai 1645 hervor, den *F. Brandt,* a. a. O., S. 179 f. mitteilt.

[13] Brief vom 1. Juni 1646; Archiv f. Gesch. d. Phil., Bd. III, S. 69. Widmungsepistel und Schlußabsatz der Abhandlung sind gedruckt.

von der „natürlichen Gerechtigkeit“, die in „De Cive“ niedergelegt sei.[14]) Das Erscheinen einer Schrift, die einen solchen Anspruch erhob und den Streit des Jahres 1641 an die Öffentlichkeit brachte, konnte *Descartes* natürlich nicht willkommen sein; die Vermutung lag nicht fern, daß er sich gegen ihr Erscheinen aussprechen würde, wenn er etwa vom Verleger um seine Meinung befragt würde. Wenn also Hobbes den Herausgeber davor warnte, etwas von dem Vorhaben bei *Descartes* verlauten zu lassen, so wird er weniger an „De Cive“ als an die andere geplante Veröffentlichung gedacht haben.[15])

Der Druck der Neuauflage von „De Cive“ zog sich durch das ganze Jahr 1646 hin. Hobbes hatte die Korrektur bei den ersten Bogen noch selber vorgenommen, dann aber ganz in die Hände *Sorbières* gelegt. Da der Verleger einen schlechteren Absatz für das Buch befürchtete, wenn der Titel es in den Zusammenhang eines noch unveröffentlichten größeren Werkes stellte, vereinfachte Hobbes den Titel zu „De Cive“ und gab Anweisung, alle Verweise auf die anderen Teile der „Elementa Philosophiae“ bei der Korrektur aus dem Text zu entfernen.[16]) Der Titel „Elementa Philosophica De Cive“, unter dem die mit dem vollen Namen des Verfassers versehene Neuauflage schließlich herauskam, scheint also auf *Sorbière* zurückzugehen.[17]) Es war nicht der einzige Fall, in dem *Sorbière* eigenmächtig vorging.

Als Hobbes im Frühjahr 1647 noch immer keine Nachricht vom Erscheinen des Werkes hatte, fragte er besorgt beim

---

14 The English Works, ed. *Molesworth*, Bd. VII, S. 468; 471.

15 Diese Erklärung wurde zuerst von *F. Brandt*, a. a. O., S. 181 f. gegeben.

16 Brief an *Sorbière* vom 1. Juni 1646; a. a. O., S. 69. Dies machte an zwei Stellen Eingriffe in den Wortlaut erforderlich: am Anfang von Kap. 1 und von Kap. 5. An der zweiten Stelle wurde die Wendung „Ostensum est sectione praecedenti“ (der Verweis bezieht sich auf „De Homine“, Kap. 11, Abschnitt 2) ersetzt durch „Manifestum per se est“.

17 Auch die folgenden Auflagen tragen den Titel „Elementa Philosophica De Cive“; daß Hobbes ihn beanstandet habe, ist nicht bekannt.

Herausgeber an; dieser übersandte ihm daraufhin mit einem kurzen Begleitbrief den ersten Bogen des inzwischen fertiggestellten und zum Teil auch schon ausgelieferten Bandes.[18]) Die Probe, welche den Titel und das Porträt des Verfassers enthielt, bereitete Hobbes eine sehr unangenehme Überraschung. Dies hing mit seiner im Herbst 1646 erfolgten Berufung zum Mathematiklehrer des *Prinzen von Wales*, des späteren *Königs Karl II.*, zusammen. *Sorbière* hatte ihn damals zu diesem ehrenvollen Auftrag beglückwünscht und dabei das Land glücklich gepriesen, dessen Herrscher in seiner Lehre unterwiesen sei.[19]) Hobbes war sofort bemüht, dies Mißverständnis aufzuklären: „Nimm dich davor in acht, die Sache zu überschätzen. Ich lehre nämlich Mathematik, nicht Politik. Denn daß der Prinz in den politischen Lehren, die das im Druck befindliche Buch enthält, unterwiesen werde, läßt sein Alter noch nicht zu, und das Urteil derjenigen, die ihn billigerweise mit ihren Ratschlägen leiten, wird es immer verhindern."[20]) Trotzdem glaubte *Sorbière*, dem Verfasser einen Dienst zu erweisen, als er ohne seine Einwilligung sein Porträt mit der Unterschrift „Serenissimo Principi Walliae A Studiis Praepositus" versah.

Hobbes bekam hiervon erst nach dem Erscheinen des Bandes Kenntnis und wurde umgehend beim Herausgeber vorstellig: „Ich weiß gewiß, daß du das Porträt in bester Gesinnung gegen mich dem Buch beigegeben hast. Die Sache liegt jedoch so und die Zeiten sind derart, daß ich viel dafür gäbe, wenn es nicht beigegeben oder wenigstens die Unterschrift ‚Lehrer des Prinzen von Wales' beseitigt, getilgt oder abgeschnitten würde. Denn erstens — und dies ist das Wichtigste — suchen und greifen diejenigen, die sich jetzt der Herrschaft in England bemächtigen, von überallher emsig alle Vorwände auf, unter denen sie den königlichen Sproß bei der Menge verhaßt machen können. Wenn sie also seinen Namen in Verbindung mit einer Staatslehre sehen, die so sehr von der Meinung fast aller Menschen

18 Archiv f. Gesch. d. Phil., Bd. III, S. 198.

19 A. a. O., S. 70.

20 Brief vom 4. Oktober 1646; a. a. O., S. 194.

abweicht, so werden seine Feinde triumphieren und sich voller Haß darauf werfen, daß er schon jetzt zu zeigen scheine, welche Herrschergewalt er erwartet und sich anmaßen wird. Jedes Übel, das daraus wirklich hervorgeht oder dessen bloße Möglichkeit diejenigen am Hofe des Prinzen vorgeben könnten, die gewillt sind, jedes meiner Versehen durch ihre Deutungen und Bemerkungen schlimmer zu machen, wird man daher zu meiner größten Schande meiner Torheit und eitlen Ehrsucht zur Last legen. Zweitens ist mir durch diesen Titel die Rückkehr in mein Vaterland abgeschnitten, wenn mich einmal der Wille, zurückzukehren, erfassen sollte; und ich sehe nicht, warum dies nicht geschehen sollte, wenn der Friede in England auf irgendeine Weise wiederhergestellt und die Rückkehr gestattet ist. Denn ich bin weder der Erzieher des Prinzen von Wales noch überhaupt ein Angehöriger seines Hofes (dies ist der dritte Grund, warum ich jenen Titel nicht daruntergesetzt wissen möchte), sondern wie einer von denen, die monatsweise unterrichten. Daher werden meine Feinde (und ihrer sind nicht wenige), sagen, ich hätte aus Ehrgeiz gelogen."[21])

Er richtete daher die dringende Bitte an *Sorbière,* alles in seiner Macht Stehende zu tun, damit der Anstoß beseitigt würde, selbst bei den schon versandten Exemplaren. Vor allem hatte er ein Interesse daran, daß dies bei den Exemplaren geschah, die nach England gelangten, und erklärte sich sogar bereit, die Kosten hierfür zu übernehmen, wenn sie nicht allzu hoch sein sollten.[22]) Der Protest verbindet zwar die Rücksichtnahme auf den Prinzen, dem aus der Verbindung mit Hobbes nur Feinde erwachsen konnten, mit dem eigenen Interesse, aber es wird doch der sehr starke Wunsch spürbar, sich nicht mit dem Exilhof von St. Germain in Zusammenhang gebracht zu sehen. Hobbes

---

21 Brief vom 22. März 1647; a. a. O., S. 199. Das Porträt fehlt in den späteren Auflagen. Der Briefwechsel macht wahrscheinlich, daß in der sorgfältigen Bibliographie der Schriften des Hobbes, die *H. Macdonald* und *M. Hargreaves* zusammengestellt haben (London 1952), Nr. 26 vor Nr. 25 zu setzen ist.

22 A. a. O., S. 199 f.

wollte nicht der bedingungslose Anhänger der Monarchie sein, für den *Descartes* ihn hielt; das „Vorwort an die Leser" zur Neuauflage von „De Cive" sollte ebenfalls dies Mißverständnis ausschließen.[23])

Die gelehrte Welt zeigte solches Interesse an der Schrift, daß noch im selben Jahre eine weitere Auflage erforderlich wurde; diesmal fand Hobbes keinen Anlaß zu einer Änderung oder Ergänzung.[24]) Weitere lateinische Einzelausgaben kamen 1657 und 1669 heraus, auch sie unverändert. Hobbes' Freund, der Dichter *Edmund Waller*, der gleichfalls im Exil lebte und 1648 Zeuge der Begegnung zwischen *Descartes* und Hobbes war, bewunderte die Schrift so sehr, daß er sie ins Englische übersetzen wollte; allerdings sollte der Verfasser den Anfang damit machen. Nachdem Hobbes den ersten Teil selber übersetzt hatte, gab *Waller* seine Absicht auf, „weil niemand anders es so gut machen konnte".[25]) Die von Hobbes selber zu Ende geführte Übersetzung ist 1651 in London unter dem Titel „Philosophical Rudiments concerning Government and Society" erschienen. *Sorbière* gab 1649 eine französische Übersetzung heraus, eine weitere, von Hobbes' Freund *François Du Verdus* besorgte Übersetzung erschien 1660.

Gespannt erwartete man die weiteren Teile der „Elementa Philosophiae". Hobbes stellte als nächstes „De Corpore" in Aussicht, woran er schon lange arbeitete. Eine schwere Krankheit im Spätsommer 1647 warf ihn jedoch zurück; immerhin glaubte er auch danach noch, diesen Teil bis Pfingsten 1648 vollenden zu können.[26]) Er konnte jedoch diesen Termin nicht einhalten, weil ihn die Begründung seiner Lehren noch nicht voll befriedigte.[27]) Dann schob sich die Arbeit am „Leviathan" und die Rückkehr nach England dazwischen, und so konnte seine Logik und Naturphilosophie erst 1655 in London erscheinen (englisch 1656).

---

[23] Vgl. unten S. 73.

[24] Brief an *Sorbière* vom 27. November 1647; a. a. O., S. 206 f.

[25] *John Aubrey:* Brief Lives, ed. Dickson, S. 310.

[26] Brief an *Sorbière* vom 27. November 1647; a. a. O., S. 207.

[27] Brief an *Sorbière* vom 14. Juni 1649; a. a. O., S. 208.

Drei Jahre später, 1658, erschien in London „Elementorum Philosophiae Sectio Secunda De Homine“, und damit war der ursprüngliche Plan vollständig ausgeführt.

Die Wirkung der Schrift „Vom Menschen“ ist bei weitem nicht so groß gewesen wie die der anderen Teile der „Elementa“. Sie ist zu Lebzeiten des Verfassers nur noch in der Amsterdamer Gesamtausgabe gedruckt und auch seither nicht einzeln ediert worden; eine englische Übersetzung fehlt. „De Homine“ ist das Werk eines Siebzigjährigen, dessen nachlassende Kraft von anderen Auseinandersetzungen beansprucht wird. Es ist nicht aus einem Guß, sondern zerfällt in zwei Abschnitte. Die vom 24. Juni 1658 datierte kurze Widmungsepistel an den *Grafen von Devonshire* (in dieser Ausgabe weggelassen) weist gleich einleitend, noch bevor sie die Verzögerung in der Vollendung des Werkes mit den Kontroversen entschuldigt, in die der Verfasser verwickelt gewesen, auf den Unterschied der beiden Abschnitte hin: „Bei diesem Teil der ‚Elementa‘ trifft es sich, daß die beiden Abschnitte, aus denen er besteht, einander höchst unähnlich sind. Der eine ist nämlich sehr schwierig, der andere sehr leicht; der eine beruht auf Beweisen, der andere auf Erfahrung; der eine ist nur wenigen, der andere allen verständlich. Sie sind daher gleichsam aufs Geratewohl verbunden.“ [28]) In der Tat haben die beiden Abschnitte höchst unterschiedliches Gepräge: Kap. 1—9 kann als „naturwissenschaftliche“, Kap. 10—15 als „philosophische“ Anthropologie angesprochen werden, wenn nur bedacht wird, daß die moderne Entgegensetzung der Begriffe „naturwissenschaftlich“ und „philosophisch“ Hobbes ganz fremd ist und gerade ihr Fehlen es ihm ermöglicht, die beiden Abschnitte, deren Unterschied ihm nicht verborgen blieb, zu einer Schrift zu vereinigen.

Die optischen Kapitel des ersten Abschnitts (Kap. 2—9) lagen seit 1649 druckfertig vor.[29]) Nach Molesworth' Aussage stellen sie die lateinische Übersetzung der zweiten

[28] Opera Philosophica, ed. *Molesworth,* Bd. II.

[29] Dies geht aus einer Bemerkung am Ende der Widmungsepistel von „De Corpore“ hervor; Opera Philosophica, ed. *Molesworth,* Bd. I.

Hälfte der Abhandlung „A Minute or First Draught of the Optiques“ dar.[30]) Sie wurden trotz der grundsätzlichen Bedenken gegen jede Kürzung eines klassischen Textes nicht vollständig in die vorliegende Übersetzung aufgenommen; Kap. 2 wurde gekürzt wiedergegeben, von Kap. 3—9 nur der Inhalt angegeben an Hand der Zusammenfassungen, die Hobbes jedem Kapitel voranstellt. Der zweite Abschnitt von „De Homine“ entwickelt dasjenige Bild vom Menschen, das der Hobbesschen Staatslehre zugrunde liegt. Hobbes hat seine Anthropologie als wesentliche Voraussetzung seiner Staatslehre angesehen und sie daher sowohl in den „Elements of Law“ als auch im „Leviathan“ an den Anfang gestellt; nur in „De Cive“ war sie der ursprünglichen Konzeption der „Elementa Philosophiae“ gemäß ausgeklammert worden. Die Entwicklung der Anthropologie in „De Homine“ bringt zwar wenig Neues gegenüber den früheren Schriften und geht weniger ins einzelne als die entsprechenden Kapitel des „Leviathan“, ist aber unentbehrlich für das Verständnis von „De Cive“. Gelegentliche Formulierungen von weittragender Bedeutung und epigrammatischer Prägnanz, etwa bei der Erörterung der Sprache oder der Religion, geben „De Homine“ einen eigenen Reiz und lassen erkennen, daß Hobbes hier sein abschließendes Wort über diese Probleme spricht.

Eine deutsche Ausgabe der Schriften „Vom Menschen“ und „Vom Bürger“ erschien bereits 1918 in der *Philosophischen Bibliothek*, übersetzt und herausgegeben von *Max Frischeisen-Köhler;* sie wurde für die vorliegende Übersetzung herangezogen. Der gesamte Text wurde jedoch an Hand des lateinischen Originals neu durchgearbeitet, für die Schrift „Vom Bürger“ wurde auch die englische Fassung verglichen.[31]) Es wurde versucht, die Übersetzung enger als zuvor an das lateinische Original anzuschließen und zu vereinheitlichen.[32])

---

[30] The English Works, ed. *Molesworth*, Bd. VII, S. 467 Anm.

[31] The English Works, ed. *Molesworth*, Bd. II.

[32] Der Herausgeber ist Herrn Prof. *J. Ebbinghaus* (Marburg) und Herrn Prof. *H. Blumenberg* (Gießen) für mehrere wertvolle Hinweise zur Übersetzung zu Dank verpflichtet.

3. Bibliographische Hinweise

Standardausgabe der Werke ist noch immer:

Thomae Hobbes Malmesburiensis Opera philosophica quae latine scripsit omnia, in unum corpus nunc primum collecta studio et labore Gulielmi Molesworth. 5 Bände. London 1839—1845. Nachdruck Aalen 1961.

The English Works of Thomas Hobbes of Malmesbury, now first collected and edited by Sir William Molesworth. 11 Bände. London 1839—1845. Nachdruck Aalen 1962.

Ausgaben einzelner Werke zur Staatslehre:

The Elements of Law Natural and Politic. Edited with a preface and critical notes by Ferdinand Tönnies. London 1889, 2. Aufl. Cambridge 1928. Nachdruck, mit einer Einleitung von M. M. Goldsmith, London 1969.

Behemoth or The Long Parliament. Edited for the first time from the original ms. by Ferdinand Tönnies. London 1889. Nachdruck, mit einer Einleitung von M. M. Goldsmith, London 1969.

Leviathan. Introduction by A. D. Lindsay. London 1914 (viele Nachdrucke).

Leviathan, or the Matter, Forme and Power of a Commonwealth Ecclesiasticall und Civil. Edited with an introduction by Michael Oakeshott. Oxford 1946 (viele Nachdrucke).

De Cive or The Citizen. Edited with an introduction by Sterling P. Lamprecht. New York 1949 (nur engl. Text, gekürzt).

A Dialogue between a Philosopher and a Student of the Common Laws of England. Edited and with an introduction by Joseph Cropsey. Chicago and London 1971.

Deutsche Übersetzungen:

Naturrecht und allgemeines Staatsrecht in den Anfangsgründen. Mit einer Einführung hrsg. von Ferdinand Tönnies. Berlin 1926.

Abhandlung über den Bürger. Aus dem Lateinischen übersetzt und mit sachlichen und kritischen Erläuterungen versehen von J. H. v. Kirchmann. Leipzig 1873.

Grundzüge der Philosophie. In Auswahl übersetzt und hrsg. von Max Frischeisen-Köhler. 2 Bände. Leipzig 1915—1918. Nachdruck 1949.

Vom Körper (Elemente der Philosophie I). Ausgewählt und übersetzt von Max Frischeisen-Köhler. 2., mit Literaturhinweisen und Registern versehene Auflage. Hamburg 1967 (Philosophische Bibliothek Band 157).

Leviathan oder von Materie, Form und Gewalt des kirchlichen und bürgerlichen Staates. Hrsg. und eingel. von J. P. Mayer. Zürich und Leipzig 1936 (nur Teil I und II).

Leviathan oder Wesen, Form und Gewalt des kirchlichen und bürgerlichen Staates. In der Übersetzung von Dorothee Tidow mit einem Essay „Zum Verständnis des Werkes", einem biographischen Grundriß und einer Bibliographie hrsg. von Peter Cornelius Mayer-Tasch. Reinbek 1965 (Rowohlts Klassiker Band 187—189. Nur Teil I und II).

Leviathan oder Stoff, Form und Gewalt eines bürgerlichen und kirchlichen Staates. Hrsg. und eingel. von Iring Fetscher, übersetzt von Walter Euchner. Neuwied und Berlin 1966. Taschenbuchausgabe Berlin 1976 (Ullstein-Buch 3240).

Leviathan. Erster und Zweiter Teil. Übersetzung von J. P. Mayer, Nachwort von Malte Diesselhorst. Stuttgart 1970 (Reclams Universal-Bibliothek Nr. 8348—51).

Bibliographien, Literaturberichte:

Hugh Macdonald, Mary Hargreaves: Thomas Hobbes. A Bibliography. London 1952 (alle Einzelausgaben der Werke bis 1725, dazu alle Gesamtausgaben).

Arrigo Pacchi: Bibliografia Hobbesiana dal 1840 ad oggi. Rivista Critica di Storia della Filosofia 17, 1962, 528—547.

Bernard Willms: Einige Aspekte der neueren englischen Hobbes-Literatur. Der Staat 1, 1962, 92—106.

Carl Schmitt: Die vollendete Reformation. Bemerkungen und Hinweise zu neueren Leviathan-Interpretationen. Der Staat 4, 1965, 51—69.

Arrigo Pacchi: Cinquant' anni di studi hobbesiani. Rivista di Filosofia 57, 1966, 306—335.

Bernard Willms: Von der Vermessung des Leviathan. Aspekte neuerer Hobbes-Literatur (I, II). Der Staat 6, 1967, 75—100; 220—236.

Karl-Heinz Gehlauf: Thomas Hobbes und seine Interpretation in der philosophischen und staatstheoretischen Literatur. Deutsche Zeitschrift für Philosophie 18, 1970, 1490—1506.

E. G. Jacoby: Thomas Hobbes in Europe. Journal of European Studies 4, 1974, 57—65.

Sammelbände:

Hobbes. Revue Internationale de Philosophie, Band 4, Heft 14, Brüssel 1950.
Hobbes Studies. Ed. by Keith Brown. Oxford 1965.
Hobbes-Forschungen. Hrsg. von Reinhart Koselleck und Roman Schnur. Berlin 1969.
Hobbes's Leviathan: Interpretation and Criticism. Ed. by B. H. Baumrin. Belmont, Cal. 1969.
Hobbes and Rousseau. A Collection of Critical Essays. Ed. by M. W. Cranston and R. S. Peters. New York 1972.
Thomas Hobbes in His Time. Ed. by R. Ross, H. W. Schneider, Th. Waldman. Minneapolis 1974.

Wichtige Monographien und Aufsätze, insbesondere zur Staatslehre des Hobbes:

John Aubrey: Brief Lives, chiefly of Contemporaries. Ed. by A. Clark. Oxford 1898, I 321—404.
Brian Barry: Warrender and his Critics. Philosophy 43, 1968, 117—137.
John Bowles: Hobbes and his Critics. A Study in Seventeenth Century Constitutionalism. London 1951. Nachdruck New York 1969.
Dietrich Braun: Der sterbliche Gott oder Leviathan gegen Behemoth. Zürich 1963.
Malte Diesselhorst: Ursprünge des modernen Systemdenkens bei Hobbes. Stuttgart 1972.
Iring Fetscher: Der gesellschaftliche „Naturzustand" und das Menschenbild bei Hobbes, Pufendorf, Cumberland und Rousseau. Schmollers Jahrbuch für Gesetzgebung, Verwaltung und Volkswirtschaft 80, 1960, 641—685.
David P. Gauthier: The Logic of Leviathan. The Moral and Political Philosophy of Thomas Hobbes. London 1969.
Siegfried Gehrmann: Zum Recht des Naturzustandes und seiner Bedeutung für die Stellung der Staatsgewalt bei Hobbes. Zeitschrift für philosophische Forschung 29, 1975, 195—205.
Bernard Gert: Hobbes and Psychological Egoism. Journal of the History of Ideas 28, 1967, 503—520.
W. B. Glover: Human Nature and the State in Hobbes. Journal of the History of Philosophy 4, 1966, 293—319.
M. M. Goldsmith: Hobbes's Science of Politics. New York/London 1966.
F. C. Hood: The Divine Politics of Thomas Hobbes. Oxford 1964.
Karl-Heinz Ilting: Hobbes und die praktische Philosophie der

Neuzeit. Philosophisches Jahrbuch 72, 1964—65, 84—102.
J. Kemp: Ethical Naturalism. Hobbes and Hume. London 1970.
Klaus-Michael Kodalle: Thomas Hobbes. Logik der Herrschaft und Vernunft des Friedens. München 1972.
Julius Lips: Die Stellung des Thomas Hobbes zu den politischen Parteien der großen englischen Revolution. Mit erstmaliger Übersetzung des Behemoth oder das Lange Parlament. Einführung von Ferdinand Tönnies. Leipzig 1927. Nachdruck Darmstadt 1970.
Z. Lubienski: Die Grundlagen des ethisch-politischen Systems von Hobbes. München 1932.
C. B. Macpherson: The Political Theory of Possessive Individualism. Hobbes to Locke. Oxford 1962. Dt. Ausgabe: Die politische Theorie des Besitzindividualismus. Frankfurt 1968.
Peter Cornelius Mayer-Tasch: Thomas Hobbes und das Widerstandsrecht. Tübingen 1965.
F. S. McNeilly: The Anatomy of Leviathan. London 1968.
Samuel I. Mintz: The Hunting of Leviathan. Seventeenth Century Reactions to the Materialism and Moral Philosophy of Thomas Hobbes. Cambridge 1962.
Samuel I. Mintz: Hobbes on the Law of Heresy. Journal of the History of Ideas 29, 1968, 409—414.
Stanley Moore: Hobbes on Obligation, Moral and Political (I, II). Journal of the History of Philosophy 9, 1971, 43—62; 10, 1972, 29—42.
Michael Oakeshott: Hobbes on Civil Association. Oxford 1975.
Frederick A. Olafson: Thomas Hobbes and the Modern Theory of Natural Law. Journal of the History of Philosophy 4, 1966, 15—30.
Peter J. Opitz: Thomas Hobbes. In: Zwischen Revolution und Restauration. Politisches Denken in England im 17. Jahrhundert. Hrsg. von Eric Voegelin. München 1968, 47—81.
Raymond Polin: Politique et philosophie chez Thomas Hobbes. Paris 1953.
Helmut Schelsky: Die Totalität des Staates bei Hobbes. Archiv für Rechts- und Sozialphilosophie 31, 1937, 176—193.
Carl Schmitt: Der Leviathan in der Staatslehre des Thomas Hobbes. Hamburg 1938.
Roman Schnur: Individualismus und Absolutismus. Zur politischen Theorie vor Thomas Hobbes (1600—1640). Berlin 1963.
Wolfgang H. Schrader: Klugheit und Vernunft. Überlegungen zur Begründung der Hobbesschen Vertragstheorie. Philosophisches Jahrbuch 82, 1975, 309—322.
Quentin Skinner: Hobbes on Sovereignty: An Unknown Discussion. Political Studies 13, 1965, 213—218.
Thomas A. Spragens Jr.: The Politics of Motion. The World of Thomas Hobbes. Lexington 1973.

Leo Strauss: The Political Philosophy of Hobbes. Oxford 1936, 2. Aufl. Chicago 1952. Dt. Ausg.: Hobbes' politische Wissenschaft. Neuwied und Berlin 1965.

Leo Strauss: Natural Right and History. Chicago 1953. Dt. Ausg.: Naturrecht und Geschichte. Stuttgart 1956.

A. E. Taylor: The Ethical Doctrine of Hobbes. Philosophy 13, 1938, 402—424.

Ferdinand Tönnies: Siebzehn Briefe des Thomas Hobbes an Samuel Sorbière. Archiv für Geschichte der Philosophie 3, 1890, 58—71; 192—232.

Ferdinand Tönnies: Hobbes-Analekten. Archiv für Geschichte der Philosophie 17, 1904, 291—317; 19, 1906, 153—176.

Ferdinand Tönnies: Thomas Hobbes. Leben und Lehre. Faksimile-Neudruck der 3., vermehrten Aufl. Stuttgart 1925, eingel. und hrsg. v. Karl-Heinz Ilting. Stuttgart-Bad Cannstatt 1971.

Ferdinand Tönnies: Studien zur Philosophie und Gesellschaftslehre im 17. Jahrhundert. Hrsg. von E. G. Jacoby. Stuttgart-Bad Cannstatt 1975.

J. Vialatoux: La cité de Hobbes. Théorie de l'état totalitaire. 2. Aufl. Lyon 1952.

Howard Warrender: The Political Philosophy of Thomas Hobbes. His Theory of Obligation. Oxford 1957.

J. W. N. Watkins: Hobbes's System of Ideas. London 1965, 2. Aufl. 1973.

Colwyn Williamson: Hobbes on Law and Coercion. Ethics 80, 1969—70, 146—155.

Bernard Willms: Die Antwort des Leviathan. Neuwied und Berlin 1970.

Jan M. Wilson: The Influence of Hobbes and Locke in the Shaping of the Concept of Sovereignty in Eighteenth Century France. Banbury 1973.

Friedrich O. Wolf: Die neue Wissenschaft des Thomas Hobbes. Zu den Grundlagen der politischen Philosophie der Neuzeit. Stuttgart-Bad Cannstatt 1969.

VOM MENSCHEN

1. KAPITEL

Vom Ursprung des Menschengeschlechts
Von Leben und Tod

1. Über den Ursprung des Menschengeschlechts gab es bei den ältesten Philosophen zwei Ansichten, die sehr weit verbreitet waren, wie der antike Geschichtsschreiber Diodorus Siculus bezeugt. Die einen erklärten die Welt für ewig und behaupteten infolgedessen auch, daß das Menschengeschlecht von Ewigkeit an bestanden habe. Die anderen waren der Meinung, daß die Welt zu einem bestimmten Zeitpunkt entstanden sei. Nach ihnen hätten von Anbeginn der Dinge Himmel und Erde, da beider Stoff vermischt war, gleichartig ausgesehen, später hätten sich aber die Körper voneinander geschieden, und so hätten unsere sichtbare Welt und die Luft eine beständige Bewegung erhalten; und zwar hätten sich die einen in die Höhe erhoben und Sonne und Gestirne gebildet, die sich, von der Bewegung des Weltalls und der Luft ergriffen, zugleich mit der Welt und der Luft im Kreise bewegen; die anderen hätten sich gesetzt und eine dünne und schlammige Masse gebildet, die sich beständig um ihre eigene Achse dreht. In dieser Masse hätten sich die Bestandteile voneinander abgesondert und es sei aus den feuchten das Meer geworden, aus den festeren die Erde; diese sei anfangs ziemlich weich gewesen, dann aber durch die Sonnenwärme fester geworden. Infolge dieser Weichheit der Erde hätten sich an Stellen, die der Sonne ausgesetzt waren, in sumpfigen Gegenden Anschwellungen und eine Art Bläschen gebildet, die mit Häutchen überzogen waren. Diese verbrannten dann und zerrissen, und alle Arten von Lebewesen, auch die Menschen, traten aus ihnen heraus. Diese Vorstellungen sind denen, die im 1. Kapitel der Genesis überliefert sind, zwar verwandt, aber doch nicht gleich. Denn nach der Darstellung der Genesis haben sich zwar

auch die Körper voneinander geschieden und die gleichartigen ihren je eigenen Ort eingenommen; aber vermittels der Bewegung des Geistes Gottes, der über der noch ungeschiedenen Welt schwebte. Auch dort hat die Erde alle Arten Lebewesen hervorgebracht, aber durch die Kraft des Wortes Gottes und mit Ausnahme des Menschen, der später als die übrigen Lebewesen nach dem Bilde Gottes erschaffen worden ist. Indessen haben, wie mir scheint, die Vertreter jener philosophischen Anschauung so viel erkannt, als sie ohne göttliche Offenbarung erkennen konnten; denn die Entstehung und die Auflösung des Weltalls ist niemandem bekannt als seinem Schöpfer. Daher glauben wir, daß der Ursprung des Menschengeschlechts so ist, wie wir es im heiligen, von Moses überlieferten Gesetze gelernt haben.

2. Die Ernährung des Menschen ist, soweit sie durch Speisen täglich vollzogen wird, den Sinnen im allgemeinen wahrnehmbar. Die Speise wird nämlich durch eine Bewegung, das Hinabschlucken, in den Magen befördert. Der Magen wirft sie dann mit einer ihm eigenen Bewegung hin und her, so daß sie vermischt und erweicht wird, und stößt sie in die Gedärme. Die Gedärme erweichen sie vollends und geben sie weiter und treiben ihren dünnsten Bestandteil, d. h. den Saft, durch eine peristaltische Bewegung in die Lymphgefäße; die Lymphgefäße geben ihn in die Subklaviarvenen weiter, diese in die Hohlvene, die Hohlvene in das Herz, wo er sich mit Blut mischt, und das Herz in die Arterien. Seinen zur Ernährung geeigneten Teil tragen die Hauptschlagadern ins Gehirn; von hier wird er gesiebt durch die Nerven geleitet und wird in unzählige feine Fädchen gespalten Fleisch. Inzwischen färbt das Blut, das durch die Aorta und ihre Verzweigungen in die Muskeln gebracht ist, das bereits gebildete Fleisch rot.

Außerdem wird das Blut durch dieselbe Bewegung der Arterien, durch die es in die Muskeln gebracht wird, nachdem die Muskeln ausreichend versorgt sind, in die Kapillaradern getrieben; und damit es nicht infolge seines Gewichtes sinkt, wird es durch Klappen gehalten, es dringt zur Hohlvene vor und kehrt von dort wiederum zum Herzen zurück und dann, nachdem es neuen Saft aufgenommen hat, im Kreislauf durch die Arterien zu den Muskeln. Alle diese Vorgänge, mit Ausnahme dessen, was über die Entstehung des Fleisches durch die Nerven gesagt ist — dieser Gegenstand bedarf noch der weiteren Untersuchung — sind experimentell festgestellt worden.

Solange das Blut in der beschriebenen Weise umläuft, solange lebt der Mensch. Solange aber das Herz seine zusammenziehende und ausdehnende Bewegung beibehält, solange läuft das Blut um. Woher hat aber das Herz diese Bewegung? Von irgendeiner Bewegung im Blute, oder hat das Blut seine Bewegung vom Herzen? Bekanntlich hat das Kind, solange es im Mutterleib ist, die Bewegung des Herzens von der Bewegung des mütterlichen Blutes und sein Leben von dem Leben der Mutter, mit der es verbunden ist. Es ist auch offenbar, daß es, sobald es den Mutterleib verlassen und einmal Luft eingeatmet hat, fernerhin ohne Luft nicht leben kann. Folglich hängt das Leben, d. h. die Bewegung des Herzens, von der Luft ab, und demnach ist die Luft oder irgend etwas, was mit der Luft eingesogen wird, die Ursache der Bewegung des Herzens. Was es nun auch immer in der Luft sein mag, wodurch das Herz bewegt wird, unter allen Umständen muß es zuerst das Blut bewegen. Denn die eingeatmete Luft geht durch die Luftröhre in das Lungengewebe und kann nicht anders in das Herz gelangen, als daß sie zuvor in die Arteria venosa eintritt und so durch einen zweiten Blutlauf in das Herz gebracht wird. Und so bewirkt das, was in der Luft vorhanden ist und seine Bewegung dem Blute mitteilt, die Diastole des Herzens. Daraufhin ergießt das Herz das Blut durch die Arterien, und diese Bewegung heißt Systole.

Um nun zu erkennen, was jenes Etwas in der Luft ist, das durch seine Bewegung das Blut in den Adern bewegen kann, müssen wir erwägen, ob man in jeder Luft in gleicher Weise leben kann. Das verhält sich nun bekanntlich nicht so. Wenn die Luft reiner Äther wäre, so wäre sie homogen, dann würde man in jeder Luft in gleicher Weise leben; vielmehr, man würde überhaupt nicht leben, da die reine Luft nicht imstande ist, das Blut so zu bewegen, daß daraus Systole und Diastole entstünde. Außerdem ist durch

Versuche festgestellt, daß ein Mensch sich sechs Stunden auf dem Meeresgrund aufhalten kann, wenn er in eine Blase eingepreßte Luft mitnimmt und er diese sparsam einatmet. Das wäre unmöglich, wenn die eingeführte Luft ganz rein wäre. Denn die einmal ein- und ausgeatmete Luft ist, mag sie auch noch so sehr abgekühlt sein, für das Leben ohne Nutzen. Es befinden sich also in der Luft gewisse wegen ihrer Kleinheit unsichtbare Teilchen, die durch ihre natürliche Bewegung jene Bewegung des Blutes in den Adern und dadurch die Bewegung des Herzens bewirken. Offenbar befindet sich in der Luft, wie im Meere das Salz, irgendein dem Salz entsprechender Stoff, etwa eine Art Laugensalz, der durch das Einatmen in das Blut aufgenommen wird und es bewegt und in Gärung versetzt, Venen und Herz ausdehnt und durch die Systole vermittels der Arterien sich auf den ganzen menschlichen Körper verteilt. Die Bewegung, welche diese Teilchen haben müssen, kann keine andere sein als die, welche wir (Kap. 21 des 1. Teiles: *„De Corpore“)* die „einfache Bewegung“ genannt und als die Ursache jeder Gärung nachgewiesen haben. Und das darf niemandem wunderbar erscheinen, da wir sehen, daß die Bewegung des Blutes und des Herzens aufhört, das heißt, daß häufig infolge des Einatmens ungesunder Luft, nämlich infolge gewisser Teilchen, die, dem Leben schädlich, in der Luft vorhanden sind, sich Krankheiten und Tod einstellen, und andererseits durch andere Teilchen Leben und Gesundheit erhalten werden. Denn ebenso wie, nicht durch die reine Luft oder den Äther, sondern durch Teilchen, die sich in ihr bewegen und eine der Lebensbewegung schädliche Bewegung besitzen, epidemische Krankheiten entstehen, so werden durch Teile der Erde, die eine unserer Natur gemäße Beschaffenheit haben, das Leben und die notwendige Bewegung des Blutes erhalten.

3. Die Ursachen des Todes, d. h. des Aufhörens des Blutumlaufes, sind, abgesehen von einer von außen wirkenden Gewalt, verschiedener Art. So zunächst Verstopfungen der Gefäße, in denen das Blut umläuft. Es kann nämlich der Fall eintreten, daß infolge einer Erstarrung der Muskeln der Weg des Blutes verbaut wird. Eine Erstarrung der Muskeln

aber tritt dann ein, wenn eine klebrige oder schleimige Flüssigkeit in den Muskeln selbst fest wird. Infolgedessen geht nicht nur das Arterienblut schwer durch die Kapillararterien, sondern wird auch nicht ohne Schwierigkeit in die Kapillarvenen aufgenommen. Die Folge hiervon sind Fieber, und wenn die Kraft der Herzbewegung sich nicht durchsetzt, der Tod. Ferner wird, wenn ein eitriger Stoff mit dem Blute vermischt in die Adern fließt, das Ausstoßen des Blutes durch die Arterien in die Muskeln dem Herzen dieselbe Beschwerde, nämlich Fieber, verursachen, und wenn das Herz schwächer ist, den Tod, wenn es stärker ist, Geschwüre im Fleisch, da der eitrige Stoff durch die Muskeln ausgestoßen wird. Ein solcher Stoff aber entsteht, wenn die Venen wund geworden sind. Die Ursache davon können die Teilchen sein, die durch das Einatmen eingesogen werden und dadurch, daß sie ins Blut eintreten, die Gefäße zerfressen oder das Blut selbst gerinnen machen, wie bei pestartigen Krankheiten. Ursache können auch Teilchen sein, die mit Speise und Trank aufgenommen werden. Diese machen die Venen eitrig, wenn sie mit dem Saft eintreten. Ursache kann ferner der Biß einer Schlange oder eines tollen Hundes sein; wenn durch einen solchen irgendeine Vene verletzt ist oder sonst irgendwie Gift in das Blut eingedrungen ist, so bildet sich in den Venen, die das vergiftete Blut aufnehmen, eine Vereiterung. Kurz, wo immer ein Zugang in das Innere der Venen offen steht, da kann die Vereiterung der Gefäße ihren Ausgang nehmen; so dringt z. B. bei der Syphilis das Gift durch die Mündung der Harnröhre ein und gelangt durch die Harnröhre, die Nieren, die Nierenvenen und die Hohlvene mit dem Blute zum Herzen und verbreitet sich von dort durch die Arterien durch den ganzen Körper. In derselben Weise führt Hemmung des Stoffes, der durch die Nerven geht, Krankheiten und Tod herbei.

Noch viele andere Zufälle bringen dem Menschen Krankheiten und Tod. Allen aber ist gemeinsam, daß sie das Blut zum Stillstand bringen oder hemmen oder ausschöpfen oder auf irgendeine Weise seinen Umlauf hindern. Diese Fälle ausführlich zu behandeln, ist Aufgabe der Mediziner.

4. Die Entstehung des Menschen vollzieht sich ungefähr ebenso wie die der Pflanzen. Der Stoff der Pflanzen ist die Erde selbst; diese wird durch die Wärme geweckt und dann durch die spezifische Bewegung des Samens zu der ihm zugehörigen Pflanzenart geformt. Entsprechend ist bei der Entstehung des Menschen der Stoff des Fötus das Mutterblut, das durch den zeugungsfähigen Saft beider Eltern bewegt und zu menschlicher Gestalt geformt wird. Durch die Bewegung nämlich beim Zeugungsakt tritt die Gärung ein, daraufhin die Ausdehnung der Gefäße; die zeugende Flüssigkeit bricht hervor und dringt in den Mutterboden ein, wo sie durch die ihm eigene Bewegung das allmählich herabsteigende Blut zum Menschen formt.

Ich könnte diese Vorgänge noch eingehender erörtern; indessen meine Absicht ist, nicht so sehr den Fähigkeiten des Körpers als denen der Seele auf den Grund zu kommen. Darum gehe ich jetzt zu den sinnlichen Wahrnehmungen über und begnüge mich damit, diese Fragen angedeutet zu haben, indem ich ihre ausführlichere Behandlung anderen überlasse. Wenn diese nach hinlänglicher Beobachtung der Erzeugungs- und Ernährungsorgane nicht einsehen, daß diese von irgendeinem Verstande hergestellt und zu ihren Verrichtungen angeordnet sind, so wird man wahrlich ihnen selbst den Verstand absprechen müssen.

2. KAPITEL *

Von den Sehstrahlen und der Wahrnehmung von Bewegungen

1. Das Sehen ist dann deutlich und bestimmt, wenn das Licht oder die Farbe eine bestimmte Gestalt besitzt, deren Teile von den Teilen des Gegenstandes bewirkt sind und ihnen Punkt für Punkt entsprechen.

So bestimmtes Licht oder bestimmte Farbe bezeichne ich als das Sehbild. Jedes Lebewesen hält nun von Natur beim ersten Anblick dieses Bild für den gesehenen Gegenstand selbst oder doch wenigstens für einen Körper, der den Gegenstand in gleicher Lage der Teile genau abbildet. Auch die Menschen (mit Ausnahme weniger, die das Urteil der Sinne durch die Vernunft berichtigen) meinen, daß dieses Bild der Gegenstand selber sei, und können ohne besondere Unterweisung sich nicht vorstellen, daß die Sonne und Gestirne größer und entfernter seien als sie scheinen.

Warum aber ein Gegenstand bald größer bald kleiner, bald näher bald entfernter, bald in jener bald in dieser Gestalt erscheint, ist, soweit ich weiß, bisher noch von niemandem überzeugend erklärt worden, obgleich viele eine Erklärung versucht haben. Und das nimmt mich gar nicht wunder, da doch niemand auf die Idee kam, daß Licht und Farbe keine Akzidenzien der Gegenstände, sondern bloße Phantasmen in uns sind. Da über die Frage des Sehbildes bisher noch nichts mit so sicherer Begründung geschrieben worden ist, wie sie von denen verlangt wird, die die wahren Ursachen der Dinge zu wissen wünschen, wollen wir sehen, ob wir aus dem früher Gesagten die Gründe aller dieser Dinge genau bestimmen können.

2. Ein jeder gesehene Punkt erscheint in einer Geraden, die einerseits durch den Mittelpunkt des Augapfels, andrerseits durch den Einfallspunkt des Strahles auf seine Hinterfläche bestimmt ist. Diese Gerade heißt der Sehstrahl, und wenn er senkrecht zur Augenoberfläche ist, bildet er die optische Achse.

Der Beweis beruht auf den Sätzen, die in „De Corpore" Kap. 24, Abschn. 2, und Kap. 22, Abschn. 6, entwickelt sind.

Hiernach ist offenbar, daß die Sehstrahlen sich sämtlich im Mittelpunkt des Augapfels schneiden.

Zwei bekannte und von jedem leicht zu beobachtende Phänomene oder Experimente erklären sich hieraus. Verschiebt man bei der binokularen Betrachtung eines Gegenstandes die optische Achse des einen Auges, während die andere unverändert bleibt, so erscheint der Gegenstand an zwei Orten. Fixiert man einen Gegenstand mit beiden Augen aufmerksam, so erscheint ein jeder andere Gegenstand, wenn er näher oder ferner als der betrachtete, aber doch noch gesehen wird, doppelt. —

Hieraus erklärt sich, daß beim Fixieren eines kleinen Gegenstandes die Gegenstände in der Nachbarschaft undeutlich erscheinen, da ihre Strahlen nicht in der optischen Achse einfallen, sie also doppelt gesehen werden.

Es folgt ferner, daß kein Gegenstand mit unbewegtem Auge scharf gesehen werden kann; denn bei unbewegtem Auge bleibt auch die optische Achse unbewegt, auf der allein ein scharfes Sehen, aber eben dadurch nur das Sehen eines Punktes möglich ist. Somit ist scharfes Sehen nur dann möglich, wenn das Auge die Teile des Gegenstandes einzeln und in ihrer Ordnung aufnimmt, selbst wenn bei kleinen Gegenständen diese Bewegung im Auge so geringfügig ist, daß sie nicht wahrgenommen wird. Daher muß jemand, der eine Zeile lesen will, mag diese auch kurz und mit einem Blick zu umfassen sein, die Augenachse unablässig auf die Folge der Buchstaben einstellen.

3. Da die Pupille über ein gewisses Maß nicht verengt werden kann, werden sehr kleine Gegenstände, aber auch sehr große, wenn sie weit entfernt sind, stets undeutlich gesehen. —

Hieraus folgt, daß die kleinsten Teile der Gegenstände auch von dem besten Auge, selbst mit vorgesetzten Gläsern, nicht unterschieden werden können; denn die Gegenstände können in immer noch kleinere Teile zerteilt werden, die Auflösungskraft der Gläser kann aber nicht unbegrenzt gesteigert werden. —

4. Über undeutliches Sehen, sofern es durch Augenfehler bedingt ist. —

Da außerhalb der optischen Achse ein deutliches Sehen nicht stattfindet, ist es, damit die Bewegung eines Gegenstandes genau wahrgenommen wird, erforderlich, daß das Auge selbst, falls der bewegte Gegenstand nahe oder die Bewegung schnell ist, sogar der ganze Kopf bewegt werde. Sind die Gegenstände sehr weit entfernt, so genügt, auch wenn ihre Bewegung schnell ist, schon eine kleine Augenbewegung.

Außerdem ist zu beachten, daß (wie in der Schrift „*De Corpore*“, Kap. 25, gezeigt worden ist) Empfindung eine Bewegung ist, die, wie klein sie auch sei, doch nicht im Moment wieder verschwinden kann, daher auch das aus ihr entstehende Bild nicht sofort verschwindet, sondern mit der anfänglichen Klarheit eine Zeitlang besteht, mag diese Zeit auch noch so klein sein.

5. Hieraus erklärt sich schon, warum kleinste Gegenstände, schnell bewegt, größer erscheinen müssen als sie sind. — Bewegung wird also nur so weit wahrgenommen, als wir die Drehung des Auges, d. h. der optischen Achse, empfinden. Mit dieser Behauptung stehen folgende Erfahrungen im Einklang: Die Bewegung der Sonne, des Mondes und vor allem der Fixsterne kann, obgleich sie außerordentlich groß ist, nicht wahrgenommen werden; denn bei ihrer Entfernung genügt eine unmerkliche Bewegung der Augenachse, um ihrer Bewegung zu folgen, weil ihre von sehr weit auseinanderliegenden Orten ausgehenden Lichtstrahlen im Mittelpunkt des Augapfels dennoch nur einen äußerst kleinen Winkel bilden. Ebenso wird die Bewegung eines Gegenstandes nicht wahrgenommen, wenn Auge und Gegenstand dieselbe Bewegung haben. Denn dann wird das Auge nicht gedreht, sondern bewegt sich parallel zu dem Gegenstand, so daß die vom Gegenstand ins Auge kommenden Lichtstrahlen überhaupt keinen Winkel im Mittelpunkt des Augapfels bilden.

6. Ruht der Gegenstand, wird aber das Auge bewegt (wenn man etwa auf dem Meere an der Küste entlangfährt), dann kann durch Sehen nicht, allein durch Vernunft entschieden werden, wer sich wirklich bewegt: der Betrachter oder der Gegenstand. Aus demselben Grunde entscheidet nicht die Wahrnehmung, sondern die Vernunft darüber, ob die Erde oder die Gestirne sich in jährlicher oder täglicher Bewegung bewegen. Denn wie auch immer entschieden wird, dem Auge bietet sich der gleiche Anblick.

7. Wie der Schein einer Bewegung auch bei ruhendem Gegenstand und ruhendem Betrachter durch Erregung der nervösen Organe entstehen kann.

3. KAPITEL *

Vom scheinbaren Ort des Gegenstandes im direkten Sehen

1. Wovon der scheinbare Ort abhängt.
2. Zu kleine Gegenstände werden nicht wahrgenommen.

3. Bei direktem Sehen ist der scheinbare Ort des Gegenstandes immer näher als der wahre.
4. Berechnung des scheinbaren Ortes.
5. Der binokular wahrgenommene Gegenstand erscheint größer als der monokular wahrgenommene.
6. Der Gegenstand erscheint um so dunkler, je schwächer er auf das Auge wirkt.
7. Warum der Mond bei Tage blaß und klein erscheint.
8. Warum die Fixsterne, obwohl sie doch unzählig sind, alle zusammen die Erde weniger erleuchten als der Mond.

4. KAPITEL *

Von der Abbildung des Gegenstandes in der Perspektive

1. Das Wesen der perspektivischen Zeichnung.

2, 3. Die perspektivische Abbildung eines in einer Horizontalebene liegenden Rechteckes, dessen hintere Seite unendlich weit entfernt ist, ist ein Dreieck.

4, 5. Die perspektivische Darstellung eines Rechteckes, dessen hintere Seite nicht unendlich weit entfernt ist, ist ein Trapez.

6, 7. Verteilung der Schatten im perspektivischen Bild.

8. Warum ein perspektivisches Bild vollkommener erscheint, wenn es nur mit einem Auge durch eine kleine Öffnung betrachtet wird.

9, 10, 11. Perspektivische Darstellung des Kreises und der Parabel.

12. Von der Umkehrung der Perspektive.

5. KAPITEL *

Vom scheinbaren Ort des Gegenstandes bei Reflexion in ebenen und sphärisch konvexen Spiegeln

1, 2. Reflexion in undurchsichtigen und durchsichtigen ebenen Spiegeln.

3, 4, 5. Reflexion in sphärisch konvexen Spiegeln.

6. KAPITEL *

Vom scheinbaren Ort des Gegenstandes bei Reflexion in einem sphärisch konkaven Spiegel

1, 2. Der Ort des Bildes, wenn der Gegenstand sich nicht zwischen Auge und Spiegel befindet.
3, 4, 5, 6, 7. Der Ort des Bildes, wenn der Gegenstand sich zwischen Auge und Spiegel befindet.
8. Bei keiner Lage des Gegenstandes kann dessen Bild sich so weit vom Spiegel entfernen, daß es bis zum Mittelpunkt des Augapfels gelangt.
9. Der Punkt des Gegenstandes, der sich im Mittelpunkt des Spiegels befindet, erscheint, wenn das Auge diesseits des Mittelpunktes ist, in eben diesem Mittelpunkt selbst.
10. Stellen größter Undeutlichkeit.

7. KAPITEL *

Vom scheinbaren Ort des in einfacher Brechung gesehenen Gegenstandes

1. Allgemeine Regel.
2, 3, 4, 5, 6. Einige Anwendungen dieser Regel.
7, 8. Warum die Gestirne am Horizont größer als in ihrer Kulmination erscheinen.
9. Warum bei klarem Himmel in kalter Nacht mehr Fixsterne sichtbar sind als in warmer.

8. KAPITEL *

Vom Sehen in doppelter Brechung

1. Brillen und Linsen scheinen den Alten unbekannt gewesen zu sein.
2. Konvexe Linsen.

3. Konkave Linsen.
4. Warum konvexe Linsen Greisen dienlich sind.
5. Nutzen der konkaven Linsen.
6. Bildlage bei konvexen Linsen.
7. Umkehrung des Bildes durch konvexe Linsen.
8. Bildlage bei konkaven Linsen.
9. Bildlage bei hyperbolisch geschliffenen Linsen.

9. KAPITEL *

Von Teleskopen und Mikroskopen

1, 2, 3. Bedingungen des deutlichen Sehens durch mehrere Linsen.
4, 5, 6, 7, 8. Theorie des Teleskopes.
9. Theorie des Mikroskopes.
10. Teleskop und Mikroskop unterscheiden sich nicht in der Herstellung, sondern in der Anwendung.

10. KAPITEL

Von der Sprache und den Wissenschaften

1. Sprache oder Rede ist eine Verbindung der von den Menschen willkürlich festgesetzten Worte, um eine Reihe von Vorstellungen von Dingen, an die wir denken, zu bezeichnen. Wie sich also ein Wort zu einem Gedanken oder einer Vorstellung verhält, so verhält sich die Sprache zu einem Gedankenablauf. Und zwar scheint die Sprache dem Menschen eigentümlich zu sein. Denn wenn auch einige Tiere durch Gewohnheit lernen, unsere Wünsche und Befehle auf Grund von Worten zu verstehen, so erfassen sie dabei doch nicht die Worte, sofern sie Worte sind (denn sie wissen ja nicht, zur Bezeichnung welches Gegenstandes die Worte von der Willkür des Menschen bestimmt sind), sondern die Worte sind ihnen nur Signale.

Die Zeichengebung aber, die mit Hilfe der Stimme zwischen zwei Tieren derselben Art zustande kommt, ist darum keine Sprache, weil jene Laute, durch die Hoffnung, Furcht, Freude usw. ausgedrückt wird, von ihnen nicht willkürlich hervorgebracht, sondern durch den Zwang ihrer Natur von ihren Empfindungen mit Gewalt ausgepreßt werden. So kommt es bei Tieren, deren Stimme nur eine kleine Veränderungsmöglichkeit hat, vor, daß die einen von den anderen durch die Verschiedenheit der Laute in Gefahren zur Flucht aufgefordert, zum Fressen gerufen, zum Singen ermuntert, zur Liebe gereizt werden. Doch sind diese Laute nicht Sprache, da sie nicht durch deren Willen festgesetzt sind, sondern durch die Gewalt der Natur von der Furcht, Freude, Begierde und den übrigen Empfindungen jedes einzelnen hervorgerufen werden. Daß dies kein Sprechen ist, geht auch daraus hervor, daß die Tiere derselben Gattung in allen Erdteilen dieselben Laute hervorbringen, die Menschen dagegen jeweils verschiedene Sprachen haben.

Darum entbehren die Tiere auch des Verstandes; denn der Verstand hat es zwar mit Vorstellungen zu tun, aber mit solchen, die aus der festgesetzten Bedeutung der Worte entspringen.

2. Ich habe soeben gesagt, daß die Worte durch menschliche Festsetzung entstanden sind; vielleicht wird nun jemand fragen, welcher Menschen Festsetzungen so viel galten, daß sie eine so große Wohltat, wie die Sprache für uns ist, dem menschlichen Geschlecht erweisen konnten. Es ist nun nicht glaublich, daß einmal die Menschen zu einer Beratung zusammengekommen seien, um durch einen Beschluß festzusetzen, was die Worte und Wortverknüpfungen bedeuten sollten. Man kann also annehmen, daß es von Anfang an einige wenige Worte gegeben hat, und zwar die Bezeichnungen der vertrautesten Dinge. Der erste Mensch hat nach seiner Willkür nur einigen Tieren, die Gott ihm vorführte, Namen beigelegt; dann anderen Gegenständen, so wie sich ein immer neuer Anblick der Dinge seinen Sinnen darbot; diese Bezeichnungen ererbten die Söhne von ihren Vätern und vererbten sie ihren Nachkommen, die noch andere hinzu erfanden. Nun wird aber im 2. Kapitel der Genesis erzählt, daß Gott, bevor noch Adam irgendwelchen

Dingen Namen gegeben hätte, ihm untersagt habe, die Frucht vom Baume der Erkenntnis des Guten und Bösen zu essen; wie konnte Adam das Verbot Gottes verstehen, da er doch bis dahin noch nicht wußte, was „essen", was „Frucht", was „Baum", was „Erkenntnis", was endlich „das Gute" oder „das Böse" bedeute? Adam muß also jenes göttliche Verbot nicht aus der Bedeutung der Worte, sondern auf irgendeine übernatürliche Weise verstanden haben, was bald darauf aus Gottes Frage, wer ihm gesagt habe, daß er nackt sei, klar hervorgeht. Wie konnte Adam ebenso die Schlange verstehen, da sie vom Tode sprach, von dem er, der erste Sterbliche, doch keine Vorstellung haben konnte? Diese Vorgänge also sind auf natürliche Weise nicht zu verstehen, und folglich kann die Sprache auf natürliche Weise nicht anders entstanden sein als durch Willkür des Menschen. Das wird noch deutlicher durch die Sprachverwirrung beim Turmbau zu Babel. Denn zu diesem Zeitpunkte sind die verschiedenen Sprachen entstanden und von den einzelnen Menschen auf die einzelnen Völker übertragen worden. Die Lehre dagegen, daß den einzelnen Dingen entsprechend ihrer Natur die Bezeichnungen beigelegt seien, ist albern. Denn wie hätte das sein können, da doch die Natur der Dinge allenthalben dieselbe, die Sprachen indessen verschieden sind? Und welche Ähnlichkeit hat etwa ein Wort, d. h. ein Schall, mit einem Tier, d. h. einem Körper?

3. Die wichtigsten Vorteile, die aus der Sprache erwachsen, sind folgende. Erstens kann der Mensch mit Hilfe der Zahlwörter nicht nur Einheiten zählen, sondern auch einzelne Gegenstände, was immer es sei, zählend bestimmen. So wird bei Körpern jede Art der Ausdehnung, sei es die Länge, oder Länge und Breite, oder Länge, Breite und Dicke, gemessen, sie werden addiert, subtrahiert, multipliziert, dividiert und miteinander verglichen. Zeiten, Bewegung, Gewichte und die Grade der Intensität der Qualitäten werden berechnet. Hieraus entstehen dem Menschengeschlecht ungeheure Vorteile, die den übrigen Lebewesen versagt sind. Denn jedermann weiß, in welchem Maße diese Fähigkeiten beim Ausmessen von Körpern, bei der Zeitrechnung, bei der Berechnung der Gestirnbewegungen, bei

der Erdbeschreibung, bei Seefahrten, beim Bauen, bei Maschinen und anderen notwendigen Dingen verwendet werden.

Alles dieses beruht auf dem Zählen, das Zählen aber auf der Sprache.

Zweitens verdanken wir der Sprache, daß ein Mensch den anderen belehren, d. h. sein Wissen dem anderen mitteilen, ihn ermahnen, um Rat fragen kann; und so wird das Gut, an sich schon groß, noch größer dadurch, daß man es mitteilen kann.

Eine dritte, und zwar die größte Wohltat der Sprache ist, daß wir befehlen und Befehle verstehen können. Denn ohne diese gäbe es keine Gemeinschaft zwischen den Menschen, keinen Frieden und folglich auch keine Zucht, sondern erstens Wildheit, zweitens Einsamkeit und anstelle von Wohnstätten Schlupfwinkel. Zwar weisen auch einige Tierarten eine Art von staatlicher Ordnung auf, aber diese ist doch für ihre Wohlfahrt von ziemlich geringer Bedeutung. Sie kann daher hier außer Betracht bleiben; auch findet sie sich nur bei waffen- und bedürfnislosen Geschöpfen. Zu diesen gehört aber der Mensch nicht; denn so gewiß Schwerter und Spieße, die Waffen der Menschen, Hörner, Zähne und Stacheln, die Waffen der Tiere, übertreffen, so gewiß ist auch der Mensch, den sogar der künftige Hunger hungrig macht, raublustiger und grausamer als Wölfe, Bären und Schlangen, deren Raubgier nicht länger dauert als ihr Hunger und die nur grausam sind, wenn sie gereizt sind. Hiernach ist leicht einzusehen, wieviel wir der Sprache verdanken, durch die wir gesellig und in Verträgen geeint, sorglos, glücklich und behaglich leben — oder doch leben können, wenn wir wollen.

Aber die Sprache hat auch ihre Nachteile. Vermag der Mensch als einziger unter allen Lebewesen vermittels der allgemeinen Wortbedeutungen sich allgemeine praktische Regeln, vor allem für die Lebensordnung, zu ersinnen, so vermag er allein auch nach falschen Regeln zu handeln und diese auch anderen mitzuteilen, damit sie danach handeln. Daher verbreiten sich die Irrtümer des Menschen weiter und sind gefährlicher, als es bei den Tieren möglich ist. Auch kann der Mensch, wenn es ihm beliebt — belieben wird es ihm aber, sooft er meint, daß es für seine Absichten vorteilhaft ist — vorsätzlich Falsches lehren, d. h. lügen, und die Mitmenschen den Bedingungen von Gemeinschaft und Frieden abgeneigt machen. Bei tierischen Gesellschaften kann das nicht vorkommen, weil Tiere Gut und Übel nur nach eigenem Empfinden, nicht nach fremden Klagen schätzen, deren Gründe sie nicht begreifen können, wenn sie sie nicht sehen.

Weiter bringt die Gewohnheit zu hören es bisweilen mit sich, daß die Worte der Philosophen und Lehrer von ihren Schülern unbesehen hingenommen werden, wenn sich ihnen auch kein Sinn entlocken läßt, z. B. wenn die Worte nur ersonnen sind, um die Unwissenheit der Lehrer zu bemänteln. Die Schüler bedienen sich dann dieser Worte in dem Glauben, damit etwas zu sagen, während doch nichts mit ihnen ausgedrückt wird.

Endlich verführt die Mühelosigkeit des Sprechens den Menschen auch dazu, zu reden, wenn er überhaupt nichts denkt, und indem er, was er redet, für wahr hält, sich selbst zu täuschen. Das Tier kann sich nicht selbst täuschen. So wird der Mensch durch die Sprache nicht besser, sondern nur mächtiger.

4. Unter Wissenschaft wird die in theoretischen Behauptungen, d. h. in allgemeinen Sätzen enthaltene Wahrheit verstanden, d. h. die Wahrheit von Konsequenzen. Wenn es sich bloß um die Wahrheit einer Tatsache handelt, so spricht man nicht eigentlich von Wissenschaft, sondern einfach von Kenntnis. Daher ist das Wissen, durch welches wir die Wahrheit einer Behauptung einsehen, die Kenntnis eines Gegenstandes aus seinen Ursachen und seiner Entstehung durch richtige Ableitung im Denken. Ein Wissen ist auch die Einsicht in die mögliche Wahrheit eines Satzes; sie wird durch einen berechtigten Schluß von den erfahrungsgemäßen Wirkungen aus gewonnen. Beide Arten von Ableitungen pflegt man als Beweise zu bezeichnen. Indessen gilt die erste mehr als die zweite, und dies mit Recht. Denn es ist mehr wert zu wissen, wie wir uns der gegenwärtigen Ursachen am besten bedienen können, als die

Vergangenheit, die wir doch nicht zurückrufen können, zu erkennen. Eine demonstrative Erkenntnis a priori ist uns daher nur von den Dingen möglich, deren Erzeugung von der Willkür der Menschen selbst abhängt.

5. So sind streng beweisbar die meisten Sätze über Größe, deren Wissenschaft Geometrie heißt. Da nämlich die Ursachen der Eigenschaften, welche die einzelnen Figuren haben, in den Linien liegen, die wir selbst ziehen, und da die Erzeugung der Figuren von unserer Willkür abhängt, so ist zur Erkenntnis jeder beliebigen Eigenschaft einer Figur nichts weiter erforderlich, als daß wir alles das betrachten, was aus der Konstruktion folgt, die wir selbst beim Zeichnen der Figur ausführen. Aus diesem Grunde, weil wir selbst die Figuren hervorbringen, gilt die Geometrie für eine beweisbare Wissenschaft und ist es auch. Dagegen liegen die Ursachen der natürlichen Dinge nicht in unserer Macht, sondern im göttlichen Willen, und überdies ist der größte Teil von ihnen (wie z. B. der Äther) uns unsichtbar; daher können wir ihre Eigenschaften nicht aus Ursachen, die wir ja nicht sehen, ableiten.

Indessen ist es uns möglich, indem wir aus den uns sichtbaren Eigenschaften rückwärts schließen, zu der Erkenntnis zu gelangen, ihre Ursachen könnten diese oder jene gewesen sein. Dies nennt man den Beweis a posteriori, die Wissenschaft, die sich seiner bedient, Physik. Da man aber bei den Naturvorgängen, die sich durch Bewegung vollziehen, nicht vom Späteren auf das Frühere schließen kann ohne Kenntnis dessen, was aus einer jeden Bewegungsart folgt, und nicht auf die Folgen der Bewegungen ohne Kenntnis der Quantität, d. h. ohne Geometrie, so muß notwendigerweise auch der Physiker einiges durch Demonstration a priori beweisen. Daher pflegt die Physik, ich meine die wahre Physik, die sich auf die Geometrie stützt, unter die gemischt mathematischen Wissenschaften gerechnet zu werden. Als mathematische Wissenschaften nämlich hat man sich gewöhnt, diejenigen zu bezeichnen, welche nicht durch Erfahrung und Versuch, sondern von Lehrern und durch Regeln gelernt werden. Reine Mathematik ist diejenige Wissenschaft, welche es mit den Quantitäten in ab-

Bewegung = Veränderung (zeitlich/ ungesetzlich)

stracto zu tun hat, so daß sie die Kenntnis eines Gegenstandes nicht braucht; reine Mathematik sind so Geometrie und Arithmetik. Gemischt mathematisch sind die Wissenschaften, bei deren Beweisen auch eine Eigenschaft des Gegenstandes in Betracht kommt; zu ihnen gehören Astronomie, Musik, Physik und die Einzeldisziplinen der Physik, deren es entsprechend der Verschiedenheit der Arten und der Teile des Universums verschiedene geben kann.

Außerdem läßt sich die Politik und die Ethik, d. h. die Wissenschaft von Gerechtigkeit und Ungerechtigkeit, von Billigkeit und Unbilligkeit, apriorisch demonstrieren, weil wir die Prinzipien für die Erkenntnis des Wesens der Gerechtigkeit und der Billigkeit, und umgekehrt der Ungerechtigkeit und Unbilligkeit, d. h. die Ursachen der Gerechtigkeit, nämlich Gesetze und Abmachungen selbst schaffen. Denn vor der Schaffung von Abmachungen und Gesetzen gab es bei den Menschen keine Gerechtigkeit noch Ungerechtigkeit, noch auch einen Wesensbegriff des allgemeinen Guten oder Schlechten, ebensowenig wie bei den Tieren.

11. KAPITEL

Von Begehrung und Abneigung, vom Angenehmen und Unangenehmen und ihren Ursachen

1. Begehrung und Abneigung unterscheiden sich von Lust und Unlust nicht anders als das Verlangen vom Genießen, d. h. als das Zukünftige vom Gegenwärtigen. Denn auch Begehrung ist Lust und Abneigung Unlust, aber infolge von etwas Angenehmen bzw. Unangenehmen, das noch nicht gegenwärtig ist, aber vorhergesehen oder erwartet wird. Lust aber und Unlust unterscheiden sich, wenngleich sie nicht als Empfindungen bezeichnet werden, von diesen nur insofern, als die Empfindung eines Gegenstandes als eines äußeren infolge einer Reaktion oder eines Widerstandes entsteht, der von dem empfindenden Organ ausgeht, und folglich besteht sie in einer minimalen Bewegung des Organs nach außen hin; die Lust aber besteht in einem

Erleiden, das von einer Aktion des Gegenstandes hervorgerufen wird, und ist eine minimale Bewegung nach innen hin.

2. Die Ursache also sowohl der Empfindung als auch der Begehrung und Abneigung, der Lust und der Unlust, sind die Gegenstände der Sinne selbst. Daraus folgt, daß unser Begehren oder unsere Abneigung nicht die Ursache ist, warum wir dieses oder jenes begehren oder fliehen; wir begehren nicht deshalb, weil wir wollen, der Wille selbst ist vielmehr das Begehren; und wir fliehen nicht, weil wir nicht wollen, sondern weil Begehren oder Abneigung von den gewünschten oder verabscheuten Dingen selbst hervorgebracht ist und sich notwendig nach der Erwartung künftiger Lust oder Unlust an ihnen richtet. Haben wir etwa Hunger oder begehren wir die übrigen zum Leben notwendigen Dinge, weil wir wollen? Oder sind Hunger, Durst und sinnliche Begierden selber Sache des Willens? Wie der Begehrende handelt, mag von ihm allein abhängen, das Begehren selbst aber kann es nicht. Das ist jedem aus eigener Erfahrung so offenkundig, daß ich mich wundern muß, daß es so viele Menschen gibt, die das nicht verstehen. Wenn wir sagen, es stehe in jemandes freiem Ermessen, dies oder das zu tun oder nicht zu tun, so ist das immer zu verstehen unter Hinzufügung der Bedingung „wenn er will“. Es ist nämlich sinnlos zu sagen, jemand habe die Freiheit, dies oder jenes zu tun, ob er wolle oder nicht.

Erwägt man, ob man eine Absicht ausführen oder unterlassen soll, so spricht man von Überlegen und Entscheiden, und das bedeutet, sich der Freiheit, das eine *oder* das andere zu tun, zu begeben. Bei dieser Überlegung ist man bald geneigt, bald abgeneigt, je nachdem sich Vorteile und Nachteile auf der einen oder anderen Seite zeigen; schließlich, wenn die Sachlage eine Entscheidung fordert, führt ein letzter Antrieb zu tun oder zu lassen unmittelbar die Handlung oder Unterlassung herbei und diesen nennt man im eigentlichen Sinne „Willen“.

3. Nach der Ordnung der Natur geht die Empfindung dem Begehren voraus. Denn ob das, was wir sehen, angenehm sein wird oder nicht, läßt sich nur auf Grund von Erfahrung, d. h. durch Empfindung, wissen. Daher pflegt

man zu sagen, das Unbekannte reize uns nicht. Indessen kann es eine Begierde, etwas Unbekanntes kennenzulernen, geben. Sie erklärt, daß kleine Kinder nur wenig begehren, größere Kinder mehr und Unbekanntes versuchen und mit fortschreitendem und gereiftem Alter die Menschen, besonders die Gelehrten, unzählige, auch nicht notwendige Dinge kennenzulernen streben. Und was sie als angenehm erprobt haben, begehren sie späterhin wiederholt, von der Erinnerung getrieben. Bisweilen wird auch etwas, was beim ersten Kennenlernen unangenehm ist, wenn es nur selten oder neu gewesen ist, durch die Gewohnheit nicht mehr als unangenehm, später sogar als angenehm empfunden. So großen Einfluß hat die Gewohnheit auf die Sinnesänderung einzelner Menschen.

4. Alle Dinge, die erstrebt werden, bezeichnet man, sofern sie erstrebt werden, mit einem gemeinsamen Namen als „Güter", alle, die wir vermeiden, als „Übel". Daher hat Aristoteles richtig definiert, ein Gut sei, was alle erstreben. Da aber die verschiedenen Menschen verschiedene Dinge erstreben und vermeiden, so muß es viele Dinge geben, die für einige Güter, für andere Übel sind, wie für unsere Feinde das ein Übel ist, was für uns ein Gut ist. Gut und Übel sind also relativ je nach den Erstrebenden und Vermeidenden. Ein Gut kann allgemein sein und man kann zutreffend von etwas sagen, es sei gemeinhin ein Gut, d. h. für viele von Nutzen, oder für den Staat ein Gut. Man kann auch bisweilen sagen „für alle ein Gut", z. B. von der Gesundheit. Aber auch diese Ausdrücke sind relativ, daher darf man nicht von einem Gut schlechthin reden. Denn jedes Gut ist gut für irgendwelche oder irgendeinen Menschen. Gut war ursprünglich alles, was Gott schuf. Warum? Weil ihm selbst alle seine Werke gefielen. Man sagt auch, „gut" ist Gott für alle, die seinen Namen anrufen, nicht aber für die, welche seinen Namen lästern. „Gut" also wird gesagt relativ zu Person, Ort und Zeit. Diesem Menschen, hier, jetzt gefällt etwas; jenem, dort, zu jener Zeit mißfällt es. Und ebenso kommen die übrigen Umstände in Betracht. Denn die Natur des Guten und Schlechten ist von den jeweilig zusammentreffenden Bedingungen abhängig.

5. Auch wechseln die Bezeichnungen für Gut und Übel in verschiedener Weise. Denn dasselbe Ding, das, sofern es gewünscht ist, gut heißt, heißt, sofern es erlangt ist, angenehm; und dasselbe Ding, das, sofern es gewünscht ist, gut heißt, heißt, sofern es betrachtet ist, schön. Schönheit ist diejenige Beschaffenheit eines Gegenstandes, die ein Gut von ihm erwarten läßt. Was Gegenständen, die gefallen haben, ähnlich ist, von dem vermutet man, daß es gefallen werde. Die Schönheit ist ein Anzeichen eines künftigen Gutes. Beobachtet man sie an Handlungen, so nennt man sie Tugendhaftigkeit; beruht sie auf der Gestalt, nennt man sie Formenschönheit; und sie gefällt durch die bloße Vorstellung, bevor das Gut, für das sie ein Anzeichen ist, erlangt wird. In derselben Weise spricht man bei ein und demselben von „schlecht" und „häßlich". Außerdem nennt man ein Ding, das, sofern es gewünscht ist, gut heißt, angenehm, wenn es um seiner selbst willen begehrt wird, nützlich, wenn es um eines anderen willen begehrt wird. Denn ein Gut, das wir um seiner selbst willen erstreben, gebrauchen wir nicht, weil Gebrauch ein Merkmal der Mittel oder Werkzeuge ist; der Genuß dagegen ist gleichsam der Endzweck irgendeiner Sache, die man erstrebt. Man unterscheidet außerdem wahre und scheinbare Güter und Übel. Nicht als ob irgendein scheinbares Gut nicht wirklich an sich ein Gut wäre, wenn man von den Dingen absieht, die davon abhängen; sondern weil viele Dinge, von denen einige gut, andere schlecht sind, bisweilen so eng miteinander verbunden sind, daß man sie nicht trennen kann. Obwohl also jedes einzelne Ding für sich nur gut oder nur schlecht ist, so ist doch ihre gesamte Kette teils gut, teils schlecht. Und wenn der größere Teil gut ist, so nennt man die Verbindung gut und erstrebt sie; wenn dagegen der größere Teil schlecht ist, so wird das Ganze von den Einsichtigen wenigstens zurückgewiesen. Unerfahrene, welche die Folgen der Dinge nicht weit genug überschauen, nehmen daher, was als gut erscheint, hin, ohne das damit verknüpfte Übel zu sehen, und machen nachher schlimme Erfahrungen. Das allein will die Unterscheidung wahrer und scheinbarer Güter und Übel besagen.

6. Das erste Gut ist für jeden die Selbsterhaltung. Denn die Natur hat es so eingerichtet, daß alle ihr eigenes Wohlergehen wünschen. Um das erlangen zu können, müssen sie Leben und Gesundheit wünschen und für beide, soweit es möglich ist, Gewähr für die Zukunft. Auf der anderen Seite steht unter allen Übeln an erster Stelle der Tod, besonders der Tod unter Qualen; denn die Leiden des Lebens können so groß werden, daß sie, wenn nicht ihr nahes Ende abzusehen ist, uns den Tod als ein Gut erscheinen lassen.

Macht ist, wenn sie bedeutend ist, ein Gut, weil sie uns Mittel zu unserem Schutz gewährt; auf dem Schutz beruht aber unsere Sicherheit. Wenn die Macht nicht bedeutend ist, ist sie unnütz; denn wenn alle anderen gleiche Macht besitzen, so bedeutet sie nichts.

Freundschaften sind ein Gut, da sie nützlich sind. Denn Freundschaften tragen ganz besonders zur Sicherheit bei. Daher sind Feindschaften etwas Schlechtes, da sie Gefahren mit sich bringen und den Schutz rauben.

7. Reichtum, wenn er ungeheuer ist (nach Lucullus ist reich, wer aus eigenen Mitteln ein Heer erhalten könne), ist etwas Nützliches. Er gewährt uns nämlich nahezu sicheren Schutz. Auch mittelmäßiger Reichtum reicht schon hierfür hin, sofern man ihn zu seinem Schutz verwendet, denn er erwirbt Freundschaften; Freundschaften aber dienen zum Schutz. Wer aber seinen Reichtum dazu nicht verwendet, fordert Haß und Neid heraus. Reichtum ist also nur ein scheinbares Gut.

Reichtum, der nicht ererbt, sondern durch eigenen Fleiß erworben ist, ist ein Gut. Er ist nämlich angenehm und erscheint jedem als ein Beweis der eigenen Klugheit. Gänzliche Mittellosigkeit oder auch Armut, die nicht einmal das Notwendigste hat, ist ein Übel; denn es ist ein Übel, das Notwendigste zu entbehren. Armut ohne Bedürftigkeit ist ein Gut; sie bewahrt den Armen vor Neid, Verleumdung und Verfolgung.

8. Weisheit ist etwas Nützliches; denn sie trägt beträchtlich zur Lebenssicherung bei. Indessen ist sie auch um ihrer selbst willen erstrebenswert, d. h. etwas Angenehmes. Auch ist sie etwas Schönes; denn sie ist schwer zu erwerben.

Unwissenheit ist ein Übel; denn sie schützt uns nicht und läßt uns drohendes Unglück nicht voraussehen.

Die Begierde nach Reichtum ist größer als die nach Weisheit. Gewöhnlich wird diese sogar nur um jenes willen erstrebt. Besitzen die Menschen Reichtum, so wollen sie wenigstens den Anschein haben, weise zu sein. Denn der Weise ist nicht, wie die Stoiker behauptet haben, reich. Sondern umgekehrt, wer reich ist, möchte als weise bezeichnet werden.

Weisheit bringt größeren Ruhm als Reichtum. Denn dieser pflegt als ein Zeichen für jene angesehen zu werden. Bedürftigkeit bringt geringere Schande als Torheit. Denn jene kann die Ungunst des Schicksals anklagen, diese dagegen nur die Natur. Indessen ist Torheit erträglicher als Bedürftigkeit; denn jene belästigt in ihrem eigenen Elemente (wie man sagt) nicht.

9. Wissenschaften und Künste (artes) sind ein Gut. Denn sie sind dem Menschen, der von Natur ein Bewunderer alles Neuen, d. h. begierig ist, die Ursachen aller Dinge zu kennen, eine Lust. Daher kommt es, daß die Wissenschaft gleichsam eine Nahrung des Geistes ist und für den Geist dieselbe Bedeutung hat wie die Nahrungsmittel für den Körper; was für den Hungernden die Speise ist, das sind für den wißbegierigen Geist die Erscheinungen. Der Unterschied ist jedoch, daß der Körper von Speisen gesättigt werden kann, während der Geist durch Wissen nie befriedigt wird.

Ferner ist für jeden seine praktische Wissenschaft insoweit etwas Nützliches, als er sie auf einen Stoff anwenden kann. Auch für die Allgemeinheit sind die praktischen Wissenschaften von größtem Nutzen, da wir ihnen fast alle Hilfsmittel und fast allen Schmuck des Menschengeschlechts verdanken. Man muß aber bedenken, daß nicht alle die Wissenschaft besitzen, die sie zu besitzen behaupten. Wer sich über die Ursachen der Dinge ausläßt, indem er nur den Schriften anderer folgt und fremde Meinungen, ohne selbst etwas zu entdecken, abschreibt, taugt gar nichts. Denn etwas Gesagtes zu wiederholen, hat nichts Gutes an sich, sondern im Gegenteil oft das Schlechte, daß es der Wahrheit den Weg verbaut, indem es die Irrtümer der Alten bekräftigt.

10. Auch die philologischen und historischen Wissenschaften sind ein Gut, denn sie erfreuen den Geist. Sie sind ebenfalls nützlich, besonders Geschichte; denn diese liefert uns die Erfahrungen, auf die sich die Kenntnis der Ursachen stützt, und zwar als Naturgeschichte der Physik, als Staatengeschichte der Staats- und Moralwissenschaft, und das, gleichviel ob sie wahr oder falsch ist, wenn sie nur nicht unmöglich ist. Denn in der Wissenschaft sucht man nicht so sehr die Ursachen dessen, was gewesen ist, als die Ursachen dessen, was sein könnte. Auch Kenntnis der Sprachen, die bei den Nachbarvölkern gesprochen werden, ist nützlich, wegen des Verkehrs und des Handels. Desgleichen Lateinisch und Griechisch als die Sprachen der Wissenschaft, um eben dieser willen.

11. Beschäftigung ist ein Gut; denn sie ist die Bewegung des Lebens. Wenn man gar nichts zu tun hat, dient schließlich ein Spaziergang als Beschäftigung. „Wohin soll ich gehen, was soll ich tun?" so fragen die Unmutigen. Untätigkeit quält. Die Natur läßt eben keinen Raum und keinen Augenblick unausgefüllt sein.

12. Vorwärtskommen ist etwas Angenehmes, weil es ein Näherkommen zu dem Ziele, d. h. zu etwas Angenehmerem, ist. Fremdes Unglück zu sehen, ist etwas Angenehmes; denn es gefällt, nicht sofern es ein Unglück ist, sondern sofern es ein *fremdes* Unglück ist. Daher kommt es, daß Menschen zusammenlaufen, um sich Tod und Gefahren anderer anzusehen. Ebenso ist es etwas Unangenehmes, fremdes Glück zu sehen, jedoch nicht sofern es Glück ist, sondern sofern es *fremdes* Glück ist. Die nachahmende Kunst ist etwas Angenehmes; sie ruft nämlich das frühere Urbild zurück. Die Vergegenwärtigung aber von Vergangenem ist angenehm, wenn es gut war, weil es gut war; wenn es schlecht war, weil es vergangen ist. Angenehm sind also Musik, Dichtung und Malerei.

Das Neue ist angenehm; denn man erstrebt es als Nahrung des Geistes. Eine gute Meinung von dem eigenen Können zu haben, mit Recht oder mit Unrecht, ist etwas Angenehmes; denn wenn die Meinung berechtigt ist, so bedeutet sie eine große Stärkung; ist sie unberechtigt, so ist sie doch etwas Angenehmes; denn was gefällt, wenn es wirklich ist, gefällt auch, wenn es nur eingebildet ist.

Daher ist ein Sieg angenehm; denn er verschafft einem eine gute Meinung von sich. Auch Spiele und Wettkämpfe aller Art sind angenehm; denn wer kämpft, stellt sich den Sieg vor. Vor allem aber gefallen Wettkämpfe des Geistes; denn ein jeder glaubt, in der Geisteskraft liege sein größter Schutz. Daher ist es etwas Unangenehmes, in einem Wettkampfe des Geistes zu unterliegen.

Gelobt zu werden ist etwas Angenehmes; denn es verschafft uns eine gute Meinung von uns.

13. Schön ist, was auf etwas Gutes deutet oder weist. Daher ist ein Zeichen ungewöhnlicher Macht etwas Schönes. Etwas Gutes und Schwieriges auszuführen, ist darum etwas Schönes; denn es ist ein Zeichen nicht gewöhnlichen Könnens. Eine ausgezeichnete Gestalt ist etwas Schönes; denn sie ist bei einem jedem Ding ein Zeichen für die ausgezeichnete Erfüllung der Aufgabe, zu der es bestimmt ist. Wohlgestaltet aber ist, was die Gestalt des Dinges hat, das wir in seiner Art als das beste kennen gelernt haben.

Gelobt, geliebt, hochgeschätzt zu werden ist etwas Schönes; denn das sind Zeugnisse für Tüchtigkeit und Macht. Zu öffentlichen Ämtern herangezogen zu werden ist etwas Schönes; denn es ist ein öffentliches Zeugnis der Tüchtigkeit.

In den Künsten sind neue Erfindungen, wenn sie nützlich sind, etwas Schönes; denn sie sind Zeichen ungewöhnlichen Könnens. Spielereien dagegen sind um so weniger etwas Schönes, je schwieriger sie sind; sie sind zwar Zeichen von Können, aber eines unnützen Könnens, und zugleich das Merkmal eines Geistes, der nichts Großes unternimmt.

Künste von anderen gelernt zu haben, d. h. gelehrt zu sein, ist zwar etwas Nützliches, aber nicht etwas Schönes, da es nichts Ungewöhnliches an sich hat; schließlich gibt es nur wenige Menschen, denen man nichts beibringen kann.

In Gefahren etwas zu wagen, wenn es die Lage erfordert, ist etwas Schönes; denn es ist etwas nicht Gewöhnliches.

Wenn es dagegen die Lage nicht erfordert, ist es Torheit, d. h. etwas Häßliches. Überall im Einklang mit seiner geistigen Anlage und seinem Berufe zu handeln, ist bei hervorragenden Männern etwas Schönes, als ein Zeichen eines freien Geistes. Im Widerspruch mit ihnen zu handeln, ist bei hervorragenden Persönlichkeiten etwas Häßliches und verrät eine knechtische Gesinnung, die etwas zu verbergen hat. Etwas Schönes aber verbirgt niemand. Das Rechte zu tadeln, ein Zeichen der Unwissenheit, ist etwas Schimpfliches; denn Wissen ist Macht. Obendrein zu schmähen ist noch schimpflicher und das Kennzeichen eines Ungebildeten. Irren ist nichts Schimpfliches, da es allen gemeinsam ist. Einem Gelehrten aber ziemt es nicht, allzuoft zu irren; das widerstreitet seinem Beruf. Selbstvertrauen ist etwas Schönes; denn es ist das Kennzeichen eines Menschen, der sich seiner Tüchtigkeit bewußt ist. Prahlerei ist schimpflich; denn sie geht aus einem Bedürfnis nach Lob hervor.

Verachtung nicht bedeutenden Reichtums ist etwas Schönes; denn sie ist das Zeichen eines Menschen, der Geringes nicht bedarf. Liebe zum Geld ist etwas Schimpfliches; denn sie ist das Zeichen eines Menschen, der durch Lohn zu allem gebracht werden kann. Außerdem ist sie ein Zeichen der Bedürftigkeit, auch bei reichen Menschen.

Einem, der um Verzeihung bittet, zu vergeben, ist etwas Schönes; denn es ist ein Zeichen von Selbstvertrauen. Gegner durch Wohltaten zu versöhnen, ist etwas Schimpfliches; denn es ist ein Freikaufen und ein Erkaufen des Friedens, somit ein Zeichen der Bedürftigkeit. Denn die Menschen pflegen nur zu kaufen, dessen sie bedürfen.

14. Vergleicht man verschiedene Güter und Übel, so ist bei sonst gleichen Verhältnissen das ein größeres Gut oder Übel, welches längere Dauer hat, wie das Ganze größer als der Teil ist; aus demselben Grunde ist auch das größer, welches bei sonst gleichen Verhältnissen intensiver ist. Denn mehr und weniger unterscheiden sich wie größer und kleiner. Und bei sonst gleichen Verhältnissen ist das ein größeres Gut, welches für mehr Menschen, als das, welches für weniger Menschen gut ist. Denn das Allgemeinere und das Speziellere unterscheiden sich wie das Größere und das Kleinere.

Ein Gut wiederzuerlangen, ist besser, als es nicht verloren zu haben; denn es wird richtiger geschätzt durch die Erinnerung an das Übel. Daher ist es besser, gesund zu werden, als nicht krank geworden zu sein.

15. Über die Genüsse, bei denen es eine Befriedigung gibt, wie die leiblichen Genüsse, will ich nicht sprechen, weil bei ihnen der Genuß durch den Überdruß aufgewogen wird und weil sie allzu bekannt sind und einige von ihnen unsauber sind. Das höchste Gut oder, wie man es nennt, die Glückseligkeit und das letzte Ziel kann man in diesem Leben nicht finden. Denn gesetzt, das letzte Ziel ist erreicht, so wird nichts mehr ersehnt, nichts erstrebt. Daraus folgt, daß es von diesem Zeitpunkte an für den Menschen kein Gut mehr gibt, ja daß der Mensch überhaupt nicht mehr empfindet. Denn jede Empfindung ist mit einem Begehren oder Widerstreben verbunden, und nicht empfinden heißt: nicht leben.

Das größte der Güter aber ist ein ungehindertes Fortschreiten zu immer weiteren Zielen. Der Genuß selbst des Begehrten ist, während wir genießen, ein Begehren, d. h. der Geist durchläuft in seinem Genuß die Teile des Gegenstandes, den er genießt. Denn das Leben ist beständige Bewegung, die in sich selbst kreist, wenn sie geraden Weges nicht fortschreiten kann.

12. KAPITEL

Von den Affekten oder den Störungen des Geistes

1. Affekte oder Störungen des Geistes sind Arten des Begehrens oder Meidens, die sich nach der Verschiedenheit der Gegenstände, die wir begehren oder meiden, und nach den Umständen unterscheiden. Störungen heißen sie, weil sie zumeist die richtige Überlegung beeinträchtigen; sie tun dies aber, indem sie gegen das wahre Gut für das scheinbare und sich aufdrängende Gut streiten, das sich in den meisten Fällen nach sorgfältiger Prüfung aller Begleitumstände als Übel erweist. Denn aus dem Bund von Geist und Körper

folgt, daß der Anfang des Handelns vom Begehren, die besonnene Leitung dagegen von der Vernunft ausgeht. Nun kann aber das wahre Gut nur durch weitblickende Vorsicht gefunden werden; seine Bestimmung ist also Sache der Vernunft; das Begehren greift dagegen nach jedem sich gerade darbietenden Gut, ohne die noch größeren Übel, welche ihm notwendigerweise anhaften, vorherzusehen. Sie stört also und hindert die Tätigkeit der Vernunft; darum nennt man sie zutreffend „Störung".

Es bestehen nun die Affekte in verschiedenen Bewegungen des Blutes und der Lebensgeister, indem diese sich in verschiedener Weise bald ausbreiten, bald zu ihrem Quell zurückfließen; Ursachen dieser Bewegungen sind die Vorstellungen von Gut und Übel, die durch die Gegenstände im Geiste hervorgerufen werden.

2. Die Vorstellung eines gegenwärtigen Gutes ohne Schmälerung durch ein darauf folgendes Übel — also der Genuß des Gutes — ist der „Freude" genannte Affekt. Die Vorstellung eines lastenden Übels ohne die Vorstellung eines kompensierenden Gutes ist der „Abscheu" genannte Affekt; und jedes Übel, das uns drückt, heißt „abscheulich". Übel, die wir weder überwinden noch vermeiden können, verabscheuen wir.

3. Wenn wir uns aber zugleich mit dem Übel eine solche Änderung desselben vorstellen, daß wir ihm schließlich entgehen, so entsteht der Affekt, den wir als „Hoffnung" bezeichnen. Entsprechend reden wir von „Furcht", wenn wir uns, im Besitze eines Gutes, irgendeine Weise vorstellen, auf die es verloren werden könnte, oder wenn wir daran denken, daß das Gut irgendein Übel mit sich ziehe. Es ist klar, daß Hoffnung und Furcht so schnell aufeinander folgen, daß noch im kleinsten Zeitaugenblick ein Wechsel stattfinden kann. Eigentliche Störungen sind Furcht und Hoffnung, wenn beide in dem kleinsten Zeitteil enthalten sind, und sie werden nur je nach dem vorherrschenden Affekt schlechtweg Hoffnung oder Furcht genannt.

4. Wenn beim Vorhandensein oder Eintreten eines Übels plötzlich die Hoffnung entsteht, jenes Übel könne durch Bekämpfung oder Widerstand überwunden werden, so ent-

steht die Leidenschaft, die man „Zorn“ nennt. Und zwar entsteht sie am häufigsten, wenn die Empfindung aufkommt, daß man verachtet wird. Der Zornige will, so viel er kann oder zu können hofft, den Schein zerstören, als dürfe er, gar mit Recht, gering behandelt werden; so wird er dem Verächter so viel Übles zufügen, als ihm hinreichend erscheinen wird, damit jener sein Unrecht bereut. Indessen ist nicht immer mit dem Zorn jene Annahme der Verachtung verbunden. Denn wenn einer irgendeinem Ziele, das er sich gesteckt hat, zustrebt, so rufen alle Dinge, die ihn im Fortschreiten hindern, auch wenn sie nicht beseelt sind und also auch nicht verachten können, sobald die Hoffnung auftaucht, daß sich diese Widerstände beseitigen ließen, seine Kraft hervor, d. h. sie erregen den Zorn, durch den sie zu entfernen sind.

Dem Zorne verwandt ist der Affekt, den die Griechen *μῆνις* nennen, d. h. die Begierde nach Rache, der beständige und dauernde Wille, jemand Übles zu tun in der Absicht, ihn ein angebliches Unrecht büßen zu lassen, auch damit andere davon abgeschreckt werden, ähnliches zu tun. Von dieser Art war der Zorn des Achilles gegen die Griechen wegen des Unrechts, das ihm Agamemnon angetan hatte. Diese Art von Zorn unterscheidet sich aber von jener anderen dadurch, daß sie nicht wie jene plötzlich entsteht und vergeht, sondern beharrlich so lange andauert, als erwartet werden kann, daß sich der Sinn dessen, dem wir zürnen, nach unserm Willen wende. Daher ist selbst der Tod dessen, der Unrecht getan hat, keine ausreichende Rache; denn der Tote bereut nichts. Gegenstand des Zornes ist also das Unangenehme, sofern es mit Gewalt zu überwinden ist. Wen du, unbewaffnet, durch Schmähungen reizest, den wirst du erzürnen, bewaffnet wirst du ihn erzittern machen. Zorn wird durch Hoffnung gesteigert, durch Furcht gemäßigt; d. h. wie die Vorstellungen die Lebensgeister in die Nerven treiben und zur Gewalt gegen das nahende Übel anregen, werden sie durch die Vorstellung von einem größeren Übel zum Herzen zurückgetrieben, zur eigenen Verteidigung oder Flucht.

Gegenstand der Hoffnung ist ein scheinbares Gut,

Gegenstand der Furcht ein entsprechendes Übel. Woher das erhoffte Gut zu uns kommen soll, erkennen wir nie genau; denn wenn wir es erkennen würden, wäre die Sache sicher, und unsere Erwartung hieße nicht länger Hoffnung, sondern Freude. Zur Hoffnung genügen auch die geringsten Anlässe. Ja, es kann sogar etwas Unvorstellbares erhofft werden, wenn es nur ausgesprochen werden kann. Ebenso kann jedes Beliebige, auch Unvorstellbare gefürchtet werden, wenn es nur allgemein als schrecklich bezeichnet wird oder wir sehen, daß viele aus Angst vor ihm fliehen. Denn wir fliehen auch ohne Kenntnis des Grundes, z. B. beim sogenannten panischen Schrecken; wer zuerst flieht, so glauben wir nämlich, müsse doch irgendeine Gefahr, die ihn zu fliehen veranlaßt, gesehen haben. Daher bedürfen diese Affekte der Leitung durch die Vernunft. Denn die Vernunft mißt und vergleicht sowohl unsere Kräfte als die der Gegenstände und bestimmt danach das Maß der Hoffnung oder der Furcht, damit wir nicht in unserem Hoffen betrogen werden oder aus bloßer Angst Güter, die wir besitzen, ohne rechten Grund preisgeben. Wenn so oft eine Hoffnung als trügerisch und eine Furcht als verräterisch sich herausstellt, so liegt das allein an unserer Unerfahrenheit.

5. Alle Menschen werden von der Meinung beherrscht, daß es ein unsichtbares Wesen oder mehrere unsichtbare Wesen gibt, von dem oder von denen, je nachdem sie gnädig oder feindlich sind, alles Gute zu erhoffen oder alles Übel zu befürchten ist. Die Macht der Menschen ist gering; betrachteten sie nun die gewaltigen Schöpfungen des Himmels und der Erde, die sichtbare Natur, die aufs feinste erdachte Bewegung und Vernunft bei den Lebewesen und den höchst erfindungsreich gestalteten Bau ihrer Organe, so mußten sie ihren eigenen Geist, der ohnmächtig auch nur zur Nachbildung all dieser Werke ist, äußerst gering einschätzen und jenes unbegreifliche Wesen, von dem die gewaltigsten Werke vollbracht sind, bewundern; von seiner Gnade erwarteten sie daher alles Gute, von seinem Zorn alles Übel. Und das ist der Affekt, den man natürliche Frömmigkeit nennt; er bildet Ausgang und Grundlage aller Religionen.

6. Wenn in der Unterhaltung die freudige Empfindung, von den anderen geschätzt zu werden, wach wird, dann steigen bisweilen die Lebensgeister empor, und dies Gefühl der Erhebung heißt Stolz; es ist darin begründet, daß bei den Menschen, die fühlen, daß ihre Worte und Taten Beifall finden, die Lebensgeister aus dem Herzen in das Antlitz emporsteigen, gleichsam als Zeugnis, daß man die gute Meinung über sich selbst aufgenommen hat.

Dieser Empfindung entgegengesetzt ist die Scham; bei ihr werden die emporsteigenden Lebensgeister plötzlich, indem man gewahr wird oder vermutet, etwas Unschickliches habe sich ereignet, verwirrt; sie treiben dadurch das Blut in die Gesichtsmuskeln, und das nennt man „erröten". Scham ist also eine Unlust, die sich bei Menschen, die das Lob lieben, einstellt, wenn sie dabei ertappt werden, daß sie etwas tun oder sagen, was unschicklich zu tun oder zu sagen ist. Das Erröten ist also ein Zeichen eines Menschen, der alles schicklich zu tun oder zu sagen wünscht; demnach ist es bei Heranwachsenden löblich, bei anderen nicht ebenso. Denn von reifen Männern verlangt man nicht nur, daß sie nach dem Schicklichen streben, sondern mehr, daß sie es bereits wissen.

7. Bei plötzlicher Freude über ein Wort, eine Tat, einen Gedanken, die das eigene Ansehen erhöhen, das fremde mindern, werden außerdem häufig die Lebensgeister emporgetrieben, und dies ist die Empfindung des Lachens. Wer glaubt, durch Wort oder Tat sich vor anderen ausgezeichnet zu haben, neigt zum Lachen. Und ebenso enthält man sich schwer des Lachens, wenn durch einen Vergleich mit fremdem, unschönem Wort oder Tun die eigene Vortrefflichkeit um so heller hervortritt. Allgemein ist das Lachen das plötzliche Gefühl der eigenen Überlegenheit angesichts fremder Fehler. Hierbei ist die Plötzlichkeit wohl erforderlich; denn man lacht über dieselben Dinge oder Scherze nicht wiederholt. Fehler bei Freunden und Verwandten reizen nicht zum Lachen, da hier die Fehler nicht als fremde empfunden werden. Zur Entstehung des Lachens ist also dreierlei erforderlich: daß überhaupt ein Fehler empfunden wird, dieser ein fremder ist und die Empfindung plötzlich eintritt.

Das Weinen entsteht, wenn man sich irgendeiner starken Hoffnung plötzlich beraubt sieht. Die durch die Hoffnung ausgebreiteten Lebensgeister werden durch die plötzliche Enttäuschung der Hoffnung zusammengezogen, greifen die Tränendrüsen an und treiben die Flüssigkeit, die sich in ihnen befindet, in die Augen, so daß sie übergehen.

Am meisten und häufigsten weinen Menschen, welche die geringste Hoffnung auf sich selbst, die größte auf die Freunde setzen, wie Frauen und Kinder. Am meisten lachen die Menschen, deren Selbstgefühl sich weniger auf eigene Leistungen als vielmehr auf Wahrnehmung fremder Fehler gründet. Es weinen bisweilen auch Freunde, die nach einer Entzweiung sich wieder versöhnen. Versöhnung besagt nämlich die plötzliche Zurückweisung des Gedankens an Rache. Sie weinen also wie Knaben, die sich nicht gerächt haben.

8. Die Liebe, wenn sie sichtbar ist, teilt sich in so viele Gefühle, als es Gegenstände der Liebe gibt, etwa in Liebe zum Gelde, Liebe zur Macht, Liebe zum Wissen usw. Liebe zum Gelde wird, wenn sie das Maß überschreitet, zur Habsucht, Liebe zur politischen Macht wird, wenn sie unmäßig ist, Ehrgeiz genannt. Sie verwirren und zerstören den Geist.

Die Liebe aber, mit der ein Mensch den anderen liebt, hat zwiefache Bedeutung. In beiderlei Sinn ist sie Wohlwollen. Aber etwas anderes ist die Liebe, wenn wir uns, etwas anderes die Liebe, wenn wir anderen wohlwollen. So pflegt man den Nachbarn in anderem Sinne zu lieben als die Nachbarin; wenn wir jenen lieben, so suchen wir für ihn, wenn wir diese lieben, für uns ein Gut.

Auch die Liebe zum Ruhm oder zur Berühmtheit ist unter die Störungen zu rechnen, wenn sie allzu groß ist. Das richtige Maß aber sowohl für die Ruhmbegierde wie für die Begierde nach anderen Dingen bestimmt ihre Nützlichkeit; d. h. inwieweit sie der Lebenssicherung dienen können. So mag es uns wohl angenehm sein und vielleicht anderen mit zugute kommen, wenn wir auf Nachruhm bedacht sind. Aber es ist ein bedeutender Irrtum, etwas Zukünftiges, das wir doch nicht empfinden oder nur gering einschätzen können, als Gegenwärtiges zu betrachten. Ebensogut könnten wir darüber trauern, daß wir vor unserer Geburt nicht berühmt gewesen sind.

9. Allzu großes Selbstgefühl ist der Vernunft hinderlich; deshalb ist es eine Störung des Geistes, bei der eine gewisse Aufblähung infolge der empordrängenden Lebensgeister empfunden wird. Das ihr entgegengesetzte Gefühl ist Verzagtheit oder Niedergeschlagenheit. Ihr ist Einsamkeit, jenem zahlreiche Gesellschaft willkommen. Berechtigtes Selbstgefühl dagegen ist keine Störung, sondern der Geisteszustand, der herrschen muß. Wer sich richtig einschätzt, schätzt sich nach seinen früheren Taten ein und wagt so, das noch einmal zu tun, was er schon getan hat. Wer sich aber überschätzt, der bildet sich ein, etwas zu sein, was er nicht ist, oder glaubt Schmeichlern; kommt es zur Erprobung in der Gefahr, so verliert er den Mut.

10. Schmerz empfinden über fremdes Unglück, d.h. mitleiden oder mitfühlen, d. h. die Vorstellung, daß das fremde Unglück einem selbst zustoßen könne, heißt Mitleid. Daher empfinden die größeres Mitleid, die ähnliche Unglücksfälle selbst erfahren haben, und umgekehrt. Denn ein Unglück, das man weniger kennengelernt hat, fürchtet man für sich weniger. Ebenso haben wir weniger Mitleid mit denen, die für Vergehen bestraft werden, weil wir entweder die Missetäter hassen oder uns genügend trauen, daß wir einem ähnlichen Vergehen nicht verfallen. Wenn daher wohl niemand mit denen Mitleid hat, die in der Unterwelt ewige und höchste Qualen erdulden sollen, so kann das entweder daran liegen, daß wir glauben, uns könne dasselbe nicht treffen, oder daran, daß wir uns jene Qualen nicht eindringlich genug vorstellen, oder es erklärt sich daraus, daß die Menschen, die uns darüber belehren, nicht so leben, als ob sie selbst sich in diesem Punkte glaubten.

11. Der Schmerz über die Bevorzugung eines anderen, verbunden mit eigenem Streben, ist Nacheiferung; verbunden aber mit dem Wunsche, den Bevorzugten zurückzudrängen, Neid.

12. Bewunderung ist ein Gefühl der Freude über etwas Neues; dem Menschen ist es nämlich natürlich, das Neue zu lieben. „Neu“ nennen wir, was selten vorkommt; selten

ist aber auch, was innerhalb einer jeden Art groß ist. Dieses Gefühl ist nur dem Menschen eigen; denn andere Geschöpfe wundern sich zwar auch, wenn ihnen etwas Neues und Ungewohntes begegnet, aber doch nur so lange, bis sie entscheiden können, ob es ihnen selbst schädlich oder unschädlich ist; die Menschen dagegen fragen, woher das Neue, das sie sehen, kommt und wozu sie es gebrauchen können. Daher freuen sie sich über das Neue, weil es ihnen Gelegenheit bietet, Ursachen und Wirkungen zu erkennen. Daraus folgt, daß, wer mehr als andere zum Bewundern neigt, entweder unerfahrener oder einsichtiger als sie ist; natürlich, denn wenn mehr für ihn neu ist, ist er unerfahrener, wenn er dasselbe Neue mehr bewundert, einsichtiger.

Fast unbegrenzt wäre die Zahl der Gefühle, wenn wir ihnen nach jedem noch so kleinen Unterschiede Namen geben würden. Da aber jedes irgendeinem von den beschriebenen verwandt ist, begnügen wir uns mit den genannten.

13. KAPITEL

Von den Anlagen und dem Charakter

1. Die Anlagen, d. h. die Neigungen der Menschen zu bestimmten Sachen, haben eine sechsfache Quelle, nämlich Temperament, Erfahrung, Gewohnheit, Glücksgüter, die Meinung, die ein jeder von sich selbst hat, fremde Autorität. Mit diesen ändern sich auch die Neigungen.

2. Temperament: Menschen, die ein feurigeres Temperament haben, sind meistens auch bei sonst gleichen Verhältnissen kühner; die ein kühleres Temperament haben, furchtsamer. Nach der Beweglichkeit der Lebensgeister, d. h. nach der Geschwindigkeit des Vorstellens, scheiden sich die Anlagen zwiefach. Erstens hinsichtlich der Intensität: so sind die einen lebhaften, die anderen trägen Geistes. Zweitens bewegen sich die Gedanken derer, die schnellen Geistes sind, entweder auf weiten Gebieten oder sie drehen sich um irgendein einzelnes. Daher loben die einen die Phantasie, andere billigen das kritische Urteil. Diese

sind besonders zur Beschäftigung mit Problemen und philosophischen Lehren jeder Art, d. h. zu schlußfolgerndem Denken befähigt, jene zu Dichtung und Erfindung. Beide Arten von Anlagen führen zur Herrschaft über die Sprache. Das Urteil unterscheidet scharf bei ähnlichen Gegenständen; die Phantasie dagegen fügt in gefälliger Weise unähnliche Gegenstände zusammen. Jenes ist bei Greisen häufig, diese mehr bei jungen Männern. Indessen findet sich oft beides bei beiden. Phantasie wird, wenn sie das Maß überschreitet, zur Torheit, wie es bei Menschen vorkommt, die eine angefangene Rede nicht zu Ende führen können, da sie sich durch andere Gedanken von ihrem Thema abbringen lassen. Langsamkeit des Denkens dagegen wird, wenn sie das Maß überschreitet, zu einer anderen Art Torheit, nämlich zum Stumpfsinn.

Die verbreitete Meinung, daß der Sinn der Greise allzusehr auf Reichtum gerichtet sei, ist unrichtig. Denn wenn viele Greise Reichtümer aufzuhäufen pflegen, die sie gar nicht werden genießen können, so treibt sie hierzu nicht eine besondere Anlage, die sich erst im Greisenalter einstellt, sondern das schon längst bei ihnen vorhandene, unablässige Streben nach Selbstbestätigung, indem sie erproben, wie weit sie es durch eigene Klugheit und Fähigkeit im Erwerb von Reichtum bringen können; sie wollen sich also nicht an dem Reichtum selbst erfreuen, sondern an dem Bewußtsein ihrer Klugheit, mit der sie ihn angehäuft haben. In all dem liegt nichts Wunderbares. Denn auch die sich den Wissenschaften widmen, pflegen ihr Wissen zu vergrößern, je älter sie werden, indem sie in ihrem Wissen die Kraft ihres Geistes wie in einem Spiegel erblicken. Kurz, alle pflegen den Beruf, den sie sich erwählt haben, als den angenehmsten bis ins Greisenalter zu pflegen und zu üben, soweit sie dazu imstande sind; und im Greisenalter ganz besonders, nicht weil sie älter, sondern weil sie darin schon so weit fortgeschritten sind, nach Art der Dinge, die nach ihrer Natur je länger desto schneller stets sich bewegen.

3. Gewohnheit: Was anfangs, solange es neu ist, der Mensch nicht mag, d. h. wogegen sich die Natur des Menschen zur Wehr setzt, das bezwingt, wenn es öfters wieder-

holt wird, die Natur und bringt ihn dazu, zunächst es zu ertragen, dann aber es zu lieben. Dies ist vorzüglich bei der Beherrschung des Körpers, aber auch bei der Tätigkeit des Geistes ersichtlich. So gewöhnt sich den Genuß des Weines nicht leicht jemand ab, der an ihn von Jugend an gewöhnt ist, und wer mit irgendwelchen Gedanken von Kindheit an durchtränkt ist, der behält sie meistens auch im Alter bei, namentlich wer sich, außer in Vermögensangelegenheiten, um wahr und falsch nicht allzusehr bekümmert. Daher hält bei allen Völkern jeder an der Religion und Lehre, die er von der frühesten Kindheit an gelernt hat, so beständig fest, daß er die haßt und schmäht, die anderer Meinung sind; wie dies vornehmlich an den Schriften der Theologen zu sehen ist, die voll der heftigsten Schmähungen sind, obwohl es sich für sie am wenigsten ziemt. Solcher Menschen Sinn ist für Frieden und Gemeinschaft nicht geeignet.

Eine Folge der Gewohnheit ist es ferner, daß Menschen, die oft und lange Gefahren ausgesetzt waren, ihre Furchtsamkeit verlieren, wie auch Menschen, die lange Zeit hindurch Ehren genossen haben, weniger anmaßend sind, da sie allmählich aufgehört haben, sich zu bewundern.

4. Erfahrung in äußeren Dingen: sie bewirkt, daß man vorsichtig wird. Umgekehrt sind Menschen, die nur geringe Erfahrung besitzen, meistens unvorsichtig. Denn der menschliche Geist schreitet durch Schlußfolgern vom Bekannten zum Unbekannten fort und kann die Folgen der Dinge auf eine weite Strecke nicht ohne Erkenntnis, die von den Sinnen ausgeht, vorhersehen, d. h. nicht ohne mit vielen Folgen bekannt zu sein. So werden wir durch widrige Ereignisse erzogen, nämlich ein kühner Sinn durch zahlreiche Fehlschläge, ein ehrgeiziger Sinn durch wiederholte Niederlagen, ein kecker Sinn durch wiederholte Zurückweisungen. Bei Knaben schließlich hilft die Rute, ihren Charakter in allem nach dem Willen der Eltern und Lehrer zu formen.

5. Durch Glücksgüter, d. h. durch Reichtum, vornehme Abkunft, politischen Einfluß wird der Geist bis zu einem gewissen Grade verändert; denn durch Reichtum und politischen Einfluß wird der Sinn gewöhnlich hochmütiger;

wer größere Macht hat, verlangt, daß ihm mehr erlaubt sei; man ist dann mehr geneigt, anderen Unrecht zu tun, und weniger geeignet, mit solchen, die geringere Macht besitzen, Gemeinschaft unter gleichen Gesetzen einzugehen. Alter Adel macht den Sinn freundlich, weil Menschen von altem Adel ohne Gefahr jedem freigebig und freundlich Ehre erweisen können, da sie der Ehre, die ihnen selbst zukommt, sicher genug sind. Der Sinn Neugeadelter ist eher mißtrauisch, indem diese, noch nicht sicher, welche Ehre sie zu beanspruchen haben, gegen Niedrigergestellte oft allzu hart werden, gegen Gleichgestellte allzu ehrerbietig.

6. Die Meinung, die ein jeder von sich hat. Sie hat zur Folge, daß Menschen, die sich für weise halten, ohne es zu sein, keine Neigung haben, ihre eigenen Fehler zu verbessern. Sie glauben, daß an ihnen nichts der Verbesserung bedürfe. Dagegen sind sie geneigt, die Taten anderer zu verbessern oder zu tadeln oder zu verspotten, da sie alles, was nicht nach ihrem Sinne geschieht, für verkehrt erachten. So halten sie einen Staat für schlecht regiert, der nicht nach ihrem Wunsch regiert wird, und sind infolgedessen mehr als andere zum Umsturz geneigt. Ähnlich die sich für Gelehrte halten; sie sehen sich nämlich als weise an, denn niemand wünscht bloße Gelehrsamkeit ohne Weisheit zu besitzen. Daher kommt es, daß Pädagogen sehr häufig schulmeisterlich und im Verkehr unerfreulich sind; da sie sich nämlich auserwählt sehen, den Charakter der Knaben zu bilden, unterlassen sie es nur ungern, auch den Charakter der Väter und schließlich ihrer Mitmenschen zu kritisieren. In ähnlicher Weise beanspruchen die öffentlichen Sittenlehrer, nämlich die Lehrer der Kirche, selbst die Könige und die höchsten Herren der Kirche zu leiten, ohne zu wissen, von wem sie zu einer so bedeutenden Aufgabe berufen werden; da sie vielmehr den Glauben erwecken möchten, nicht den Königen und den Männern, deren Sorge Gott das Wohl des Volkes anvertraut hat, sondern ihnen selbst sei diese Aufgabe von Gott unmittelbar übertragen — zur großen Gefahr für den Staat. Und wer vom Staat zur Auslegung der Gesetze berufen wurde, muß sich beinahe wegen dieses Vertrauensbeweises von seiten des Staa-

tes für weiser als die anderen halten. In seiner Stellung wird er sich daher nicht begnügen, nur Recht zu sprechen, d. h. die Gesetze, und das besagt die Gebote des Staates, auszulegen; sondern er wird oft auch die Gesetzgebung selber beeinflussen und die Regierung, d. h. den Staat in Ordnung bringen wollen. Und das pflegt meistens der Beginn von Bürgerkriegen zu sein. Denn wenn die Regierung von denen, die als die besten Kenner des Rechtes gelten, der Ungerechtigkeit beschuldigt wird, ergreift die unwissende Menge gegen sie, d. h. gegen den Staat selbst, die Waffen, geführt von Leuten, denen Revolution und Bürgerkrieg wegen ihres Ehrgeizes willkommen oder wegen ihrer zerrütteten Vermögensverhältnisse nützlich sind.

7. Einfluß von Autoritäten. Als Autorität bezeichne ich den, dessen Vorschriften und Beispiel jemand in irgendeiner Hinsicht im Glauben an die Weisheit dieser seines Lehrmeisters folgt. Sind es gute Autoritäten, wird die Anlage der Jünglinge zum Guten, sind sie schlecht, wird sie zum Schlechten gebildet. Solche Autoritäten sind die Lehrer, Väter oder wer sonst immer wegen seiner Weisheit gepriesen wird. Denn man verehrt die Männer, die gepriesen werden, und hält sie der Nachahmung für würdig. Hieraus sieht man erstens, daß Väter, Lehrer und Erzieher nicht nur, um die Jünglinge zu bilden, wahre und gute Lehren zu geben, sondern noch mehr sich in ihrer Gegenwart tugendhaft und gerecht zu benehmen haben; denn die Anlage der Jugend wird viel leichter durch Vorbild zu schlechten Sitten, als durch Lehren zu guten gebracht. Zweitens ersieht man, daß die Bücher, die sie lesen sollen, gesund, rein und nützlich sein müssen. Die Bücher, die von römischen Bürgern in der Blütezeit der Republik oder kurz nach ihrem Sturze und von Griechen zur Blütezeit des Athenerstaates geschrieben wurden, sind voll von Lehren und Beispielen, die den Sinn des Volkes feindlich gegen seine Könige stimmen. Die Ursache hierfür ist keine andere als die, daß man in diesen Büchern die Schandtaten treubrüchiger Männer gelobt findet, sogar den Königsmord, sofern nur der König, bevor er ermordet wurde, als Tyrann bezeichnet wurde. Der rechte Sinn des Volkes wird bis auf

unsere Zeit mehr durch das Lesen von Büchern und das Anhören von Volksrednern verdorben, deren Wunsch es ist, daß es einen Staat im Staate, eine kirchliche Herrschaft innerhalb der bürgerlichen gäbe. Die Folge sind nicht Männer wie Cassius und Brutus, sondern Männer wie Ravaillac und Clément, die Gott zu dienen glaubten, während sie durch Ermordung ihrer Könige dem Ehrgeize anderer dienten.

8. Wenn die Anlagen durch Gewöhnung so gefestigt sind, daß sie leicht und ohne daß die Vernunft widerstrebt, sich betätigen, so nennt man sie insgesamt „Charakter". Ist dieser gut, so spricht man von Tugenden, ist er schlecht, von Lastern; da nun aber nicht für alle dasselbe gut und schlecht ist, so wird derselbe Charakter von den einen gelobt, von den anderen getadelt, d. h. von den einen als gut, von den anderen als schlecht bezeichnet, und es werden ihm von dem einen Tugenden, von dem anderen Laster zugeschrieben. Daher kann man, wie man sagt, „soviel Köpfe, soviel Meinungen", auch sagen, „soviel Menschen, soviel verschiedene Regeln für Tugend und Laster". Dies ist indessen von den Menschen nur zu verstehen, insofern sie Menschen sind, nicht auch insofern sie Bürger sind. Denn der Mensch außerhalb des Staates ist nicht verpflichtet, einer fremden Vorschrift zu folgen; innerhalb des Staates dagegen sind die Menschen durch Verträge verpflichtet. Daraus ergibt sich, daß für den Menschen an sich und gleichsam außerhalb der bürgerlichen Gesellschaft eine Moralwissenschaft nicht entwickelt werden kann, da es an einem sicheren Maßstabe fehlt, nach dem Tugend und Laster zu messen und zu bestimmen wäre. Alle Wissenschaften beginnen aber mit Begriffsbestimmungen; sonst verdienen sie es nicht, Wissenschaften zu heißen, sondern sind leeres Gerede.

9. Nur im staatlichen Leben gibt es daher einen allgemeinen Maßstab für Tugenden und Laster; und eben darum kann dieser nichts anderes sein als die Gesetze eines jeden Staates; selbst die natürlichen Gesetze werden nach Errichtung des Staates ein Teil der Staatsgesetze. Und daß es ihrer unzählige gibt und ehemals die Staaten abwei-

chende Gesetze hatten, steht dem nicht im Wege. Denn wie immer die Gesetze sind, immer und überall hat es als Tugend der Bürger gegolten, gegen diese Gesetze nicht zu verstoßen, und als Laster, gegen sie zu verstoßen. Mögen also auch gewisse Handlungen, die in dem einen Staate gerecht sind, in einem anderen ungerecht sein, die Gerechtigkeit, d. h. das Befolgen der Gesetze, ist überall dieselbe und wird es sein. Die sittliche Tüchtigkeit nun, soweit wir sie an den staatlichen Gesetzen, die in verschiedenen Staaten verschieden sind, messen können, ist nur Gerechtigkeit und Billigkeit; soweit wir sie aber an den rein natürlichen Gesetzen messen, ist sie nur Liebe. Und in diesen beiden besteht jede sittliche Tüchtigkeit. Was dagegen die drei übrigen sogenannten Kardinaltugenden außer der Gerechtigkeit angeht, die Tapferkeit, Besonnenheit und Mäßigkeit, so sind sie nicht Tugenden der Bürger als Bürger, sondern als Menschen; denn sie sind nicht so sehr dem Staate als den einzelnen Menschen selbst, die sie besitzen, nützlich. Ein Staat nämlich wird zwar erhalten nur durch Tapferkeit, Besonnenheit und Mäßigkeit der guten Bürger, zerstört aber wird er wiederum nur durch Tapferkeit, Besonnenheit und Mäßigkeit der Feinde. Tapferkeit und Besonnenheit sind überhaupt mehr eine Fähigkeit des Geistes als ein Vorzug des Charakters, und Mäßigkeit weniger eine Tugend als ein Nichtvorhandensein der Laster, die einem begehrlichen Sinne entspringen und weniger den Staat als vielmehr den einzelnen Menschen schädigen. Wie es für jeden einzelnen Bürger ein persönliches Gut gibt, so gibt es auch für den Staat ein allgemeines Gut. Man kann nun nicht verlangen, daß Tapferkeit und Besonnenheit eines einzelnen Menschen, wenn sie ihm allein nützlich sind, von den Staaten oder von irgendwelchen anderen Menschen, denen dieselben nicht nützlich sind, gelobt, d. h. als Tugend angesehen werden.

Kurz zusammengefaßt besagt diese ganze Lehre vom Charakter und den Anlagen also folgendes: Gute Anlagen sind solche, die geeignet sind, eine staatliche Gemeinschaft zu bilden; ein guter Charakter, d. h. sittliche Tüchtigkeit, ist ein solcher, durch den die Gemeinschaft, wenn sie gebildet ist, am besten erhalten werden kann. Alle Tugenden aber sind enthalten in Gerechtigkeit und Liebe. Damit ist gegeben, daß diesen entgegengesetzte Anlagen schlecht sind und daß die entgegengesetzten Charaktereigenschaften und alle Laster in Ungerechtigkeit und Gefühllosigkeit fremden Leiden gegenüber, d. h. in dem Mangel an Liebe, bestehen.

14. KAPITEL

Von der Religion

1. Religion ist der äußere Kult der Menschen, welche Gott aufrichtig ehren. Es ehren aber Gott die aufrichtig, welche nicht nur an seine Existenz glauben, sondern ihn auch für den allmächtigen und allwissenden Schöpfer und Lenker aller Dinge und außerdem für das Wesen halten, welches alles Glück und Unglück nach seinem Ermessen verteilt. Die Religion schlechthin, d. h. die natürliche, zerfällt also in zwei Teile, der eine von ihnen ist der Glaube, d. h. die Überzeugung, daß Gott existiert und alles lenkt, der andere ist der Kult. Jener erste, der Glaube an Gott, pflegt „Frömmigkeit" gegen Gott genannt zu werden. Wer diesen Glauben hat, wird notwendig streben, Gott in allen Dingen zu gehorchen, ihm im Glück danken, im Unglück zu ihm beten; das sind die eigentlichen Werke der Frömmigkeit; in ihnen sind Liebe und Furcht enthalten, die uns Gott lieben und fürchten heißen.

2. Indessen soll Gott vom Menschen nicht so geliebt werden, wie der Mensch vom Menschen. Denn unter der Liebe eines Menschen zum anderen verstehen wir immer entweder die Begierde nach Besitz oder Wohlwollen; keines von ihnen kann sinngemäß unter der Liebe zu Gott verstanden werden. Gott lieben heißt Gottes Gebote freudig erfüllen. Gott fürchten heißt sich hüten, in Sünde zu verfallen, so wie wir die Gesetze zu fürchten pflegen.

3. Wenn sich aber der Glaube über die Gewißheit hinaus, daß Gott alles erschaffen hat und lenkt, auf Dinge bezieht, welche die menschliche Fassungskraft übersteigen,

so ist er bloße Annahme, die lediglich in der Autorität ihrer Verkünder wurzelt. Diesen zu glauben haben wir nur Anlaß, wenn wir zuvor die Überzeugung haben, daß sie ihr Wissen selber in übernatürlicher Weise empfangen haben. In bezug auf übernatürliche Dinge glauben wir also niemandem, von dem wir nicht zuvor annehmen, daß er irgendeine übernatürliche Tat vollbracht habe. Mag jemand zur Bekräftigung seiner Lehre sich auf Wunder berufen; wenn er selber keine vollbracht hat: wer wird ihm glauben wollen? Wenn man jedem beliebigen Menschen ohne Wunder glauben müßte, warum sollten wir, da sie in ihren Lehren voneinander abweichen, dem einen mehr als dem anderen glauben? Der wichtigste und gottgefälligste Teil der Religion, der Glaube, darf also nicht von beliebigen Menschen abhängen, außer wenn sie Wunder verrichtet haben.

4. Wenn die Religion, abgesehen von der natürlichen Frömmigkeit, von Privatpersonen nicht abhängt, so muß sie, da es Wunder schon längst nicht mehr gibt, von den Gesetzen des Staates abhängen. Religion ist daher nicht Philosophie, sondern in jedem Staate Gesetz; und darum ist sie nicht zu erörtern, sondern zu erfüllen. Kein Zweifel kann darüber bestehen, daß man ehrerbietig von Gott denken und ihn lieben, fürchten und verehren müsse. Das ist den Religionen bei allen Völkern gemeinsam. Strittig ist nur, worüber Menschen verschieden denken; eben deshalb gehört es nicht zum Glauben an Gott. Während wir aber in diesen Disputationen ein Wissen suchen von Dingen, die der Wissenschaft nicht zugänglich sind, zerstören wir den Glauben an Gott, soweit dies an uns liegt. Denn wäre das Wissen erreicht, so würde damit der Glaube aufgehoben, ebenso wie die Hoffnung aufgehoben wird, sobald der Genuß da ist. Nun lehrt der Apostel, daß, wenn das Reich Gottes kommt, von den drei Tugenden: Glaube, Hoffnung, Liebe, der Glaube und die Hoffnung nicht weiter bestehen, sondern allein die Liebe bleibt. Die Fragen also nach der Natur Gottes, des Schöpfers der Natur, sind allzu neugierig und nicht zu den Werken der Frömmigkeit zu rechnen; wer über Gott disputiert, der wünscht nicht, Gott Glauben

zu verschaffen — dem ja schon alle glauben —, sondern sich selbst.

5. Da nun Gott lieben dasselbe ist wie seinen Geboten gehorchen, und Gott fürchten dasselbe wie fürchten, daß man etwas gegen seine Gebote tut, so entsteht die weitere Frage, woher man wisse, was Gott befohlen hat. Als Antwort kann darauf gegeben werden: Gott habe eben dadurch, daß er den Menschen die Vernunft verlieh, ihnen dies Gebot gegeben und dies Gesetz in aller Herzen eingemeißelt: daß nämlich niemand einem anderen etwas antun solle, was er für unbillig halten würde, wenn es ihm von einem anderen geschähe. In diesem Gebot ist die ganze Gerechtigkeit und der bürgerliche Gehorsam enthalten. Wer würde, wenn er im Staate mit der höchsten Vollmacht zur Regierung und Gesetzgebung vom Volke betraut würde, es nicht für unbillig halten, wenn seine Gesetze von irgendeinem Untertanen mißachtet, sein Ansehen nicht anerkannt oder auch nur in Zweifel gezogen würde? Wenn du König wärest, würdest du dies für unbillig halten; also hast du in dem Gesetze die sicherste Richtschnur deiner Handlungen. Das aber ist auch ein göttliches Gesetz, das befiehlt, den höchsten Gewalten, d. h. den Gesetzen der höchsten Gebieter zu gehorchen.

6. Nun haben indes die Menschen die Gebote Gottes übertreten und sündigen täglich; wie — so wird man einwenden — verträgt es sich mit der göttlichen Gerechtigkeit, daß Gott sie für ihre Sünden nicht büßen läßt? Wenn aber ein Mensch sich für das Unrecht, das ihm geschehen ist, niemals rächt, wenn er so verzeiht, daß er überhaupt keine Strafe, nicht einmal Buße verlangt, werden wir ihn für ungerecht halten und nicht vielmehr für heilig? Wenn wir also nicht etwa behaupten wollen, Gott sei weniger mitleidig als die Menschen, so besteht kein Grund, warum Gott nicht den Sündern, wenigstens den reuigen, verzeihen sollte, ohne von ihnen selbst oder von anderen für sie Buße empfangen zu haben. Wenn Gott ehemals für die Sünden des Volkes Opfer forderte, so hatten diese Opfer nicht den Sinn der Strafe, sondern waren bestimmt als Zeichen, daß die Sünder sich zu Gott wandten und zum alten Gehorsam

zurückkehrten. Und so war der Tod unseres Erlösers nicht eine Strafe an den Sündern, sondern ein Opfer für die Sünden. Und wenn es heißt, daß er unsere Sünden auf sich nahm, so ist sein Tod doch darum ebensowenig als Strafe aufzufassen, wie früher die Opfer, die nicht Bußen an jenen Tieren für Sünden waren, welche die Juden begangen hatten, sondern Gaben dankbarer Menschen. Gott forderte von den Israeliten jährlich zwei Böcke; der eine von ihnen, der als Gabe diente, wurde geschlachtet; der andere, der mit den Sünden des Volkes beladen war, wurde in die Wüste fortgetrieben, um gleichsam die Sünden des Volkes fortzutragen. Ebenso starb Christus, insofern er am Kreuze geopfert wurde; insofern er aber unsere Sünden trug, ist er wieder auferstanden. Wenn Christus nicht wieder auferweckt ist, so bleiben, sagt der Apostel, unsere Sünden.

7. Da die Frömmigkeit aus Glauben, Gerechtigkeit und Liebe besteht, Gerechtigkeit aber und Liebe sittliche Tugenden sind, kann ich denen nicht beistimmen, die sie als glänzende Sünden bezeichnet haben. Wären sie Sünden, so müßte man einem Menschen um so weniger vertrauen, je heiliger er ist, denn um so ungerechter wäre er auch. Was kann also Gott an denen, die Gerechtigkeit üben, mißfallen? Offenbar nur die Heuchelei derer, die ungläubig und daher auch nicht wahrhaft fromm sind. Denn mögen auch viele ihrer Werke gerecht gewesen sein, sie selbst sind ungerecht, wenn sie die Werke der Gerechtigkeit und Mildtätigkeit nur getan haben, um Ruhm oder Macht zu erlangen oder um nicht der Strafe zu verfallen. Daher heißt es, Gott habe die Opfer seines Volkes gehaßt, obschon sie an sich keine Sünden sein konnten, da sie von Gott befohlen waren. Aber Gott sind, ebenso wie gerechte Werke ohne Glauben, so auch Opfer und alle Verehrung ohne Gerechtigkeit und Liebe ein Greuel.

8. Kult treiben, d. h. pflegen und verehren, besagt im eigentlichen Sinne, daß wir, was immer, durch Pflichterfüllung und Anstrengung, so gut wir können, zu unserem Besten zu beeinflussen suchen. So pflegen wir die Erde, damit sie uns reichere Frucht trägt; einflußreiche Menschen verehren wir, um uns zu Einfluß oder zu irgendwelchem

Schutze zu verhelfen; so verehren wir auch Gott, damit er uns gnädig sei. Gottesdienst heißt also die Werke verrichten, die Zeichen der Frömmigkeit gegen Gott sind. Diese sind Gott angenehm, und durch sie allein können wir uns Gott gnädig stimmen. Es sind aber diese Werke meistens von derselben Art wie die, durch die wir anderen Menschen unsere Verehrung bezeugen, nur daß wir für Gott das Beste wählen. Andere Zeichen der Frömmigkeit können wir natürlicherweise nicht geben.

Der Kult ist nun entweder privat oder öffentlich. Privat ist der Kult, den die einzelnen Menschen nach eigenem Gutdünken ausüben; öffentlich der, den sie auf Geheiß des Staates ausüben. Der private wiederum wird entweder von einem einzelnen im geheimen ausgeübt oder von mehreren gemeinsam. Jener ist ein Zeichen aufrichtiger Frömmigkeit; denn wozu dient Heuchelei dem, den niemand sieht als nur der Eine, der auch die Heuchelei durchschaut? Der gemeinschaftliche Kult dagegen kann erheuchelt sein und auf eigennützigen Nebenabsichten beruhen. Beim geheimen Kulte gibt es keine Zeremonien. Zeremonien nenne ich diejenigen Zeichen der Frömmigkeit von Handlungen, die nicht aus der Natur der Handlung entspringen, sondern vom Staat willkürlich vorgeschrieben sind. Denn daß wir beim Beten und Anrufen uns niederwerfen oder die Knie als Zeichen der Demütigung und Unterwerfung vor Gott beugen, das hat die Natur allen eingepflanzt, denen sie den Glauben an Gott gegeben hat. Im Privatkult mehrerer zugleich kann es Zeremonien geben, weil sie untereinander über das Geziemende der gemeinschaftlichen Handlung gemeinschaftlich beschließen können, sofern dabei nicht gegen die Staatsgesetze verstoßen wird. Leicht aber bietet sich hier Gelegenheit und Anlaß zur Heuchelei, auch wenn diese nicht schuldhaft ist. Wenn nämlich viele Menschen sich zusammenfinden, fordern sie, wie es in der Natur einer Menge liegt, daß jeder sie mit achtungsvoller Scheu behandele und weder zu ihnen noch vor ihnen läppisch, unüberlegt, bäurisch, unklar oder, soweit ihr Verständnis hierfür reicht, ohne Schmuck der Rede spreche, vielmehr eine würdevolle Haltung, wie man sie zu Hause niemals hat, bewahre.

Darum muß, wer zu einer Menge oder in Gegenwart einer schweigenden Menge redet, sich ein gewichtigeres und heiligeres Wesen als sonst geben. Dieser Schein ist Schauspielerei, aber ohne Schuld, da es die Menge so verlangt, die viel mächtiger als der einzelne ist.

9. Öffentlicher Kult kann nicht ohne Zeremonien sein; denn öffentlicher Kult ist der, welcher auf Befehl des Staates als Zeichen der Verehrung, die man Gott entgegenbringt, von allen Bürgern, und zwar an bestimmten Stellen und zu bestimmten Zeiten, ausgeübt wird. Das Recht zu entscheiden, was geziemend ist, was nicht, steht beim öffentlichen Gottesdienst nur dem Staate zu. Zeremonien als Zeichen der Frömmigkeit von Handlungen fließen nicht nur, wie bei dem rein vernünftigen Kult, aus der Natur der Handlung selber, sondern können auch vom Staate willkürlich festgesetzt werden. Daher vieles sich im Gottesdienst bei einem Volke finden muß, was bei einem anderen nicht ist, so daß bisweilen der Kult der einen von den anderen verlacht wird. Einen von Gott unmittelbar angeordneten Kult hat es niemals gegeben außer bei den Juden, da er selbst ihr König war. Bei den anderen Völkern waren die Zeremonien zwar bei einigen vernünftiger als bei anderen, bei allen indessen gebot die Vernunft, die durch das staatliche Gesetz angeordneten Zeremonien auszuüben.

10. Die Bestandteile des Kults sind teils vernünftig, teils abergläubisch oder phantastisch. Vernünftig sind zunächst Gebete; durch sie nämlich bekunden wir unseren Glauben, daß alles Gute in der Zukunft von Gott, und von ihm allein, zu erhoffen sei. Sodann sind Danksagungen vernünftig; durch sie bekunden wir den Glauben, daß wir von Gott, und von seiner Gnade allein, alles Gute in der Vergangenheit erhalten haben. Man sagt, daß fromme Menschen bisweilen durch ihre Gebete Gott umstimmen oder gar bezwingen. Aber das heißt nicht, daß sie jemals Gott gezwungen hätten, seinen Sinn oder seine ewigen Beschlüsse zu ändern; sondern Gott, der Ordner aller Dinge, hat nur gewollt, daß seine Gaben den Gebeten der Menschen einmal vorangehen, ein andermal ihnen folgen; nicht unzutreffend hat man daher sowohl Gebete wie Danksagungen mit einem

Worte als „Supplikationen“ bezeichnet. Vernünftig sind drittens allgemeine Fasten und andere Handlungen, durch die wir Trauer über unsere Sünden ausdrücken. Als Zeichen der Reue, d. h. als Zeichen dafür, daß man sich seiner Sünden schämt, bekunden sie, daß wir im Bewußtsein der früheren Verfehlungen unseren eigenen Kräften weniger vertrauen und uns in Zukunft davor bewahren wollen, wiederum in Sünden zu verfallen. Demut aber und Trauer pflegen wir durch Sack und Asche und Niederwerfen kund zu tun; nicht als ob Scham und Demut ohne sie nicht aufrichtig wären, sondern weil die Natur selbst lehrt, Gott, obwohl er unsere Herzen sieht, in derselben Weise wie Menschen zu verehren, die nur auf Grund solcher Zeichen über die wahre Reue urteilen können. Wer die Gewißheit hat, daß bei einer Gesinnungsänderung seine Sünden vergeben sind, und sich zugleich der Änderung seiner Gesinnung bewußt ist, kann nicht länger betrübt sein, sofern nicht auch die Scham eine Art von Betrübnis ist. Denn wer dann noch betrübt ist, bekundet eben hierdurch, daß er zu dem bisherigen Elend sich zurückgeführt fühlt, d. h. daß er entweder verworfen wird oder aber seine Sünden, denen er anhängt, von sich werfen muß; so wie auf dem Meere der Kaufmann schmerzlich klagt, wenn er sieht, daß er oder seine Ware zugrunde gehen wird. Daher ist beim Gottesdienst Ernst und Trauer ob unsrer Sünden angemessen und natürlich; aber es muß die Trauer nicht eines sich aufbäumenden, sondern eines sich schämenden und demütigen Sinnes sein.

Viertens gehören zum vernünftigen öffentlichen Gottesdienst Geschenke, d. h. Opfer und Weihgaben. Es wäre unvernünftig, wenn wir dem, von dem wir alles empfangen haben, nichts auch unsererseits gäben; so bringen wir Gott Weihgeschenke dar, d. h. wir geben einen Teil zum Unterhalt der Diener des öffentlichen Gotteskultes, entsprechend der Würde dieses Dienstes. Denn wie in der Kirche die Diener Christi von den Evangelien, d. h. von dem, was wegen der frohen Botschaft von dankbaren Menschen gespendet worden war, und wie bei den Juden und den meisten übrigen Völkerschaften die Priester von

Weihgaben und Opfern erhalten wurden, so ist es auch vernünftig, daß in jedem Staate die Diener des Gotteskultes von dem erhalten werden, was Gott dargebracht wird, und dieses muß deshalb in jeder Hinsicht das Beste sein.

11. Der abergläubische Kult ist wegen der verschiedenen religiösen Vorstellungen der Menschen, zumal wenn sie an mehrere Götter glaubten (indem sie sich gewissermaßen ein Geschlecht der Himmelsbewohner, gleichsam eine Gemeinde von überirdischen Menschen erdachten), zu mannigfaltig, als daß man ihn beschreiben könnte. Sie glaubten sogar, daß jene Götter eine eigene Sprache im Himmel hätten und dieselben Dinge anders als die Menschen benennen. Der König, auf Erden Romulus geheißen, soll im Himmel Quirinus genannt werden, und so fort, wie man aus den griechischen Dichtern, den Vätern der heidnischen Kirche, ersehen kann; etwa in derselben Weise wie die Kleriker Kirche nennen, was wir als Staat bezeichnen, wie in der Kirche Kanon heißt, was im Staate Gesetz, in der Kirche Heiligkeit, was in der Monarchie Majestät. Und nicht zufrieden mit einer Göttergemeinde, setzten sie eine zweite von Meergottheiten unter der Herrschaft Neptuns und eine dritte in der Unterwelt unter Pluto an. Außerdem gab es kaum einen Gegenstand der Schöpfung, den sie nicht als Gott oder Göttin anriefen; kaum eine Tugend außer Arbeit und Fleiß, zwei Gottheiten, die an sich gnädig sind, blieb ohne Altar oder Tempel. Kurz, alles was benannt werden konnte, konnte auch zur Gottheit werden. Wie wenig das mit der natürlichen Vernunft im Einklang steht, sieht jeder. Daß man aber diesen Aberglauben Religion nannte, konnte nur ein Gesetz daselbst verordnen, wie es auch nur sonstigen Aberglauben zum Kult erhöhen konnte.

12. Der Zweck, den alle Staaten dem Gottesdienst setzen, ist, daß ihr Gott oder ihre Götter sowohl dem Staate selbst als auch den einzelnen Bürgern gnädig sind. Indessen genügt den meisten die göttliche Gnade schlechthin noch nicht; sie denken nämlich so: „Gott wird mir zwar Gutes erweisen, vielleicht aber anderes als ich will; er wird Unglück abwenden, aber vorsichtig muß ich doch sein. Möchte ich doch also wissen, welches die Güter sind, die er mir

geben will, und welches das Unglück, das mir so nahekommen soll, daß man es abwehren muß." Daher scheinen sie bei all ihrer Verehrung dennoch immer wieder an der göttlichen Weisheit und Nachsicht zu zweifeln. Und so kommt es, daß fast alle Menschen sich aus Angst vor der Zukunft Vorzeichen zuwenden, deren Arten zu zahlreich sind, als daß man sie leicht aufzählen könnte. Aber nur eine einzige Art von Vorzeichen ist gewiß, nämlich die Stimme eines Propheten, vorausgesetzt freilich, daß dieser ein Wunder getan hat; alle anderen Arten sind trügerisch. Was die Astrologie auf Grund der Gestirnbeobachtung über künftige zufällige Ereignisse zu urteilen und dafür oder dawider vorherzusagen sich vermißt, hat mit Wissenschaft nichts zu tun, sondern ist nur ein Kniff, um reich zu werden und der törichten Menge das Geld aus der Tasche zu ziehen. Ebenso muß man über die Leute urteilen, die vorgeben, Propheten zu sein, ohne aber ein Wunder getan zu haben. Hält also jemand, der sonst keine Wunder getan hat, seine Träume für Vorzeichen zukünftiger Ereignisse, so ist das Torheit; verlangt er, daß man ihm glaubt, so ist das Wahnsinn; verkündet er leichtfertig dem Staate Verderben, so ist das ein Verbrechen. Der Glaube vieler, daß Hexen denen schaden, welchen sie übel wollen, ist unrichtig. Wenn aber das Unglück, das sie herabwünschen, eintritt, wie sie wollen, dann meinen sie selbst, das Unglück sei auf ihre Bitte hin von dem Teufel, den sie sich einbilden gesehen zu haben und dessen Hilfe sie sich dienstbar gemacht zu haben glauben, verursacht worden, und bekennen gelegentlich auch die Taten als ihre eigenen. Die Zukunft kennen sie also nicht, sie hoffen nur, daß das eintritt, was sie wünschen. Trotzdem werden sie sowohl wegen der Absicht zu schaden als auch wegen ihres verbrecherischen Kultes nicht mit Unrecht bestraft. Auch bloßen Vorahnungen, d. h. Furcht und Hoffnung, ja den eigenen Träumen hat man prophetische Bedeutung beigelegt. Desgleichen diente der zufällige Flug der Vögel zum Weissagen. Die Eingeweide der Tiere haben die Menschen, in der Meinung, sie verkündeten die Zukunft, begierig beschaut. Die Worte eines absichtslos Sprechenden galten als Vorzeichen von Zukünftigem. Alles Ungewöhnliche wurde als Wunder und Zeichen bezeichnet, weil die Götter dadurch die kommenden Ereignisse anzuzeigen schienen. Auch Lose verschiedener Art waren in Gebrauch, d. h. in allem Zufälligen versuchte man sein Glück. Im übrigen übergehe ich unzählige andere Arten der Vorhersagung, um nicht allzu lange bei der Torheit der Menschen zu verweilen.

13. Zwei Umstände sind es, welche Religionsänderungen herbeizuführen pflegen, beide liegen bei den Priestern: widersinnige Dogmen und ein Lebenswandel, welcher mit der Religion, die sie lehren, nicht im Einklang steht. Es war ein Irrtum von sonst so klugen Männern der römischen Kirche, wenn sie meinten, die Unwissenheit der Menge so weit mißbrauchen zu können, daß sie bei ihr auch den Glauben an einander widersprechende Sätze nicht nur damals, sondern immer erwirken könnten. Allmählich wird die Menge gebildeter und versteht endlich einmal die Bedeutung der Worte, die sie gebraucht. Wenn sie dann sieht, daß die Lehrer der Religion Sätze, die nicht zueinander passen, nicht nur selbst aussprechen, sondern auch streng fordern, daß andere so sprechen, so sind sie geneigt, zunächst jene selbst als unwissend zu verachten, dann die Religion selbst für falsch zu halten und sie entweder zu verbessern oder aus dem Staate zu entfernen. Die Kirchenlehrer müssen sich daher vor allem hüten, in den Gotteskult irgend etwas aus der Lehre der Naturwissenschaft hineinzubringen. Da sie nämlich keine Kenntnis der Naturwissenschaften besitzen, ist es kaum zu vermeiden, daß sie irgendwann einmal auf widersinnige Sätze verfallen. Wenn diese dann auch von Ungelehrten aufgedeckt werden, ist die Folge, daß die ganze Lehre verachtet wird. So hat die Aufdeckung der Unwissenheit der römischen Kirchenlehrer durch Luther nicht nur die römische Religion bei uns und bei anderen Völkern zu einem großen Teil beseitigt, sondern auch die Völker selbst aus der Abhängigkeit von Rom herausgerissen. Hätten jene über die Transsubstantiation, d. h. über die Natur von Körper und Raum, über die Willensfreiheit, d. h. über das Wesen von Wille und Verstand, und über andere Fragen, die ich der Kürze halber übergehe, geschwiegen, so hätten sie sich erhalten können, was sie gewonnen hatten.

Was die andere Ursache der Religionsänderungen angeht, den Lebenswandel, so ist offenbar keiner aus der Menge so dumm, daß er nicht einen Geistlichen, der an sich schon schwer glaubliche Dinge zu glauben befiehlt, für einen Betrüger hält, wenn er ihn so leben sieht, als ob er selbst nicht an all das glaube; man meint dann, man brauche nicht zu glauben, was jener zu glauben befiehlt; zumal wenn es für den, der den Glauben fordert, nützlich ist, daß die anderen glauben. Wird also, wie es überall geschieht, gelehrt, der Gläubige solle weniger habsüchtig sein als andere, weniger ehrgeizig, weniger hochmütig, weniger sich den Sinnen ergeben, weniger sich in weltliche, d. h. in politische Angelegenheiten mischen, weniger schelten, weniger neidisch sein, einfältiger, d. h. offenherziger als andere und mitleidiger, wahrhaftiger sein, ohne daß doch die, die all dies fordern, selbst so sind, so dürfen sie sich nicht beklagen, wenn ihnen späterhin nicht mehr geglaubt wird. Ich wenigstens bin überzeugt, daß die Ursache für das bedeutende Aufblühen der christlichen Religion zur Zeit der heiligen Apostel zum großen Teil das unheilige Leben der heidnischen Priester war. Denn abgesehen von den Fehlern, die sie mit der Menge gemein hatten, mischten sie sich auch in die Streitigkeiten der Staaten untereinander; sie bewachten die Götter, wie die Ammen die kleinen Kinder zu bewachen pflegen; offenbar damit niemand an sie herankäme, von dem sie es nicht wollten, oder sie niemanden liebten, als wen sie selbst empfohlen hatten. Es empfahlen aber die habgierigen Menschen nur die, von welchen sie Wohltaten empfingen.

15. KAPITEL

Vom fingierten Menschen

1. Was bei den Griechen πρόσωπον heißt, heißt bei den Lateinern bald *facies* oder *os* des Menschen, bald *persona; facies*, wenn ein Mensch im wirklichen Leben, *persona*, wenn er in einer angenommenen Rolle, wie auf dem Theater der Komödien- und Tragödienschauspieler, gemeint war.

Auf der Bühne sprach ja nicht der Schauspieler als solcher, sondern als irgendein anderer, etwa als Agamemnon, dessen Maske er für die Aufführung angelegt hatte. Später ersetzte man die Maske durch die einfache Ankündigung des Schauspielers, welche Rolle er spielen würde. Nicht weniger nötig als im Theater sind solche Fiktionen im bürgerlichen Leben wegen der Geschäfte und Abmachungen, die im Namen von Abwesenden abgeschlossen werden. Für das bürgerliche Leben kann man nun den Begriff der „Person" folgendermaßen definieren: „Person" ist, wem Worte oder Handlungen von Menschen beigelegt werden, und zwar entweder seine eigenen oder die eines anderen; wenn seine eigenen, so ist er eine „natürliche" Person, wenn die eines anderen, eine „fingierte" Person. Wie ein Schauspieler zu verschiedenen Zeiten verschiedene Rollen spielen kann, so kann jeder beliebige Mensch mehrere Menschen darstellen. Cicero sagt: „Ich allein spiele drei Rollen, meine eigene, die des Gegners und die des Richters"; was gleichbedeutend ist mit: Ich, der eine Cicero, kann als ich selbst, als der Gegner und als der Richter angesehen werden.

2. Wer im Staate eine Person vertritt, tut das entweder im Auftrage dessen, den er darstellt, oder ohne dessen Auftrag. Alles was jemand im Namen eines tut, der von ihm nicht vertreten zu werden wünscht, das wird ihm selbst, d. h. dem Handelnden allein, zugerechnet. Was er aber im Auftrage eines anderen tut, ist immer eine Handlung des Auftraggebers, bisweilen aber zugleich auch des Beauftragten, also beider. Als rechtlicher Urheber der Handlung gilt, wer erklärt hat, er wünsche, daß eine Handlung, die ein anderer für ihn ausführt, als die seine gelte; was man bei Sachen als „Eigentümer" bezeichnet, heißt bei Handlungen „Urheber". Wer etwas auf Grund der Berechtigung, die ein anderer besitzt, tut, hat „Vollmacht". Hat derjenige, welcher die Vollmacht erteilt, selbst nicht das Recht zu der Handlung, so hat der Beauftragte nicht die Vollmacht zu handeln. Wer daher mit dem Beauftragten einen Vertrag schließt oder irgendein Übereinkommen trifft, ohne zu wissen, ob dieser Vollmacht hat oder nicht, tut das auf seine eigene Gefahr. Und wenn einer sich auf Geheiß des anderen ver-

geht, so vergehen sich beide, weil keiner rechtmäßig gehandelt hat, es sei denn, daß der Staat es befohlen hat, so daß der Beauftragte sich nicht weigern darf.

3. Ebenso vertritt bei Bürgschaften der Bürge die „Person“ dessen, für den er bürgt. Denn er ist der Urheber des Kredites (fides), den der Gläubiger dem Schuldner gewährt, und er heißt ihn (jubet), dem Schuldner auf seine, des Bürgen, Gefahr hin zu vertrauen; daher er im Lateinischen geradezu „fidejussor“ genannt wird.

Aber nicht nur ein einzelner Mensch kann einen einzelnen vertreten, sondern es kann auch einer viele und es können viele einen vertreten. Wenn nämlich mehrere dahin übereinkommen, alles, was einer von ihnen oder eine aus mehreren Mitgliedern bestehende Versammlung tut, als die Handlung jedes einzelnen von ihnen gelten zu lassen, so gilt jeder einzelne als rechtlicher Urheber der Handlungen, die der Betreffende oder die Versammlung ausführt. Er kann also keine ihrer Handlungen anklagen, ohne sich selbst anzuklagen.

Ebenso sind alle Könige und höchsten Leiter von Staaten irgendwelcher Art, wenn sie Gott als Herrn anerkennen, Vertreter Gottes. Im besondern waren Stellvertreter Gottes, als des Königs, anfangs Moses, dann Christus und, nachdem am Pfingsttage der Heilige Geist sichtbar über die Apostel gekommen war, die Kirche, d. h. in jedem Staat der oberste Lenker der Kirche. Gott hat also bei allen Völkern Eigentum nach Menschenart: Land, Rechte und sonstige, d. h. die ihm geweihten Güter, jedoch dies alles erst nach Errichtung des Staates.

Da nämlich der Wille Gottes nur durch den Staat erkannt wird, der Wille dessen aber, der vertreten wird, erfordert wird, damit er der rechtliche Urheber der Handlungen derer sei, die ihn vertreten, so kann Gott nur durch den Willen des Staates zur Rechtsperson werden.

4. Auch eine leblose Sache kann Rechtsperson sein, d. h. sie kann Eigentum und andere Güter haben und Rechtsansprüche geltend machen; so etwa ein Tempel, eine Brücke oder sonst irgendeine Sache, zu deren Erhaltung Mittel nötig sind. Ihre Vertretung führen vom Staat eingesetzte

Kuratoren, da sie keinen eigenen Willen besitzt, sondern einen solchen nur durch den Staat empfängt.

Über die Verwendung solcher Fiktionen im Staate — sie ist sehr groß — werden wir in dem dritten Teil, der vom Bürger handelt, sprechen.

Obgleich die natürlichen Gesetze den Menschen als Menschen betreffen, haben wir sie doch in dieser Abteilung nur insoweit behandelt, als sie den Inhalt der Sittlichkeit bilden. Da aber ihre Innehaltung nur möglich ist, wenn es schon staatliche Gesetze und Zwangsgewalt gibt, werden wir sie, sofern sie Gesetze sind, in ebendemselben dritten Teil ausführlich erörtern.

VOM BÜRGER

Widmung an
Se. Exz. den Grafen Wilhelm von Devonshire,
meinen hochzuverehrenden Herrn

Nach einer Äußerung des Zensors Marcus Cato herrschte beim römischen Volke, welches in Erinnerung an die Tarquinier und infolge seiner Staatsverfassung den Königen nicht wohlwollte, die Ansicht, „daß alle Könige zum Geschlecht der Raubtiere gehörten". Aber war nicht das römische Volk selbst ein reißendes Tier? Hatte es nicht durch seine Bürger, welche nach den beraubten Völkern die Beinamen Africanus, Asiaticus, Macedonicus, Achaicus oder andere erhalten hatten, beinahe den ganzen Erdkreis geplündert? Nicht minder weise als dieser Ausspruch des Cato war daher der des Pontius Telesinus, welcher in der Schlacht an dem Collinischen Tore gegen Sulla, als er die Reihen seines Heeres durcheilte, ausrief, Rom selbst müsse verwüstet und zerstört werden, denn die Wölfe, die Räuber der italischen Freiheit, würden immer wiederkehren, solange nicht dieser Wald, ihr Zufluchtsort, gefällt sei.

Nun sind sicher beide Sätze wahr: *Der Mensch ist ein Gott für den Menschen*, und: *Der Mensch ist ein Wolf für den Menschen;* jener, wenn man die Bürger untereinander, dieser, wenn man die Staaten untereinander vergleicht. Dort nähert man sich durch Gerechtigkeit und Liebe, die Tugenden des Friedens, der Ähnlichkeit mit Gott; hier müssen selbst die Guten bei der Verdorbenheit der Schlechten ihres Schutzes wegen die kriegerischen Tugenden, die Gewalt und die List, d. h. die Raubsucht der wilden Tiere, zu Hilfe nehmen. Wenn auch die Menschen sich dies gegenseitig zum Vorwurf machen, weil sie nach einem eingeborenen Hang die eignen Handlungen, von andern verübt, wie in einem Spiegel anschauen, wo das Linke rechts und das Rechte links erscheint, so ist es doch nach dem in der Notwendigkeit der Selbsterhaltung wurzelnden Naturrecht nicht als Schuld anzusehen. Daß aber der wegen seiner Weisheit gefeierte Cato so sehr dem Hasse statt dem ruhigen Urteile und der Leidenschaft statt der Vernunft nachgeben konnte, um das, was er bei seinem Volke für recht hielt, bei den Königen für unrecht zu erklären, mag vielleicht andere verwundern. Jedenfalls bin ich schon lange der Ansicht, daß kein vortrefflicher Ausspruch jemals dem Volke gefallen hat und daß die Masse eine Weisheit, die über ihren Verstand geht, nicht anerkennen kann; entweder verstehen sie sie nicht, oder wenn sie sie verstehen, so ziehen sie sie herab. Die berühmten Taten und Aussprüche der Griechen und Römer hat nicht ihre Vernünftigkeit, sondern ihre Größe und oft jene Raubtiernatur, die sie sich gegenseitig vorwerfen, in die Geschichte eingehen lassen, die zugleich mit den öffentlichen Taten auch ihre Urheber (mögen sie gewesen sein, wie sie wollen) durch die Jahrhunderte trägt.

Die wahre Weisheit ist nun aber das Wissen der Wahrheit in allen Dingen. Sie entspringt aus der durch feste und bestimmte Namen erweckten Erinnerung an die Dinge und ist nicht das Werk eines heftigen Geistes und einer plötzlichen Aufwallung, sondern das Werk der rechten Vernunft, d. h. der Philosophie. Diese eröffnet den Weg von der Betrachtung der einzelnen Dinge zu den allgemeinen Gesetzen. In so viel Gattungen, als die Dinge, welche die menschliche Vernunft umfaßt, zerfallen, in so viel Zweige teilt sich auch die Philosophie und erhält nach dem Unterschied ihrer Gegenstände unterschiedene Namen. Die, welche die Figuren behandelt, heißt die *Geometrie;* die, welche die Bewegung behandelt, die *Physik;* und die, welche das natürliche Recht behandelt, die *Moral.* Sie alle bilden die *Philosophie,* welche dem Meere gleicht, das hier das britische, dort das atlantische, anderwärts das indische nach den anliegenden Ländern genannt wird, aber als Ganzes doch nur der *eine* Ozean ist. Die Geometer haben nun ihr Gebiet vortrefflich verwaltet; denn alles, was dem menschlichen Leben an Nutzen zufällt, sei es aus der Beobachtung der Gestirne oder der Beschreibung der Länder oder der Einteilung der Zeit oder weiten Seereisen, ebenso alles Schöne an den Gebäuden, alles Feste an den Schutzwehren, alles Wunderbare an den Maschinen, alles endlich, was die heutige Zeit von der Barbarei vergangener Jahrhunderte unterscheidet, ist beinahe nur der Geometrie zu verdanken; denn selbst das, was wir der Physik verdanken, verdankt diese erst der Geometrie. Wenn die Moralphilosophen ihre Aufgabe mit gleichem Geschick gelöst hätten, so wüßte ich nicht, was der menschliche Fleiß darüber hinaus noch zum Glück der Menschen in diesem Leben beitragen könnte. Denn wenn die Verhältnisse der menschlichen Handlungen mit der gleichen Gewißheit erkannt worden wären, wie es mit den Größenverhältnissen der Figuren geschehen ist, so würden Ehrgeiz und Habgier gefahrlos werden, da ihre Macht sich nur auf die falschen Ansichten der Menge über Recht und Unrecht stützt, und das Menschengeschlecht würde eines beständigen Friedens genießen, so daß man wohl nie mehr (ausgenommen um den Raum bei der wachsenden Menge der Menschen) zu kämpfen brauchte. Wenn dagegen jetzt der Krieg mit den Schwertern und der Krieg mit den Federn kein Ende nimmt; wenn die Kenntnis des Rechts und der natürlichen Gesetze heute nicht größer ist als in alten Zeiten; wenn jede Partei ihr Recht mit Aussprüchen der Philosophen unterstützt; wenn dieselbe Handlung von dem einen gelobt und von dem andern getadelt wird; wenn derselbe Mensch heute das billigt, was er morgen verdammt, und wenn er die eigenen Taten anders beurteilt, sofern sie andere tun: so sind dies überaus deutliche Zeichen, daß die bisherigen Schriften der Moralphilosophen zur Erkenntnis der Wahrheit nichts beigetragen haben. Sie haben wohl gefallen, aber den Geist nicht erleuchtet, vielmehr durch eine schöne, den Neigungen schmeichelnde Darstellung blindlings angenommene Meinungen befestigt. Es ist diesem Teile der Philosophie wie den öffentlichen Landstraßen ergangen: alle Welt wandelt darauf, man geht auf ihnen hin und her, der eine zur Erholung, der andere zum Streit; aber gesät wird darauf nichts. Die Ursache hiervon scheint lediglich darin zu liegen, daß von denen, welche diese Materie behandelt haben, keiner eines geeigneten Ausgangspunktes der Lehre sich bedient hat. Denn man kann bei der Wissenschaft nicht wie bei einem Kreise den Anfang nach Belieben nehmen; in dem Dunkel des Zweifels selbst beginnt ein Faden der Vernunft, von dem geführt man zu dem hellsten Licht hindurchdringt. Und hier ist der Ausgangspunkt der Lehre; von hier ist rückwärts das Licht zur Lösung der Zweifel herbeizubringen. So oft mithin ein Schriftsteller diesen Faden aus Unkenntnis verläßt oder aus Leidenschaft abreißt, so oft beschreibt er in seiner Schrift nicht die Spuren der Wissenschaft, sondern die seiner Irrtümer.

So erinnerte mich, als ich meine Gedanken auf die Untersuchung der natürlichen Gerechtigkeit richtete, schon der Name der Gerechtigkeit, der den beharrlichen Willen, jedem sein Recht zu gewähren, bezeichnet, daran, daß ich vor allem den Grund zu ermitteln hätte, weshalb jemand eine Sache eher die seine als die eines andern nennt. Da sich ergab, daß dies nicht auf der Natur, sondern auf dem Übereinkommen der Menschen beruht (denn das, was die Natur für alle hervorgebracht, ist erst durch die Menschen verteilt worden), so führte mich dies auf die weitere Frage, zu welchem Zweck und infolge welcher Nötigung die Menschen gewollt haben, daß, da eigentlich alles allen gehörte, jeder ein besonderes Eigentum haben solle. Ich sah nun, daß aus dem gemeinsamen Besitz der Dinge der Krieg und damit alle Arten von Elend für die Menschen, die sich um deren Gebrauch mit Gewalt stritten, notwendig hervorgehen müsse; ein Zustand, den alle von Natur verabscheuen. So gelangte ich zu den zwei sichersten Forderungen der menschlichen Natur: die eine ist die Forderung der natürlichen Begierde, vermöge deren jeder den Gebrauch der gemeinsamen Dinge für sich allein verlangt; die andere ist die Forderung der natürlichen Vernunft, vermöge deren jeder dem gewaltsamen Tode als dem höchsten Übel der Natur auszuweichen sucht. Von diesen Grundlagen aus glaube ich die Notwendigkeit der Verträge und der Einhaltung der Treue und damit die Elemente der sittlichen Tugend und der bürgerlichen Pflichten in dieser kleinen Schrift in völlig klaren Folgerungen dargelegt zu haben.

Die Zugabe über das Reich Gottes ist deshalb geschehen, damit nicht zwischen den natürlichen Geboten Gottes und dem Gesetz Gottes, welches in der Heiligen Schrift überliefert wird, der Schein eines Widerspruchs stehen bleibe. Auch habe ich mich im ganzen Verlauf meiner Arbeit sorgfältig in acht genommen, etwas über die bürgerlichen Gesetze eines bestimmten Volkes zu sagen; denn ich mochte mich den gefährlichen Küsten nicht nähern, wo Klippen und stete Stürme drohen.

Wieviel Mühe und Sorgfalt ich auf die Erforschung der Wahrheit verwendet habe, weiß ich; was ich erreicht habe, weiß ich nicht; denn die Eigenliebe läßt die eigenen Leistungen nicht richtig abschätzen. Ich überreiche deshalb diese Schrift Ihnen mehr zu einer strengen Prüfung als zu einer gütigen Aufnahme, da ich aus zuverlässigen Proben weiß, daß jedwede Ansicht bei Ihnen nicht wegen der Berühmtheit ihres Urhebers oder wegen ihrer Neuheit oder wegen ihrer schönen Form, sondern nur durch die Festigkeit ihrer Gründe beifällige Aufnahme findet. Wenn die Schrift Ihnen gefallen sollte, d. h. wenn sie kraftvoll, wenn sie nutzbringend und nicht alltäglich ist, dann erst übergebe und widme ich sie in Untertänigkeit Ihnen, hochgeehrter Herr, meinem Schutz und meiner Zierde; habe ich aber geirrt, so haben Sie an ihr wenigstens ein Zeugnis meiner Dankbarkeit und meines Bestrebens, die durch Ihre Güte mir gewährte Muße zur Gewinnung Ihrer Gewogenheit zu benutzen. Möge der allmächtige und allgütige Gott Sie, den besten Bürger, auf Erden beschützen, und wenn Ihr Leben nach einer langen Dauer sich schließt, Sie mit dem Ruhme des himmlichen Reiches krönen.

Paris, d. 1. November 1646

Eurer Exzellenz
untertänigster Diener
Thomas Hobbes

Vorwort an die Leser

Dinge, deren Verheißung bei den Lesern die meiste Aufmerksamkeit erweckt, also: ein würdiger und nützlicher

Gegenstand; ein richtiges Verfahren bei der Untersuchung; ehrliche Anlässe und Absichten bei der Abfassung der Schrift; endlich ein Maßhalten von seiten des Verfassers — dies, verehrte Leser, verspreche ich Ihnen und möchte es Ihnen hier mit einigen Worten vor Augen legen. Ich handle in dieser Schrift von den Pflichten der Menschen, zuerst als Menschen, dann als Bürger, zuletzt als Christen. In diesen Pflichten sind sowohl die Elemente des Natur- und Völkerrechts und der Ursprung und die Macht der Gerechtigkeit, als auch das Wesen der christlichen Religion (soweit es der Plan dieser Schrift verstattet) enthalten.

Lehren dieser Art (mit Ausnahme derer, die sich auf die christliche Religion beziehen) durften nach Ansicht der ältesten Weisen nur im Schmuck des Gedichts oder in der dunklen Andeutung der Allegorie gleichsam wie ein sehr schönes und heiliges Mysterium der Herrschaft den Nachkommen überliefert werden, damit sie nicht durch die Streitigkeiten einzelner Menschen befleckt würden. Indes untersuchten einige Philosophen zum Vorteil des menschlichen Geschlechts die Gestalten und Bewegungen der Dinge, andere ohne Nachteil für das menschliche Geschlecht die Natur und Ursachen der Dinge. In den darauf folgenden Zeiten soll zuerst Sokrates jene Wissenschaft vom Staat, die, wenn sie auch nicht voll erkannt war, doch teilweise bei der Leitung der Staaten wie durch eine Wolke hindurchleuchtete, liebgewonnen und so gepflegt haben, daß er alle anderen Teile der Philosophie verachtete und aufgab und bloß diese seines Geistes für würdig hielt. Nach ihm haben dann Plato, Aristoteles, Cicero und andere griechische und lateinische Philosophen, zuletzt sogar bei allen Völkern nicht bloß die Philosophen, sondern auch die Müßiggänger sich damit beschäftigt und tun es noch, als handelte es sich um einen leichten, ohne lange Arbeit zu erfassenden Gegenstand, der eines jeden natürlicher Begabung offen und bloß stehe.

Zur Würde dieses Teils der Philosophie trägt es vorzüglich bei, daß die, welche ihn innezuhaben wähnen oder an einer Stelle stehen, wo sie ihn innehaben sollten, sich so sehr in dessen Glanz gefallen, daß es ihnen gleichgültig ist, ob man sie auch in den übrigen Wissenschaften für bewandert hält und ob sie scharfsinnig, gelehrt, belesen und sonstwie genannt werden, wenn sie nur für klug gelten; denn dieser Name, meinen sie, gebühre wegen der Vortrefflichkeit der Bürgerkunde nur ihnen allein.

Mag man nun den Wert einer Wissenschaft nach dem Wert derer, welche sie gebrauchen, oder nach der Zahl derer, welche darüber geschrieben haben, oder nach dem Urteile der weisesten Männer bemessen, so bleibt diejenige sicherlich die wertvollste, deren die Fürsten und die mit der Regierung des menschlichen Geschlechts beschäftigten Männer bedürfen, an deren Glanze, selbst wenn er verfälscht ist, sich beinahe alle Menschen ergötzen, und mit der die ausgezeichnetsten Geister unter den Philosophen sich hauptsächlich beschäftigt haben. Ihren Nutzen, wenn sie recht gelehrt wird, d. h. wenn sie aus wahren Grundsätzen durch klare Schlußfolgerungen abgeleitet wird, erkennt man dann am besten, wenn man den Schaden betrachtet, der aus ihrem falschen und geschwätzigen Scheinbild dem Menschengeschlecht erwächst. Wenn in Dingen, die man nur zur Übung der Geisteskräfte erforscht, auch ein Irrtum sich einschleicht, so tut er keinen Schaden und verursacht höchstens einen Zeitverlust; in Dingen aber, die jeder um des Lebens willen zu erwägen hat, müssen notwendig nicht bloß aus dem Irrtum, sondern schon aus der Unwissenheit Beleidigungen, Streitigkeiten und Mordtaten hervorgehen. So groß wie diese Schäden sind, so groß ist der Nutzen einer gut dargestellten Pflichtenlehre. Wieviel Könige, die auch gute Männer waren, sind nicht durch den einzigen Irrtum, wonach ein tyrannischer König von den Untertanen mit Recht getötet werden könne, ums Leben gekommen! Wieviel Menschen sind nicht gewürgt worden bloß aus dem Irrtum, daß der Landesfürst aus gewissen Gründen von gewissen Personen seiner Herrschaft entsetzt werden könne! Wie vielen Menschen hat nicht jene irrige Lehre den Tod gebracht, daß die Könige nicht die Vorgesetzten der Menge, sondern ihre Diener seien! Wieviel Aufstände hat schließlich nicht jene irrige Lehre verursacht, wonach die Prüfung der Rechtmäßigkeit oder Unrechtmäßigkeit der königlichen Anordnungen Privatpersonen zustehen und, bevor diese Anordnungen in Kraft treten, öffentlich nicht bloß rechtens geschehen könne, sondern auch müsse! Auch in der gemeinhin angenommenen Moralphilosophie gibt es viele nicht minder gefährliche Sätze, die ich nicht aufzuführen brauche. Ich glaube, jene Männer der Vorzeit haben dies vorausgesehen, denn sie wollten lieber, daß die Wissenschaft von der Gerechtigkeit in Mythen gekleidet als den öffentlichen Streitigkeiten ausgesetzt werde. Denn ehe man noch Fragen dieser Art zu erörtern begann, beanspruchten die Fürsten ihre Macht nicht bloß, sondern übten sie bereits. Sie schützten ihre Herrschaft nicht durch Beweisgründe, sondern durch Strafen an den Verbrechern und Verteidigung der Rechtschaffenen; umgekehrt bemaßen die Bürger die Gerechtigkeit nicht nach den Reden von Privatpersonen, sondern nach den Gesetzen des Staates; der Friede wurde nicht durch Disputationen, sondern durch die Kraft der Staatsgewalt gewahrt. Ja man verehrte die höchste Staatsgewalt, mochte sie in den Händen *eines* Menschen oder einer Versammlung liegen, wie eine sichtbare Gottheit. Deshalb fanden die ehrgeizigen und heruntergekommenen Menschen keinen Anhang, wie jetzt, um die Staatsverfassung umzustoßen; man konnte es nicht begreifen, daß sie selbst das nicht erhalten wollten, auf dem doch ihre eigene Erhaltung beruhte, denn die Einfalt jener Zeiten konnte eine so gelehrte Torheit nicht fassen.

Deshalb herrschte der Friede und das Goldene Zeitalter, und dies erlosch nicht eher, als bis mit Vertreibung des Saturn die Lehre aufkam, daß man auch gegen die Könige die Waffen ergreifen dürfe. Dies, meine ich, haben die Alten nicht bloß eingesehen, sondern auch in einem ihrer Mythen vortrefflich angedeutet. Sie erzählen nämlich, daß Ixion, als ihn Jupiter zu seinem Mahle zugelassen, sich in Juno verliebt und Gewährung von ihr verlangt habe. Darauf sei ihm statt der Göttin eine Wolke in ihrer Gestalt zugeführt worden, aus der die Zentauren entsprossen, halb von Menschen-, halb von Pferdegestalt, ein kampflustiges und unruhiges Geschlecht. Das will mit andern Worten sagen, daß, wenn Privatpersonen zu den Beratungen über

Staatsangelegenheiten berufen werden, sie die Gerechtigkeit, die Schwester und Gattin der Staatsgewalt, ihrem eigenen Ermessen zu unterwerfen streben, jedoch die falsche und leere Gestalt derselben gleich einer Wolke umfassen und so jene zwitterhaften Lehrsätze der Moralphilosophie erzeugen, die, halb recht und schön, halb tierhaft und wild, zur Ursache alles Streitens und Mordens werden.

Da alltäglich solche Meinungen auftauchen, so sollte man diese Wolken zerteilen und mit den triftigsten Gründen darlegen, daß Lehren über Recht und Unrecht, über das Gute und Schlechte, abgesehen von den in jedem Staate bestehenden Gesetzen, keinen Anspruch auf Geltung besitzen und daß niemand über die Rechtmäßigkeit oder Unrechtmäßigkeit, über die Güte oder Schlechtigkeit möglicher Handlungen Untersuchungen anzustellen habe, als die, denen der Staat die Auslegung seiner Gesetze übertragen hat. Damit würde sicherlich nicht bloß die königliche Straße zum Frieden, sondern zugleich auch die dunkeln und düstern Seitenwege zum Aufruhr klargelegt werden, und ein solches Unternehmen wäre das nützlichste, was erdacht werden könnte.

Was meine Methode anlangt, so habe ich mich nicht mit bloßer Deutlichkeit im Vortrage begnügt, sondern geglaubt, mit der Materie des Staates beginnen, dann zu dessen Entstehung und Gestaltung und dem ersten Ursprung der Gerechtigkeit übergehen zu müssen. Denn aus den Elementen, aus denen eine Sache sich bildet, wird sie auch am besten erkannt. Schon bei einer Uhr, die sich selbst bewegt, und bei jeder etwas verwickelten Maschine kann man die Wirksamkeit der einzelnen Teile und Räder nicht verstehen, wenn sie nicht auseinandergenommen werden und die Materie, die Gestalt und die Bewegung jedes Teiles für sich betrachtet wird. Ebenso muß bei der Ermittelung des Rechtes des Staates und der Pflichten der Bürger der Staat zwar nicht aufgelöst, aber doch gleichsam als aufgelöst betrachtet werden, d. h. es muß richtig erkannt werden, wie die menschliche Natur geartet ist, wieweit sie zur Bildung des Staates geeignet ist oder nicht, und wie die Menschen sich zusammentun müssen, wenn sie eine Einheit werden wollen. Nach dieser Methode bin ich verfahren; an erster Stelle setze ich deshalb den allen durch Erfahrung bekannten und von jedermann anerkannten Grundsatz, daß der Sinn der Menschen von Natur so beschaffen ist, daß, wenn die Furcht vor einer über alle bestehenden Macht sie nicht zurückhielte, sie einander mißtrauen und einander fürchten würden und daß jeder durch seine Kräfte sich mit Recht schützen könne und notwendigerweise auch wolle. Man entgegnet vielleicht, daß manche dies leugnen; und es ist richtig, daß gar viele dies bestreiten. Widerspreche ich mir da nicht selbst, wenn ich sage, daß dieselben Personen es zugestehen und leugnen? Indes nicht ich, sondern jene widersprechen sich, weil sie durch ihre Handlungen das zugestehen, was sie in ihren Worten bestreiten. Wir sehen, daß alle Staaten, selbst wenn sie mit ihren Nachbarn Frieden haben, ihre Grenzen durch militärische Besatzungen oder ihre Städte durch Mauern, Tore und Wächter sichern. Wozu geschähe dies, wenn sie die Nachbarn nicht fürchteten? Selbst in den einzelnen Staaten, wo Gesetze bestehen und gegen die Übeltäter Strafen bestimmt sind, gehen die einzelnen Bürger nicht ohne Waffen zu ihrer Verteidigung auf Reisen und nicht zur Ruhe, bevor die Türen gegen ihre Mitbürger und Kisten und Kasten gegen die Hausgenossen verschlossen sind. Können wohl die Menschen deutlicher zeigen, daß sie einander und alle allen nicht trauen? Indem aber alle so handeln, gestehen sowohl die Staaten wie die einzelnen ihre Furcht und ihr gegenseitiges Mißtrauen ein; nur im Wortstreit wird es geleugnet, d. h. aus Eifer andern zu widersprechen, widerspricht man sich selbst.

Man hat mir ferner eingewendet, daß nach diesem Grundsatze die Menschen alle nicht bloß böse (was, obzwar es hart klingt, dennoch eingeräumt werden muß, da es in der Heiligen Schrift deutlich ausgesprochen ist), sondern von Natur notwendig böse sein müßten (was man ohne Gottlosigkeit nicht zugestehen kann). Indes folgt aus diesem Grundsatze nicht, daß die Menschen von Natur böse sind. Denn wenn es auch weniger böse als gute Menschen gäbe, so kann man doch die Guten von den Bösen nicht unterscheiden, und deshalb müssen auch die Guten und

Bescheidenen fortwährend Mißtrauen hegen, sich vorsehen, anderen zuvorkommen, sie unterjochen und auf alle Weise sich verteidigen. Noch weniger aber folgt, daß die, welche böse sind, von Natur böse geschaffen sind: denn wenn auch die Lebewesen von Natur, d. h. von ihrer Geburt ab, so beschaffen sind, daß sie alles, was ihnen gefällt, sogleich begehren und nach Kräften bemüht sind, drohenden Übeln entweder in Furcht zu entfliehen oder sie im Zorn von sich abzuhalten, so pflegt man sie deshalb doch nicht böse zu nennen; denn die Leidenschaften, die aus der tierischen Natur herkommen, sind nicht selbst böse, sondern nur die daraus hervorgehenden Handlungen sind es bisweilen, nämlich wenn sie schädlich sind und zugleich gegen die Pflicht verstoßen. Die Kinder, denen man nicht alles was sie begehren, gibt, weinen und zürnen, ja schlagen selbst ihre Eltern: dies Benehmen liegt in ihrer Natur; dennoch sind sie schuldlos und nicht böse, erstens weil sie nicht schaden können, zweitens weil ihnen der Gebrauch der Vernunft abgeht und sie deshalb aller Pflichten ledig sind. Wenn sie aber im Erwachsenenalter und nach Gewinnung der Kräfte, mit denen sie schaden können, so zu handeln fortfahren, dann werden sie böse genannt und sind es auch. Deshalb gleicht ein böser Mann so ziemlich einem kräftigen Knaben oder einem Manne mit kindischem Sinn, und die Bosheit ist nur der Mangel an Vernunft in dem Alter, wo sie den Menschen auf Grund ihrer Natur, die durch Zucht und schlimme Erfahrungen geleitet wird, gewöhnlich zukommt. Wenn man daher die Menschen nicht schon deshalb von Natur böse nennen will, weil sie nicht von Natur die Zucht und den Gebrauch der Vernunft haben, so muß man anerkennen, daß die Menschen von Natur Begierde, Furcht, Zorn und andere tierische Leidenschaften haben können, ohne deshalb von Natur böse erschaffen zu sein.

Die Grundlage, die ich gelegt habe, bleibt sonach unerschüttert. Darauf zeige ich nun, daß der Zustand der Menschen außerhalb der bürgerlichen Gesellschaft (den ich den Naturzustand zu nennen mir erlaube) nur der Krieg aller gegen alle ist, und daß in diesem Kriege alle ein Recht auf alles haben. Ferner, daß alle Menschen aus diesem elenden und abscheulichen Zustande, von ihrer Natur genötigt, herauskommen wollen, sobald sie dessen Elend einsehen; daß dies aber nur möglich ist, wenn sie durch Eingehung von Verträgen von ihrem Recht auf alles abgehen. Ich entwickle dann die Natur der Verträge und wie Rechte von einem auf den andern übertragen werden müssen, damit die Verträge gültig bleiben; ferner, welche Rechte zur Befestigung des Friedens und welchen Personen sie zugestanden werden müssen, d. h. was die Gebote der Vernunft verlangen, die eigentlich die natürlichen Gesetze genannt werden können. Das ist der Inhalt des Teils des Buches, der die Überschrift „Freiheit" führt.

Nach Feststellung dessen zeige ich, was der Staat und die höchste Staatsgewalt ist, in welche Arten sie sich sondert, wie diese entstehen, und welche Rechte von den einzelnen Menschen, die einen Staat bilden wollen, auf den höchsten Gebieter, sei es ein einzelner Mensch oder eine Versammlung von Menschen, notwendig übertragen werden müssen, andernfalls überhaupt kein Staat zustande kommt und das Recht aller auf alles, d. h. das Recht des Krieges, bestehen bleibt. Dann zeige ich die Unterschiede der einzelnen Arten des Staates, d. h. der Monarchie, der Aristokratie, der Demokratie, des patriarchalischen und des despotischen Regiments, lehre, wie sie sich bilden, und vergleiche sie untereinander nach ihren Vorzügen und Nachteilen. Ferner lege ich die Ursachen dar, welche den Staat zerstören, und die Pflichten, welche dem Inhaber der Staatsgewalt obliegen; endlich erläutere ich die Natur der Gesetze und der Vergehen, sowie den Unterschied des Gesetzes vom bloßen Rat, vom Vertrag und vom Recht. Dies ist der Inhalt des „Staatsgewalt" überschriebenen Teiles.

Im letzten Teile, der die Überschrift „Religion" führt, zeige ich, damit die Rechte, welche nach dem Vorhergehenden die Inhaber der Staatsgewalt gegen die Bürger aus guten Gründen haben müssen, der Heiligen Schrift nicht zu widersprechen scheinen, zunächst daß sie demjenigen göttlichen Rechte nicht widerstreiten, wonach Gott über die Herrscher durch die Natur, d. h. durch die Gebote der natürlichen Vernunft, herrscht. Zweitens zeige ich, daß sie nicht jenem göttlichen Rechte widerstreiten, wonach Gott die besondere Herrschaft über die Juden durch den alten Vertrag der Beschneidung innehatte. Drittens zeige ich, daß sie auch nicht dem göttlichen Rechte widerstreiten, wonach Gott über die Christen durch den Vertrag der Taufe herrscht; und daß daher die Rechte der höchsten Staatsgewalt oder das Recht des Staates mit der Religion überhaupt in keinem Widerspruch steht. Endlich zeige ich, welche Pflichten zum Eingang in das himmliche Reich erfüllt werden müssen, und daß somit der Gehorsam, welchen nach meiner Darlegung die einzelnen christlichen Bürger ihrem christlichen Fürsten schuldig sind, mit der christlichen Religion nicht in Widerspruch steht, indem ich dies auf das klarste aus den Zeugnissen der Heiligen Schrift nach der ihnen allgemein gegebenen Auslegung folgere und beweise.

Nachdem ich so den methodischen Aufbau dargelegt, habe ich nun den Anlaß zu dieser Schrift und meine Absicht dabei mitzuteilen. Ich habe mich aus reiner Neigung zur Philosophie mit ihr beschäftigt, ihre ersten Elemente in allen Zweigen gesammelt und allmählich in drei Teilen zusammengestellt: im ersten handle ich vom Körper und seinen allgemeinen Eigenschaften; im zweiten vom Menschen und insbesondere von seinen Vermögen und Leidenschaften; im dritten vom Staat und den Pflichten der Bürger. Sonach befaßt der erste Teil die Erste Philosophie und einige Elemente der Physik; es werden darin die Begriffe der Zeit, des Orts, der Ursache, der Möglichkeit, der Relation, der Proportion, der Größe, der Gestalt, der Bewegung erwogen. Der zweite Teil handelt von der Einbildungskraft, dem Gedächtnis, dem Verstande, dem Vernunftgebrauch, dem Begehren, dem Willen; vom Guten, vom Übel, vom Sittlichen und Unsittlichen und andern verwandten Begriffen. Was der dritte Teil behandelt, habe ich schon oben gesagt. Indem ich dies alles vervollständigte, ordnete, langsam und vorsichtig niederschrieb — denn ich ergehe mich nicht ins Breite, sondern rechne —, traf es sich, daß mein Vaterland, einige Jahre vor Ausbruch des Bürgerkrieges, durch Erörterungen über die Rechte der Herrscher und den schuldigen Gehorsam der Bürger, die Vorläufer des nahenden Krieges, heftig auf geregt wurde. Dies veranlaßte mich, den dritten Teil mit Zurückstellung der vorangehenden zunächst zur Reife und zum Abschluß zu bringen. So ist es gekommen, daß der der Anordnung nach letzte Teil zuerst fertig geworden ist, zumal da ich sah, daß er sich auf seine eigenen, durch Erfahrung bekannten Grundsätze stützte und deshalb der vorangehenden Teile nicht bedurfte.

Meine Absicht ist indes nicht darauf gerichtet gewesen, Lob zu erringen (obgleich, wenn es der Fall wäre, ich mich damit entschuldigen könnte, daß die, welche nicht gelobt sein mögen, selten etwas Lobenswertes zustande bringen), sondern ich habe das Buch Ihretwegen, der Leser wegen geschrieben. Wenn Sie die von mir aufgestellte Lehre erfaßt und begriffen haben werden, so hoffe ich, daß Sie lieber einige Unbequemlichkeiten im Privatleben, da die menschlichen Dinge nicht frei von aller Unbequemlichkeit sein können, mit Geduld ertragen werden, als daß Sie den Staat in Verwirrung bringen; daß Sie die Gerechtigkeit Ihrer Unternehmungen nicht nach den Reden und dem Rate einzelner Bürger, sondern nach den Gesetzen des Staates bemessen werden, und daß Sie nicht mehr von ehrgeizigen Menschen sich werden mißbrauchen lassen, um mit Ihrem Blute diesen zur Macht zu verhelfen. Ich hoffe, daß Sie es vielmehr vorziehen werden, den gegenwärtigen Zustand, auch wenn er nicht der beste ist, selbst zu genießen, als Krieg zu beginnen, damit, nachdem Sie selbst getötet worden oder das Alter Sie verzehrt hat, andere in einem spätern Jahrhundert eine verbesserte Verfassung besitzen. Wenn Personen der bürgerlichen Obrigkeit nicht untertan sein und die öffentlichen Lasten nicht tragen mögen, aber doch im Lande bleiben und vom Staate gegen Gewalt und Unrecht geschützt sein wollen, so hoffe ich, daß meine Leser dergleichen Leute nicht als Bürger, sondern als Feinde und Spione ansehen werden, und daß sie nicht alles, was diese ihnen als das Wort Gottes öffentlich oder im stillen vorsagen, leichtgläubig annehmen werden.

Aber ich muß noch deutlicher sprechen. Wenn irgendein Volksredner, Bekenner oder Spitzfindiger behauptet, die Lehre, daß der Herrscher des Landes, ja jeder Mensch, ohne

Befehl des Herrschers mit Recht von einem Bürger getötet werden dürfe, oder daß die Bürger Aufruhr, Verschwörungen und Bündnisse gegen den Staat mit Recht unternehmen dürften, stehe mit dem Worte Gottes in Übereinstimmung, so glauben Sie, meine Leser, ihm nicht, sondern zeigen Sie seinen Namen der Obrigkeit an. Wer mir hierin beistimmt, der wird auch meine Absicht bei Abfassung dieses Buches billigen.

Endlich habe ich im ganzen Verlauf meiner Darstellung als Regel festgehalten: erstens nichts über die Gerechtigkeit einzelner Handlungen auszumachen, sondern das der Bestimmung durch die Gesetze zu überlassen; zweitens mich nicht über die Gesetze irgendeines Staates im besonderen auszulassen, d. h. nicht die wirklich vorhandenen Gesetze, sondern deren Natur überhaupt zu besprechen; drittens den Anschein zu vermeiden, daß nach meiner Ansicht die Bürger dem aristokratischen oder demokratischen Staate weniger Gehorsam schuldig seien als dem monarchischen. Denn wenn ich auch im zehnten Kapitel versucht habe, durch einige Gründe zu zeigen, daß die Monarchie die angemessenere Art des Staates gegenüber den andern Arten sei (was der einzige Punkt in dieser Schrift ist, der, wie ich anerkenne, nicht bewiesen, sondern nur wahrscheinlich gemacht worden ist), so habe ich doch verschiedentlich und ausdrücklich gesagt, daß man jedwedem Staate die höchste und gleiche Staatsgewalt beilegen müsse. Viertens habe ich mich in keinen Streit über theologische Lehren einlassen wollen, diejenigen ausgenommen, welche den Gehorsam der Bürger aufheben und die Festigkeit des Staates erschüttern. Endlich habe ich, um nicht leichtfertig etwas aus der Hand zu geben, dessen Veröffentlichung nicht notwendig war, das von mir Niedergelegte nicht sofort veröffentlichen wollen. Ich habe deshalb nur einige Exemplare für mich drucken lassen, die ich an meine Freunde verteilt habe, damit, wenn nach deren Ansicht ein Irrtum, eine Härte oder Dunkelheit sich darin finden sollte, ich es verbessern, mildern oder erläutern könnte.

Am heftigsten bin ich getadelt worden, daß ich die Staatsgewalt zu einer maßlosen gemacht habe, aber nur von Geistlichen; daß ich die Gewissensfreiheit aufgehoben habe, aber nur von Sektierern; daß ich den Herrscher des Staates von den Staatsgesetzen losgesprochen habe, aber nur von Juristen. Der Tadel aller dieser hat mich deshalb wenig berührt, denn sie sprechen nur für ihre eigenen Interessen; vielmehr habe ich die Knoten nur um so schärfer angezogen. Auch an den obersten Grundsätzen haben manche Anstoß genommen, wie in betreff der Natur des Menschen, des Naturrechts, des Wesens der Verträge und der Entstehung des Staates; für diese habe ich, da sie bei ihrem Tadel sich nicht von ihren Leidenschaften, sondern durch ihr unbefangenes Urteil haben leiten lassen, an einigen Stellen Anmerkungen beigefügt, welche meinen Gegnern hoffentlich genügen werden. Endlich habe ich sorgfältig mich gehütet, jemand zu verletzen, die ausgenommen, deren Beginnen mit dem hier Dargelegten in Widerspruch steht oder die durch jede abweichende Ansicht sich verletzt fühlen.

Wenn Sie, meine Leser, daher etwas finden sollten, was nicht unzweifelhaft oder was stärker als nötig ausgedrückt ist, so bitte ich, dies mit Nachsicht hinzunehmen, denn es ist nicht im Interesse einer Partei, sondern des Friedens gesagt, und zwar von einem Manne, dessen gerechtem Schmerze bei dem gegenwärtigen Unglück seines Vaterlandes schon etwas nachgesehen werden darf.

FREIHEIT

1. KAPITEL

Vom Zustand der Menschen außerhalb der bürgerlichen Gesellschaft

1. Die Vermögen der menschlichen Natur können auf *vier* Gattungen zurückgeführt werden: auf Körperkraft, Erfahrung, Vernunft und Leidenschaft. In der folgenden Darstellung gehe ich von diesen aus. Ich werde zunächst angeben, wie die mit solchen Vermögen ausgestatteten Menschen einander gesinnt sind, und ob und durch welches Vermögen sie von Natur zur Gesellschaft geeignet und fähig sind, sich gegen wechselseitige Gewalt zu erhalten. Dann werde ich zeigen, welcher Entschluß hierzu notwendig ist und welches die Bedingungen der Gesellschaft oder des Friedens für die Menschen sind, d. h. mit andern Worten: welches die grundlegenden Gesetze der Natur sind.

2. Die meisten, welche über den Staat geschrieben haben, setzen voraus oder erbitten oder fordern von uns den Glauben, daß der Mensch von Natur ein zur Gesellschaft geeignetes Wesen sei*), also das, was die Griechen *ζῷον*

---

*) Da, wie wir sehen, die Gesellschaft unter Menschen schon wirklich besteht, da niemand außerhalb der Gesellschaft lebt und jeder Umgang und Unterhaltung sucht, so kann es als erstaunliche Torheit erscheinen, wenn ein Schriftsteller gleich am Anfang seiner Staatslehre den Lesern den anstoßerregenden Satz entgegenstellt, daß der Mensch keineswegs von Natur zur Gesellschaft geeignet sei. Ich sage daher deutlicher, daß allerdings dem Menschen von Natur oder soweit er Mensch ist, d. h. von seiner Geburt an fortdauernde Einsamkeit unerträglich ist; denn die Kinder bedürfen zum bloßen Leben und die Erwachsenen zum angenehmen Leben der Hilfe anderer. Ich bestreite

πολιτικόν nennen. Auf dieser Grundlage errichten sie ihre Lehre von der bürgerlichen Gesellschaft, als ob zur Erhaltung des Friedens und zur Regierung des menschlichen Geschlechts nichts weiter nötig wäre, als daß die Menschen sich auf gewisse Verträge und Bedingungen einigten, die sie selbst dann Gesetze nennen. Dieses Axiom ist jedoch trotz seiner weitverbreiteten Geltung falsch; es ist ein Irrtum, der aus einer allzu oberflächlichen Betrachtung der menschlichen Natur herrührt. Denn untersucht man genauer die Gründe, warum die Menschen zusammenkommen und sich gegenseitig an ihrer Gesellschaft erfreuen, so findet man leicht, daß dies nicht naturnotwendig, sondern nur zufälligerweise geschieht. Denn wenn die Menschen einander von Natur, d. h. bloß weil sie Menschen sind, liebten, wäre es unerklärlich, weshalb nicht jeder einen jeden in gleichem Maße liebte, da sie ja alle in gleichem Maße Menschen sind;

---

daher nicht, daß die Menschen unter dem Zwang ihrer Natur einander aufsuchen; aber die bürgerlichen Gesellschaften sind nicht bloße Zusammenkünfte, sondern Bündnisse, zu deren Abschluß Treue und Verträge notwendig sind. Die Bedeutung dieser wird von Kindern und Unwissenden, ihr Nutzen aber von denen, welche die Nachteile der fehlenden Gesellschaft noch nicht selbst erfahren haben, nicht gekannt. Deshalb können jene diese Gesellschaft nicht eingehen, weil sie nicht wissen, was sie bedeutet, und diese kümmern sich nicht darum, weil sie ihren Nutzen nicht kennen. Also sind offenbar alle Menschen (da alle als Kinder geboren werden) zur Gesellschaft von Natur unfähig, und sehr viele (vielleicht die meisten) bleiben entweder aus Schwachsinnigkeit oder aus Mangel an Erziehung ihr ganzes Leben lang dazu unfähig. Dennoch haben sowohl jene Kinder wie diese Erwachsenen die Menschennatur, und deshalb wird der Mensch nicht von Natur, sondern durch Zucht zur Gesellschaft geeignet. Ja selbst wenn der Mensch von Natur bestimmt wäre, nach der Gesellschaft zu verlangen, so folgte doch nicht, daß er von Natur zur Eingehung der Gesellschaft auch geeignet sei; denn das Verlangen und die Fähigkeit sind verschiedene Dinge. Auch diejenigen verlangen nämlich nach der Gesellschaft, die ihres Stolzes wegen sich dennoch gleichen Bedingungen nicht unterwerfen mögen, ohne welche eine Gesellschaft nicht bestehen kann.

oder weshalb der Mensch lieber die Gesellschaft derer aufsucht, die ihm mehr als den übrigen Ehre und Vorteil erweisen. Der Mensch sucht also von Natur keine Gesellschaft um der Gesellschaft willen, sondern um von ihr Ehre und Vorteil zu erlangen; dies begehrt er zuerst, das andere nur an zweiter Stelle. Die Absicht, weshalb die Menschen sich zusammenschließen, ergibt sich aus dem, was sie nach einem Zusammenschluß tun. Ist es des Handels wegen geschehen, so sorgt ein jeder nicht für den Genossen, sondern für sein eigenes Vermögen; ist es des Amtes wegen geschehen, so entsteht eine Art Amtsfreundschaft, die aber mehr Eifersucht aufeinander als Liebe enthält und aus der wohl manchmal Zwietracht, aber niemals Wohlwollen hervorgeht; kommen Menschen des geistigen Verkehrs oder des Vergnügens wegen zusammen, so neigt jeder dazu, sich besonders an dem zu erfreuen, was Lachen erweckt, damit er selbst (wie es die Natur des Lächerlichen mit sich bringt) durch Vergleich mit den Fehlern und Schwächen anderer Menschen wenigstens seiner Meinung nach desto lobenswerter hervortrete. Und wenn dies auch manchmal nicht in böser Absicht und ohne jemand zu verletzen geschieht, so ist doch klar, daß dabei nicht so sehr die Gesellschaft, wie die eigene eitle Ehre das Vergnügen hervorruft. Übrigens werden in solchen Zusammenkünften meist die Abwesenden verletzt: ihr ganzes Leben, ihre Worte und Handlungen werden untersucht, beurteilt, verdammt oder zu beißenden Scherzen benutzt; ja selbst die Anwesenden werden nicht geschont, denn sobald sie zur Tür hinaus sind, müssen sie Gleiches erleiden. Deshalb war es gar kein törichter Einfall, aus solchen Klatschgesellschaften immer nur als der letzte fortzugehen. Und das sind in der Tat die wahren Freuden der geselligen Vereinigung, nach denen wir von Natur, d. h. durch die allen lebenden Wesen eingepflanzten Leidenschaften, so lange verlangen, bis durch trübe Erfahrungen oder heilsame Lehren die Begierde nach dem Gegenwärtigen durch das Andenken an das Vergangene gemäßigt ist, was bei vielen nie der Fall ist. Ohnedem wäre das Geschwätz der meisten, gerade in diesen Dingen höchst beredten Menschen trocken und nüchtern.

Trifft es sich, daß die Gesellschaft sich Geschichten erzählt, und gibt einer etwas von sich selbst zum besten, so will auch jeder andere sofort von sich selbst erzählen; wenn der eine etwas Wunderbares mitteilt, so wollen auch die andern von Wundern berichten, die sie erlebt haben; und haben sie keine erlebt, so erdichten sie welche. Soll ich endlich derer gedenken, die weiser als die andern sein wollen? Kommen sie zu gemeinschaftlichem Philosophieren zusammen, so sind dort ebenso viele, die Belehrung austeilen, als da Menschen sind, denn alle wollen sie als Meister erscheinen. Und im übrigen lieben sie die Genossen ebensowenig wie andere, vielmehr verfolgen sie einander sogar mit Haß.

Somit ist allen, die die menschlichen Verhältnisse etwas aufmerksamer betrachten, durch Erfahrung klar, daß die Menschen aus freien Stücken nur zusammenkommen, weil die gemeinsamen Bedürfnisse oder die Ehrsucht sie dazu treiben; sie wollen von ihrer Verbindung nur irgendeinen Vorteil oder jenes *εὐδοκιμεῖν*, die Achtung und die Ehre bei den Genossen erlangen. Dasselbe ergibt sich mittels der Vernunft aus den Definitionen des *Willens*, des *Guten*, der *Ehre* und des *Nutzens*. Denn da wir aus freiem Willen uns verbinden, so fragt man bei jeder Verbindung nach dem Gegenstand dieses Willens, d. h. nach dem, was jedem der sich Verbindenden dabei als Gut erscheint. Alles aber, was als Gut gilt, ist angenehm und bezieht sich entweder auf die Sinnesorgane oder auf den Geist. Alle Lust des Geistes ist aber entweder die *Ehre* (oder die gute Meinung von sich selbst) oder etwas, was sich letzten Endes auf die Ehre bezieht; alles andere ist sinnlicher Natur oder dem Sinnlichen zuträglich und kann vollständig unter dem Namen des *Vorteils* befaßt werden. Somit wird jede Verbindung nur des Vorteils oder des Ruhmes wegen, d. h. aus Liebe zu sich selbst und nicht zu den Genossen eingegangen. Eine Verbindung aber, die des Ruhmes wegen entstanden ist, kann weder groß noch dauernd sein. Denn mit dem Ruhm ist es wie mit der Ehre; wenn alle Menschen sie haben, so hat keiner sie, da ihr Wesen in der Vergleichung und dem Vorzuge vor andern liegt. Auch gibt die bloße

Verbindung mit andern dem einzelnen keinen zusätzlichen Grund, sich Ehre zuzuschreiben; denn jeder gilt nur so viel, als er aus sich selbst, ohne die Hilfe anderer vermag. Zwar können die Annehmlichkeiten dieses Lebens durch gegenseitige Unterstützung vermehrt werden; allein dies kann viel besser durch die Herrschaft über andere als durch die Verbindung mit ihnen erreicht werden; daher würde unzweifelhaft jedes Menschen Natur, wenn die Furcht ihn nicht hinderte, stärker zur Herrschaft als zur Gesellschaft treiben. Deshalb muß man anerkennen, daß der Ursprung der großen und dauernden Verbindungen der Menschen nicht von gegenseitigem Wohlwollen, sondern von gegenseitiger Furcht *) ausgegangen ist.

3. Der Grund der gegenseitigen Furcht liegt teils in der natürlichen Gleichheit der Menschen, teils in ihrem Willen, sich gegenseitig Schaden zuzufügen; deshalb kann man weder von andern Sicherheit erwarten, noch vermag man sie sich selbst zu verschaffen. Denn betrachtet man die

*) Man hat mir entgegnet, daß die Menschen so wenig aus Furcht zur Bildung einer bürgerlichen Gesellschaft bestimmt werden könnten, daß sie bei solch gegenseitiger Furcht nicht einmal ihren gegenseitigen Anblick hätten ertragen können. Bei diesem Einwande setzt man aber, wie ich meine, voraus, daß Furcht nichts anderes ist als Schrecken. Ich verstehe aber unter dem Worte „Furcht" jedes Voraussehen von kommendem Unheil. Nicht nur die Flucht, sondern auch Mißtrauen, Verdacht, Vorsicht und Vorsorge, damit man nichts zu fürchten braucht, sind dem Furchtsamen eigen. Wer sich schlafen legt, verschließt die Tür; wer eine Reise macht, nimmt eine Waffe mit aus Furcht vor Räubern. Staaten schützen ihre Grenzen durch Festungswerke, ihre Städte durch Mauern; und das alles aus Furcht vor den Nachbarstaaten. Selbst die stärksten und schlagfertigsten Heere verhandeln mitunter über den Frieden, aus Furcht vor der Macht des Gegners und vor einer Niederlage. Aus Furcht schützen sich die Menschen, und zwar durch Flucht und Verstecke, wenn sie glauben, anders sich nicht retten zu können; meist aber greifen sie zu den Waffen und andern Verteidigungsmitteln, sie wagen sich dann hervor, um die Absicht des andern zu erkennen. Mögen sie dann kämpfen oder sich gütlich einigen, aus dem Siege oder aus ihrem Vergleich erhebt sich der Staat.

erwachsenen Menschen und sieht man, wie gebrechlich der Bau des menschlichen Körpers ist (mit dessen Verfall auch alle Kraft, Stärke und Weisheit des Menschen vergeht), wie leicht es selbst dem Schwächsten ist, den Stärksten zu töten: so versteht man nicht, daß irgend jemand im Vertrauen auf seine Kraft sich anderen von Natur überlegen dünken kann. Die einander Gleiches tun können, sind gleich. Aber die, die das Größte vermögen, nämlich zu töten, können Gleiches tun. Deshalb sind alle Menschen von Natur einander gleich. Die jetzt bestehende Ungleichheit ist durch das bürgerliche Gesetz eingeführt worden.

4. Den Willen zu schaden haben im Naturzustande alle Menschen; er entspringt jedoch nicht immer aus demselben Grunde und ist nicht gleich tadelnswert. Denn nach der zwischen uns bestehenden natürlichen Gleichheit gestattet der eine den übrigen ebensoviel wie sich selbst; so der bescheidene Mensch, der seine Kraft richtig einschätzt. Der andere, der sich für höher hält als die übrigen, will, daß ihm allein alles erlaubt sei, und maßt sich vor den andern Ehre an; so der Unbändige. Bei diesem entsteht der Wille zu schaden aus eitler Ehrsucht und Überschätzung seiner Kraft; bei jenem aus der Notwendigkeit, seinen Besitz und seine Freiheit gegen den andern zu verteidigen.

5. Da der geistige Kampf der heftigste ist, folgt weiter, daß die größten Uneinigkeiten aus diesem Streit entstehen müssen. Nicht bloß das Streiten des Gegners, auch daß er nicht beistimmt, ist schon verhaßt. Denn in dieser fehlenden Beistimmung liegt der stillschweigende Vorwurf des Irrtums; in vielen Dingen anderer Meinung sein, ist genau dasselbe, als wenn man den zu den Narren rechnet, mit dem man nicht übereinstimmt. Eine Bestätigung hierfür ist, daß keine Kriege heftiger geführt werden als die zwischen den verschiedenen Sekten *einer* Religion und zwischen den verschiedenen Parteien *eines* Staates, wo nur über Glaubenssätze oder Fragen politischer Klugheit gestritten wird. Da nun alle geistige Lust und Freude darin besteht, jemand zu finden, mit dem verglichen man von sich selbst hoch denken kann, so müssen notwendigerweise die Menschen ihren gegenseitigen Haß und ihre Verachtung bald durch Lachen,

bald durch Worte, bald durch Gesten oder andere Zeichen merken lassen, und nichts ist kränkender und pflegt wiederum so sehr die Lust zu steigern, andere zu verletzen.

6. Am häufigsten wollen die Menschen einander verletzen, weil viele denselben Gegenstand zugleich begehren, der sehr oft weder gemeinsam genossen noch geteilt werden kann. Deshalb muß der Stärkste ihn haben; und wer der Stärkste ist, das muß durch das Schwert entschieden werden.

7. Bei so vielen Gefahren, die durch die natürliche Begierde der Menschen jeden einzelnen täglich bedrohen, kann man ihn nicht tadeln, wenn er sich dagegen zu schützen sucht, ja er kann gar nicht den Willen haben, anders zu handeln. Denn jeder verlangt das, was gut, und flieht das, was übel für ihn ist; vor allem flieht er das größte der natürlichen Übel, den Tod; und zwar infolge einer natürlichen Notwendigkeit, nicht geringer als die, durch welche ein Stein zur Erde fällt. Es ist daher weder absurd noch tadelnswert noch gegen die rechte Vernunft, wenn der Mensch sich alle Mühe gibt, seine Glieder zu schützen und gesund zu erhalten, seinen Körper vor Tod und Schmerzen zu bewahren. Was aber nicht gegen die rechte Vernunft geht, nennt jedermann richtig und mit Recht gehandelt. Durch das Wort Recht ist nichts anderes bezeichnet als die Freiheit, die jeder hat, seine natürlichen Vermögen gemäß der rechten Vernunft zu gebrauchen. Daher ist die erste Grundlage des natürlichen Rechts, daß jeder sein Leben und seine Glieder nach Möglichkeit zu schützen suche.

8. Da das Recht auf einen Zweck demjenigen nichts nützt, dem das Recht auf die dazu erforderlichen Mittel verweigert wird, so folgt aus dem jeden zustehenden Rechte, sich zu erhalten, auch das Recht für ihn, alle Mittel zu gebrauchen und alle Handlungen zu tun, ohne die er sich nicht erhalten kann.

9. Ob nun aber die Mittel, die er gebrauchen, und die Handlungen, die er ausführen will, zur Erhaltung seines Lebens und seiner Glieder notwendig sind oder nicht, darüber ist er selber nach dem Naturrecht Richter. Denn wenn es gegen die rechte Vernunft verstieße, daß ich selbst

über die mir drohende Gefahr entschiede, so würde es ein anderer tun. Da dieser nun aber über meine Angelegenheiten entscheidet, so könnte ich mit demselben Recht, da wir von Natur aus gleich sind, auch über seine Angelegenheiten entscheiden. Deshalb könnte ich dann nach der rechten Vernunft, d. h. nach dem Naturrecht, auch darüber entscheiden, ob das, was er meint, zu meiner Erhaltung diene oder nicht.

10. Die Natur hat jedem ein Recht auf alles gegeben; d. h. in dem reinen Naturzustande *) oder ehe noch die Menschen

---

*) Damit ist gemeint, daß das, was jemand im reinen Naturzustande tut, gegen niemand ein Unrecht ist; nicht etwa, weil in einem solchen Zustande die Sünde gegen Gott und die Verletzung der natürlichen Gesetze unmöglich wäre, sondern weil die Ungerechtigkeit gegen Menschen menschliche Gesetze voraussetzt, die es im Naturzustande nicht gibt. Die Wahrheit des Satzes in diesem Sinne ist für den aufmerksamen Leser aus den vorhergehenden Abschnitten hinreichend bewiesen. Da indes manchmal die Schwierigkeit einer Schlußfolgerung die Vordersätze vergessen läßt, so will ich die Begründung so zusammenziehen, daß sie mit einem Blick übersehen und erfaßt werden kann. Nach Abschn. 7 hat jeder das Recht, sich selbst zu schützen, und nach Abschn. 8 das Recht, von allen zu diesem Zwecke nötigen Mitteln Gebrauch zu machen. Nach Abschn. 9 sind aber diejenigen Mittel nötig, die er für nötig hält; er hat daher das Recht, alles zu tun und alles in Besitz zu nehmen, was er selbst zu seiner Erhaltung für nötig hält. Er selbst entscheidet also, ob das, was er tut, mit Recht oder Unrecht geschieht, und deshalb geschieht es immer mit Recht. Deshalb ist also wahr, daß in dem reinen Naturzustande usw. Sollte aber jemand etwas als für seine Erhaltung nötig erklären, was er selbst nicht dafür hält, so würde er damit gegen die natürlichen Gesetze verstoßen, wie im dritten Kapitel ausführlich dargelegt werden wird. Manche haben eingewendet und gefragt: Wenn ein Sohn seinen Vater getötet hat, hat er dann an dem Vater nicht Unrecht getan? Ich habe geantwortet, daß man von einem Sohnesverhältnis im Naturzustande nicht sprechen kann, da, sobald jemand geboren ist, er in der Gewalt und unter der Herrschaft dessen ist, dem er seine Erhaltung verdankt, also entweder unter der Herrschaft seiner Mutter oder seines Vaters oder dessen, der ihm den Unterhalt gibt, wie ich im 9. Kapitel gezeigt habe.

durch irgendwelche Verträge sich gegenseitig gebunden hatten, war es jedem erlaubt zu tun, was er wollte und gegen wen er es wollte, und alles in Besitz zu nehmen, zu gebrauchen und zu genießen, was er wollte und konnte. Da nun alles, was jemand will, ihm gut erscheint, weil er es will, und dies entweder wirklich zu seiner Erhaltung dient oder ihm wenigstens so scheint (denn nach dem Vorigen ist er selbst Richter hierüber; deshalb muß das für notwendig gelten, was er selbst dafür hält), und da nach Abschn. 7 das mit dem Rechte der Natur geschieht und besessen wird, was notwendig zum Schutz des Lebens und der Glieder dient, so folgt, daß in dem Naturzustande jeder alles haben und tun darf. Und das ist der Sinn des bekannten Satzes: Die Natur hat allen alles gegeben. Daraus ersieht man auch, daß im Naturzustande der Nutzen der Maßstab des Rechtes ist.

11. Es brachte aber den Menschen durchaus keinen Nutzen, in dieser Weise ein gemeinsames Recht auf alles zu haben. Denn die Wirkung eines solchen Rechts ist so ziemlich dieselbe, als wenn überhaupt kein Recht bestände. Wenn auch jeder von jeder Sache sagen konnte: *diese ist mein*, so konnte er doch seines Nachbars wegen sie nicht genießen, da dieser mit gleichem Rechte und mit gleicher Macht behauptete, daß sie sein sei.

12. Nimmt man nun zu der natürlichen Neigung der Menschen, sich gegenseitig Schaden zuzufügen, einer Neigung, die aus ihren Leidenschaften, hauptsächlich aber aus ihrer eitlen Selbstüberschätzung hervorgeht, dies Recht aller auf alles hinzu, nach welchem der eine mit Recht angreift und der andere mit Recht Widerstand leistet, und aus welchem stetes Mißtrauen und Verdacht nach allen Seiten hin hervorgeht, und erwägt man, wie schwer es ist, gegen Feinde, selbst von geringer Zahl und Macht, die mit der Absicht, uns zu unterdrücken und zu vernichten, uns angreifen, sich zu schützen: so kann man nicht leugnen, daß der natürliche Zustand der Menschen, bevor sie zur Gesellschaft zusammentraten, der *Krieg* gewesen ist, und zwar nicht der Krieg schlechthin, sondern der Krieg aller gegen alle. Denn was ist der Krieg anderes als jene Zeit, wo der

Wille, mit Gewalt seinen Streit auszufechten, durch Worte oder Taten deutlich erklärt wird? Die übrige Zeit nennt man *Frieden*.

13. Wie schädlich aber ein ewiger Krieg für die Erhaltung des menschlichen Geschlechts oder des einzelnen Menschen ist, kann man leicht ermessen. Nun ist aber dieser Krieg seiner eigenen Natur nach ewig, da er bei der Gleichheit der Streitenden durch keinen Sieg beendet werden kann. Denn selbst der Sieger bleibt weiter bedroht, so daß es fast ein Wunder scheint, wenn in diesem Zustand jemand, und sei er auch noch so stark, eines natürlichen Todes im Alter stirbt. Als ein Beispiel hierfür zeigt uns das jetzige Jahrhundert die Amerikaner; frühere Zeiten zeigen andere Völker, die jetzt zwar gebildet und blühend sind, aber damals gering an Zahl, roh, von kurzer Lebensdauer, arm und unansehnlich waren und alle Erleichterungen und allen Schmuck des Lebens entbehrten, welche der Friede und die Gesellschaft gewöhnlich gewähren. Wer also meint, daß man am besten in dem Zustande geblieben wäre, wo allen alles erlaubt war, der widerspricht sich selbst; denn jeder verlangt aus natürlicher Notwendigkeit nach dem für ihn Guten, und niemand wird einen solchen Krieg aller gegen alle, welcher diesem Zustande natürlicherweise anhaftet, als etwas für ihn Gutes ansehen. Dadurch kommt es, daß man infolge gegenseitiger Furcht es für ratsam hält, aus einem solchen Zustande herauszutreten und Genossen zu suchen, damit, wenn Krieg sein muß, er doch nicht gegen alle und nicht ohne Hilfe geführt werde.

14. Man verschafft sich Genossen entweder durch Gewalt oder durch Vereinbarung: durch Gewalt, wenn der Sieger nach dem Kampf den Besiegten durch Androhung des Todes oder durch angelegte Fesseln zwingt, ihm zu dienen; durch Vereinbarung, wenn Menschen mit Übereinstimmung beider Teile ohne Gewalt eine Gesellschaft bilden zum Zweck gegenseitiger Hilfeleistung. Der Sieger kann aber den Besiegten, oder der Stärkere den Schwächern (so wie der Gesunde den Kranken oder der Erwachsene das Kind) *mit Recht* zwingen, daß er ihm Sicherheit für seinen späteren Gehorsam leiste, wenn er nicht lieber sterben will. Denn

da das *Recht*, sich selbst nach eigenem Ermessen zu schützen, von der eigenen Gefahr, und die Gefahr von der Gleichheit kommt, so entspricht es mehr der Vernunft und ist für die eigene Erhaltung sicherer, daß man sich durch Benutzung des gegenwärtigen Vorteils durch Empfang einer Bürgschaft die erstrebte Sicherheit verschafft, als daß man, wenn jene groß und stark geworden sind und unserer Macht sich entzogen haben, sich bemüht, durch einen zweifelhaften Kampf diese Macht wieder zu gewinnen. Und andrerseits läßt sich nichts Verkehrteres denken, als einen Schwachen, den man in der Gewalt hat, freizulassen und damit zu einem Starken und Feind zugleich zu machen. Hieraus ergibt sich auch, gleichsam als Nebenergebnis, die Einsicht, daß in dem Naturzustande der Menschen eine feste und unwiderstehliche Macht dem Inhaber das Recht zur Regierung und zum Befehl über die gewährt, welche ihm keinen Widerstand leisten können. Aus diesem Grunde haftet an der Allmacht wesentlich und unmittelbar das Recht, alles zu tun.

15. Indes können die Menschen, solange sie sich im Naturzustande, d. h. im Zustande des Krieges, befinden, wegen jener Gleichheit der Kräfte und der anderen menschlichen Vermögen nicht erwarten, sich lange zu erhalten. Deshalb ist ein Gebot der rechten Vernunft, den Frieden zu suchen, sobald eine Hoffnung auf denselben sich zeigt, und solange er nicht zu haben ist, sich nach Hilfe für den Krieg umzusehen. Dies ist ein Gesetz der Natur, wie gleich gezeigt werden wird.

2. KAPITEL

Das natürliche Gesetz in bezug auf Übereinkommen

1. Die Schriftsteller stimmen in der Definition des „natürlichen Gesetzes" nicht überein, obgleich sie sich dieses Wortes in ihren Schriften fortwährend bedienen; indes ist ein Verfahren, welches mit Definitionen beginnt und jeden Doppelsinn ausschließt, jenen eigentümlich, die keinen Raum zum Streit übrig lassen. Wenn von den übrigen behauptet wird, daß eine Handlung gegen das natürliche Ge-

setz verstoße, so beweist der eine es daraus, daß die Handlung gegen die übereinstimmende Meinung aller weisesten und gebildetsten Völker verstoße; aber er gibt nicht im mindesten an, wer über die Weisheit, Bildung und Gesittung der Völker entscheiden soll. Ein anderer sagt, eine solche Handlung verstoße gegen die übereinstimmende Meinung des ganzen Menschengeschlechts; allein diese Definition kann man auf keinen Fall zulassen, weil sonst nur Kinder und Blödsinnige gegen ein solches Gesetz verstoßen könnten; unter dem Worte „Menschengeschlecht" sind doch offenbar alle vernünftigen Menschen zu verstehen, und diese handeln entweder nicht dagegen oder tun es nur unfreiwillig und deshalb ohne Schuld. Indes ist es unbillig, die natürlichen Gesetze aus der Übereinstimmung derer zu entnehmen, die sie häufiger verletzen als befolgen. Auch verurteilen die Menschen an andern das, was sie an sich selbst billigen; umgekehrt loben sie öffentlich, was sie im geheimen verdammen; sie urteilen, wie sie es von andern zu hören gewohnt sind, und nicht nach eigener Überlegung; ihre Übereinstimmung ist mehr eine Folge des Hasses, der Furcht, der Hoffnung, der Liebe oder einer andern Leidenschaft als eine Folge der Vernunft. Deshalb geschieht es oft, daß ganze Völkerschaften in voller Übereinstimmung und mit ganzer Kraft das tun, wovon jene Schriftsteller höchst bereitwillig zugeben, daß es gegen das natürliche Gesetz verstößt. Da indes alle zugeben, daß das mit Recht geschehe, was nicht gegen die rechte Vernunft geschieht, so muß nur das für Unrecht gelten, was der rechten Vernunft widerstreitet, d. h. was einer Wahrheit widerspricht, die aus richtigen Grundsätzen in richtiger Schlußweise abgeleitet worden ist. Was aber mit Unrecht geschehen ist, gilt als gegen ein Gesetz geschehen. Das Gesetz ist daher gleichsam die rechte Vernunft, die (da sie ebensogut einen Teil der menschlichen Natur ausmacht wie andere Vermögen oder Zustände der Seele) auch die *natürliche* heißt. Das natürliche Gesetz ist also, um es zu definieren, das Gebot der rechten*) Vernunft in betreff

*) Unter rechter Vernunft im Naturzustande der Menschen verstehe ich nicht, wie viele, ein untrügliches Vermögen, sondern

dessen, was zu einer möglichst langen Erhaltung des Lebens und der Glieder zu tun und zu lassen ist.

2. Das erste und grundlegende Gesetz der Natur geht dahin, daß man den Frieden suche, soweit er zu haben ist; wo dies nicht möglich ist, soll man Hilfe für den Krieg suchen. Im letzten Abschnitt des vorigen Kapitels habe ich gezeigt, daß diese Regel ein Gebot der rechten Vernunft ist; und daß die Gebote der rechten Vernunft die natürlichen Gesetze sind, ist soeben ausgemacht worden. Dieses Gesetz ist das erste, weil die andern davon abgeleitet werden und die Wege zum Frieden oder zur Selbstverteidigung angeben.

3. Eins von den aus diesem Grundgesetz abgeleiteten natürlichen Gesetzen ist, daß das Recht aller auf alles nicht beizubehalten sei, sondern daß einzelne Rechte zu übertragen oder aufzugeben seien. Denn wollte jeder sein Recht auf alles festhalten, so wäre die notwendige Folge, daß die einen mit Recht angreifen, die andern sich mit demselben Recht verteidigen könnten. Denn jeder sucht mit Naturnotwendigkeit seinen Körper und das zu seinem Schutz Notwendige zu verteidigen. Also würde der Krieg die Folge

---

den Denkakt selber, d. h. die eigene und wahre Schlußfolgerung eines jeden in betreff derjenigen seiner Handlungen, welche zum Nutzen oder Schaden anderer ausschlagen können. Ich sage „die eigene", denn wenn auch im Staate die Vernunft des Staates selbst, d. h. das bürgerliche Gesetz, von jedem einzelnen Bürger für die rechte Vernunft gehalten werden muß, so muß doch außerhalb des Staates, wo jeder die rechte Vernunft von der falschen nur durch Vergleichung mit seiner eigenen unterscheiden kann, die eigene Vernunft eines jeden nicht bloß als die Regel für seine Handlungen, die auf seine Gefahr geschehen, sondern auch als das Maß für die Vernunft anderer, soweit sie jenes Angelegenheiten berührt, erachtet werden. „Wahr" nenne ich die Schlußfolgerung, wenn sie aus wahren, richtig geordneten Grundsätzen schließt; denn alle Verletzung der natürlichen Gesetze besteht in der falschen Schlußfolgerung oder in der Torheit der Menschen, welche ihre Pflichten gegen andere, die zur Erhaltung ihres eigenen Lebens nötig sind, nicht einsehen. Jedoch sind die Grundsätze des rechten Vernunftgebrauchs in bezug auf diese Pflichten im ersten Kapitel, Abschn. 2—7, bereits dargelegt worden.

sein. Es würde also gegen die Gebote des Friedens, d. h. gegen das natürliche Gesetz, handeln, wer von seinem Recht auf alles nicht abgehen wollte.

4. Von seinem Recht abgehen, heißt, ihm schlechthin entsagen oder es auf einen andern übertragen. Schlechthin entsagen tut der, welcher durch ein oder mehrere entsprechende Zeichen seinen Willen erklärt, daß es ihm nicht länger erlaubt sein solle, etwas zu tun, was er bisher mit Recht tun konnte. Eine Übertragung des Rechts auf einen andern findet statt, wenn man durch ein oder mehrere entsprechende Zeichen seinen Willen dem andern gegenüber, der dies Recht annehmen will, dahin erklärt, daß es nicht länger erlaubt sein solle, sich ihm zu widersetzen, wenn er etwas tut, dem man sich vorher hätte mit Recht widersetzen können. Aber daß die Übertragung des Rechts nur darin besteht, daß man nicht Widerstand leiste, erhellt daraus, daß der, auf den die Übertragung geschieht, schon vor dieser Rechtsübertragung das Recht auf alles besaß. Der andere konnte ihm daher kein neues Recht verleihen; aber das Recht zum Widerstand bei dem Übertragenden, durch das der andere nicht frei von seinem Rechte Gebrauch machen konnte, wird völlig aufgehoben. Wer also im Naturzustande der Menschen ein Recht erwirbt, bewirkt nur, daß er sicher und frei von gerechter Belästigung von seinem ursprünglichen Rechte Gebrauch machen kann. Wenn z. B. jemand einem andern ein Grundstück verkauft oder schenkt, so nimmt er nur sich allein, aber nicht auch anderen das Recht auf dieses Grundstück.

5. Zur Übertragung eines Rechts gehört aber nicht bloß der Wille des Übertragenden, sondern auch der des Annehmenden. Fehlt dieser Wille auf einer von beiden Seiten, so bleibt das Recht unverändert; wenn ich das meinige jemand geben wollte, der es anzunehmen verweigert, habe ich mein Recht darum noch nicht einfach aufgegeben oder an einen Beliebigen übertragen; denn der Grund, weshalb ich es dem einen übertragen wollte, galt nur für diesen, nicht auch für andere.

6. Wenn der Wille, ein Recht aufzugeben oder zu übertragen, durch kein anderes Zeichen als nur durch Worte

ausgedrückt wird, so müssen sich diese Worte auf die Gegenwart oder Vergangenheit beziehen; bezeichnen sie etwas Zukünftiges, so übertragen sie nichts. Wenn z. B. jemand sich von der Zukunft so ausdrückt: Ich will es dir morgen geben, so gibt er damit offen zu verstehen, daß er es noch nicht gegeben hat. Das Recht bleibt also für den ganzen heutigen Tag unverändert und bleibt es auch für morgen, wenn er es nicht inzwischen tatsächlich gegeben hat: denn was mein ist, bleibt mein, bis ich mich davon getrennt habe. Wenn ich aber in der Gegenwart mich ausdrücke, etwa so: Ich gebe es, oder ich habe es dir zum Besitz von morgen ab gegeben, so sagen diese Worte, daß ich es ihm bereits gegeben habe und daß sein Recht, es morgen zu erhalten, ihm heute von mir übertragen worden ist.

7. Trotzdem, wenn auch Worte allein nicht hinreichende Zeichen für Willenserklärungen sind, so können sie doch, wenn zu Worten, die sich auf die Zukunft beziehen, andere Zeichen des Willens hinzukommen, ebenso wirksam werden, als wenn sie von der Gegenwart gesprochen wären. Wenn es daher durch jene anderen Zeichen augenscheinlich ist, daß der von der Zukunft Sprechende beabsichtigt, daß seine Worte für die vollständige Übertragung seines Rechtes gültig sein sollen, so sollten sie auch wirksam sein. Denn die Übertragung eines Rechtes hängt nicht von Worten, sondern wie in Abschn. 4 dieses Kapitels gezeigt ist, von der Willenserklärung ab.

8. Wenn jemand einen Teil seines Rechtes auf einen andern überträgt und dies nicht wegen eines dafür empfangenen Gewinnes oder infolge eines Vertrags tut, so heißt eine solche Übertragung ein Geschenk oder eine freiwillige Schenkung. Hierbei verpflichten aber nur Worte, die auf die Gegenwart oder Vergangenheit sich beziehen; beziehen sie sich auf die Zukunft, so verpflichten sie als Worte nicht, wie in dem vorhergehenden Abschnitt begründet worden ist. Die Verbindlichkeit muß sich also dann aus andern Zeichen des Willens ergeben. Da indes alles, was freiwillig geschieht, um irgendeines dem Wollenden zufließenden Vorteiles willen geschieht, so kann man es als Zeichen der Absicht zu geben nur gelten lassen, wenn

durch eine solche Schenkung ein Gewinn erworben wird oder erworben werden soll. Nun ist aber vorausgesetzt worden, daß kein solcher Gewinn erlangt worden ist und auch kein Vertrag vorliegt, weil es sonst keine freiwillige Schenkung sein würde; es bleibt also nur der Fall, daß ein Gewinn von der andern Seite auch ohne Vertrag erwartet wird. Es gibt aber kein Zeichen dafür, daß der, welcher auf die Zukunft bezügliche Ausdrücke demgegenüber gebraucht hat, der zu keiner Erwiderung der Wohltat verbunden ist, seine Worte so verstanden haben wolle, daß er selbst durch sie gebunden sei. Es ist gegen die Vernunft, daß gutmütige Menschen durch jedes Versprechen, das nur ihre gegenwärtige Gemütsstimmung bekundet, gebunden sein sollen. Deshalb muß man annehmen, daß ein solcher sein Versprechen überlegen und seine Stimmung ändern kann, wie ja auch die Verdienste dessen, dem etwas versprochen wird, sich ändern können. Wer aber überlegt, ist solange noch frei, und man kann nicht sagen, daß er schon geschenkt hat. Verspricht er jedoch oft, gibt aber selten, so muß man ihn der Unbeständigkeit zeihen; er kann nicht ein Schenker, sondern einer, der immer nur schenken will, genannt werden.

9. Wenn zwei oder mehrere sich ihre Rechte gegenseitig übertragen, so heißt diese Handlung ein *Übereinkommen.* Bei jedem Übereinkommen leisten entweder beide sofort das, worüber sie übereingekommen sind, so daß keiner von dem andern noch etwas zu fordern hat; oder der eine erfüllt und schenkt dem anderen Vertrauen; oder keiner erfüllt. Wenn beide sofort erfüllen, so erlischt das Übereinkommen sofort mit der Erfüllung. Wo aber dem einen oder beiden Vertrauen geschenkt wird, da verspricht der, der das Vertrauen genießt, eine spätere Erfüllung, und ein solches Versprechen heißt ein *Vertrag.*

10. Ein Vertrag zwischen dem, der Vertrauen genießt, und dem, der schon erfüllt hat, überträgt, auch wenn das Versprechen nur in Worten geschehen ist, die sich auf die Zukunft beziehen, dennoch das Recht für die zukünftige Zeit ebenso, als wenn die Worte sich auf die Gegenwart oder Vergangenheit bezogen hätten. Denn des einen Erfüllung ist das

deutlichste Zeichen, daß er die Rede des andern, der Vertrauen genießt, so verstanden hat, daß dieser auch zu der bestimmten Zeit leisten wolle; und ebenso hat an dieser Erfüllung der andere erkannt, daß seine Worte so verstanden worden sind; da er dies nicht geändert hat, wollte er erfüllen. Deshalb sind alle Versprechen für ein empfangenes Gut (welche ebenfalls Verträge sind) Zeichen des Willens, d. h. — wie es im vorigen Abschnitt gezeigt worden ist — des letzten Aktes der Überlegung, durch den die Freiheit, nicht zu erfüllen, aufgehoben wird; mithin sind sie verpflichtend, denn wo die Freiheit aufhört, da beginnt die Verpflichtung.

11. Verträge, in denen man übereinkommt, daß beide Teile einander Vertrauen schenken und keiner gleich erfüllt, verlieren in dem Naturzustande, wenn berechtigte Furcht bei einem von ihnen entsteht*), ihre Gültigkeit. Denn der, welcher zuerst erfüllt, ist dann wegen der verdorbenen Gesinnung der meisten Menschen, die nur auf ihren Vorteil, gleichviel ob mit Recht oder Unrecht, bedacht sind, dem Begehren dessen überliefert, mit dem er übereingekommen ist. Aber es entspricht nicht der Vernunft, daß jemand zuerst erfülle, wenn es nicht wahrscheinlich ist, daß auch der andere später erfüllen werde. Über diese Wahrscheinlichkeit hat aber nur der Fürchtende zu entscheiden, wie es im 1. Kap., Abschn. 9, gezeigt worden ist. So verhält es sich, behaupte ich, im Naturzustande; in einem Staate dagegen, wo eine Macht beide Teile zwingen kann, hat der, welcher nach dem Übereinkommen zuerst zu erfüllen hat, auch zuerst zu erfüllen; denn da der andere gezwungen werden kann, so fällt hier der Grund der Furcht, daß der andere nicht erfüllt, weg.

12. Daraus, daß bei jeder Schenkung und bei jedem Vertrage die Annahme des übertragenen Rechts erfordert

---

*) Die Furcht kann nur dann als berechtigt angesehen werden, wenn infolge einer Handlung oder eines anderen Zeichens, daß die andere Seite nicht zu erfüllen gewillt ist, ein *neuer* Grund zur Furcht entsteht. Denn ein Grund, der einen Teil schon an dem Abschluß des Vertrages nicht hindern konnte, darf ihn auch nicht an dessen Erfüllung hindern.

wird, folgt, daß niemand mit demjenigen einen Vertrag schließen kann, der diese Annahme nicht erklärt. Deshalb kann man mit den Tieren keinen Vertrag schließen, noch kann man ihnen irgendein Recht gewähren oder nehmen, da ihnen Sprache und Verstand abgehen. Auch kann niemand einen Vertrag mit Gott eingehen noch sich ihm durch ein Gelübde verpflichten, soweit es nicht Gott gefällt, durch heilige Schriften einige Menschen einzusetzen, welche die Ermächtigung haben, an Gottes Stelle dergleichen Gelübde und Verträge anzunehmen, gleichsam als seine Stellvertreter.

13. Deshalb sind die Gelübde der im Naturzustande befindlichen Menschen, welche kein bürgerliches Gesetz bindet, vergebens, es müßte ihnen denn durch unzweifelhafte Offenbarung der Wille Gottes, ihr Gelübde oder den Vertrag anzunehmen, bekannt werden. Denn wenn das, was sie geloben, gegen das Naturgesetz geht, bindet ihr Gelübde sie nicht, weil niemand verpflichtet ist, etwas Unerlaubtes zu tun; ist aber das, was sie geloben, durch irgendein Naturgesetz geboten, so sind sie nicht durch das Gelübde, sondern schon durch das Gesetz gebunden. Stand es aber vor dem Gelübde ihnen frei, dasselbe zu erfüllen oder zu unterlassen, so bleibt ihnen diese Freiheit; denn zur Verpflichtung durch Gelübde gehört notwendigerweise der deutlich erklärte Wille des Verpflichtenden, der in dem vorliegenden Falle nicht vorausgesetzt werden kann. Unter einem Verpflichtenden verstehe ich den, dem gegenüber jemand gebunden oder verpflichtet ist, unter einem Verpflichteten den, der gebunden ist.

14. Verträge betreffen nur die Handlungen, welche überlegt werden können; denn es kommt kein Vertrag ohne den Willen des Abschließenden zustande. Der Wille ist aber der letzte Akt der Überlegung; Verträge können deshalb nur mögliche und zukünftige Handlungen betreffen, und es kann sich niemand durch Vertrag zu etwas Unmöglichem verpflichten. Wenn wir auch sehr oft Verträge abschließen über Dinge, die im Augenblick des Versprechens möglich scheinen, deren Unmöglichkeit sich aber später ergibt, so werden wir darum doch nicht frei von jeder Verpflich-

tung. Der Grund dafür liegt darin, daß derjenige, der etwas für die unsichere Zukunft verspricht, in der Gegenwart einen Vorteil erhält unter der Bedingung, daß er die Gegenleistung gewähre. Denn der Wille dessen, der einen gegenwärtigen Vorteil gewährt, geht einfach auf ein Gut für ihn, von dem Werte der ihm versprochenen Sache; dagegen geht er nicht einfach auf die Sache selbst, sondern nur bedingt, wenn sie möglich ist. Trifft es sich aber, daß sie unmöglich sein sollte, so muß die Leistung erfolgen, soweit sie möglich ist. Daher verpflichten Verträge nicht zur ausgemachten Sache selbst, sondern zur höchstmöglichen Anstrengung, sie zu gewähren; weil nur dies, nicht aber die Dinge selbst in unserer Gewalt sind.

15. Die Befreiung von Verträgen geschieht auf zweierlei Weise, entweder durch Erfüllung oder durch Erlassung: jenes, weil man darüber hinaus sich nicht verpflichtet hat; dieses, weil man annimmt, daß der Verpflichtende durch die Erlassung bewirkt, daß das auf ihn übertragene Recht auf den Verpflichteten zurückkehrt; denn der Erlaß (condonatio) ist eine Schenkung (donatio), d. h. nach Abschn. 4 dieses Kapitels die Übertragung eines Rechts an den, welchem die Schenkung gemacht ist.

16. Es ist eine viel erörterte Frage, ob Verträge, die durch Furcht abgenötigt worden sind, verpflichten oder nicht. Wenn ich z. B., um mein Leben von einem Räuber zu erkaufen, mit ihm die Zahlung von 1000 Goldstücken für den nächsten Tag ausgemacht und außerdem zugesagt habe, daß ich nichts zu seiner Ergreifung und gerichtlichen Aburteilung unternehmen wolle, bin ich dann verpflichtet, das Versprechen zu halten oder nicht? Allerdings muß ein solches Versprechen mitunter als ungültig angesehen werden, aber nicht, weil es aus Furcht entsprang; denn dann wären auch die Verträge, durch die die Menschen sich zum staatlichen Leben vereinigen und Gesetze erlassen, ungültig (denn nur die Furcht vor gegenseitigem Totschlag bewirkt, daß einer sich der Herrschaft des andern unterwirft), und auch der würde dann unvernünftig handeln, welcher einem Gefangenen, der ein Lösegeld verspricht, Vertrauen schenkt. Es gilt allgemein, daß die Verträge ver-

pflichten, wenn irgendein Gut empfangen ist und wenn Versprechen und Versprochenes erlaubt sind. Nun ist es erlaubt, zum Loskauf des Lebens etwas zu versprechen und von dem Meinigen wem auch immer, selbst einem Räuber, etwas zu geben. Deshalb verpflichten auch die aus Furcht geschlossenen Verträge, wenn nicht durch das bürgerliche Gesetz das Versprochene verboten ist.

17. Wenn jemand sich einem andern zu einer Handlung oder Unterlassung vertraglich verpflichtet hat und nachher mit einem Dritten das Entgegengesetzte abmacht, so bewirkt er nicht, daß der frühere, sondern daß der spätere Vertrag unerlaubt wird. Denn wer sein Recht bereits durch einen Vertrag auf einen andern übertragen hat, hat nicht mehr das Recht, die Handlung zu tun oder nicht zu tun; deshalb kann er durch einen späteren Vertrag kein Recht übertragen, und das Versprochene ist ohne Recht versprochen. Er bleibt also an seinen ersten Vertrag allein gebunden und darf diesen nicht verletzen.

18. Niemand ist durch irgendeinen Vertrag verpflichtet, dem, der ihn töten oder verwunden oder sonst verletzen will, keinen Widerstand zu leisten; denn bei jedermann gibt es einen höchsten Grad der Angst, der ihm das drohende Übel als das größte erscheinen läßt, so daß er aus Naturnotwendigkeit mit aller Kraft ihm zu entgehen sucht, und man nimmt an, er könne hier nicht anders handeln. Hat ein so hoher Grad von Furcht ihn überkommen, so kann man nichts anderes erwarten, als daß er durch Flucht oder Kampf sich zu retten suchen werde. Da nun niemand an Unmögliches gebunden ist, so sind die, denen der Tod (welches das größte natürliche Übel ist) oder Verwundungen oder andere Körperverletzungen drohen und die zu ihrer Ertragung nicht stark genug sind, auch nicht verpflichtet, sie zu ertragen. Außerdem vertraut man dem, der sich durch Vertrag verpflichtet hat; denn die Treue ist das allein Bindende bei den Verträgen; aber die, die der Strafe — entweder dem Tode oder einer geringeren Strafe — überliefert werden, werden gefesselt oder durch Henkersknechte bewacht; dies ist das deutlichste Zeichen, daß sie nicht als solche betrachtet werden, die durch einen Vertrag genügend

verpflichtet sind, sich nicht zu widersetzen. Etwas anderes ist es, wenn ich so übereinkomme: Du sollst mich töten, wenn ich an dem bestimmten Tage es nicht geleistet habe; und wieder etwas anderes, wenn es so geschieht: Im Fall ich es nicht geleistet haben sollte, will ich dem, der mich tötet, keinen Widerstand leisten. In der ersten Art schließt jedermann Verträge, wenn es nottut, und dies ist mitunter der Fall; auf die zweite Art geschieht es von niemand und ist auch nie nötig; denn im reinen Naturzustande hat man, wenn man will, auf Grund dieses Zustandes das Recht, den andern zu töten, es ist also kein vorgängiger Vertrag dazu nötig, wenn man den Wortbrüchigen töten will. Dagegen steht in dem bürgerlichen Zustande das Recht über Leben und Tod und alle peinlichen Strafen nur dem Staate zu, und keinem einzelnen kann das Recht zu töten eingeräumt werden. Auch der Staat bedarf zur Bestrafung des einzelnen keines Vertrages mit ihm, wodurch dieser einräumt, es zu dulden; sondern nur, daß niemand andere verteidigt. Wenn in dem Naturzustande, wie er zwischen zwei Staaten besteht, ein Übereinkommen besteht, daß der eine den andern tötet, wenn dieser etwas nicht getan haben sollte, so nimmt man an, daß ein anderes Abkommen vorhergegangen, wonach das Töten vor der bestimmten Frist nicht stattfinden soll. Wenn daher an diesem Tage die Leistung nicht erfolgt ist, so tritt das Recht des Kriegs wieder ein, d. h. ein feindlicher Zustand, wo alles erlaubt ist, also auch der Widerstand. Endlich würde man durch das Versprechen, keinen Widerstand zu leisten, verpflichtet sein, von zwei gegenwärtigen Übeln das größere zu wählen; denn der sichere Tod ist ein größeres Übel als der Kampf. Allein von zwei Übeln das kleinere nicht zu wählen, ist unmöglich; ein solcher Vertrag würde also zu etwas Unmöglichem verpflichten, was der Natur der Verträge widerstreitet.

19. Ebenso wird auch niemand durch irgendeinen Vertrag verpflichtet, sich selbst oder einen andern anzuklagen, desen Verurteilung ihm das Leben verbittern würde. Deshalb braucht der Vater nicht gegen seinen Sohn, der Ehegatte nicht gegen seinen Ehegatten, der Sohn nicht gegen seinen Vater, noch jemand gegen seinen Ernährer ein Zeug-

nis abzulegen; den ein Zeugnis hat keinen Wert, das von Natur als verfälscht angesehen werden muß. Wenngleich indes niemand durch Vertrag zu einer Anklage gegen sich selbst verpflichtet werden kann, so kann er doch in einer öffentlichen Verhandlung durch die Folter zur Aussage gezwungen werden. Solche Aussagen sind indes kein Beweis einer Tatsache, sondern nur ein Hilfsmittel, um die Wahrheit aufzufinden; ob daher der Gefolterte wahr oder falsch oder gar nicht antwortet, er handelt mit Recht.

20. Der Eid ist die einem Versprechen hinzugefügte Rede, durch welche der Versprechende erklärt, daß er, wenn er nicht Wort halte, auf die Barmherzigkeit Gottes verzichte. Diese Definition folgt unmittelbar aus den Worten, die das Wesentliche des Eides enthalten, nämlich: „So Gott mir helfe", oder aus andern gleichbedeutenden, wie z. B. bei den Römern: „Du, Jupiter, schlachte den, der betrogen hat, wie ich dieses Schwein schlachte." Auch steht dem nicht entgegen, daß ein Eid nicht immer als ein bloß versprechender, sondern mitunter auch als ein behauptender angesehen werden kann; denn der, welcher eine Behauptung durch den Eid bekräftigt, verspricht die Wahrheit zu sagen. Wenn in einzelnen Gegenden die Untertanen bei ihren Königen zu schwören pflegten, so kam dies daher, daß diese Könige göttliche Ehren für sich in Anspruch nahmen. Der Eid ist nämlich deshalb eingeführt worden, damit durch die Rücksicht auf die göttliche Macht und durch die religiöse Scheu eine größere Furcht, das Versprechen zu verletzen, eingeimpft werde, als man vor den Menschen hat, denen unsere Werke verborgen bleiben können.

21. Hieraus ergibt sich, daß der Eid nach der Formel geleistet werden muß, deren sich der bedient, welcher den Eid leistet; denn durch den Eid bei einem Gott, an den man nicht glaubt und den man daher auch nicht fürchtet, wird niemand gebunden. Wenn man auch durch das natürliche Licht erkennen kann, daß es einen Gott gibt, so meint doch niemand, daß er nach einer anderen Formel oder bei einem anderen Namen zu schwören hat als dem, welchen seine eigene, d. h. (wie der Schwörende glaubt) die wahre Religion ihm vorschreibt.

22. Aus der obigen Definition des Eides kann man ersehen, daß der bloße Vertrag ebenso verpflichtet wie der beschworene; denn der Vertrag ist es, welcher uns bindet, während der Eid sich auf die göttliche Strafe bezieht, die man nicht sinnvoll herausfordern könnte, wenn die Verletzung des Vertrags nicht an sich unerlaubt wäre; das wäre nicht der Fall, wenn nicht schon der Vertrag bände. Übrigens verpflichtet sich der, welcher auf die Barmherzigkeit Gottes verzichtet, noch nicht zu einer Strafe; da es immer gestattet ist, um Erlaß einer wie auch immer verwirkten Strafe zu bitten und sich der Nachsicht Gottes, wenn sie gewährt wird, zu erfreuen. Die Wirkung des Eides ist daher nur die, daß die von Natur zum Treubruch neigenden Menschen durch den Schwur größeren Anlaß zur Furcht haben.

23. Wenn man den Eid für Fälle verlangt, wo die etwaige Verletzung des Vertrages nicht unbemerkt bleiben kann und wo dem, welchem der Eid geleistet wird, die Macht zu strafen nicht mangelt, so tut man mehr, als zu der eigenen Verteidigung nötig ist, und man zeigt damit, daß man nicht so sehr sich wohl will, als vielmehr dem andern übel will. Denn der Eid enthält nach seinen Worten einen Anruf des Zornes Gottes, d. h. des Zornes des Allmächtigen gegen die, welche ihr Wort deshalb nicht halten, weil sie meinen, durch eigene Macht der Strafe der Menschen entgehen zu können, und des Allwissenden gegen die, welche ihr Wort deshalb zu brechen pflegen, weil sie hoffen, daß es den Augen der Menschen verborgen bleiben werde.

3. KAPITEL

Von den übrigen natürlichen Gesetzen

1. Das zweite der abgeleiteten natürlichen Gesetze verlangt, daß man die Verträge halte und das gegebene Wort nicht breche. In dem vorhergehenden Kapitel ist gezeigt worden, daß das natürliche Gesetz als zur Erhaltung des Friedens notwendig gebietet, daß jeder gewisse Rechte auf andere übertrage, und daß dies ein Vertrag

heißt, wenn das Übertragene etwas Zukünftiges ist. Dieser dient aber nur insofern zur Herstellung des Friedens, wenn man das, was man zu tun oder zu unterlassen verspricht, wirklich tut oder unterläßt; Verträge würden nutzlos sein, wenn sie nicht gehalten würden. Da mithin die Einhaltung der Verträge und des gegebenen Wortes zur Herstellung des Friedens nötig ist, so ist sie nach Kapitel 2, Abschn. 2, ein Gebot des natürlichen Gesetzes.

2. Auch kann hier aus der Persönlichkeit derer, mit denen man einen Vertrag schließt, kein Einwand hergenommen werden; etwa, weil diese ihr Versprechen andern gegenüber nicht halten oder der Meinung sind, daß Versprechen überhaupt nicht gehalten zu werden brauchen, oder weil sie sonst einen Fehler an sich haben. Denn der Vertragschließende leugnet eben dadurch, daß er den Vertrag schließt, daß diese Handlung nutzlos sei; auch ist es gegen die Vernunft, daß jemand wissentlich etwas Nutzloses tue; wenn also jemand glaubt, einen Vertrag nicht halten zu müssen, so liegt in dieser Meinung schon die Bestätigung, daß der Vertrag nutzlos sein solle. Wer also einen Vertrag schließt, den er dem anderen Teil zu halten sich nicht gebunden glaubt, der erklärt damit, daß ein Vertrag zu gleicher Zeit nutzlos und auch nicht nutzlos sei, was widersinnig ist. Deshalb muß man entweder allen Menschen Wort halten oder keinen Vertrag mit ihnen schließen, d. h. man muß entweder den Krieg erklären oder den Frieden sicher und getreu halten.

3. Den Vertragsbruch wie auch das Zurückfordern des Gegebenen (was immer in einer Handlung oder Unterlassung besteht) nennt man ein *Unrecht*. Diese Handlung oder Unterlassung heißt eine *unrechte;* daher bedeutet ein Unrecht und eine unrechte Handlung oder Unterlassung dasselbe, und beide sind dasselbe wie Vertrags- und Treubruch. Der Name „Unrecht" ist der Handlung oder Unterlassung gegeben, weil sie ohne Recht geschah, da von dem Handelnden oder Unterlassenden das Recht bereits auf einen andern übertragen war. Zwischen dem, was im gewöhnlichen Leben Unrecht genannt wird, und dem, was man in den Schulen absurd zu nennen pflegt, besteht eine

gewisse Ähnlichkeit. Von dem, der durch Gründe genötigt wird, seine frühere Behauptung zu verneinen, pflegt man zu sagen, daß er ad absurdum geführt worden; und so begeht auch der, welcher aus Unbeherrschtheit etwas tut oder unterläßt, was er früher durch einen Vertrag nicht zu tun oder nicht zu unterlassen versprochen hatte, ein Unrecht und gerät ebenso in den Widerspruch wie der, welcher in den Schulen ad absurdum geführt worden ist. Denn wenn er eine zukünftige Handlung verspricht, so will er, daß sie geschehen solle; indem er aber sie nicht tut, will er, daß sie nicht geschehe; also will er, daß sie zugleich geschehe und nicht geschehe, was ein Widerspruch ist. Das Unrecht ist deshalb eine Art Absurdität im Verkehr, wie die Absurdität eine Art Unrecht in der Disputation ist.

4. Hieraus folgt, daß ein Unrecht *) nur gegen den begangen werden kann, mit dem man einen Vertrag eingegangen ist oder dem man etwas geschenkt hat oder dem man durch Vertrag etwas versprochen hat. Deshalb fallen vielfach Schaden und Unrecht nicht zusammen. Denn wenn ein Herr seinem Diener, der ihm Gehorsam versprochen hat,

---

*) Das Wort Ungerechtigkeit bezeichnet die Beziehung auf ein Gesetz; das Wort Unrecht die Beziehung auf eine Person wie auch auf ein Gesetz. Denn das Ungerechte ist für alle ungerecht; ein Unrecht kann aber begangen sein, ohne mich oder dich zu treffen, sondern gegen einen andern; und manchmal gegen keinen einzelnen, sondern nur gegen den Staat; manchmal weder gegen einen Menschen noch gegen den Staat, sondern nur gegen Gott. Denn der Vertrag und die Übertragung eines Rechts bewirkt, daß man sagen kann, das Unrecht ist gegen diesen oder jenen begangen worden. Daher kommt es, wie es sich in allen Staaten zeigt, daß das, worüber Privatpersonen schriftlich oder mündlich übereingekommen sind, nach dem Belieben des Verpflichtenden eingefordert oder erlassen werden kann. Aber die Schäden, welche gegen die Staatsgesetze getan werden, wie Diebstahl, Totschlag und ähnliches, werden nicht nach dem Willen dessen bestraft, der geschädigt worden ist, sondern nach dem Ermessen des Staats, d. h. nach den bestehenden Gesetzen. Deshalb kann ein Unrecht gegen jemand erst, nachdem er ein Recht durch Übertragung erlangt hat, begangen werden.

befiehlt, einem Dritten Geld zu zahlen oder ihm ein Geschenk hinzutragen, und der Diener es nicht tut, so fügt dieser dem Dritten wohl einen Schaden zu, allein ein Unrecht begeht er nur gegen seinen Herrn. Ebenso fügt im Staate der, welcher einen andern schädigt, mit dem er keinen Vertrag geschlossen hat, diesem zwar einen Schaden zu; aber ein Unrecht verübt er nur gegen den, der die Staatsgewalt besitzt; denn wenn der, welcher geschädigt worden, sich über das Unrecht beschwerte, so könnte der Täter sagen: Was gehst du mich an? Warum soll ich eher nach deinem als nach meinem Belieben handeln, da ich ja dich nicht hindere, nach deinem, nicht nach meinem Belieben zu handeln? Da hier keine vorherigen Verträge bestehen, so wüßte ich nicht, was man an solcher Rede tadeln könnte.

5. Die Worte Recht und Unrecht sowie die Worte Gerechtigkeit und Ungerechtigkeit sind zweideutig und haben verschiedenen Sinn, je nachdem sie in bezug auf Personen oder Handlungen gebraucht werden. In bezug auf Handlungen bezeichnet „recht“ die mit Recht getanen, und „unrecht“ die mit Unrecht getanen. Die Person aber, die recht gehandelt hat, heißt deshalb nicht gerecht, sondern unschuldig, und die, welche etwas Unrechtes getan hat, nicht ungerecht, sondern schuldig. In bezug auf Personen heißt „gerecht sein“ so viel wie sich am Rechthandeln erfreuen, der Gerechtigkeit sich befleißigen und sich bemühen, in allen Dingen nur das Rechte zu tun; „ungerecht sein“ bedeutet die Vernachlässigung der Gerechtigkeit und die Ansicht, daß der Maßstab der Gerechtigkeit nicht ein geschlossener Vertrag, sondern ein augenblicklicher Vorteil sei. So ist die Gerechtigkeit und die Ungerechtigkeit der Gesinnung oder des Menschen von der einer einzelnen Handlung oder Unterlassung verschieden; und unzählige Handlungen eines gerechten Menschen können ungerecht, unzählige eines ungerechten können gerecht sein. „Gerecht“ aber heißt ein Mensch, der das Rechte infolge des Gebotes des Gesetzes tut und das Unrechte nur aus Schwachheit; „ungerecht“ heißt der, welcher das Rechte nur tut wegen der vom Gesetz angedrohten Strafe und das Unrechte aus der Schlechtigkeit seiner Gesinnung.

6. Die Gerechtigkeit der Handlungen pflegt gewöhnlich in zwei Arten eingeteilt zu werden, nämlich in die kommutative und die distributive. Bei der ersten soll das arithmetische Verhältnis gelten, bei der zweiten das geometrische. Jene hat es mit dem Tauschen, Kaufen, Verkaufen, den Darlehen, Zurückzahlungen, Vermietungen, Verdingungen und sonstigen Geschäften von Vertragschließenden zu tun. Wenn hierbei Gleiches für Gleiches gegeben wird, so entsteht, wie man sagt, die kommutative oder austauschende Gerechtigkeit. Bei der distributiven Gerechtigkeit handelt es sich um den Wert und die Verdienste der Menschen; wenn daher jedem *παρὰ τὴν ἀξίαν* gegeben wird, d. h. dem Würdigern mehr und dem weniger Würdigen weniger, und zwar nach Verhältnis, so entsteht die distributive oder verteilende Gerechtigkeit. Ich erkenne hier einen gewissen Unterschied in der Gleichheit an. Einmal ist es die Gleichheit schlechthin, z. B. wenn zwei Sachen gleichen Wertes, wie ein Pfund Silber mit 12 Unzen desselben Silbers, miteinander verglichen werden. Die andere Gleichheit ist es nur beziehungsweise, z. B. wenn unter 100 Menschen 1000 Pfund zu verteilen sind und 600 an 60 Menschen und 400 an 40 gegeben werden. Hier besteht zwischen den 600 und 400 Pfund keine Gleichheit; allein da sich die Zahlen derer, unter die sie verteilt werden sollen, ebenso verhalten, so erhält doch jeder einen gleichen Teil davon, und deshalb heißt die Verteilung gleich. Eine solche Gleichheit ist dasselbe wie das geometrische Verhältnis. Allein was hat dies mit Gerechtigkeit zu tun? Wenn man seine Sachen so teuer verkauft, wie man kann, so geschieht dem Käufer, der sie von mir gewollt und verlangt hat, kein Unrecht; und wenn ich von dem Meinigen dem mehr gebe, der es weniger verdient, so geschieht dennoch keinem Teile ein Unrecht, solange ich das gebe, was ich versprochen habe. Dies bezeugt selbst Christus, unser göttlicher Erlöser, im Evangelium. Es trifft also jene Einteilung nicht die Gerechtigkeit, sondern die Gleichheit. Indes wird man nicht leugnen können, daß die Gerechtigkeit eine Art Gleichheit ist; insofern wir nämlich von Natur alle gleich sind, hat der eine nicht mehr Recht zu beanspruchen, als er dem andern zugesteht, falls er dies

Recht nicht durch Vertrag erlangt hat. Obgleich jene Einteilung der Gerechtigkeit allgemein angenommen ist, habe ich dies gegen sie vorgebracht, damit man nicht glaube, die Ungerechtigkeit sei etwas anderes als Vertrags- oder Treubruch, wie sie oben definiert worden ist.

7. Es ist ein alter Spruch, daß dem kein Unrecht geschehe, der damit einverstanden ist (volenti non fit injuria); indes gestatte man mir, die Wahrheit dieses Spruches aus meinen Grundsätzen abzuleiten. Es sei also etwas geschehen, was jemand für ein Unrecht gegen sich hält, aber gewollt hat; also geschieht mit seinem Willen das, was nach dem Vertrage nicht zulässig war. Indem er aber will, daß das geschehe, was nach dem Vertrage nicht erlaubt war, wird der Vertrag selbst (nach Kapitel 2, Abschn. 15) aufgehoben; es kehrt also das Recht, es zu tun, zurück, und es geschieht also mit Recht; deshalb ist es kein Unrecht.

8. Das dritte Gebot des Naturgesetzes ist, daß du den, der im Vertrauen auf dich dir früher wohlgetan hat, deshalb nicht in eine schlimme Lage kommen läßt; oder daß man überhaupt eine Wohltat nur annehme in der Absicht, dafür zu sorgen, daß den Geber nicht mit Recht die Gabe gereue. Denn ohne dieses Gebot würde man gegen die Vernunft handeln, wenn man jemand eine Wohltat erzeigte, von der man weiß, daß sie verloren sein wird; und damit wäre alles Wohltun und alles Vertrauen unter den Menschen aufgehoben, und damit auch alles Wohlwollen; es gäbe dann unter ihnen keine gegenseitige Hilfe, und niemand würde den Anfang machen, in den Menschen die Dankbarkeit zu erwecken.. Es würde also notwendig der Kriegszustand bleiben, was gegen das Grundgesetz der Natur verstieße. Indes ist die Verletzung dieses dritten Gesetzes keine Verletzung der Treue und der Verträge (denn es ist vorausgesetzt, daß keine Verträge unter den betreffenden Personen geschlossen wurden); deshalb spricht man im allgemeinen hier auch nicht von Unrecht, sondern, da Wohltat und Dankbarkeit sich aufeinander beziehen, von *Undankbarkeit*.

9. Das vierte Gebot der Natur lautet, daß jeder dem andern sich gefügig erweise. Um dies recht zu verstehen,

bedenke man, daß die Menschen entsprechend der Verschiedenheit ihrer Leidenschaften verschieden dazu geeignet sind, eine gesellschaftliche Verbindung einzugehen, Verschiedenheiten, wie man sie ähnlich in Stoff und Form der Bausteine findet. So pflegt man einen Stein als ungefüge wegzuwerfen, wenn er wegen seiner rauhen und eckigen Gestalt den andern mehr Platz wegnimmt, als er selbst einnimmt, dabei wegen seiner Härte sich weder leicht zusammenpressen noch behauen läßt und deshalb zum Zusammenfügen des Gebäudes nicht taugt. Ebenso pflegt man einen Menschen als ungefügig und lästig für die übrigen zu bezeichnen, wenn er in der Rauheit seines Wesens das zurückhält, was er selbst doch nicht braucht, dadurch andern das Notwendige vorenthält, aber aus Halsstarrigkeit keine Besserung annimmt. Da nun vorausgesetzt ist, daß ein jeder nicht bloß dem Rechte nach, sondern auch durch natürliche Notwendigkeit mit allen Kräften dahin strebt, das zu seiner Erhaltung Notwendige zu erlangen, so wird, wenn jemand um des Überflusses willen sich dem widersetzt, durch seine Schuld Krieg entstehen, da ihn allein nichts zum Streite zwang; er handelt also gegen das Grundgesetz der Natur. Daraus folgt (wie zu zeigen war), daß es ein Gebot der Natur ist, daß jedermann sich den andern gefügig erweise. Wer dieses Gesetz verletzt, kann ungefügig und lästig genannt werden. Indes stellt Cicero dieser Gefügigkeit die *Unmenschlichkeit* gegenüber, gleichsam als wenn er dieses Gesetz im Auge hätte.

10. Das fünfte natürliche Gesetz gebietet, daß einer dem andern, wenn er für die Zukunft Bürgschaft leistet, das Vergangene auf dessen Bitte und Reue verzeihe. Die Verzeihung des Vergangenen oder die Vergebung der Beleidigung ist nur ein Friede, welcher dem gewährt wird, der uns zum Krieg gereizt hat, aber dies nun bereut und um Frieden bittet. Wenn aber der Friede jemand gewährt wird, der nicht bereut, d. h. der seinen feindlichen Sinn behält oder für die Zukunft keine Bürgschaft leistet, d. h. der nicht den Frieden, sondern nur die günstige Gelegenheit sucht, so ist das kein Frieden, sondern Furcht, und deshalb kein Gebot der Natur. Wenn man aber dem Reuigen, der für die Zukunft Bürgschaft bietet, nicht vergeben will, so hat

man selbst keinen Gefallen am Frieden, und dies geht gegen das natürliche Gesetz.

11. Das sechste natürliche Gesetz gebietet, daß man bei der Rache oder den Strafen nicht das vergangene Übel, sondern das zukünftige Gute im Auge haben solle; d. h. die Auferlegung von Strafen ist nur zu dem Zwecke erlaubt, daß der, welcher gefehlt hat, gebessert werde oder daß andere, durch dessen Strafe gewarnt, sich bessern. Dies ergibt sich zunächst daraus, daß nach dem natürlichen Gesetz jeder dem andern zu verzeihen hat, vorausgesetzt, daß für die Zukunft Bürgschaft geleistet wird, wie in dem vorigen Abschnitt angegeben worden; ferner daraus, daß Rache, sofern sie nur das Vergangene beobachtet, bloß ein Triumph oder Ehrsucht ohne Zweck ist; denn es wird dabei nur auf das Vergangene gesehen, während der Zweck etwas Zukünftiges ist. Was aber zwecklos geschieht, ist eitel; die Rache, die nicht auf die Zukunft sieht, geht nur von eitler Ehrsucht aus und ist deshalb gegen die Vernunft. Wenn man aber jemand ohne vernünftigen Grund verletzt, so führt man den Krieg herbei und handelt gegen das Grundgesetz der Natur. Deshalb ist es ein Gebot des Naturgesetzes, daß man bei der Rache nicht rückwärts, sondern vorwärts schaue. Die Verletzung dieses Gebotes heißt allgemein *Grausamkeit.*

12. Da aber alle Zeichen des Hasses und der Verachtung vorzüglich zum Kampf und Streit reizen, so sehr, daß die meisten lieber ihr Leben, vom Frieden ganz abgesehen, verlieren, als Schmach ertragen wollen, so folgt siebentens, daß das Naturgesetz verbietet, jemandem durch Worte oder Handlungen, durch Mienen oder Lachen zu zeigen, daß man ihn hasse oder verachte. Die Verletzung dieses Gesetzes heißt *Schmähung.* Allerdings ist nichts häufiger als Spott- und Hohnreden der Mächtigen gegen die Schwachen und besonders der Richter gegen die Angeklagten, obgleich sie weder mit dem Vergehen des Schuldigen noch mit dem Amte des Richters etwas zu tun haben; dennoch handeln diese Menschen gegen das Naturgesetz und sind als Beleidiger zu erachten.

13. Die Frage, wer von zwei Menschen der würdigere

sei, gehört nicht in den Naturzustand, sondern in den bürgerlichen Zustand. In Kapitel 1, Abschn. 3, ist gezeigt, daß von Natur alle Menschen gleich sind; deshalb kommt die jetzige Ungleichheit in bezug auf Reichtum, Macht, Adel usw. von den Staatsgesetzen. Ich weiß, daß Aristoteles im ersten Buche seiner „Politik" es gleichsam als eine Grundlage aller politischen Wissenschaft aufstellt, daß von Natur einige Menschen zum Befehlen und andere zum Dienen geschaffen seien; als ob die Unterschiede zwischen Herren und Sklaven nicht auf dem Übereinkommen der Menschen, sondern auf Begabung, d. h. auf natürlichem Wissen oder natürlicher Unwissenheit beruhten. Allein diese Grundlegung verstößt nicht nur gegen die Vernunft (wie ich schon gezeigt habe), sondern auch gegen die Erfahrung. Denn erstens ist kaum jemand so stumpfsinnig, daß er es nicht für richtiger hielte, sich selbst zu bestimmen, als sich von andern leiten zu lassen, und sodann sind bei einem Streite zwischen den Klügern und den Stärkern jene nicht immer oder auch nur häufig diesen überlegen. Sind also die Menschen von Natur gleich, so muß man diese Gleichheit anerkennen; sind sie ungleich, so müssen sie, da sie um die Herrschaft streiten werden, zur Erlangung des Friedens als gleich angesehen werden; darum ist es achtens ein Gebot des Naturgesetzes, daß jeder als von Natur gleich mit dem andern erachtet werde. Diesem Gesetz entgegen ist der *Stolz*.

14. Ebenso wie die Erhaltung eines jeden erfordert, daß er von gewissen Rechten abgehe, so erfordert diese Erhaltung nicht weniger, daß er sich gewisse Rechte vorbehalte, nämlich das Recht, seinen Körper zu schützen, die freie Luft zu atmen, des Wassers und aller zum Leben notwendigen Dinge sich zu bedienen. Somit behalten die den Frieden Schließenden viele gemeinsame Rechte, viele besondere werden erworben; daraus ergibt sich das neunte Gebot des natürlichen Gesetzes, daß ein jeder die Rechte, welche er für sich verlangt, auch jedem andern zugestehe; andernfalls würde die in dem vorigen Abschnitt anerkannte Gleichheit nutzlos sein. Denn wie soll die Gleichheit der Personen in einer einzugehenden Gesellschaft anerkannt werden,

wenn nicht dadurch, daß den einzelnen, die sonst gar keinen Grund zur Eingehung der Gesellschaft hätten, Gleiches zugesprochen wird? Gleiches Gleichen zusprechen ist dasselbe, als jedem nach Verhältnis das Verhältnismäßige zuteilen. Die Befolgung dieses Gesetzes heißt die *Bescheidenheit,* seine Verletzung die *πλεονεξία,* Habsucht; die Verletzer hießen bei den Römern *immodici* und *immodesti.*

15. Zehntens gebietet das Naturgesetz, daß ein jeder bei Verteilung des Rechts an andere sich gegen jeden Teil gleich verhalte. Das vorige Gesetz verbot, sich selbst mehr Recht von Natur anzumaßen, als man dem andern einräumt. Man kann weniger verlangen, wenn man will; denn das ist mitunter ein Zeichen der Bescheidenheit. Wenn man aber einmal das Recht unter andere austeilen soll, verbietet dies Gesetz, dem einen mehr oder weniger als dem andern zu geben; denn durch die Bevorzugung eines einzelnen wird die natürliche Gleichheit nicht innegehalten und der Zurückgesetzte wird beleidigt, was, wie oben gezeigt worden, gegen die natürlichen Gesetze verstößt. Die Beobachtung dieses Gebots heißt *Billigkeit,* seine Verletzung *Bevorzugung,* welche die Griechen *προσωποληψία* nennen.

16. Aus dem vorhergehenden folgt das elfte Gesetz: Was nicht geteilt werden kann, ist gemeinschaftlich (wenn es angeht) zu benutzen, und zwar, wenn die Masse des Gegenstandes es erlaubt, von jedem so viel er will. Ist die Masse des Gegenstandes dazu nicht ausreichend, so ist der Gebrauch nach der Zahl der Teilnehmenden verhältnismäßig im voraus zu bestimmen. Denn andernfalls kann durch keine Mittel jene Gleichheit erhalten werden, welche das natürliche Gesetz, wie ich im Abschn. 15 gezeigt habe, gebietet.

17. Kann eine Sache weder geteilt noch gemeinsam benutzt werden, so schreibt das natürliche Gesetz vor, und zwar an zwölfter Stelle, daß der Gebrauch dieser Sache unter den einzelnen wechsele oder einem allein nach dem Lose zugebilligt werde; ebenso ist bei dem wechselnden Gebrauche durch das Los zu bestimmen, wer zuerst den Gebrauch haben solle. Denn auch hier ist auf Gleichheit zu halten, die aber nur durch das Los hergestellt werden kann.

18. Lose sind jedoch von zweierlei Art, entweder will-

kürlich bestimmt oder natürlich. Jene beruhen auf dem Übereinkommen der Beteiligten, und es herrscht hier der reine Zufall und, wie man sagt, das Glück. Natürlich ist dagegen die Erstgeburt, griechisch *κληρονομία* (gleichsam das durchs Los Zugeteilte), ferner die erste Besitznahme. Was daher weder geteilt noch gemeinsam besessen oder benutzt werden kann, fällt dem zu, der es zuerst in Besitz nimmt; ebenso fällt das, was dem Vater gehörte, dem Erstgeborenen zu, wenn der Vater nicht vorher dieses Recht auf einen andern übertragen hat. Dies ist das dreizehnte natürliche Gesetz.

19. Das vierzehnte natürliche Gesetz gebietet, den Friedensvermittlern die Unverletzlichkeit zu gewähren. Denn wenn die Vernunft einen Zweck gebietet, so gebietet sie auch die Anwendung der dazu nötigen Mittel. Das erste Gebot der Vernunft ist aber der Friede; alles übrige sind Mittel, den Frieden herbeizuführen; ohne sie kann er nicht bestehen. Nun kann der Friede nicht ohne Vermittlung und diese nicht ohne Unverletzlichkeit erlangt werden; deshalb ist es ein Gebot der Vernunft, d. h. ein natürliches Gesetz, daß den Friedensvermittlern Unverletzlichkeit gewährt werde.

20. Wenn die Menschen auch über alle diese und andere natürliche Gesetze einig wären und sie zu befolgen strebten, so würden doch täglich Zweifel und Uneinigkeiten über die Anwendung dieser Gesetze auf die Geschehnisse sich erheben; nämlich darüber, ob das Geschehene gegen das Gesetz verstoße oder nicht, und das nennt man Rechtsstreit; aus ihm entspringt Kampf zwischen den Parteien, von denen jede sich für verletzt hält. Darum ist es in diesem Falle zur Erhaltung des Friedens nötig, da kein anderes geeignetes Mittel sich auffinden läßt, daß die beiden streitenden Parteien sich auf einen Dritten einigen und durch gegenseitige Verträge sich verpflichten, seine Entscheidung der Streitfrage anzuerkennen. Der Dritte, auf den sie sich einigen, heißt Schiedsmann. Das fünfzehnte Gebot des Naturgesetzes lautet also, daß, wenn zwei über das Recht unter sich uneinig sind, sie sich dem schiedsrichterlichen Ausspruche eines Dritten zu unterwerfen haben.

21. Da der Schiedsmann oder Richter von den streitenden Parteien zur Entscheidung ihres Streites gewählt wird, so folgt, daß der Schiedsmann nicht selbst einer der Streitenden sein darf. Denn von jedem Menschen nimmt man an, daß er das für ihn Gute von Natur, das Rechte aber nur des Friedens wegen und zufällig erstrebt; darum kann er jene von dem Naturgesetz gebotene Gleichheit nicht so genau innehalten wie ein Dritter. Deshalb besagt das sechzehnte Gebot des natürlichen Gesetzes, daß niemand in seiner eigenen Sache Richter oder Schiedsmann sein darf.

22. Aus demselben Grunde folgt, siebzehntens, daß niemand Schiedsmann sein darf, der für sich mehr Vorteil oder Ehre aus dem Siege der einen Partei als aus dem der anderen zu erhoffen hat. Hierfür läßt sich derselbe Grund ins Treffen führen wie bei dem vorigen Gesetz.

23. Wenn ein Streit über die Tatfrage sich erhebt, nämlich ob etwas so, wie es behauptet wird, geschehen sei oder nicht, so folgt aus dem natürlichen Gesetz (nach Abschn. 15), daß der Schiedsmann beiden Parteien in gleicher Weise Glauben zu schenken, d. h. da sie Widersprechendes behaupten, daß er keiner zu glauben hat. Er muß also einem Dritten, oder einem Dritten und Vierten, oder noch mehrern glauben, um die Tatfrage zu entscheiden, wenn sie auf andere Weise nicht zu ermitteln ist. Deshalb gebietet das achtzehnte natürliche Gesetz denen, die als Schiedsmann oder Richter über eine Tatfrage zu entscheiden haben, daß, wenn sonst keine Gewißheit über die Tatfrage zu gewinnen ist, sie die Entscheidung nach der Aussage der Zeugen, welche hinsichtlich beider Teile sich als unparteiische erweisen, treffen.

24. Aus der obigen Definition des Schiedsmannes erhellt ferner, daß zwischen ihm und den Parteien, die ihn bestellt haben, kein Vertrag oder Versprechen stattfinden darf, wodurch er genötigt würde, zugunsten der einen Partei den Spruch zu tun, oder genötigt, einen Spruch zu tun, der billig sei oder den er für billig halte. Der Richter ist nach dem natürlichen Gesetz (Abschn. 15) dazu verpflichtet, den Spruch zu tun, den er für billig hält; die Verbindlichkeit dieses Gesetzes kann durch einen Vertrag nicht verstärkt

werden; deshalb ist ein solcher Vertrag nutzlos. Außerdem würde, wenn er einen unbilligen Spruch täte und ihn für einen billigen ausgäbe, solange ein solcher Vertrag gälte, der Streit auch nach getanem Spruch fortwähren, was gegen die Bestellung eines Schiedsmannes läuft, der von den Parteien so gewählt ist, daß sie beide sich verpflichten, den von ihm getanen Spruch gelten zu lassen. Deshalb gebietet das natürliche Gesetz, daß der Spruch frei sei; dies ist das neunzehnte Gebot.

25. Da die natürlichen Gesetze nur Gebote der rechten Vernunft sind und daher nur von dem beobachtet werden können, welcher die Fähigkeit des rechten Vernunftgebrauchs sich zu erhalten sucht, so ist klar, daß der, welcher absichtlich und wissentlich etwas tut, was das Vermögen der Vernunft schwächt oder zerstört, absichtlich und wissentlich das natürliche Gesetz verletzt. Denn es macht keinen Unterschied, ob jemand seine Pflicht nicht erfüllt oder ob er absichtlich etwas tut, was ihn an der Erfüllung seiner Pflicht hindert. Das Vernunftvermögen wird aber von denen geschwächt oder zerstört, welche etwas tun, was den Geist in seinem natürlichen Zustande stört; offenbar ist dies der Fall bei denen, die dem Trunk und dem Rausch ergeben sind. Man vergeht sich also durch Trunkenheit an dem zwanzigsten natürlichen Gesetz.

26. Man wird mir vielleicht einwenden, daß die vorstehenden natürlichen Gebote zwar von dem einzigen Gebote der Vernunft, das uns ermahnt, uns zu erhalten und unverletzt zu bewahren, kunstvoll abgeleitet seien, daß aber diese Ableitung der Gesetze so schwierig sei, daß man deren allgemeine Kenntnis nicht erwarten könne und daß sie daher auch nicht verpflichteten: denn Gesetze, die man nicht kennt, verpflichten nicht, ja sind nicht einmal Gesetze. Hierauf antworte ich, daß allerdings Hoffnung, Furcht, Zorn, Ehrgeiz, Habsucht, eitle Ehrsucht und andere Störungen des Geistes jemand an der Kenntnis dieser Gesetze hindern können, solange diese Leidenschaften die Übermacht haben; indes hat doch jedermann auch ruhige Zeiten, und dann kann selbst der ungelehrte und rohe Mensch sie ganz leicht erkennen, und zwar allein nach der Regel, daß er bei jedem

Zweifel, ob er das, was er dem andern tun will, mit natürlichem Recht tue oder nicht, sich vorstelle, er sei an jenes Stelle. Dann werden dieselben Gemütsbewegungen, die sonst zur Tat treiben, indem sie gleichsam in die andere Waagschale gelegt werden, von der Tat abmahnen. Diese Regel ist nicht bloß leicht zu befolgen, sondern auch längst in dem bekannten Wort ausgedrückt: Was du nicht willst, das man dir tu', das füg' auch keinem andern zu.

27. Die meisten Menschen sind jedoch infolge des unrechten Begehrens nach dem gegenwärtigen Vorteil sehr wenig geeignet, die vorgenannten Gesetze, obgleich sie sie anerkennen, zu befolgen. Wenn daher einzelne, die gemäßigter als die übrigen sind, diese von der Vernunft gebotene Billigkeit und Rücksicht üben wollten, so würden sie damit, da die andern nicht dasselbe täten, keineswegs der Vernunft folgen; sie würden sich hiermit nicht den Frieden, sondern nur einen sicheren und frühzeitigern Untergang bereiten und durch Befolgung der Gesetze eine Beute jener werden, welche sie nicht befolgen. Man kann daher nicht annehmen, daß die Menschen von Natur, d. h. durch die Vernunft zur Erfüllung aller dieser Gebote*) verpflichtet

*) Es gibt sogar einige unter diesen Gesetzen, deren Nichtbefolgung im Naturzustand, sofern es nur des Friedens oder der eigenen Erhaltung wegen geschieht, eher als eine Erfüllung als eine Verletzung des natürlichen Gesetzes erscheint. Denn wer sich alles gegen die gestattet, die sich selbst alles gestatten, wer die Raubenden beraubt, handelt billig. Umgekehrt ist das, was im Frieden eine maßvolle Handlung und Zeichen eines bescheidenen Mannes ist, im Krieg Feigheit und Verrat an sich selbst. Indes gibt es einige natürliche Gesetze, deren Ausübung selbst im Kriege nicht unterbleiben darf; denn ich wüßte nicht, was die Trunkenheit oder Grausamkeit, d. h. eine Rache, welche auf kein künftiges Gut Rücksicht nimmt, zum Frieden oder zur Erhaltung irgendeines Menschen beitragen könnte. Kurz, im Naturzustande wird das Rechte und Unrechte nicht nach den Handlungen, sondern nach der Absicht und dem Gewissen des Handelnden bestimmt. Das, was die Not fordert, was in Sorge für den Frieden, was zur eigenen Erhaltung geschieht, ist recht; andernfalls ist jeder einem Menschen zugefügte Schaden eine Verletzung des natürlichen Gesetzes und ein Unrecht gegen Gott.

seien, solange das Gleiche nicht auch von den andern geschieht. Indes sind sie doch zu der Bereitschaft, sie zu erfüllen, verpflichtet, sobald ihre Erfüllung zu dem Ziele, weshalb sie verordnet sind, hinzuführen scheint. Daher folgt, daß die natürlichen Gesetze immer und überall innerlich oder vor dem Gewissen verpflichten; aber nicht immer vor dem äußern Richter, sondern hier nur dann, wenn die Erfüllung mit Sicherheit geschehen kann.

28. Die das Gewissen verpflichtenden Gesetze können nicht bloß durch eine ihnen widersprechende Handlung, sondern auch durch eine damit äußerlich übereinstimmende verletzt werden: wenn nämlich der Handelnde das Entgegengesetzte beabsichtigt; denn dann stimmt zwar die äußere Handlung mit dem Gesetze überein, aber nicht das Gewissen.

29. Die natürlichen Gesetze sind unveränderlich und ewig: was sie verbieten, kann niemals erlaubt sein, was sie gebieten, niemals unerlaubt. Denn niemals werden Stolz, Undankbarkeit, Vertragsbruch oder Unrecht, Unmenschlichkeit, Schmähung erlaubt sein, noch die entgegengesetzten Tugenden unerlaubt, soweit sie als Formen der Gesinnung verstanden werden, d. h. vor dem Gewissen, vor welchem sie allein verpflichten und als Gesetze gelten. Dagegen können die äußern Handlungen nach den Umständen und dem bürgerlichen Gesetz sich so verschieden gestalten, daß das zu einer Zeit Rechte zu einer andern Zeit unrecht und das zu einer Zeit Vernünftige zu einer andern unvernünftig ist. Die Vernunft bleibt aber dieselbe und wechselt weder ihr Ziel, welches in dem Frieden und der Verteidigung besteht, noch die Mittel dazu, d. h. jene Tugenden der Seele, die oben dargelegt worden sind und welche durch keine Gewohnheit und kein bürgerliches Gesetz aufgehoben werden können.

30. Aus dem Bisherigen erhellt, wie leicht die natürlichen Gesetze zu befolgen sind; denn sie verlangen nur den Versuch (aber den ernsten und beharrlichen), und wer diesen vollbracht hat, kann in Wahrheit ein Gerechter genannt werden. Denn wer mit ganzer Seele bemüht ist, daß all sein Handeln den natürlichen Geboten entspreche, zeigt damit klar, daß er bereit ist, alle diese Gesetze zu erfüllen, und dazu

allein sind wir nach der vernünftigen Natur verbunden. Wer aber alles getan hat, wozu er verpflichtet ist, der ist ein Gerechter.

31. Alle Schriftsteller stimmen darin überein, daß das natürliche Gesetz dasselbe ist wie das Moralgesetz. Wir wollen sehen, weshalb dies richtig ist. Man bemerke, daß *gut* und *schlecht* Worte sind, mit denen Dinge benannt werden, um das Begehren nach ihnen oder den Abscheu vor ihnen bei den Personen zu bezeichnen, die sie so benennen. Nun ist aber das Begehren der Menschen verschieden, gemäß ihren verschiedenen Anlagen, Gewohnheiten, Ansichten; man kann das an den durch die Sinne wahrgenommenen Dingen bemerken, z. B. beim Schmecken, Fühlen und Riechen. Aber viel mehr gilt dies für Dinge, die sich auf das Handeln im täglichen Leben beziehen, wo der eine das lobt, d. h. gut nennt, was der andere tadelt, d. h. schlecht nennt; ja derselbe Mensch lobt sehr oft das, was er zu anderer Zeit tadelt. Aus solchem Verfahren muß Uneinigkeit und Streit entstehen; deshalb herrscht der Kriegszustand so lange, als das Gute und Schlechte nach dem verschiedenen gegenwärtigen Begehren mit verschiedenem Maße gemessen wird. Dieser Zustand wird von allen darin Befindlichen leicht als schlecht und deshalb der Friede als gut anerkannt. Somit einigen sich die, welche über das gegenwärtige Gute nicht einig werden konnten, über das zukünftige, was freilich die Tat der Vernunft ist; denn das Gegenwärtige wird durch die Sinne, das Kommende nur durch die Vernunft erfaßt. Wenn somit die Vernunft lehrt, daß der Friede gut ist, so folgt auch aus dieser Vernunft, daß alle zu dem Frieden nötigen Mittel gut seien; mithin sind Bescheidenheit, Billigkeit, Treue, Menschlichkeit, Barmherzigkeit (die, wie ich gezeigt, zu dem Frieden nötig sind) gute Sitten oder Gewohnheiten, d. h. Tugenden. Indem also das Gesetz die Mittel zum Frieden gebietet, so gebietet es gute Sitten oder die Ausübung der Tugenden; deshalb heißt es das *moralische*.

32. Da indes die Menschen sich des unvernünftigen Begehrens nicht entledigen können, vermöge dessen sie das gegenwärtige Gut (dem, in strenger Konsequenz, eine Menge

unvorhergesehener Übel anhängen) bei weitem dem zukünftigen vorziehen, so kommt es, daß zwar alle in dem Lobe der genannten Tugenden übereinstimmen, aber über deren Wesen, d. h. worin eine jede von ihnen besteht, dennoch bis heute verschiedener Ansicht sind. So oft nämlich jemandem eines andern gute Handlung mißfällt, gibt er ihr den Namen eines verwandten Lasters; umgekehrt werden Schlechtigkeiten, welche gefallen, auf eine Tugend zurückgeführt. So kommt es, daß dieselbe Handlung von dem einen gelobt und für Tugend erklärt wird, während der andere sie tadelt und als ein Laster bezeichnet. Hiergegen haben die Philosophen bis jetzt noch kein Mittel aufgefunden, da sie nicht bemerkten, daß das Gute der Handlungen darin besteht, daß sie zum Frieden führen, ihre Schlechtigkeit darin, daß sie zum Unfrieden führen; sie begründeten deshalb eine vom moralischen Gesetze ganz abliegende und mit sich selbst unstimmige Moralphilosophie. Nach ihnen soll das Wesen der Tugenden in einem Mittleren zwischen zwei Extremen bestehen, die Laster hingegen diese Extreme sein; was offenbar falsch ist. Denn die Kühnheit wird gelobt und unter dem Namen der Tapferkeit zu den Tugenden gerechnet, auch wenn sie zum Extrem wird, sofern nur der Anlaß zu billigen ist. Ebenso macht nicht die Größe eines Geschenks, sei es groß oder klein oder nur ein mittleres, die Freigebigkeit aus, sondern nur der Beweggrund zum Geschenk. Ebenso ist es kein Unrecht, wenn ich jemand von dem Meinigen mehr gebe, als ich schuldig bin. Deshalb bilden die natürlichen Gesetze das Wesentliche der Moralphilosophie. Ich habe davon hier nur die Gebote behandelt, welche sich auf unsere Erhaltung beziehen und gegen die Gefahren, die aus dem Unfrieden entspringen, sich richten. Daneben gibt es aber noch andere Gebote der vernünftigen Natur, aus denen andere Tugenden entspringen; so ist die Mäßigkeit ein Gebot der Vernunft, weil die Unmäßigkeit zur Krankheit und zum Tode führt; ebenso die Standhaftigkeit, d. h. das Vermögen, bei gegenwärtigen Gefahren, die schwerer zu vermeiden als zu überwinden sind, kräftigen Widerstand zu leisten; denn sie ist ein Mittel, wodurch sich der Widerstehende erhält.

gut ist das was Mittel zum Zweck ist
Zweck ist der Frieden (instrumentalistisch)

33. Was ich die natürlichen Gesetze nenne, sind nur gewisse Folgerungen, welche die Vernunft erkennt und die sich auf Handlungen und Unterlassungen beziehen. Dagegen ist das Gesetz nach dem strengen Sprachgebrauch die Rede dessen, der andern etwas zu tun oder zu unterlassen mit Recht befiehlt. Daher sind jene natürlichen Gesetze eigentlich keine Gesetze, sofern sie aus der Natur selbst hervorgehen; sofern sie indes von Gott in der Heiligen Schrift gegeben worden sind, wie das folgende Kapitel zeigen wird, heißen sie recht eigentlich auch Gesetze; denn die Heilige Schrift ist die Rede des mit dem höchsten Recht über alles gebietenden Gottes.

4. KAPITEL

Das natürliche Gesetz ist das Gesetz Gottes

1. Das natürliche und moralische Gesetz pflegt auch das göttliche Gesetz genannt zu werden, und nicht mit Unrecht; denn einmal ist die Vernunft, welche das natürliche Gesetz selbst ist, jedem unmittelbar von Gott als Richtschnur für sein Handeln gegeben worden, und sodann sind die Lebensregeln, welche daraus abgeleitet werden, dieselben wie die, die von Gottes Majestät als Gesetze des himmlischen Reiches durch unsern Herrn Jesus Christus und seine heiligen Propheten und Apostel verkündet worden sind. Alles was oben in bezug auf das natürliche Gesetz durch Vernunftschlüsse ermittelt worden ist, das werde ich in diesem Kapitel aus der Heiligen Schrift zu bestätigen suchen.

2. Ich führe zunächst die Stellen an, wo es heißt, daß das göttliche Gesetz in der rechten Vernunft enthalten sei. Psalm 36 (37), 30; 31: „Der Mund des Gerechten redet die Weisheit, und seine Zunge lehret die Gerechtigkeit. Das Gesetz Gottes ist in seinem Herzen." Jeremias 31, 33: „Ich will mein Gesetz in ihr Inneres legen und in ihr Herz schreiben." Psalm 18 (19), 8: „Das Gesetz des Herrn ist vollkommen und erquickt die Seele." V. 9: „Die Gebote des Herrn sind lauter und erleuchten die Augen." 5. Mose 30, 11: „Das Gebot,

das ich dir heute gebe, ist dir nicht zu schwer noch zu ferne." V. 14: „Aber das Wort ist gar nahe bei dir, in deinem Munde und in deinem Herzen." Psalm 118 (119), 34: „Unterweise mich, daß ich bewahre dein Gesetz!" V. 105: „Dein Wort ist eine Leuchte meinen Füßen und ein Licht auf meinen Pfaden." Sprüche Salomonis 9, 10: „Das Wissen des Heiligen: die Klugheit." Johannes 1, 1 wird Christus, der Verkünder des Gesetzes, selbst der λόγος genannt; und V. 9 wird derselbe Christus das wahre Licht genannt, welches jeden Menschen erleuchtet, der in diese Welt kommt. Das alles sind Umschreibungen der rechten Vernunft, deren Gebote, wie oben gezeigt worden, die natürlichen Gesetze sind.

3. Daß das von mir als Grundgesetz der Natur aufgestellte Gebot, den Frieden zu suchen, auch das Wesentliche des göttlichen Gesetzes ausmacht, wird aus folgenden Stellen offenbar: Römer 3, 17 wird die Gerechtigkeit, welche das Wesentliche des Gesetzes ist, der Weg zum Frieden genannt. Psalm 84 (85), 11 heißt es: „Die Gerechtigkeit und der Friede haben sich geküßt." Matthäus 5, 9: „Selig sind die Friedfertigen, denn sie werden Gottes Kinder heißen." Nachdem Paulus im Briefe an die Hebräer, Kapitel 6, letzter Vers, gesagt hatte, Christus (der Geber des Gesetzes, worüber hier gehandelt wird) sei nach der Anordnung des Melchisedek der Hohepriester in Ewigkeit, fügt er in dem folgenden Kapitel, V. 1 hinzu: „Dieser Melchisedek war ein König zu Salem, ein Priester des höchsten Gottes" usw., und V. 2: „Aufs erste wird er verdolmetscht ein König der Gerechtigkeit; darnach ist er aber auch ein König Salems, das ist ein König des Friedens." Hieraus ergibt sich, daß Christus als König in seinem Reiche die Gerechtigkeit mit dem Frieden vereinigt. Psalm 33 (34), 15 heißt es: „Laß vom Bösen und tue Gutes; suche Frieden und jage ihm nach." Jesaias 9, 5: „Ein Kind ist uns geboren, ein Sohn ist uns gegeben, und die Herrschaft ist auf seiner Schulter; und er heißt Wunderbar, Rat, mächtiger Gott, Ewig-Vater, Friedefürst." Jesaias 52, 7: „Wie lieblich sind auf den Bergen die Füße des Boten, der da Frieden verkündigt, Gutes predigt, Heil verkündigt, der da sagt zu Zion: Dein Gott wird König sein." Lukas 2, 14 rufen die Stimmen derer, die bei der Geburt Christi

Gott loben: „Ehre sei Gott in der Höhe und Friede auf Erden den Menschen, die guten Willens sind." Jesaias 53, 5 heißt das Evangelium eine Lehre des Friedens; Jesaias 59, 8 heißt die Gerechtigkeit der Weg des Friedens: „Sie kennen den Weg des Friedens nicht, und es ist kein Recht in ihren Gängen." Micha 5, 4; 5 sagt, von dem Messias sprechend: „Er aber wird stehen und weiden in Kraft des Herrn usw., denn er wird herrlich werden, so weit die Welt ist, und er wird der Friede sein." Sprüche 3, 1; 2: „Mein Kind, vergiß meines Gesetzes nicht, und dein Herz behalte meine Gebote. Denn sie werden dir lange Tage und Jahre des Lebens und Frieden bringen."

4. In bezug auf das erste Gesetz, über Abschaffung der Gemeinschaft aller Güter oder über die Einführung von Mein und Dein, haben wir zunächst über die Schädlichkeit der Gütergemeinschaft für den Frieden die Worte Abrahams zu Lot, 1. Mose 13, 8; 9: „Laß doch nicht Zank sein zwischen mir und dir und zwischen meinen und deinen Hirten. Steht dir nicht alles Land offen? Trenne dich doch von mir." Und alle die Stellen der Heiligen Schrift, welche den Eingriff in fremde Bereiche verbieten, wie: Du sollst nicht töten, du sollst nicht stehlen, du sollst nicht ehebrechen, bestätigen das Gesetz über den Unterschied von Mein und Dein; denn sie setzen voraus, daß das Recht aller auf alles aufgehoben sei.

5. Dieselben Gebote bestätigen das zweite natürliche Gesetz, über Innehaltung der Treue. Denn die Worte: „Du sollst nicht in Fremdes einbrechen" sagen nur, du sollst nicht in das einbrechen, was durch Vertrag aufgehört hat, dein zu sein. Ausdrücklich wird aber in Psalm 14 (15), 4 auf die Frage: „Herr, wer wird wohnen in deiner Hütte?" geantwortet: „Wer seinem Nächsten den Schwur leistet und nicht betrügt." Und Sprüche 6, 1; 2 heißt es: „Mein Sohn, hast du Bürgschaft geleistet für deinen Nächsten, so bist du gebunden durch die Rede deines Mundes."

6. Das dritte Gesetz, über die Dankbarkeit, wird durch folgende Stellen bestätigt: 5. Mose 25, 4: „Du sollst dem Ochsen, der drischt, nicht das Maul verbinden"; was nach der Deutung des Paulus, 1. Korinther 9, 9, nicht bloß für die

Ochsen, sondern auch für die Menschen gesagt worden ist. Sprüche 17, 13: „Wer Gutes mit Bösem vergilt, von dessen Hause wird das Übel nicht weichen." Und 5. Mose 20, 10; 11: „Wenn du vor eine Stadt ziehst, sie zu erobern, so sollst du ihr zuerst den Frieden anbieten. Nimmt sie ihn an und tut dir die Tore auf, so soll all das Volk, das darinnen ist, verschont werden und dir dienen und Zins zahlen." Sprüche 3, 29: „Trachte nicht Böses wider deinen Nächsten, der Vertrauen in dich setzt."

7. Dem vierten Gesetz, sich gefügig zu erweisen, entsprechen folgende Gebote: 2. Mose 23, 4; 5: „Wenn du dem Ochsen deines Feindes oder seinem verirrten Esel begegnest, so bringe sie zu ihm. Wenn du den Esel deines Gegners unter seiner Last niedersinken siehst, so gehe nicht vorbei, sondern hilf ihm wieder denselben aufrichten." V. 9: „Den Fremden sollst du nicht belästigen." Sprüche 3, 30: „Streite nicht ohne Ursache gegen einen Menschen, der dir kein Leids getan hat." Sprüche 12, 26: „Wer um des Freundes willen Schaden erleidet, ist der Gerechte." Sprüche 15, 18: „Der zornige Mann ruft den Streit hervor; der sanftmütige legt ihn bei." Sprüche 18, 24: „Ein geselliger Mensch ist lieber als ein Bruder." Dasselbe wird Lukas 10 durch das Gleichnis vom Samariter bestätigt, der sich des von den Räubern verwundeten Juden erbarmte, und durch das Gebot Christi, Matth. 5, 39: „Ich aber sage euch, daß ihr nicht widerstreben sollt dem Übel, sondern so dir jemand einen Streich gibt auf den rechten Backen, dem biete auch den andern dar", usw.

8. Zu den unzähligen Stellen, welche das fünfte Gesetz bestätigen, gehören folgende: Matth. 6, 14; 15: „Denn so ihr den Menschen vergebt ihre Sünden, wird der himmlische Vater auch euch die Sünden vergeben, so ihr aber den Menschen nicht vergebt, wird er auch euch nicht vergeben" usw. Matth. 18, 21; 22: „O Herr, wie oft soll ich meinem Bruder vergeben, der gegen mich sündigt? Soll es siebenmal geschehen?" Und Jesus antwortete ihm: „Ich sage dir, nicht siebenmal, sondern siebzigmal siebenmal." Das will sagen, immer, so oft er auch sündigt.

9. Das sechste Gesetz bestätigen alle Stellen, welche die

Barmherzigkeit gebieten, z. B. Matth. 5, 7: „Selig sind die Barmherzigen, denn es wird ihnen selbst Barmherzigkeit zuteil werden.“ 3. Mose 19, 18: „Du sollst nicht nach der Rache gegen die Mitbürger streben und ihrer Beleidigungen nicht eingedenk sein.“ Indes wird behauptet, daß dieses Gesetz durch die Schrift nicht bloß nicht bestätigt, sondern auch widerlegt werde, weil die Frevler nach dem Tode, wo für die Besserung kein Raum mehr ist, dennoch eine ewige Strafe erwartet. Manche lösen diesen Einwand dadurch auf, daß sie sagen, Gott sei durch kein Gesetz gebunden und ordne alles seinem Ruhm unter; allein dies sei dem Menschen nicht erlaubt: Als ob Gott im Tode des Sünders seinen Ruhm suchte, d. h. sich daran erfreute. Richtiger ist die Erwiderung, daß die Einrichtung der ewigen Strafe schon vor der Sünde erfolgt sei und nur bezweckt habe, die Menschen von den künftigen Sünden abzuschrecken.

10. Das siebente Gesetz billigen Christi Worte, Matth. 5, 22: „Ich aber sage euch, wer seinem Bruder zürnt, der ist des Gerichts schuldig, wer aber zu seinem Bruder sagt: Du Narr! der ist des höllischen Feuers schuldig.“ Sprüche 10, 18: „Wer schmäht, ist ein Tor.“ Sprüche 14, 21: „Wer seinen Nächsten verachtet, sündigt.“ 15, 1: „Ein hartes Wort erweckt den Zorn.“ 22, 10: „Wirf den Spötter hinaus, und es wird mit ihm hinausgehen der Zank, und die Streitigkeiten und Schmähungen werden ein Ende haben.“

11. Das achte Gesetz, über Anerkennung der natürlichen Gleichheit, d. h. über die Demut, wird durch folgende Stellen gestützt: Matth. 5, 3: „Selig sind die geistig Armen, denn das Himmelreich ist ihrer.“ Sprüche 6, 16—19: „Sechs sind es, die Gott haßt, und den siebenten verabscheut seine Seele; die hoffärtigen Augen“ usw. Sprüche 16, 5: „Jeder Hoffärtige ist ein Greuel dem Herrn, und ihr könnt euch fest darauf verlassen, er wird nicht unbestraft bleiben.“ Sprüche 11, 2: „Wo der Stolz ist, da ist auch die Schimpfrede; wo aber die Demut ist, da ist auch die Weisheit.“ Ebenso ruft Jesaias 40, 3; 4 (wo die Ankunft des Messias zur Vorbereitung seines Reichs verkündet wird) die Stimme in der Wüste: „Bereitet dem Herrn die Wege, macht eben in der Wüste die Pfade unsers Herrn. Jedes Tal soll erhöht

werden, und jeder Berg und Hügel soll erniedrigt werden." Diese Stelle bezieht sich offenbar nicht auf die Berge, sondern auf die Menschen.

12. Die Billigkeit, die ich an neunter Stelle als Naturgesetz aufgestellt habe, wonach jeder dem andern dasselbe Recht einzuräumen hat, das er für sich beansprucht, und welches alle anderen Gesetze in sich befaßt, wird auch von Moses geboten, 3. Mose 19, 18: „Liebe deinen Freund wie dich selbst." Unser Erlöser nennt es Matth. 22, 36—40 das ganze Sittengesetz: „Meister, was ist das vornehmste Gebot im Gesetz? Jesus aber sprach zu ihm: Du sollst lieben Gott deinen Herrn usw., das ist das vornehmste und größte Gebot. Das andere aber ist dem gleich: Du sollst deinen Nächsten lieben wie dich selbst. An diesen zwei Geboten hängt das ganze Gesetz und die Propheten." Seinen Nächsten lieben wie sich selbst, ist aber so viel, als ihm alles gewähren, was wir für uns selbst beanspruchen.

13. Das zehnte Gesetz verbietet die Bevorzugung einzelner; dasselbe geschieht in folgenden Stellen: Matth. 5, 45: „Damit ihr die Kinder euers Vaters seid, der seine Sonne aufgehen läßt über die Gerechten und Ungerechten." Kolosser 3, 11: „Es ist kein Heide und Jude, kein Barbar und Skythe, kein Herr und kein Knecht, sondern alles und in allen ist Christus." Apostelgesch. 10, 34: „Ich habe es in Wahrheit erkannt, daß Gott nicht die Person ansieht." 2. Chron. 19, 7: „Bei unserm Gott ist keine Unbilligkeit und keine Bevorzugung einzelner." Jes. Sir. 35, 15: „Der Herr ist der Richter, und bei ihm gilt kein Ruhm der Person." Römer 2, 11: „Bei Gott ist keine Bevorzugung einzelner."

14. Von dem elften Gesetz, welches gebietet, das, was nicht geteilt werden kann, gemeinsam zu besitzen, weiß ich nicht, ob die Heilige Schrift es ausdrücklich erwähnt; indes findet sich die Anwendung überall, in der gemeinsamen Benutzung der Brunnen, der Wege, der Flüsse, der heiligen Geräte usw.; denn sonst könnten die Menschen nicht leben.

15. Ich habe es zwölftens für ein natürliches Gesetz erklärt, daß das, was weder geteilt noch gemeinsam besessen werden kann, durch das Los verteilt werde. Dies wird durch das Beispiel des Moses bestätigt, welcher auf Geheiß Gottes,

4. Mose 34, die Teile des gelobten Landes den Stämmen nach dem Lose zum Besitz gab; ebenso Apostelgeschichte 1, 24—26 durch das Beispiel der Apostel, welche zu ihrer Zahl den Matthias statt des Joseph durch das Los hinzunahmen mit den Worten: „Herr, zeige, den du erwählt hast" usw. Dasselbe Sprüche 16, 33: „Die Lose werden in den Schoß geworfen, aber von Gott geleitet." Ebenso zeigt sich das dreizehnte Gebot darin, daß die Erbschaft dem Esau, als dem Erstgeborenen Isaaks, gebührte, wenn er sie nicht verkauft gehabt oder der Vater anders bestimmt hätte (1. Mose 25, 33).

16. Der heilige Paulus tadelte in seinem ersten Briefe an die Korinther, Kap. 6, die Christen jener Stadt, daß sie vor heidnischen Richtern, ihren Feinden, Prozesse unter sich führten. Es sei unrecht, sagt er, daß sie nicht lieber Schaden leiden und den Betrug ertragen wollten. Denn es ist gegen jenes Gesetz, das uns befiehlt, einander gefügig zu sein. Allein wenn ein Streit über notwendige Bedürfnisse entsteht, was soll da geschehen? Deshalb sagt der Apostel V. 5: „Ich sage es zu eurer Beschämung: ist also unter euch kein Weiser, der unter seinen Brüdern Recht sprechen könnte?" Damit bestätigt er jenes natürliche Gesetz, das ich als das fünfzehnte aufgeführt habe, wonach, wenn der Streit nicht zu vermeiden ist, die Parteien sich über die Bestellung eines Dritten als Schiedsmannes zu einigen haben, so daß (wie das sechzehnte Gesetz verlangt) keiner der Streitenden Richter in seiner eigenen Angelegenheit sei.

17. Daß der Richter oder Schiedsmann keinen Lohn für seinen Spruch annehmen darf (das siebzehnte Gesetz), erhellt aus 2. Mose 23, 8: „Und du sollst keine Geschenke annehmen, die auch die Klugen blind machen und die Worte der Gerechten verkehren." Und Jes. Sir. 20, 31: „Geschenke und Gaben blenden die Augen der Richter." Daraus folgt, daß der Richter sich dem einen Teile nicht mehr als dem andern verpflichten darf; dieses, das neunzehnte Gesetz, wird bestätigt durch 5. Mose 1, 17: „Es soll kein Unterschied der Person sein, und ihr sollt den Kleinen hören wie den Großen." Auch durch alle die Stellen, welche oben gegen die Bevorzugung einzelner angeführt worden sind.

18. Daß bei der Entscheidung über die Tatfrage Zeugen gehört werden sollen (das achtzehnte Gesetz), bestätigt die Schrift nicht allein, sondern sie schreibt auch mehrere Zeugen vor; 5. Mose 17, 6 heißt es: „Durch den Mund zweier oder dreier Zeugen soll der untergehen, welcher hingerichtet wird." Dasselbe wiederholt 5. Mose 19, 15.

19. Die Trunkenheit, die ich deshalb als eine Verletzung des natürlichen Gesetzes zuletzt mit aufgenommen habe, weil sie den Gebrauch der rechten Vernunft hindert, wird auch in der Heiligen Schrift aus demselben Grunde verboten. So Sprüche 20, 1: „Der Wein macht böse Leute, und Trunkenheit macht wild; wer daran Lust hat, wird nimmer weise." Ferner Sprüche 31, 4; 5: „Gib den Königen nicht Wein zu trinken; sie möchten trinken und der Rechte vergessen und die Sache der Kinder des Armen verändern." Auch ergibt der folgende Vers, daß die Schlechtigkeit dieses Lasters nicht formal in der Menge des getrunkenen Weines besteht, sondern in der dadurch bewirkten Schwächung des Urteils und der Vernunft; denn er sagt: „Gebet starkes Getränk denen, die Kummers sterben wollen, und Wein den betrübten Seelen, daß sie trinken und ihrer Not vergessen und ihres Unglücks nicht mehr gedenken." Denselben Grund gebraucht Christus gegen die Trunkenheit, Lukas 21, 34: „Aber hütet euch, daß eure Seelen nicht beschwert werden mit Fressen und Saufen."

20. Wenn ich oben das natürliche Gesetz für ewig erklärt habe, so bestätigt das Matth. 5, 18: „Denn ich sage euch wahrlich, bis daß Himmel und Erde vergehen, wird nicht vergehen der kleinste Buchstabe noch ein Tüttel vom Gesetz"; und Psalm 118 (119), 160: „In Ewigkeit bleiben alle Urteile deiner Gerechtigkeit."

21. Ich habe auch gesagt, daß die natürlichen Gesetze das Gewissen binden, d. h. daß der gerecht ist, der mit ganzer Seele sie zu erfüllen strebt. Und wenn auch jemand alle seine Handlungen in betreff des äußeren Gehorsams so einrichten würde, wie das Gesetz gebietet, es aber nicht des Gesetzes wegen tut, sondern der angedrohten Strafe wegen oder um des Ruhmes willen, so ist er trotzdem ungerecht. Beides bestätigt die Heilige Schrift; das erste Jesaias 55, 7: „Der

Gottlose möge seine Wege verlassen und der ungerechte Mann seine Gedanken, und zurückkehren zu dem Herrn, und er wird sich seiner erbarmen.“ Hesekiel 18, 31: „Werfet von euch all eure Übertretung, womit ihr übertreten habt, und machet euch ein neues Herz und einen neuen Geist; denn warum willst du sterben, Haus Israel?“ Aus diesen und ähnlichen Stellen wird deutlich, daß Gott die Taten derer nicht strafen wird, deren Herz rein ist. Den zweiten Teil des Gesetzes bestätigt Jesaias 29, 13; 14: „Und der Herr sprach: Darum daß dies Volk zu mir naht mit seinem Munde und mit seinen Lippen mich ehrt, aber sein Herz fern von mir bleibt, will auch ich“ usw. Matth. 5, 20: „Denn ich sage euch, es sei denn eure Gerechtigkeit besser als die der Schriftgelehrten und Pharisäer, so werdet ihr nicht in das Himmelreich kommen.“ In den folgenden Versen erklärt unser Erlöser, daß die Gebote Gottes nicht bloß durch Taten, sondern auch durch den Willen verletzt werden können. Denn die Schriftgelehrten und Pharisäer beobachteten in ihrem äußern Handeln die Gesetze aufs strengste, aber nur um des Ruhmes willen; sonst würden sie dieselben verletzt haben. Es finden sich in der Heiligen Schrift unzählige Stellen, wo es deutlich heißt, daß Gott den Willen für die Tat nimmt, und zwar bei guten wie bei bösen Handlungen.

22. Daß das natürliche Gesetz leicht zu befolgen ist, sagt Christus Matth. 11, 28—30: „Kommt alle zu mir her, die ihr mühselig und beladen seid, usw. Nehmt auf euch mein Joch und lernt von mir, denn ich bin sanftmütig und von Herzen demütig; so werdet ihr Ruhe finden für eure Seelen, denn mein Joch ist sanft und meine Last ist leicht.“

23. Jene Regel endlich, nach der, wie ich gesagt, ein jeder erkennen kann, ob das, was er tun will, dem natürlichen Gesetze zuwiderläuft oder nicht, nämlich: Was du nicht willst, daß dir geschehe, das tue auch den andern nicht, wird beinahe mit denselben Worten von unserm Erlöser ausgesprochen, Matth. 7, 12: „Alles was ihr wollt, daß euch die Leute tun, das tuet auch ihnen.“

24. Wie das ganze natürliche Gesetz göttlicher Natur ist, so ist umgekehrt das Gesetz Christi (welches vollständig in Matth. 5, 6 u. 7 gelehrt wird) auch ganz (mit Ausnahme

des einen Gebotes, daß man die Frau nicht ehelichen solle, die wegen Ehebruchs geschieden worden, welches Jesus zur Erklärung des positiven göttlichen Gesetzes gegen die Juden anführte, welche das Mosaische Gesetz nicht richtig auslegten) die natürliche Lehre. Ich sage, das ganze Gesetz Christi ist in den genannten Kapiteln enthalten, aber nicht seine ganze Lehre. Denn ein Teil der christlichen Lehre ist der Glaube, der nicht unter dem Gesetz mit befaßt ist. Denn die Gesetze werden für die Handlungen gegeben, die nach unserm Willen geschehen, aber nicht für Meinungen noch für den Glauben; diese sind nicht in unserer Gewalt und folgen nicht unserm Willen.

STAATSGEWALT

5. KAPITEL

Von den Ursachen und der Entstehung des Staates

1. Es ist durch sich offenbar, daß die Handlungen der Menschen vom Willen, und der Wille von Hoffnung und Furcht ausgeht, dergestalt, daß die Gesetze mit Willen verletzt werden, sooft sich ein größeres Gut oder ein kleineres Übel von ihrer Verletzung als von ihrer Beobachtung erwarten läßt. Deshalb beruht die Hoffnung eines jeden in bezug auf seine Sicherheit und Selbsterhaltung darauf, daß er durch seine eigenen Kräfte und Fähigkeiten seinem Nachbarn offen oder mit List zuvorkommen kann. Daraus folgt, daß die bloße Erkenntnis der natürlichen Gesetze doch nicht jedem sofort die Sicherheit ihrer Befolgung gibt, und daraus folgt dann, daß, solange man keine Sicherheit gegen einen Überfall der andern hat, jedem das ursprüngliche Recht verbleibt, sich auf alle Weise, wie er nur will und kann, zu schützen, d. h. das Recht auf alles, oder das Recht des Krieges. Und es genügt zur Erfüllung des natürlichen Gesetzes, daß jeder in seiner Gesinnung zur Einhaltung des Friedens bereit sei, sobald dieser zu erlangen ist.

2. Es ist ein abgedroschenes Sprichwort, daß unter den Waffen die Gesetze schweigen; aber es ist auch ein sehr wahres, nicht bloß in bezug auf die bürgerlichen Gesetze, sondern auch in bezug auf das natürliche Gesetz, wenn man es nicht nur auf die Gesinnung, sondern auch auf das Handeln bezieht (Kap. 3, Abschn. 27) und unter Krieg den Krieg aller gegen alle versteht, wie er im reinen Naturzustande herrscht, während in dem Kriege eines Volks gegen ein anderes ein gewisses Maß gewöhnlich eingehalten wird. So gab es in alten Zeiten eine Lebensweise und gewissermaßen

eine Art Unterhaltserwerb, der λῃστρικὴ, vom Raube leben, hieß. Dies war (unter den damaligen Verhältnissen) weder gegen das natürliche Gesetz noch ohne Ruhm für die, welche es mit Tapferkeit und ohne Grausamkeit betrieben. Diese Räuber pflegten alles zu rauben, nur an dem Leben sich nicht zu vergreifen, auch die Pflugochsen sowie alles Ackergerät zu verschonen. Indes ließen sie davon nicht ab, weil sie sich dazu durch das natürliche Gesetz verpflichtet fühlten, sondern nur mit Rücksicht auf ihre Ehre, um nicht durch übertriebene Grausamkeit den Verdacht der Furcht zu erregen.

3. Wenn somit zur Erhaltung des Friedens die Befolgung der natürlichen Gesetze, und zu deren Befolgung eine Sicherheit notwendig ist, so fragt es sich, was eine solche Sicherheit gewähren könne. Hier ist nun kein anderes Mittel denkbar, als daß jeder sich geeignete Hilfe verschafft, damit der Überfall des einen auf den andern so gefährlich werde, daß beide es für sicherer halten, die Gewalt zu unterlassen statt anzuwenden. Nun erhellt aber, daß die Vereinigung von zweien oder dreien eine solche Sicherheit keinesfalls gewähren kann; denn der Gegner braucht nur einen oder ein paar Menschen mehr zu nehmen, um zweifellos den Sieg zu gewinnen und jedenfalls den Mut zum Angriff sich zu stärken. Um also die Sicherheit, die man wünscht, zu erlangen, ist es notwendig, daß die Zahl der zu gegenseitigem Beistand sich Verbindenden so groß sei, daß eine geringe Zahl Menschen mehr auf seiten des Feindes für die Erlangung des Sieges von keiner erheblichen Bedeutung für ihn ist.

4. Indes, wie groß auch immer die Zahl derer sei, welche sich zu ihrer Verteidigung verbinden: wenn sie sich nicht einig sind über die beste Art, diese auszuführen, sondern jeder nach seiner Weise von seinen Kräften Gebrauch macht, so wird nichts erreicht; denn bei der Verschiedenheit der Ansichten wird der eine ein Hindernis für den andern sein; oder wenn auch für *eine* Handlung in der Hoffnung auf Sieg, Beute oder Rache ausreichende Einigkeit erreicht worden ist, so wird doch später die Verschiedenheit der Neigungen und Absichten oder Nebenbuhlerschaft und Neid,

aus. denen von Natur die Menschen sich bekämpfen, sie wieder so auseinanderbringen, daß sie sich weder gegenseitig helfen noch Frieden untereinander werden halten wollen, es sei denn, daß eine gemeinsame Furcht sie dazu zwingt. Hieraus folgt, daß die Vereinigung mehrerer (die nur darin besteht, daß alle ihr Handeln auf denselben Zweck und das gemeine Beste richten), d. h. daß eine Gesellschaft nur zu gegenseitiger Hilfeleistung nicht jene Sicherheit gewährt, die wir für die Ausübung der obengenannten natürlichen Gesetze suchen; es muß noch etwas weiteres geschehen, damit die, welche einmal sich zum Frieden und zu gegenseitiger Hilfe um des gemeinen Besten willen verbunden haben, durch Furcht verhindert werden, sich später, wenn etwa ihr privates Interesse nicht mit dem allgemeinen übereinstimmt, wieder zu trennen.

5. Aristoteles rechnet zu den Lebewesen, welche er *politische* nennt, nicht bloß die Menschen, sondern noch viele andere, wie die Ameisen, die Bienen usw., welche zwar der Vernunft entbehren, vermöge derer sie Verträge schließen und einer Regierung sich unterwerfen könnten, aber doch, indem sie in allem übereinstimmen, d. h. dasselbe begehren oder verabscheuen, ihre Handlungen so auf ein gemeinsames Ziel richten, daß ihre Verbindung keinem Aufruhr ausgesetzt ist. Indes sind ihre Verbindungen keine Staaten, und deshalb können diese Tiere keine politischen genannt werden; denn ihre Regierung beruht nur auf der Übereinstimmung, auf vielen auf einen Gegenstand gerichteten Willen, aber es herrscht bei ihnen nicht (wie es im Staate nötig ist) *ein* Wille. Es ist richtig, daß bei diesen bloß in sinnlichen Empfindungen und Begehrungen lebenden Geschöpfen die Übereinstimmung der Gemüter so beständig ist, daß sie nichts weiter als ihr natürliches Begehren brauchen, um diese Übereinstimmung und damit den Frieden sich zu erhalten. Allein bei den Menschen verhält es sich anders. Unter diesen besteht *erstens* ein Wettstreit um Ehre und Würden, der bei den Tieren fehlt; deshalb herrscht bei den Menschen Haß und Neid und der daraus entstehende Aufruhr und Krieg, der bei jenen nicht ist. *Zweitens* ist das natürliche Begehren der Bienen und ähnlicher Ge-

schöpfe gleichartig und treibt zu dem gemeinen Besten, welches bei ihnen von dem Besten des einzelnen nicht verschieden ist. Dem Menschen gilt aber beinahe nichts als ein Gut, wodurch der Besitzer nicht einen Vorzug und Vorrang vor den anderen und ihrem Besitz hat. *Drittens* bemerken die vernunftlosen Tiere keinen Fehler in der Verwaltung ihrer Gemeinwesen oder glauben wenigstens nicht, einen solchen zu bemerken; aber unter der Menge von Menschen sind sehr viele, die meinen, klüger als die andern zu sein, und deshalb nach Neuerungen verlangen. Die verschiedenen Neuerer betreiben dies auf verschiedenen Wegen, und daraus entsteht Spaltung und Bürgerkrieg. *Viertens* können die vernunftlosen Tiere zwar einen gewissen Gebrauch von ihrer Stimme machen, um einander sich ihre Begierden kenntlich zu machen, aber es geht ihnen die Kunst der Sprache ab, derer man notwendig bedarf, um die Leidenschaften zu erregen, und durch die dem Menschen ein Gut als besser und ein Übel als schlimmer dargestellt werden kann, als es wirklich ist. Die Zunge des Menschen aber ist gleichsam die Trompete des Krieges und Aufruhrs, und von Perikles erzählt man, daß er einmal durch seine Volksreden gedonnert, Blitze geschleudert und ganz Griechenland in Verwirrung gebracht habe. *Fünftens* unterscheiden die Tiere nicht zwischen Unrecht und Schaden; deshalb beschuldigen sie die Genossen nicht des Unrechts, wenn es ihnen selbst gut geht. Bei den Menschen sind aber dem Staate diejenigen am beschwerlichsten, welche am wenigsten zu arbeiten brauchen, denn sie pflegen erst dann über öffentliche Ämter zu streiten, wenn sie in dem Kampfe gegen Hunger und Kälte Sieger geblieben sind. *Endlich* ist die Übereinstimmung jener vernunftlosen Tiere eine natürliche; die der Menschen beruht aber nur auf Vertrag, d. h. sie ist eine künstliche. Es kann deshalb nicht wundernehmen, wenn die Menschen zu dem friedlichen Leben noch etwas anderes brauchen. Die bloße Übereinstimmung oder das Übereinkommen zu einer Verbindung ohne Begründung einer gemeinsamen *Macht*, welche die einzelnen durch Furcht vor Strafe leitet, genügt daher nicht für die Sicherheit, welche zur Übung der natürlichen Gerechtigkeit nötig ist.

6. Wenn sonach die Übereinstimmung des Willens vieler zu demselben Zwecke nicht genügt, um den Frieden zu erhalten und eine dauernde Verteidigung zu ermöglichen, so muß in bezug auf die zum Frieden und zur Selbstverteidigung notwendigen Mittel *ein* Wille in allen bestehen. Dies ist aber nur möglich, wenn die einzelnen ihren Willen dem Willen eines einzelnen, d. h. *eines* Menschen oder *einer* Versammlung so unterwerfen, daß dieser Wille für den Willen aller einzelnen gilt, soweit er etwas über das zum gemeinsamen Frieden Notwendige bestimmt. Eine Versammlung aber nenne ich einen Zusammentritt mehrerer Menschen, welche über das, was zu dem gemeinen Besten aller zu tun oder zu unterlassen ist, beratschlagen.

7. Diese Unterwerfung des Willens aller unter den Willen *eines* Menschen oder *einer* Versammlung erfolgt dann, wenn jeder sich jedem der übrigen durch Vertrag verpflichtet, dem Willen dieses *einen*, dem er sich unterworfen hat, sei es ein Mensch oder eine Versammlung, keinen Widerstand zu leisten; d. h. er verweigert jenem nicht den Gebrauch seiner Mittel und Kräfte gegen irgendwelche andere (da angenommen wird, daß er sich das Recht der Selbstverteidigung gegen Gewalt vorbehält). Dies nennt man Union oder *Vereinigung.* Als Wille der Versammlung gilt aber der Wille der Mehrzahl der Personen, aus denen sie besteht.

8. Obgleich der Wille nicht selbst freiwillig, sondern nur das Prinzip der freiwilligen Handlungen ist (denn man will nicht wollen, sondern handeln) und daher keineswegs unter Überlegung und Verträge fällt, so überträgt doch der, welcher seinen Willen dem eines andern unterwirft, diesem andern das Recht auf seine Kraft und seine Fähigkeiten. Wenn daher die übrigen dasselbe tun, so erlangt der, dem man sich unterwirft, eine so große Macht, daß er durch den Schrecken derselben die Willen der einzelnen zur Einheit und Einigkeit bestimmen kann.

9. Die so gebildete Vereinigung ist der Staat oder die bürgerliche Gesellschaft oder auch die bürgerliche Person. Denn da alle hier nur *einen* Willen haben, so gelten sie für *eine* Person, die durch diese Einheit sich von allen einzelnen Menschen unterscheidet, die ihre besonderen Rechte

und ihr besonderes Vermögen hat. Deshalb kann (mit Ausnahme desjenigen, dessen Wille für den Willen aller gilt) weder irgendein Bürger, noch können alle zusammen als der Staat gelten. Der Staat ist daher als *eine* Person zu definieren, deren Wille vermöge des Vertrages mehrerer Menschen als ihrer aller Wille gilt, so daß sie die Kräfte und Fähigkeiten der einzelnen für den gemeinsamen Frieden und Schutz verwenden kann.

10. Wenn auch jeder Staat eine Rechtsperson ist, so ist doch nicht umgekehrt jede Rechtsperson ein Staat; denn mit Erlaubnis des Staates können mehrere Bürger sich zu *einer* Person verbinden, um gewisse Geschäfte zu betreiben. Diese werden damit zu Rechtspersonen, wie z. B. die Zünfte der Kaufleute und viele andere Vereine. Allein sie sind keine Staaten, weil die Mitglieder sich nicht einfach und in allen Dingen dem Willen des Vereins unterworfen haben, sondern nur in einzelnen, vom Staate bestimmten. Deshalb kann der einzelne berechtigterweise gegen die Körperschaft der Zunft einen Prozeß führen, was der Bürger gegen den Staat nicht darf. Solche Gesellschaften sind also Rechtspersonen, welche dem Staat untergeordnet bleiben.

11. In jedem Staate gilt der Mensch oder die Versammlung, deren Willen die einzelnen ihren Willen (wie ich dargelegt habe) unterworfen haben, als der Inhaber der höchsten Gewalt oder der höchsten Herrschaft oder der Souveränität. Diese Macht und dieses Recht zu herrschen besteht darin, daß jeder einzelne Bürger all seine Kraft und Macht auf jenen Menschen oder jene Versammlung übertragen hat. Dies kann, weil niemand seine Kraft in wörtlichem Sinn auf andere übertragen kann, nur dadurch geschehen, daß jeder sein Recht des Widerstandes aufgegeben hat. Der einzelne Bürger sowie jede andere untergeordnete Rechtsperson heißt *Untertan* des Inhabers der höchsten Staatsgewalt.

12. Ich habe bereits früher genügend dargelegt, wie und in welchen Schritten viele natürliche Personen ihrer Selbsterhaltung wegen und aus gegenseitiger Furcht sich zu einer Rechtsperson, Staat genannt, verbunden haben. Übrigens geschieht diese Unterwerfung unter einen andern aus

Furcht entweder unter den, welchen sie fürchten, oder unter einen andern, von dem sie Schutz erhoffen. In der ersten Weise geschieht es von denen, welche im Kriege besiegt wurden, um dem Tode zu entgehen; in der letzten Weise von denen, die noch nicht besiegt sind, damit sie nicht besiegt werden. Die erste Weise nimmt ihren Ausgang von der natürlichen Macht und kann der natürliche Ursprung des Staates genannt werden. Die andere beruht auf der Beratung und dem Beschlusse der sich Verbindenden, und dies ist der Ursprung des Staates durch Institution. Daher gibt es zwei Arten von Staaten: die eine ist die natürliche, wie der väterliche oder despotische Staat; die andere ist die institutive, die auch die politische heißen kann. Bei der ersten Art erwirbt der Herr die Bürger durch seinen Willen, bei der andern setzen die Bürger durch ihren Willen einen Herrn über sich, der die höchste Gewalt hat, sei es ein einzelner oder eine Versammlung. Ich werde zunächst über den institutiven Staat und dann über den natürlichen sprechen.

6. KAPITEL

Von dem Recht dessen, der im Staate die höchste Gewalt hat, sei es ein einzelner oder eine Versammlung

1. Vor allem ist zu beachten, was eine Menge von Menschen ist*), die aus eigenem Entschluß sich zu einem Staat verbunden haben. Sie sind nämlich nicht eine Einheit, sondern viele Menschen, von denen jeder seinen eigenen Willen und sein eigenes Urteil über alles hat, was vorgebracht wird. Und obgleich durch besondere Übereinkommen der einzelne ein

*) Die Lehre von der Gewalt eines Staates über seine Bürger hängt beinah ganz von der Erkenntnis des Unterschiedes ab, der zwischen einer regierenden Menschenmenge und einer regierten besteht. Denn es liegt in der Natur des Staates, daß die Menge oder die Ansammlung der Bürger nicht bloß befiehlt, sondern auch einem Befehlenden unterworfen ist, aber beides in verschiedenem Sinne. Ich habe geglaubt, diesen Unterschied in dem obigen Abschnitt genügend dargelegt zu haben; indes

eigenes Recht und ein Eigentum erlangen kann, so daß der eine das, der andere jenes *sein* nennt, so wird es trotzdem nichts geben, von dem die ganze Menge als eine von jedem einzelnen verschiedene Person mit Recht sagen kann, dies gehört mir mehr als einem andern. Keine Handlung kann der Menge als die ihrige zugeschrieben werden; auch wenn alle oder viele eingewilligt haben, entsteht nicht *eine*, sondern stets so viele Handlungen als Menschen. Allerdings ersehe ich aus den vielen gegen das Folgende erhobenen Einwürfen, daß dies nicht der Fall ist, und ich füge daher zur besseren Erläuterung noch einiges hier hinzu.

Menge, als ein Sammelwort, bezeichnet mehrere Dinge; eine Menschenmenge ist also soviel wie viele Menschen. Da das Wort in der Einzahl ist, so bezeichnet es auch *ein* Ding, nämlich *eine* Menge. Aber auf keine Weise nimmt man an, daß die Menge *einen* natürlichen Willen habe, sondern jeder einzelne hat seinen eigenen; also kann man der Menge keine Handlung beimessen, sei sie, welche sie wolle. Deshalb kann eine Menge weder versprechen noch Verträge eingehen noch Rechte erwerben oder übertragen, noch etwas tun, haben, besitzen und ähnliches; sondern nur jeder für sich, Mann für Mann; und es bleiben deshalb so viel Versprechen, Verträge, Rechte und Handlungen wie Menschen. Daher ist die Menge keine natürliche Person. Wenn sie aber Mann für Mann ausmachen, daß der Wille eines einzelnen Menschen oder der übereinstimmende Wille der Mehrheit von ihnen als der Wille aller gelten solle, dann wird dieselbe Menge *eine* Person. Denn sie ist nun mit Willen begabt und kann deshalb Willenshandlungen vornehmen, also gebieten, Gesetze geben, Rechte erwerben und übertragen usw.; sie heißt dann viel mehr Volk als Menge. Man hat also folgenden Unterschied zu ziehen: Wenn man sagt, daß das Volk oder die Menge etwas wolle, befehle oder tue, so versteht man darunter den Staat, welcher durch den Willen *eines* Menschen oder den übereinstimmenden Willen mehrerer Menschen, was nur in einer Versammlung geschehen kann, befiehlt, will oder handelt. Sooft man aber von einer Menge Menschen, sei sie groß oder klein, sagt, daß sie etwas tue ohne den Willen jenes *einen* Menschen oder der Versammlung, so gilt dies als von dem Volke als Untertanen geschehen, d. h. von vielen einzelnen Bürgern zusammen, und nicht durch *einen* Willen, sondern durch die verschiedenen Willen verschiedener Menschen, die Bürger und Untertanen, aber nicht der Staat sind.

pflegt man bei einem großen Aufstande gemeiniglich zu sagen, daß *das Volk* dieses Staats die Waffen ergriffen habe; allein in Wahrheit gilt dies nur von denen, die unter den Waffen sind oder die mit ihnen zusammenhalten. Denn der Staat, als *eine* Person, kann die Waffen nicht gegen sich selbst ergreifen. Alles was daher die Menge verübt, gilt als verübt von jedem einzelnen, aus denen sie besteht; und der, welcher zwar in dieser Menge sich befindet, aber dem Geschehenen nicht zugestimmt und nicht mitgeholfen hat, gilt als einer, der nicht mitgetan hat. Außerdem bleibt in einer solchen Menge, die sich auf die obige Weise noch nicht zu *einer* Person vereint hat, jener Naturzustand bestehen, wo alles allen gehört; da ist für das Mein und Dein, was man Besitzrecht oder Eigentum nennt, noch kein Platz; denn es fehlt noch die Sicherheit, welche nach dem früher Dargelegten zur Beobachtung der natürlichen Gesetze erforderlich ist.

2. Es ist ferner zu beachten, daß jeder aus der Menge (damit ein Anfang mit der Errichtung des Staates gemacht werde) mit den übrigen einwilligen muß, daß in allen Dingen, die von jemand in der Versammlung vorgebracht werden, das als Wille aller gelten solle, was die Mehrheit wolle. Denn sonst kann eine Menge Menschen, deren Neigungen und Wünsche untereinander so verschieden sind, überhaupt keinen Willen haben. Will nun einer nicht einwilligen, so können die übrigen dennoch unter sich den Staat ohne ihn errichten. Dann behält der Staat gegen den Widersprechenden sein ursprüngliches Recht, d. h. das Recht des Krieges, als gegen einen Feind.

3. Nach Kap. 5, Abschn. 6, gehört zur Sicherheit der Menschen nicht bloß ihre Übereinstimmung, sondern auch die Unterwerfung ihrer Willen in bezug auf das zum Frieden und Schutz Notwendige; in dieser Vereinigung oder Unterwerfung besteht das Wesen des Staates. Es ist also nunmehr zu erwägen, was von den Gegenständen, die in der Versammlung der Menschen, deren aller Wille in dem Willen der Mehrheit befaßt ist, vorgebracht, besprochen und beschlossen werden können, zum Frieden und gemeinsamen Schutz notwendig ist. Vor allem ist nun zum Frieden

notwendig, daß jeder gegen die Gewalttätigkeit der übrigen so weit geschützt werde, daß er sicher leben kann, d. h. daß keiner einen gerechten Grund habe, andere zu fürchten, solange er selbst ihnen kein Unrecht zufügt. Allerdings ist es unmöglich, die Menschen gänzlich vor gegenseitigen Schädigungen zu schützen, so daß sie weder durch Unrecht verletzt noch getötet werden können: dies fällt also nicht in die Erwägung. Dagegen kann man Vorsorge treffen, daß kein gerechter Grund zur Furcht bestehe; denn Sicherheit ist der Zweck, weshalb die Menschen sich andern unterwerfen, und wenn diese nicht erlangt werden kann, so gilt die Unterwerfung unter andere nicht als geschehen und das Recht der Selbstverteidigung nach eigenem Ermessen nicht als verloren; denn man kann nicht annehmen, daß jemand eher sich zu etwas verpflichtet habe oder sein Recht auf alles aufgegeben habe, als bis für seine Sicherheit gesorgt ist.

4. Zur Erlangung dieser Sicherheit genügt es nicht, daß jeder der zu einem Staat sich Verbindenden mit den übrigen mündlich oder schriftlich abmacht, nicht zu töten, nicht zu stehlen und ähnliche Gesetze zu beobachten; denn die Schlechtigkeit der menschlichen Gesinnung ist allen offenbar, und die Erfahrung hat nur zu sehr gelehrt, wie wenig (bei Wegnahme der Strafe) die Menschen im Bewußtsein der getanen Versprechen ihre Pflichten einhalten. Für die Sicherheit muß deshalb nicht durch Verträge, sondern durch Strafen gesorgt werden; und genügende Vorsorge ist erst dann getroffen, wenn so hohe Strafen für die einzelnen Vergehen festgesetzt werden, daß aus ihrer Begehung augenscheinlich ein größeres Übel als aus ihrer Unterlassung folgt. Denn alle Menschen wählen mit Naturnotwendigkeit, was ihnen als ein Gut für sie selbst erscheint.

5. Das Recht zu strafen gilt nur dann als jemandem gegeben, wenn jeder verspricht, daß er dem nicht helfen wolle, welcher zur Strafe gezogen werden soll. Dieses Recht werde ich das Schwert der Gerechtigkeit nennen. Dergleichen Verträge erfüllen aber in der Regel die Menschen gut, wenn es sich nicht um ihre eigene oder naher Freunde Strafe handelt.

6. Wenn es somit für die Sicherheit der einzelnen und mithin für den gemeinen Frieden notwendig ist, daß das Schwert der Gerechtigkeit zum Vollzuge von Strafen einem einzelnen Menschen oder einer Versammlung übertragen werde, so gilt dieser Mensch oder diese Versammlung notwendig als berechtigter Inhaber der höchsten Staatsgewalt. Denn wer Strafen nach seinem Ermessen mit Recht auferlegen kann, vermag mit Recht alle zu allem nach seinem Willen zu zwingen, und eine größere Herrschaft kann man sich nicht denken.

7. Die Pflege des Friedens unter sich würde aber denen nichts helfen, die gegen Auswärtige sich nicht schützen können, und das ist unmöglich, wenn ihre Kräfte nicht geeint sind. Deshalb erfordert die Erhaltung der einzelnen, daß *eine* Versammlung oder *ein* Mensch das Recht habe, bei jeder Gefahr oder Gelegenheit so viel Bürger zu bewaffnen, zu sammeln und zu vereinigen, wie zur gemeinsamen Verteidigung gegen die jeweilige Zahl und Macht der Feinde nötig ist; auch daß er mit den Feinden, sooft es ratsam ist, Frieden schließen kann. Man muß also annehmen, daß die einzelnen Bürger dieses Recht auf Krieg und Frieden vollständig auf *einen* Menschen oder *eine* Versammlung übertragen haben. Dieses Recht, das man das Schwert des Krieges nennen kann, muß demselben Menschen oder derselben Versammlung zustehen, der das Schwert der Gerechtigkeit gebührt. Denn nur der kann die Bürger mit Recht zu den Waffen und den Kosten des Krieges zwingen, der auch die Ungehorsamen mit Recht bestrafen kann. Sonach kommt der höchsten Staatsgewalt das Schwert sowohl des Krieges wie der Gerechtigkeit nach der Verfassung des Staates selbst und wesentlich zu.

8. Da das Recht des Schwertes nur darin besteht, dieses Schwertes sich rechtmäßig nach seinem Ermessen bedienen zu können, so folgt, daß das Ermessen oder Urteil über dessen zulässigen Gebrauch bei ebendemselben liegen muß. Denn läge die Macht der Rechtsprechung bei dem einen und die Macht der Vollstreckung bei dem andern, so würde nichts erreicht werden. Wer sein Urteil nicht vollstrecken kann, spricht dasselbe vergeblich; und wenn er es voll-

streckt kraft des Rechtes anderer, so hat nicht er selbst das Recht des Schwertes, sondern der andere, dessen Beauftragter er nur ist. Deshalb gebührt alle Rechtsprechung im Staat dem, der das Schwert in beiderlei Sinn hat, d. h. der höchsten Staatsgewalt.

9. Da es außerdem für den Frieden viel wichtiger ist, den Streitigkeiten zuvorzukommen, als die entstandenen zu schlichten, da aber alle Streitigkeiten unter den Menschen aus ihren verschiedenen Meinungen über das Mein und Dein, das Rechte und Unrechte, das Nützliche und Unnütze, das Gute und Schlechte, das Sittliche und Unsittliche und ähnliches entstehen, was jeder nach seinem eigenen Urteil bemißt, so gehört es zur höchsten Staatsgewalt, für alle Bürger gemeinsame Regeln oder Maßstäbe aufzustellen und öffentlich bekannt zu machen, aus denen jeder ersehen kann, was sein und was den andern ist, was recht und was unrecht, was sittlich und was unsittlich, was gut und was schlecht ist, d. h. mit einem Wort, was jeder im täglichen Leben zu tun und zu unterlassen hat. Diese Regeln oder Maßstäbe heißen allgemein die bürgerlichen Gesetze oder Staatsgesetze, da sie die Gebote dessen sind, der die höchste Gewalt im Staate hat. Die *bürgerlichen Gesetze* sind (um sie zu definieren) nichts anderes als die Gebote des mit der höchsten Gewalt im Staate Betrauten in bezug auf die zukünftigen Handlungen der Bürger.

10. Da weiter *ein* Mensch oder *eine* Versammlung die Staatsgeschäfte sowohl im Frieden wie auch im Krieg ohne Beamte und untergeordnete Obrigkeiten nicht verwalten kann, und da der Friede und die Verteidigung verlangen, daß diejenigen ihr Amt recht verwalten, denen es obliegt, die Streitigkeiten gerecht zu entscheiden, die Pläne der Nachbarn zu durchschauen, Kriege geschickt zu führen und den Nutzen des Staates allseits im Auge zu haben, so entspricht es der Vernunft, daß diese Obrigkeiten von dem abhängen und gewählt werden, welcher die höchste Gewalt im Kriege wie im Frieden hat.

11. Es ist auch klar, daß alle freiwilligen Handlungen vom Willen ihren Anfang nehmen und notwendigerweise abhängen. Der Wille zu handeln oder nicht zu handeln

hängt aber ab von der Ansicht über das Gute und Schlechte, den Lohn oder die Strafe, die ein jeder als Folge seiner Tat oder Unterlassung erwartet: so sind die Handlungen bei allen Menschen bestimmt durch ihre je eigenen Ansichten. Deshalb ergibt es sich als ein notwendiger und klarer Schluß, daß es für den allgemeinen Frieden höchst wichtig ist, daß den Bürgern keine Meinungen oder Lehren vorgetragen werden, wonach diese glauben könnten, den Gesetzen des Staats, d. h. den Geboten jenes Menschen oder jener Versammlung, die mit der höchsten Staatsgewalt betraut wurde, mit Recht nicht gehorchen zu brauchen oder ihnen sich widersetzen zu dürfen, oder daß Gehorsam härter bestraft werde als Ungehorsam. Wenn etwa einer etwas bei Strafe des natürlichen Todes gebietet, ein anderer dagegen es bei Strafe des ewigen Todes verbietet, und zwar beide mit Recht, so folgt, daß nicht nur die Bürger, obgleich unschuldig, mit Recht gestraft werden können, sondern daß der Staat selbst gänzlich aufgelöst ist. Denn niemand kann zweien Herren dienen, und der, dem man bei Strafe der Verdammnis gehorchen zu müssen glaubt, ist nicht weniger, sondern eher mehr Herr als der, dem man aus Furcht vor dem zeitlichen Tode gehorcht. Also muß jener *eine* Mensch oder jene Versammlung, welche vom Staate die höchste Gewalt empfangen hat, auch das Recht*) haben

*) Es gibt beinah keinen Lehrsatz, sei es in bezug auf die Gottesverehrung, sei es in bezug auf die profanen Wissenschaften, aus dem nicht Uneinigkeiten, danach Zwietracht, Beleidigungen und allmählich Krieg entstehen könnten. Auch kommt dies nicht von der Unrichtigkeit solcher Lehrsätze, sondern von der Veranlagung der Menschen, welche verlangen, daß sie, wie sie sich für weise halten, von allen für weise gehalten werden. Nun kann zwar die Entstehung solcher verschiedener Ansichten nicht gehindert werden; aber es kann durch die höchste Staatsgewalt dafür gesorgt werden, daß sie den öffentlichen Frieden nicht erschüttern. Ich habe deshalb von diesen Meinungen hier nicht weiter gesprochen. Aber es gibt gewisse Lehren, unter deren Einfluß die Bürger glauben, sie seien nicht nur berechtigt, sondern sogar gehalten, dem Staate den Gehorsam zu versagen und gegen die Fürsten und die höchsten Obrigkeiten zu kämpfen. Es sind die, die entweder geradezu und offen oder versteckt und

zu beurteilen, welche Meinungen und Lehren für den Frieden gefährlich sind, und ihre Verbreitung dann zu verbieten.

12. Endlich folgt daraus, daß jeder Bürger seinen Willen dem Willen jenes unterworfen hat, der die höchste Staatsgewalt innehat, und er mithin sich seiner Kräfte gegen ihn nicht bedienen kann, ganz klar, daß alles, was von letzterem getan wird, straflos sein muß. Denn da niemand da ist, der die genügende Kraft dazu hat, ihn natürlicherweise zu strafen, so kann auch niemand, der diese Kraft nicht hat, ihn rechtlich strafen.

13. Aus dem Bisherigen wird völlig klar, daß in jedem vollkommenen Staate, d. h. wo keinem Bürger das Recht zusteht, behufs seiner Erhaltung von seinen Kräften nach seinem Ermessen Gebrauch zu machen, oder wo das Recht des Schwertes dem einzelnen Bürger nicht zusteht, einer die höchste Gewalt besitzen muß, und daß die Menschen eine höhere als diese rechtlich nicht übertragen können, daß auch ein Sterblicher keine größere Macht gegen sich selbst als diese besitzen kann. Eine solche Herrschaft, welche die größte ist, welche Menschen auf einen Menschen übertragen

---

mittelbar Gehorsam noch für andere als die verlangen, denen die höchste Staatsgewalt übergeben worden ist. Dies bezieht sich, wie ich nicht verbergen will, auf jene Macht, welche in einem auswärtigen Staate viele dem Fürsten der römischen Kirche zuteilen, sowie auf die Macht, welche an manchen Orten außerhalb der römischen Kirche die Bischöfe im Staate beanspruchen, endlich auf die Freiheit, welche unter dem Vorwande der Religion selbst die niedrigsten Bürger sich herausnehmen. Denn wo hat es in den christlichen Ländern jemals einen Bürgerkrieg gegeben, der nicht aus dieser Wurzel entsprungen und genährt worden wäre? Deshalb erteile ich hier der Staatsgewalt das Recht zu entscheiden, ob gewisse Lehren unverträglich sind mit dem Gehorsam der Bürger oder nicht, und im bejahenden Falle ihre Verbreitung zu verbieten. Denn jedermann gesteht dem Staate das Recht zu, über das zum Frieden und Schutz Nötige zu entscheiden; wenn nun derartige Lehren den Frieden des Staates gefährden, so muß die Prüfung dieser Lehren nach ihrer Gefährlichkeit dem Staate, d. h. dem Inhaber der höchsten Staatsgewalt, zustehen.

können, heißt absolut*). Denn wer seinen Willen so dem Willen des Staates unterworfen hat, daß dieser alles ungestraft tun, Gesetze geben, Rechtsstreitigkeiten entscheiden, Strafen auferlegen und die Kräfte und das Vermögen aller nach seinem Ermessen gebrauchen kann, und zwar dies alles mit Recht, der hat diesem sicherlich die höchstmögliche Herrschaft eingeräumt. Dies wird bestätigt durch die Erfahrung in allen Staaten, die noch bestehen oder jemals bestanden haben. Es kann wohl manchmal zweifelhaft sein, welcher Mensch oder welche Versammlung die höchste Gewalt im Staate innehat; aber diese selbst besteht immer und wird ausgeübt, ausgenommen in Zeiten des Aufruhrs und des Bürgerkrieges, wo aus einer zwei höchste Staatsgewalten werden. Die Aufrührer nun, welche sich gegen

---

*) Ein bürgerlicher Zustand erfordert offenbar absolute Herrschaft, und die Bürger widersetzen sich dem auch nicht. Denn in der Vereinigung vieler Menschen erkennen sie die Gestalt des Staates an, und selbst die Unerfahrenen sehen ein, daß die Geschäfte mit Überlegung geführt werden müssen. Die Monarchie ist aber ebensogut ein Staat wie die Demokratie, und die absoluten Könige haben ihre Räte, welche ihnen zur Seite stehen und die Erlasse in allen wichtigeren Sachen erwägen, wenn auch nicht rückgängig machen sollen. Dagegen ist es den meisten nicht so klar, daß der Staat in der Person des Königs enthalten ist. Deshalb wenden sie gegen die absolute Herrschaft *erstens* ein, daß bei einer solchen die Lage der Bürger eine elende sei; denn ein solcher Herrscher werde, wie sie meinen, rauben, plündern, töten; und jeder betrachtet es als ein Glück, daß er noch nicht beraubt und getötet worden ist. Aber weshalb sollte der König dies tun? Sicherlich nicht deshalb, weil er es kann, denn wenn er nicht den Willen hat, wird er es nicht tun. Wird er zugunsten eines oder weniger alle anderen berauben wollen? Wenn er dies auch dem Rechte nach, d. h. ohne Unrecht zu begehen, tun könnte, so könnte er es doch erstens nicht moralisch, d. h. nicht ohne Verletzung der natürlichen Gesetze und ohne Unrecht gegen Gott. Deshalb gibt der Schwur des Fürsten den Untertanen einige Sicherheit. Aber selbst wenn er es moralisch dürfte oder den Eid für nichts erachtete, hätte er doch keinen Grund, die Bürger zu berauben, da er keinen Nutzen davon hätte. Man kann zwar nicht leugnen, daß ein Fürst mitunter die Neigung, unrecht zu handeln, haben kann; aber gesetzt den Fall,

die absolute Herrschaft äußern, streben nicht so sehr danach, sie aufzuheben, als sie nur auf einen andern zu übertragen; denn würden sie diese Macht beseitigen, so würden sie auch den Staat beseitigen, und allgemeine Verwirrung würde wieder eintreten. Zu dem absoluten Rechte des höchsten Herrschers gehört ein solcher Gehorsam von seiten der Bürger, wie er zur Staatsleitung notwendig erforderlich ist, d. h. ein solcher, der dies gewährte Recht nicht nutzlos macht. Ein solcher Gehorsam mag vielleicht aus gewissen Gründen mitunter mit Recht verweigert werden können, da er aber jedenfalls der höchstmögliche ist, nenne ich ihn den *einfachen* Gehorsam. Die Verbindlichkeit zu demselben entspringt zwar nicht unmittelbar aus dem Vertrage, durch welchen der einzelne sein ganzes Recht auf den Staat übertragen hat, aber mittelbar daraus, daß ohne

---

du hättest ihm keine absolute Herrschaft gegeben, sondern nur so viel davon, als zu deinem Schutz gegen die Übergriffe anderer erforderlich ist, und so viel ihm zu geben, ist zu deiner Wohlfahrt unentbehrlich: bliebe da nicht dasselbe zu fürchten? Denn der, welcher Macht genug hat, alle zu beschützen, hat auch Macht, alle zu unterdrücken. Es ist also hier keine andere Härte, als daß in menschlichen Dingen irgendein Übel unvermeidlich ist; und dieses Übel selbst kommt von den Bürgern, nicht von dem Herrscher. Denn wenn die Menschen nach ihren eigenen Geboten sich richten könnten, d. h. wenn sie nach den natürlichen Gesetzen leben könnten, so brauchte man überhaupt keinen Staat und keinen Zwang durch einen gemeinsamen Herrscher. Man sagt *zweitens,* daß in keinem christlichen Lande eine absolute Herrschaft bestehe; allein dies ist unrichtig, denn sowohl alle Monarchien wie auch alle Staaten mit anderer Verfassung sind solche. Denn wenn die Inhaber der höchsten Staatsgewalt nicht alles tun, was sie möchten und was sie dem Staate für nützlich halten, so liegt dies nicht an dem Mangel ihres Rechts dazu, sondern an der Rücksichtnahme auf die Bürger, die nur auf ihre Privatgeschäfte achthaben, sich nicht um die öffentlichen Angelegenheiten kümmern und deshalb den Staat mitunter in Gefahr bringen würden, wenn man sie zu ihrer Pflicht zwingen wollte. Deshalb enthalten sich die Fürsten des vollen Gebrauchs ihrer Rechte zu Zeiten und geben in der Sache aus Klugheit etwas nach, ohne doch von ihrem Rechte sich etwas zu vergeben.

Gehorsam das Recht der Herrschaft nutzlos sein, also überhaupt kein Staat begründet werden würde. Denn wenn ich sage: Ich gebe dir das Recht, alles zu befehlen, so ist dies nicht dasselbe, als wenn ich sage: Ich werde tun, was du befiehlst. Denn das Gebot kann auch derart sein, daß ich mich lieber töten lasse, als es erfülle. Da nun niemand verbunden werden kann, sich töten zu lassen, so ist er noch weniger zu dem verpflichtet, was für ihn härter ist als der Tod. Wenn mir also befohlen wird, mich selbst zu töten, so bin ich nicht verpflichtet, dies zu tun. Denn durch diese meine Weigerung wird das Recht der Herrschaft nicht nutzlos gemacht, da vielleicht andere bereit sind, das zu tun, was ich verweigere, wenn man es ihnen befiehlt; ich verweigere auch nicht, das zu tun, wozu ich mich verpflichtet habe. Ebenso verpflichtet der Herrscher durch ein Gebot, ihn, den Herrscher, zu töten, niemand, es zu tun; da man nicht annehmen kann, daß dies im Vertrage ausgemacht worden. Ebensowenig braucht man seinen Vater zu töten, mag er unschuldig oder schuldig und durch das Gesetz verurteilt sein, da andere dies auf Befehl tun werden und ein Sohn eher sterben wird, als ehrlos und gehaßt von jedermann zu leben. So gibt es noch viele andere Fälle, wo die Ausführung der Befehle für einzelne unsittlich ist, für andere aber nicht, wo deshalb von jenen der Gehorsam mit Recht verweigert und von diesen geleistet werden kann, unbeschadet des dem Herrscher eingeräumten absoluten Rechts. Denn diesem wird in keinem Falle das Recht entzogen, die Widerspenstigen zu töten. Wer aber in einem solchen Fall tötet und damit zwar von dem Rechte Gebrauch macht, das der andere ihm eingeräumt hat, aber dennoch anders davon Gebrauch macht, als die rechte Vernunft fordert, verstößt gegen die natürlichen Gesetze, d. h. gegen Gott.

14. Auch kann niemand sich selbst etwas geben, da man annimmt, daß er das schon besitze, was er sich geben könnte. Und ebenso kann er sich nicht verpflichtet sein, denn der Verpflichtete und der Verpflichtende fielen dabei in eine Person zusammen, und da dieser jenen befreien kann, so wäre eine solche Verpflichtung ohne Wirkung; er könnte sich beliebig davon befreien, und wer dies kann, ist in Wirklichkeit schon

frei. Hieraus erhellt, daß der Staat selbst durch die bürgerlichen Gesetze nicht gebunden ist; denn die bürgerlichen Gesetze sind die Gesetze des Staates, und sollten ihn diese verpflichten, so wäre er sich selbst verpflichtet. Auch kann der Staat gegen den Bürger nicht verpflichtet sein; denn er kann den Staat, wenn er will, von solcher Verbindlichkeit befreien; und er will dies, wenn der Staat es will; denn der Wille eines jeden Bürgers ist in allen Dingen in dem Willen des Staates mit befaßt; der Staat ist also frei, wenn er selbst es will, d. h. er ist in Wirklichkeit schon frei von der Verbindlichkeit. Nun ist aber der Wille einer Versammlung oder eines Menschen, dem die höchste Gewalt übertragen worden ist, auch der Wille des Staates: er befaßt also den Willen der einzelnen Bürger. Deshalb ist der, dem die höchste Gewalt übertragen worden ist, weder durch die Gesetze des Staates gebunden (denn er wäre sonst gegen sich selbst verpflichtet) noch gegen einen Bürger verpflichtet.

15. Da nach dem Frühern vor der Errichtung des Staates alles allen gehört und niemand etwas sein nennen kann, was nicht mit demselben Recht jeder andere als das Seine beanspruchen kann (denn wo alles gemeinsam ist, kann niemandem etwas zu eigen gehören), so folgt, daß das Eigentum erst mit den Staaten begonnen hat*), und daß jedem nur das zu eigen ist, was er nach den Gesetzen und vermöge der ganzen Staatsmacht, d. h. durch den, dem die höchste Macht übertragen worden, für sich behalten kann. Daraus erhellt, daß jeder einzelne Bürger ein Eigentum besitzt, worauf keiner seiner Mitbürger ein Recht hat; denn diese sind denselben Gesetzen untertan. Dagegen hat nie-

---

*) Man hat mir entgegnet, daß das Eigentum an Gütern schon vor der Errichtung des Staates bei den Familienvätern bestanden habe; doch dieser Einwand ist hinfällig, da ich bereits erklärt habe, daß eine Familie ein kleiner Staat ist. Familiensöhne haben zwar ein Eigentum, das ihnen vom Vater gewährt und wohl voneinander unterschieden ist, aber darum scheidet es aus dem des Vaters nicht aus. Dagegen haben die Väter der einzelnen Familien, die weder einem gemeinsamen Vater noch Herrn unterworfen sind, ein gemeinsames Recht auf alles.

mand ein Eigentum, auf das der Inhaber der höchsten Gewalt nicht ein Recht hätte; denn die Gesetze sind seine Gebote, in seinem Willen ist auch der Wille der einzelnen Bürger enthalten, und er ist von den einzelnen zum höchsten Richter bestellt worden. Indes erlaubt der Staat den Bürgern mancherlei, und man kann deshalb auch mitunter gegen den Inhaber der Staatsgewalt klagen; diese Klage ist jedoch nicht bürgerlichen Rechts, sondern ruht auf der natürlichen Billigkeit. Es handelt sich dabei*) nicht um das, was der Inhaber der höchsten Gewalt *rechtlich* tun kann, sondern um das, was er gewollt hat; er ist deshalb selbst der Richter, gleichsam als könnte er, nachdem er die Billigkeit des Falles erkannt hat, nicht unbillig entscheiden.

16. Diebstahl, Totschlag, Ehebruch und alles Unrecht ist nach dem Naturgesetz verboten; was aber als Diebstahl, als Totschlag, als Ehebruch und als Unrecht an einem Bürger gelten soll, hat nicht das natürliche, sondern das bürgerliche Gesetz zu bestimmen. Denn nicht jede Wegnahme einer Sache, die ein anderer besitzt, sondern nur die einer *fremden* Sache ist Diebstahl, und die Frage, was mein und was nicht mein ist, entscheidet das bürgerliche Gesetz. Ebenso ist nicht jede Tötung eines Menschen ein Totschlag, sondern nur die, die das bürgerliche Gesetz verbietet. Ebenso ist auch nicht jeder Beischlaf ein Ehebruch, sondern nur

*) Wenn einem Bürger eine Klage gegen den Inhaber der höchsten Gewalt, d. h. den Staat gestattet ist, so handelt es sich bei solcher Klage nicht um das Recht des Staates an dem Besitz der strittigen Sache, sondern darum, ob der Staat nach seinen früher gegebenen Gesetzen sie hat besitzen *wollen;* denn das Gesetz ist die Erklärung des Willens des Inhabers der höchsten Gewalt. Nun kann der Staat von den Bürgern Geld aus zweierlei Gründen beanspruchen, entweder als Abgabe oder als Schuld. Im ersten Fall ist keine Klage zulässig, denn das Besteuerungsrecht des Staates kann nicht in Frage gestellt werden; im andern Fall ist der Rechtsweg gestattet, weil der Staat dem einzelnen Bürger nichts durch Hinterlist entziehen will, da er, wenn es nottut, alles offen nehmen kann. Wenn man daher diese Stelle tadelt, weil es nach solcher Lehre den Fürsten ein leichtes sei, sich von ihren Schulden freizumachen, so ist dieser Tadel unbegründet.

der von den bürgerlichen Gesetzen verbotene. Endlich ist zwar die Verletzung eines Versprechens ein Unrecht, wenn das Versprochene erlaubt ist; wo aber kein Recht zu einem Vertrage bestand, da kann auch keine Übertragung stattfinden, mithin auch kein Unrecht am andern geschehen, wie im Kap. 2, Abschn. 17, dargelegt worden ist. Das, worüber Verträge zulässig sind und worüber nicht, hängt von dem bürgerlichen Gesetz ab. Deshalb hatte der Staat der Lacedämonier es mit Recht für straflos erklärt, wenn Knaben gewisse Sachen andern wegnähmen, sofern sie nicht dabei ertappt würden; denn damit wurde nur gesetzlich geregelt, daß das so Erlangte ihr Eigentum und nicht das eines andern werden sollte. Ebenso wird überall derjenige zu Recht getötet, den man im Kriege oder in der Notwendigkeit der Selbstverteidigung tötet. Ebenso werden Verbindungen, die in dem einen Staate als Ehe angesehen werden, in dem andern als Ehebruch erklärt, und umgekehrt. Auch begründet derselbe Vertrag bei dem einen Bürger die Ehe und bei dem andern nicht, selbst innerhalb desselben Staates; denn wenn jemandem vom Staate, d. h. von dem Menschen oder der Versammlung, welche die höchste Staatsgewalt innehat, verboten ist, irgendeinen Vertrag zu schließen, so hat er auch nicht das Recht, irgendeinen Vertrag zu schließen; jeder Vertrag, also auch die Ehe, ist deshalb bei ihm ungültig, während der, welchen das Verbot nicht betrifft, Verträge schließen und daher auch die Ehe eingehen kann. Auch macht es die unerlaubten Verträge nicht gültig, wenn ein Eid oder ein Sakrament*) damit verbunden worden, denn es ist bereits Kap. 2, Abschn. 22, gesagt worden, daß

*) Die Erörterung der Frage, ob die Ehe ein Sakrament (in dem diesem Worte von den Theologen beigelegten Sinne) sei oder nicht, ist nicht meine Aufgabe. Ich sage nur, daß der rechtmäßige, d. h. durch das bürgerliche Gesetz gestattete Vertrag zwischen Mann und Frau, zusammen zu leben, sicherlich eine rechtmäßige Ehe ist, mag diese selbst ein Sakrament sein oder nicht. Dagegen ist jede Verbindung, die der Staat verbietet, keine Ehe, da es zum Wesen der Ehe gehört, ein rechtmäßiger Vertrag zu sein. Es gab in vielen Ländern, so bei den Juden, Griechen und Römern, rechtmäßige Ehen, die dennoch aufge-

dergleichen zu der Verbindlichkeit der Verträge nichts hinzufüge. Deshalb muß aus dem bürgerlichen Gesetz, d. h. aus den Verordnungen des Inhabers der höchsten Gewalt, entnommen werden, was Diebstahl, was Totschlag, was Ehebruch und überhaupt was Unrecht ist.

17. Den meisten Menschen erscheint diese höchste Staatsgewalt und diese absolute Macht so hart, daß sie selbst die Ausdrücke dafür hassen. Dies kommt hauptsächlich von der Unkenntnis der menschlichen Natur und der natürlichen Gesetze; zum Teil aber tragen auch jene die Schuld, welche mit solcher Macht begabt worden sind und sie dann zu ihren eigenen Lüsten mißbrauchen. Um nun eine solche höchste Gewalt zu vermeiden, halten manche den Staat schon für richtig begründet, wenn die zukünftigen Bürger zusammenkommen und über gewisse vorgeschlagene und in der Versammlung erörterte und genehmigte Bestimmungen sich einigen, deren Befolgung sie verordnen und deren Verletzung mit bestimmten Strafen geahndet werden soll. Hierzu sowie zur Verteidigung gegen äußere Feinde werden von ihnen bestimmte und beschränkte Steuern festgesetzt, mit der Bedingung, daß, wenn diese nicht genügen, eine neue Vereinbarung hierüber in einer Versammlung getroffen werden soll. Wer sieht nicht, daß in einem so eingerichteten Staate die Versammlung, welche dies bestimmt, die absolute Gewalt innehat? Wenn daher diese Versammlung dauernd ist oder periodisch an festen Tagen und Orten wieder zusammenkommt, so hat sie dauernd die absolute Gewalt. Löst sie sich aber gänzlich auf, so wird damit entweder auch der Staat zugleich aufgelöst und man kehrt zum

löst werden konnten. Bei Völkern aber, wo die Ehe nur unter der Bedingung der Unauflöslichkeit gestattet ist, kann zwar die Ehe nicht getrennt werden; allein nicht deshalb, weil die Ehe ein Sakrament ist, sondern weil der Staat ihre Auflösung verboten hat. Deshalb gehören die Feierlichkeiten, die bei Hochzeiten in der Kirche vollzogen werden, um die Ehegatten einzusegnen oder, wenn ich so sagen darf, ihnen die Weihe zu geben, vielleicht zu dem Amt der Priester; alles andere aber in betreff der Personen, der Zeit und der Verträge, die zur Ehe nötig sind, fällt unter das Gesetz des Staates.

Kriegszustand zurück, oder es bleibt irgendwo eine Macht, um die Gesetzesübertreter jedes Standes und jeder Zahl zu bestrafen. Dies ist aber ohne die absolute Gewalt nicht ausführbar; denn derjenige, welchem rechtlich so viel Gewalt eingeräumt ist, daß er die Bürger, seien sie auch noch so viele, durch Strafen in Zucht halten kann, der besitzt eine so große Gewalt, wie sie größer ihm von den Bürgern nicht übertragen werden kann.

18. Es ist also klar, daß es in jedem Staate *einen* Menschen oder *eine* Versammlung oder *ein* Kollegium gibt, welches über die einzelnen Bürger rechtlich eine so große Gewalt besitzt, wie sie außerhalb des Staates jeder über sich selbst besitzt, d. h. die höchste oder absolute, welche nur durch die Kraft des Staates, aber sonst durch nichts beschränkt werden kann. Denn zu der Beschränkung dieser Macht bedürfte es einer noch höhern Macht, weil der, welcher die Schranken setzt, eine größere Gewalt haben muß als der, welcher dadurch beschränkt werden soll. Deshalb ist diese beschränkende Gewalt entweder ohne Schranken, oder sie wird wieder von einer noch höhern in Schranken gehalten; und damit kommt man zuletzt zu einer Macht, die nur an dem höchsten Maße der Kräfte aller Bürger ihre Schranken hat. Diese heißt auch die höchste Staatsgewalt; wird sie einer Versammlung übertragen, so heißt diese die höchste Versammlung, wird sie aber *einem* Menschen übertragen, so heißt dieser Mensch der höchste Gebieter des Staates. Die Kennzeichen dieser höchsten Staatsgewalt sind der Erlaß und die Aufhebung der Gesetze, die Entscheidung über Krieg und Frieden, die Untersuchung und Entscheidung aller Streitigkeiten, entweder in eigener Person oder durch von ihm eingesetzte Richter, und die Ernennung aller Obrigkeiten, Beamten und Räte. Ist endlich jemand vorhanden, der mit Recht irgend etwas tun kann, was sonst keinem Bürger oder mehreren gemeinschaftlich gestattet ist, so besitzt ein solcher die höchste Staatsgewalt. Denn was weder ein einzelner noch mehrere Bürger mit Recht unternehmen dürfen, das kann nur der Staat selbst tun. Wer dies tut, der übt das Recht des Staates, d. h. die höchste Gewalt, aus.

19. Beinahe alle, die den Staat und die Bürger mit dem Menschen und seinen Gliedern vergleichen, sagen, daß der Inhaber der höchsten Gewalt im Staate sich zu diesem wie das Haupt zu dem ganzen Menschen verhalte. Indes erhellt aus dem Vorgehenden, daß der Inhaber dieser Gewalt, sei er *ein* Mensch oder eine Versammlung, sich zu dem Staate nicht wie das Haupt, sondern wie die Seele zum Körper verhält. Denn durch die Seele hat der Mensch einen Willen, d. h. kann er wollen und nicht wollen. Ebenso hat auch der Staat nur durch den Inhaber der höchsten Gewalt und in keiner andern Weise einen Willen und kann wollen und nicht wollen. Mit dem Haupte kann man eher die Versammlung der Räte oder einen einzelnen Berater vergleichen, dessen Rat (im Fall es ein einzelner ist) der Inhaber der höchsten Gewalt in wichtigsten Angelegenheiten benutzt; denn das Haupt hat die Aufgabe zu beraten, die Seele aber die, zu gebieten.

20. Da weiter die höchste Staatsgewalt vermöge der Verträge errichtet ist, welche die einzelnen Bürger oder Untertanen miteinander eingegangen sind, da aber alle Verträge, wie sie ihre Kraft von dem Willen der Vertragschließenden erhalten, so auch durch deren Einwilligung ihre Kraft verlieren und aufgelöst werden, so wird man vielleicht folgern, daß durch die Übereinstimmung aller Untertanen die höchste Staatsgewalt aufgehoben werden könne. Indes wenn dies auch richtig wäre, so sehe ich doch nicht ein, welche Gefahr rechtlich daraus den Inhabern der Staatsgewalt erwachsen könnte. Denn da man annimmt, daß jeder einzelne sich jedem andern gegenüber verpflichtet hat, so bleiben, wenn auch ein einziger Bürger sich weigert, die übrigen, wie sie auch übereingekommen sind, trotzdem gebunden. Auch kann niemand ohne Unrecht gegen mich das tun, was er durch einen mit mir geschlossenen Vertrag nicht zu tun sich verpflichtet hat. Nun kann man aber nicht annehmen, daß alle Bürger gleichzeitig und ohne Ausnahme sich gegen die höchste Staatsgewalt vereinigen werden. Deshalb besteht keine Gefahr für die Inhaber derselben, daß sie rechtlich ihrer Machtstellung beraubt werden kann. Gestände man indes zu, daß ihr Recht nur von dem Vertrage abhänge,

den jeder einzelne Bürger mit seinen Mitbürgern eingegangen ist, so könnte es allerdings sich leicht zutragen, daß sie unter dem Schein des Rechtes ihrer Herrschaft beraubt würden; zumal man allgemein der Ansicht ist, daß, wenn die Untertanen, sei es infolge der Zusammenberufung durch die Obrigkeit oder im Aufruhr, zusammentreten, dann die Übereinstimmung der Mehrheit die Übereinstimmung aller in sich schließt. Indes ist dies unrichtig; denn die Übereinstimmung der Mehrheit gilt keineswegs von Natur für die Übereinstimmung aller; schon bei Aufständen trifft das nicht zu; diese Bestimmung entstammt vielmehr einer Staatseinrichtung und gilt nur dann, wenn der Mensch oder die Versammlung, welche die höchste Staatsgewalt besitzt, die Bürger zusammenberuft und wegen der großen Zahl derselben gestattet, daß Gewählte für die Wähler sprechen und daß die Ansicht der Mehrheit dieser Vertreter in betreff der ihnen zur Erörterung vorgelegten Angelegenheiten für alle gelten soll. Aber man kann nicht annehmen, daß der Inhaber der Staatsgewalt die Bürger zur Erörterung seines eigenes Rechtes zusammenberufen werde; er müßte denn aus Überdruß an seinem Amt mit ausdrücklichen Worten auf seine Herrschaft verzichten. Da die meisten aus Unkenntnis nicht nur die Übereinstimmung der Mehrheit der Bürger, sondern sogar einer kleinen Minderheit — vorausgesetzt, daß diese derselben Ansicht ist wie sie selbst — für die Übereinstimmung des ganzen Staates halten, so mag ihnen scheinen, daß die Staatsgewalt rechtlich beseitigt werden könne, sobald dies in einer großen Versammlung der Bürger durch Stimmenmehrheit beschlossen wird. Allein wenn auch die Staatsgewalt durch Verträge der einzelnen mit einzelnen begründet wird, so ist doch das Recht der Herrschaft nicht allein von dieser Verpflichtung abhängig, sondern es tritt noch die Verpflichtung gegen den Inhaber der Staatsgewalt hinzu. Denn bei den Verträgen der einzelnen miteinander sagt jeder Bürger: „Ich übertrage mein Recht auf diesen unter der Bedingung, daß du das deinige auf denselben überträgst"; dadurch wird das Recht, das vorher jeder einzelne zum Gebrauch seiner Kräfte für seinen eigenen Nutzen hatte, zum allgemeinen Besten gänzlich *einem*

Menschen oder *einer* Versammlung übertragen. Da somit einmal gegenseitige Verträge vorliegen, durch welche die einzelnen unter sich verpflichtet sind, und weiter eine Schenkung des Rechtes, zu deren Innehaltung jeder dem Herrscher gegenüber verpflichtet ist, so ist die Herrschaft durch eine doppelte Verbindlichkeit der Bürger gesichert; erstens durch die gegen die Mitbürger und dann durch die gegen ihren Herrscher. Deshalb können die Bürger, auch wenn es ihrer noch so viele sind, den Herrscher ohne seine Einwilligung der Herrschaft rechtlich nicht berauben.

7. KAPITEL

Von den drei Arten des Staates: Demokratie, Aristokratie und Monarchie

1. Bisher ist im allgemeinen über den Staat durch Institution gehandelt worden; jetzt ist von dessen Arten zu handeln. Der Unterschied der Staaten kommt von dem Unterschiede der Personen, welchen die höchste Staatsgewalt übertragen worden ist. Sie wird entweder *einem* Menschen oder einer Versammlung, d. h. einem Rat, der aus vielen Menschen besteht, übertragen. Diese Versammlung vieler befaßt entweder *alle* Bürger (so daß jedermann ein Stimmrecht hat und, wenn er will, an der Verhandlung teilnehmen kann) oder nur einen Teil derselben. Hiernach ergeben sich drei Arten von Staaten. Bei der ersten liegt die höchste Staatsgewalt bei der Versammlung, in der jeder Bürger ein Stimmrecht hat; sie heißt *Demokratie.* Bei der zweiten liegt die höchste Staatsgewalt bei der Versammlung, bei der nicht allen Bürgern, sondern nur einem Teil derselben das Stimmrecht zukommt; sie heißt *Aristokratie.* Bei der dritten Art liegt die höchste Staatsgewalt bei *einem* Menschen, und sie heißt Monarchie. Der, welcher die Macht hat, heißt bei der ersten Art *δῆμος*, das Volk; bei der zweiten der Adel; bei der dritten der Monarch.

2. Die politischen Schriftsteller der Alten haben jenen drei Arten des Staates drei andere entgegengestellt: nämlich

der Demokratie die Anarchie oder die Verwirrung; der Aristokratie die Oligarchie, d. h. die Herrschaft weniger; und der Monarchie die Tyrannis. Allein dies sind nicht drei andere Arten des Staates, sondern nur drei andere Namen, die von denen ausgegeben wurden, denen die jeweilige Regierung oder Regierenden mißfielen. Denn die Menschen pflegen mit den Namen nicht bloß die Dinge, sondern zugleich auch die eigenen Leidenschaften, Liebe, Haß, Zorn usw., auszudrücken. Deshalb nennt der eine das Demokratie, was der andere Anarchie nennt, und der eine das Aristokratie, was der andere Oligarchie nennt, und der eine den einen König, welchen der andere einen Tyrannen nennt. So bezeichnen diese Namen nicht verschiedene Arten des Staates, sondern die verschiedenen Meinungen der Bürger über die Herrschenden. Aber wer bemerkt nicht, daß die Anarchie den Gegensatz zu *allen* diesen genannten Arten in gleicher Weise bildet? Denn dieses Wort sagt, daß überhaupt keine Regierung besteht, d. h. daß gar kein Staat vorhanden ist. Wie kann man aber den Nichtstaat zu einer Art des Staates machen? Welcher Unterschied besteht weiter zwischen einer Oligarchie als der Herrschaft weniger (nämlich der Mächtigen) und der Aristokratie als der Herrschaft der Vornehmen (d. h. der Besten)? Diese Unterscheidung zeigt nur, daß die Menschen so verschieden sind, daß dasselbe nicht für alle gut ist und deshalb ein Teil die für die Besten hält, welche andern als die Schlechtesten gelten.

3. Daß endlich das Königtum und die Tyrannis keine verschiedenen Arten des Staates sind, wollen die Menschen wegen ihrer Leidenschaften nur schwer anerkennen; allerdings wollen sie lieber, daß *einer* anstatt vieler die Staatsgewalt habe; allein sie meinen, der Staat könne nur gut regiert werden, wenn es nach ihrem Sinne geschehe. Ob aber der König sich von dem Tyrannen unterscheide, muß nach der Vernunft entschieden werden, nicht nach der Leidenschaft. Zunächst unterscheiden sie sich nun nicht darin, daß die Gewalt des Tyrannen größer ist; denn eine größere als die höchste Staatsgewalt gibt es nicht. Auch nicht darin, daß der eine eine beschränkte Gewalt hat und der andere eine unbeschränkte; denn ein König mit beschränkter

Gewalt ist kein König, sondern Untertan dessen, der die Schranken setzt. Auch in der Art des Erwerbes der Staatsgewalt ist kein Unterschied; denn sollte auch in einem demokratischen oder aristokratischen Staate ein Bürger durch Gewalt die Staatsherrschaft an sich reißen, so ist er doch, wenn er die Einwilligung der Bürger dazu erlangt, der rechtmäßige Monarch, wenn nicht, dann ist er ein Feind, aber kein Tyrann. Der Unterschied liegt mithin nur in der Ausübung der Herrschaft. König (rex) ist der, welcher recht (recte) regiert, und Tyrann der, welcher anders regiert. Der Unterschied läuft also darauf hinaus, daß die Bürger einen mit der höchsten Staatsgewalt rechtmäßig betrauten König bei einer ihnen gut scheinenden Ausübung seiner Herrschaft König und andernfalls Tyrann zu nennen belieben. Das Königtum und die Tyrannis sind demnach nicht zwei verschiedene Staatsformen, sondern derselbe Monarch erhält als Ehrentitel den Namen König und als beschimpfende Bezeichnung den Namen Tyrann. Was sonst häufig in Schriften gegen die Tyrannen geltend gemacht wird, hat seinen Ursprung bei den griechischen und römischen Schriftstellern, die unter der Herrschaft teils des Volkes teils der Vornehmsten lebten und deshalb nicht bloß die Tyrannen, sondern auch die Könige haßten.

4. Viele erkennen es zwar als notwendig an, daß im Staate irgendwo eine höchste Gewalt bestehe; allein sie behaupten, daß, wenn diese Macht *einem*, sei es einem Menschen oder einer Versammlung, zustehe, alle Bürger demzufolge Sklaven sein würden. Um dem zu entgehen, meinen sie, daß eine Staatsform möglich sei, die aus allen drei Arten gemischt und doch von den einzelnen Arten verschieden sei. Sie nennen sie die gemischte Monarchie oder die gemischte Aristokratie oder die gemischte Demokratie, je nachdem eine dieser drei Arten dabei überwiegt. Wenn z. B. die Ernennung der Beamten und die Entscheidung über Krieg und Frieden dem König zustände, die richterliche Gewalt den Vornehmen, die Bewilligung der Abgaben dem Volke, und die gesetzgebende Gewalt allen zusammen zustände, so würden sie einen solchen Staat eine gemischte Monarchie nennen. Allein selbst wenn es einen

solchen Staat geben könnte, würde es damit doch um die Freiheit der Bürger keineswegs besser bestellt sein. Denn solange alle miteinander einig sind, ist die Unterwerfung der einzelnen Bürger so groß wie nur möglich; werden sie aber uneinig, so kehrt der Bürgerkrieg und das Recht des Schwertes für den einzelnen zurück: ein Zustand, der schlimmer ist als jede Untertänigkeit. Auch habe ich schon in dem vorhergehenden Kapitel, Abschn. 6—12, genügend gezeigt, daß eine solche Teilung der höchsten Staatsgewalt*) nicht möglich ist.

5. Ich will nun untersuchen, was bei der Errichtung der einzelnen Arten des Staates die Begründer desselben zu tun haben. Wenn mehrere mit der Absicht der Errichtung eines Staates zusammentreten, so entsteht beinahe schon durch dieses Zusammenkommen eine Demokratie. Denn indem sie freiwillig zusammentreten, gelten sie als an das gebunden, was durch Übereinstimmung der Mehrheit beschlossen wird. Solange diese Versammlung dauert oder solange sie auf festgesetzte Tage und Orte sich vertagt, ist dies eine Demokratie. Denn diese Versammlung, deren Wille der Wille aller Bürger ist, besitzt damit die höchste Gewalt; und da bei dieser Versammlung angenommen wird, daß jeder ein Stimmrecht habe, so folgt, daß dies nach der Abschn. 1 dieses Kapitels gegebenen Definition eine Demokratie ist. Gehen sie aber auseinander und trennt sich die

*) Man fordert zumeist, eine Herrschaft solle nicht geteilt, sondern nur gemäßigt und in gewissen Schranken gehalten werden. Dies ist allerdings billig, aber diese Unterscheidung ist verkehrt, wenn man ein Teilen *meint* und es nur ein Mäßigen und Beschränken *nennt*. Ich für meinen Teil möchte freilich gern, daß nicht bloß die Könige, sondern auch jene Versammlungen, welche die höchste Gewalt innehaben, sich des Unrechts enthielten und, indem sie ihrer Pflichten eingedenk sind, sich innerhalb der Schranken der natürlichen und göttlichen Gesetze hielten. Allein wenn man so wie oben unterscheidet, so will man, daß der höchste Herrscher von andern in Schranken und Ordnung gehalten werden soll, und das kann nur geschehen, wenn jene Beschränker der Gewalt einen Teil davon, wodurch dies möglich wird, erhalten; damit wird die Herrschaft nicht beschränkt, sondern tatsächlich geteilt.

Versammlung, ohne daß zuvor über die Zeit und den Ort einer neuen Versammlung etwas bestimmt worden ist, so tritt wieder die Anarchie ein und jener Zustand, in dem die einzelnen sich *vor* der Versammlung befunden haben, d. h. der Zustand des Krieges aller gegen alle. Das Volk besitzt also die höchste Gewalt nur insoweit, als ein bestimmter Ort und Tag öffentlich bestimmt und bekanntgemacht wird, an dem jeder, der will, sich wieder zur Versammlung einfinden kann. Ist dieser nicht bestimmt und bekanntgemacht worden, so kann das Volk entweder zu verschiedenen Zeiten und an verschiedenen Orten, d. h. in Parteien, oder gar nicht sich versammeln, und es ist dann nicht mehr der *δῆμος*, das Volk, sondern eine aufgelöste Menge, der weder eine Handlung noch ein Recht beigelegt werden kann. Sonach gehört zweierlei zur Demokratie: das eine (nämlich die dauernde Festsetzung der Zusammenkünfte) begründet den *δῆμος*, das andere (nämlich die Mehrheit der Stimmen) begründet das *κράτος* oder die Herrschaft.

6. Es genügt ferner nicht, wenn das Volk die höchste Gewalt sich erhalten will, daß bestimmte Zeiten und Orte für die Versammlungen bekannt sind, sondern entweder dürfen diese Zeitpunkte nicht so weit auseinanderliegen, das inzwischen sich etwas ereignen könnte, was infolge der Abwesenheit der höchsten Gewalt den Staat in Gefahr bringen könnte; oder es muß wenigstens für die Zwischenzeit *einem* Menschen oder einem Rate die Ausübung der höchsten Gewalt eingeräumt werden. Geschieht dies nicht, dann ist für den Schutz und Frieden der einzelnen nicht hinreichend gesorgt; man kann dann nicht von einem Staat sprechen, da wegen Mangels an Sicherheit hier ein jeder das Recht, sich selbst nach seinem Ermessen zu verteidigen, zurückerhält.

7. Eine Demokratie wird nicht durch Verträge der einzelnen mit dem Volke begründet, sondern durch gegenseitige Verträge der einzelnen untereinander. Das erste ergibt sich daraus, daß die vertragschließenden Personen vor dem Vertrage selbst vorhanden sein müssen. Nun besteht aber das Volk nicht vor der Begründung des Staates, denn vorher ist es keine Person, sondern eine Menge einzelner Personen;

also hat zwischen einem Bürger und dem Volk kein Vertrag stattfinden können. Nachdem aber der Staat begründet worden, ist der Vertrag eines Bürgers mit dem Volke nutzlos, weil das Volk in seinem Willen auch den Willen des Bürgers, dem es sich verpflichten soll, mit befaßt. Es kann sich also beliebig befreien und ist deshalb schon in Wirklichkeit frei. Das zweite, daß die einzelnen untereinander Verträge schließen, läßt sich daraus entnehmen, daß der Staat nutzlos errichtet sein würde, wenn die Bürger nicht vertraglich gebunden wären, alles zu tun und zu unterlassen, was der Staat ihnen gebietet. Dergleichen Verträge sind also notwendig zur Errichtung eines Staates, aber, wie gezeigt worden, können sie nicht zwischen den Bürgern und dem Volke abgeschlossen werden; folglich müssen sie zwischen den einzelnen Bürgern stattfinden und enthalten, daß jeder Bürger verspricht, seinen Willen dem Willen der Mehrheit zu unterwerfen unter der Bedingung, daß die andern dasselbe tun. Gleichsam als wenn jeder sagte: „Ich übertrage dir zuliebe mein Recht auf das Volk unter der Bedingung, daß du das deine mir zuliebe ebenfalls auf das Volk überträgst."

8. Eine Aristokratie oder die Versammlung der Vornehmsten, welche die höchste Staatsgewalt innehat, nimmt ihren Ursprung von einer Demokratie, die ihre Rechte auf jene überträgt. Das ist so zu verstehen, daß gewisse, durch ihren Namen, ihr Geschlecht oder ein anderes Merkmal von andern unterschiedene Männer dem Volke vorgeschlagen und durch Stimmenmehrheit gewählt werden; auf diese werden sodann alle Rechte des Volkes oder Staates übertragen, so daß, was bis dahin das Volk rechtlich vermocht hat, nun rechtlich die Versammlung der erwählten Vornehmen vermag. Ist das geschehen, so erhellt, daß das Volk als einheitliche Person infolge der Übertragung der höchsten Gewalt auf jene nicht mehr besteht.

9. So wie in der Demokratie das Volk von jeder Verbindlichkeit frei ist, so ist es in der Aristokratie die Versammlung der Vornehmen. Denn wie gezeigt, waren die Bürger nicht durch Vertrag mit dem Volke, sondern durch Verträge untereinander an alles, was das Volk tat, gebunden; deshalb waren sie auch an die Handlung des Volkes

gebunden, durch die es das Recht des Staates auf die Vornehmen übertrug. Auch konnte die Versammlung der Vornehmen, obgleich sie von dem Volke gewählt war, von ihm zu nichts verpflichtet werden. Denn mit ihrer Einsetzung löst sich das Volk gleichzeitig auf, wie schon oben erwähnt war; und die Machtvollkommenheit, die es als eine Person hatte, erlischt. Deshalb muß auch die gegen diese Person übernommene Verbindlichkeit mit untergehen und erlöschen.

10. Die Aristokratie hat mit der Demokratie auch noch Folgendes gemein: erstens daß ohne Bestimmung fester Zeiten und Orte für die Zusammenkünfte der Vornehmen diese keine Versammlung oder Person mehr, sondern nur eine aufgelöste Menge bilden, der keine höchste Gewalt zukommt. Zweitens daß die Fristen zwischen den Zusammenkünften ohne Nachteil für die höchste Gewalt nicht zu lang sein dürfen; es müßte denn die Ausübung auf *einen* Menschen übertragen werden. Die Gründe hierfür sind dieselben, die ich in Abschn. 5 dargelegt habe.

11. Eine Monarchie leitet sich ebenso wie eine Aristokratie aus der Gewalt des Volkes ab, das sein Recht, d. h. die höchste Gewalt, auf *einen* Menschen überträgt. Auch hier muß ein bestimmter Mensch, der durch seinen Namen oder irgendein anderes Merkmal von den andern unterschieden ist, vorgeschlagen werden; das Volk muß durch Stimmenmehrheit sein ganzes Recht auf ihn übertragen, in der Art, daß das, was das Volk bis dahin vermocht hat, ehe es ihn wählte, nun in jeder Hinsicht der Erwählte rechtlich tun kann. Ist dies geschehen, dann ist das Volk nicht länger eine Person, sondern eine aufgelöste Menge; denn nur vermöge der höchsten Gewalt war es eine Person, und diese Gewalt hat es dann von sich auf diesen einen Menschen übertragen.

12. Auch wird der Monarch durch keinen Vertrag jemand für die empfangene Herrschaft verbindlich. Er erhält die Herrschaft zwar von dem Volke, aber, wie oben gezeigt worden, hört das Volk mit dieser Tat sofort auf, eine Person zu sein; mit dem Untergange der Person aber erlischt auch jede Verbindlichkeit gegen sie. Deshalb sind die Bürger zu dem Gehorsam gegen den Monarchen nur durch jene

Verträge gebunden, durch welche sie sich gegenseitig zur Erfüllung dessen, was das Volk verlangen sollte, verpflichten, d. h. zum Gehorsam auch gegen den Monarchen, im Falle ein solcher von dem Volke erwählt werden sollte.

13. Die Monarchie unterscheidet sich aber darin von der Aristokratie und Demokratie, daß diese beiden zu ihren Beratungen und Beschlüssen, d. h. zur wirklichen Ausübung ihrer Herrschaft, festgesetzter Zeiten und Orte bedürfen, während der Monarch jederzeit und an jedem Orte überlegen und beschließen kann. Das Volk und ebenso die Vornehmen müssen zusammentreten, da sie keine natürliche Einheit sind; der Monarch ist aber von Natur *einer* und hat immer die Fähigkeit, unmittelbar Regierungshandlungen auszuüben.

14. Es ist bereits in den Abschn. 7, 9 und 12 gezeigt worden, daß die Inhaber der höchsten Gewalt im Staate niemandem durch Vertrag verpflichtet sind, und daraus folgt, daß sie keinem Bürger Unrecht tun können. Denn das Unrecht ist nach der in Kap. 3, Abschn. 3, gegebenen Definition nur eine Verletzung von Verträgen; wo also solche Verträge nicht vorausgehen, da kann auch kein Unrecht geschehen. Dennoch kann das Volk, die Versammlung der Vornehmen und der Monarch vielfach gegen die natürlichen Gesetze sündigen, wie z. B. durch Grausamkeit, Unbilligkeit, Schmähung und andere Fehler, die nicht unter den strengen und genauen Begriff des Unrechts fallen. Wenn aber ein Bürger der höchsten Staatsgewalt nicht gehorcht, so begeht er im strengen Wortsinn einmal ein Unrecht gegen seine Mitbürger, den jeder einzelne hat mit allen übrigen ausgemacht, Gehorsam zu leisten; zum andern auch gegen den höchsten Herrscher, indem er ohne dessen Einwilligung das ihm erteilte Recht wieder zurücknimmt. Wenn in einer Demokratie oder Aristokratie irgend etwas gegen ein natürliches Gesetz beschlossen worden ist, sündigt nicht der Staat, d. h. die bürgerliche Person, sondern es sündigen nur die einzelnen Bürger, durch deren Stimme dieser Beschluß zustande gekommen ist; denn die Sünden sind eine Folge des natürlichen, kundgegebenen Willens, nicht des politischen Willens, der ein künstlicher ist. Wäre dies

letzte der Fall, so würden auch diejenigen sündigen, denen der Beschluß nicht gefällt. Wenn aber in der Monarchie der Monarch etwas gegen die natürlichen Gesetze beschließt, so sündigt er selbst, da bei ihm der staatliche Wille mit dem natürlichen zusammenfällt.

15. Das Volk, das die Einsetzung eines Monarchen beschließt, kann ihm die höchste Gewalt entweder einfach und zeitlich unbeschränkt oder nur für eine feste bestimmte Zeit übertragen. Im ersten Falle erhält er damit dieselbe Gewalt, die das Volk, das sie ihm übertrug, hatte. Aus demselben Grunde, aus dem das Volk rechtlich ihn zum Monarchen wählen konnte, kann er mithin auch einen andern dazu wählen. Deshalb steht dem Monarchen, dem die Herrschaft ohne Beschränkung übertragen worden ist, nicht bloß das Recht der Ausübung, sondern auch das Recht der Nachfolge zu, durch welches er nach Belieben sich einen Nachfolger erwählen kann.

16. Ist die Herrschaft nur für eine bestimmte Zeit übertragen worden, so ist außer dieser Übertragung noch manches andere zu berücksichtigen. *Erstens*, ob das Volk bei der Übertragung seiner Gewalt sich das Recht, zu vorher bestimmten Zeiten und Orten sich zu versammeln, vorbehalten hat oder nicht. *Zweitens*, ob, wenn dies geschehen, es sich die Möglichkeit vorbehalten hat, vor Ablauf der Zeitspanne zusammenzukommen, die es dem Monarchen zur Ausübung der höchsten Gewalt gesetzt hat. *Drittens*, ob es nur nach Anordnung dieses zeitlichen Monarchen und nicht anders zusammenberufen werden wollte.

Wir wollen nun erstens annehmen, daß das Volk die höchste Gewalt *einem* Menschen nur für die Zeit seines Lebens übertragen habe und die einzelnen danach aus der Versammlung fortgegangen seien, ohne etwas über den Ort der Versammlung behufs einer neuen Wahl nach seinem Tode bestimmt zu haben. In diesem Falle ist nach Abschn. 5 dieses Kapitels das Volk offenbar keine Person mehr, sondern eine aufgelöste Menge; daher hat jeder ein gleiches, d. h. ein natürliches Recht, mit jedwedem zu verschiedenen Zeiten und an beliebigen Orten zusammenzukommen, ja sogar, wenn er es vermag, die Herrschaft an sich zu reißen.

Hat also der Monarch die Herrschaft in diesem Sinne inne, so ist er nach dem im Kap. 3, Abschn. 8, dargelegten natürlichen Gesetz, wonach man Gutes nicht mit Bösem vergelten soll, dazu verpflichtet, Sorge zu tragen, daß der Staat nach seinem Tode sich nicht auflöse, indem er entweder einen Tag und Ort festsetzt, wo die Bürger, welche wollen, sich versammeln können, oder indem er seinen Nachfolger selbst ernennt, je nachdem eines oder das andere für das gemeine Wohl ihm am vorteilhaftesten erscheint. Wer also in der angegebenen Weise die höchste Gewalt auf Lebenszeit empfangen hat, besitzt sie absolut und kann nach Belieben über seine Nachfolge bestimmen.

Wenn wir aber zweitens annehmen, daß das Volk nach Erwählung des zeitlichen Monarchen sich erst entfernt hat, nachdem es vorher beschlossen hat, an einem bestimmten Tage und Orte nach dem Tode des Monarchen wieder zusammenzukommen, so fällt mit dem Tode des Monarchen die Herrschaft an das Volk zurück, und zwar nicht durch eine neue Handlung der Bürger, sondern infolge des früheren Rechtes. Denn die höchste Gewalt blieb während der ganzen Zwischenzeit gleich einem Eigentum bei dem Volke; nur der Gebrauch und die Ausübung hat dem zeitlichen Monarchen gleich einem Nießbraucher zugestanden.

Ist jedoch das Volk nach Erwählung des zeitlichen Monarchen aus der Versammlung erst dann fortgegangen, nachdem es bestimmt hat, daß es auch während der Zeit, wo der Monarch herrscht, an bestimmten Tagen und Orten sich versammeln könne (wie dies einst bei dem römischen Volke mit den Diktatoren der Fall war), so ist ein solcher Erwählter nicht als ein Monarch anzusehen, sondern nur als der erste Beamte des Volkes. Das Volk kann ihn nach seinem Ermessen der Verwaltung entsetzen, selbst vor Ablauf der Zeit, wie die Römer es mit dem Quintus Fabius, der vorher zum Diktator erwählt worden war, machten, dem sie den Befehlshaber der Reiterei, Minucius, mit gleicher Gewalt an die Seite setzten. Der Grund ist, daß man nicht annehmen kann, daß der Mensch oder die Versammlung, welche zunächst und unmittelbar die Macht des Handelns hat, die Herrschaft, ohne doch wirklich befehlen zu können, behält; denn alle Herrschaft besteht nur in dem Rechte zu befehlen, soweit die Natur dies erlaubt.

Wenn endlich das Volk nach Ernennung eines zeitlichen Monarchen so aus der Versammlung fortgeht, daß es ohne Befehl des Erwählten sich nicht wieder versammeln darf, so hat sich das Volk sofort aufgelöst, und die Herrschaft des so Erwählten ist dann absolut, da es nicht mehr in der Macht der Bürger steht, gegen den Willen des alleinigen Inhabers der Gewalt den Staat neu zu schaffen. Auch ist es gleichgültig, ob er vielleicht versprochen hat, daß er die Bürger zu bestimmten Zeiten zusammenberufen wolle, da nur nach seinem Belieben die Person noch da ist, der dies versprochen worden ist.

Das hier über diese vier Fälle Gesagte, wo das Volk den Monarchen auf eine bestimmte Zeit erwählt, wird deutlicher durch die Vergleichung mit dem absoluten Monarchen, welcher keine Erben hat. Denn das Volk ist hier in der Art der Herr der Bürger, daß es keinen Erben haben kann, wenn es nicht selbst einen ernennt. Auch können die Zwischenzeiten zwischen den einzelnen Versammlungen der Bürger verglichen werden mit den Stunden, wo der Monarch schläft; in beiden Fällen hört die Tätigkeit des Befehlens auf, aber die Macht bleibt. Endlich ist eine solche Auflösung der Versammlung, daß sie nicht wieder zusammenkommen kann, der Tod des Volkes; wie ein solcher Schlaf des Menschen, daß er nicht wieder erwachen kann, sein Tod ist. Wenn also ein König, der keinen Erben hat, gleichfalls so einschlafen sollte, daß er niemals wieder erwachen könnte, d. h. wenn er am Sterben wäre und jemandem die Ausübung der königlichen Gewalt bis zu seinem Erwachen übergäbe, so gäbe er ihm also damit die Nachfolge; und ebenso übergibt ein Volk, das einen Monarchen auf eine bestimmte Zeit erwählt und sich die Macht zusammenzukommen nicht vorbehält, ihm die Herrschaft über den Staat. Ferner, wie ein König, der auf eine Zeit schlafen geht, einem andern die Verwaltung seiner Herrschaft anvertraut und sie, wenn er erwacht, wieder zurücknimmt, so nimmt das Volk, das bei Erwählung eines zeitlichen Monarchen das Recht, an einem bestimmten Tag und Ort sich zu versammeln, sich vorbehält, an diesem Tage seine Herrschaft zurück. Und wie ein König während seines Wachens die Verwaltung der Herrschaft zwar einem andern übergeben, sie aber beliebig zurücknehmen kann, so kann auch das Volk, das während der zeitlichen Herrschaft des Monarchen sich mit Recht versammelt, ihm, wenn es will, die Herrschaft nehmen. Endlich verliert ein König, der seine Herrschergewalt für die Dauer seines Schlafes einem andern zur Verwaltung übertragen hat und erst dann wieder aufwachen kann, wenn der, der sie empfangen hat, es gestattet, die Herschaft zugleich mit dem Leben; ebenso ist ein Volk, welches einen Monarchen mit der Herrschaft auf Zeit so betraut hat, daß es ohne seinen Befehl sich nicht wieder versammeln kann, vollständig aufgelöst, und die Herrschaft bleibt dem Erwählten.

17. Wenn ein Monarch einem oder mehreren Bürgern etwas versprochen hat, wodurch mittelbar die Ausübung seiner Gewalt unmöglich gemacht wird, so ist ein solches Versprechen oder ein solcher Vertrag, mag er beschworen worden sein oder nicht, ungültig. Denn jeder Vertrag ist die Übertragung eines Rechtes, welche nach dem in Kap. 2, Abschn. 4, Gesagten geeignete Zeichen des Willens zu übertragen verlangt. Wer aber hinreichend zu erkennen gibt, daß er an dem Endzweck festhalten wolle, erklärt damit auch hinreichend, daß er sich seines Rechtes auf die für diesen Zweck nötigen Mittel nicht begebe. Wenn also jemand etwas zur höchsten Gewalt Notwendiges einem andern zugesagt hat, aber dennoch die höchste Gewalt für sich behält, so gibt er deutlich genug zu verstehen, daß er nichts anderes versprochen habe, als er bei der Aufrechterhaltung der höchsten Gewalt entbehren kann. Sobald also erhellt, daß er das Versprechen ohne Beeinträchtigung der höchsten Gewalt nicht halten könne, so muß es als nicht geschehen, d. h. als ungültig angesehen werden.

18. Wir haben gesehen, in welcher Weise die Bürger sich auf Antrieb der Natur durch gegenseitige Verträge verpflichtet haben, der höchsten Gewalt zu gehorchen. Wir wollen nun sehen, wodurch eine Lösung aus den Gehorsamsfesseln erfolgen kann. *Erstens* geschieht dies durch

Verzicht, wenn nämlich der Inhaber der Staatsgewalt auf sein Recht verzichtet oder es aufgibt, ohne es aber einem andern zu übertragen. Denn das so Aufgegebene kann von jedem andern in gleicher Weise aufgegriffen werden, und daher darf nun wieder nach dem natürlichen Recht jeder Bürger für seinen Schutz nach seinem Ermessen sorgen. *Zweitens*, wenn der Staat so in feindliche Gewalt gerät, daß er keinen Widerstand mehr leisten kann, so muß man anerkennen, daß der bisherige Inhaber der höchsten Gewalt sie verloren hat; denn wenn die Bürger jede Anstrengung gemacht haben, um nicht in die Hände des Feindes zu fallen, dann haben sie die Verträge, welche die einzelnen miteinander über Leistung des Gehorsams eingegangen waren, vollständig erfüllt; auch die Erfüllung dessen, was sie nach ihrer Besiegung, um ihr Leben zu erhalten, versprochen haben, muß mit ganzer Anstrengung versucht werden. *Drittens*, wenn in einer Monarchie überhaupt kein Nachfolger vorhanden sein sollte (denn ein Volk oder eine Versammlung der Vornehmen kann nicht aussterben), dann sind alle Bürger ihrer Verbindlichkeiten ledig. Denn niemand gilt als verpflichtet, der nicht weiß, wem gegenüber; denn in diesem Falle wäre die Erfüllung unmöglich. Auf diese drei Weisen also werden sämtliche Bürger von der Untertänigkeit befreit und kehren zur Freiheit aller auf alles zurück, d. h. zur natürlichen und tierischen Freiheit; denn der Naturzustand verhält sich zum bürgerlichen Zustand, d. h. die Freiheit zur Untertänigkeit, wie die Begierde zur Vernunft, oder wie das wilde Tier zum Menschen. Außerdem können einzelne Bürger aus dem Untertanenverhältnis durch den Willen des Inhabers der höchsten Gewalt rechtlich befreit werden, nämlich wenn sie das Land verlassen, was auf zwei Arten geschehen kann: entweder mit Erlaubnis, wenn jemand darum bittet, anderswohin ziehen zu dürfen, oder auf Befehl, wie dies bei Verbannten der Fall ist. In beiden Fällen wird der Betreffende damit von den Gesetzen seines bisherigen Staates frei, weil er nun durch die Gesetze seines nunmehrigen Staates gebunden wird.

8. KAPITEL

Von dem Recht des Herrn gegen seine Sklaven

1. In den beiden vorhergehenden Kapiteln habe ich über den institutiven oder künstlich errichteten Staat gesprochen, welcher durch Vereinbarung vieler, die sich durch gegenseitige Verträge und Treue untereinander binden, errichtet wird. Ich will jetzt über den *natürlichen* Staat sprechen, der auch der *erworbene* genannt werden kann, da er durch Macht und natürliche Kräfte erworben wird. Zunächst ist zu ermitteln, auf welche Weise das Herrschaftsrecht über die Person von Menschen erworben werden kann. Wo solch ein Recht erworben ist, da besteht eine Art von Königreich im kleinen; denn König sein bedeutet nichts anderes als die Herrschaft über viele Personen innehaben; somit ist eine große Familie ein Königreich, und ein kleines Königreich ist eine Familie. Wir wollen nun wieder auf den Naturzustand zurückgehen und annehmen, daß die Menschen — gleichsam wie Pilze — plötzlich aus der Erde hervorgewachsen und erwachsen wären, ohne daß einer dem andern verpflichtet wäre. Dann gibt es nur drei Weisen, wie einer über die Person eines andern die Herrschaft haben könnte. Die *erste* ist, wenn die einzelnen des Friedens und des gegenseitigen Schutzes wegen sich selbst durch gegenseitig miteinander eingegangene Verträge freiwillig in die Botmäßigkeit und Gewalt eines Menschen oder einer Versammlung begeben haben. Dieser Fall ist bereits behandelt worden. Die *zweite* Weise liegt vor, wenn jemand im Kriege gefangen oder besiegt wird oder, seiner Kraft nicht mehr vertrauend, zur Erhaltung seines Lebens dem Sieger oder dem Stärkern seine Dienste verspricht, d. h. zusagt, alles zu tun, was dieser verlangen sollte. Bei diesem Übereinkommen ist der Vorteil, den der Besiegte oder Schwächere erhält, daß ihm das Leben gelassen wird, welches nach dem Rechte des Krieges im Naturzustande der Menschen ihm genommen werden konnte, der Vorteil aber, den er verspricht, der Dienst und der Gehorsam. Kraft eines solchen Versprechens schuldet also der Besiegte dem Sieger einen

absoluten Dienst und Gehorsam, soviel er vermag (ausgenommen nur das Handeln gegen die göttlichen Gesetze); denn wer, auch ehe er weiß, was ihm befohlen werden wird, den Befehlen von irgend jemand zu gehorchen sich verpflichtet, hat einfach und ohne Einschränkung jeden Befehl zu erfüllen. Der so Verpflichtete heißt *Knecht* oder *Sklave*, der Verpflichtende der *Herr*. *Drittens* wird das Recht auf eine Person durch die Erzeugung erworben; diese Art der Erwerbung wird in dem nächsten Kapitel behandelt werden.

2. Nicht bei jedem Kriegsgefangenen, dem das Leben gelassen worden, nimmt man einen Vertrag mit dem Herrn an; denn nicht jedwedem kann man so trauen, daß man ihm so viel Freiheit läßt, um, wenn er will, davonlaufen oder den Dienst verweigern oder seinem Herrn einen Nachteil oder Schaden bereiten zu können; deshalb müssen zwar auch solche Gefangene dienen, aber in Arbeitshäusern oder in Fesseln; und man nennt sie deshalb nicht bloß mit dem gemeinsamen Namen Sklaven, sondern auch mit dem besonderen Namen Fronsklaven. So bedeutet auch heutzutage der Name *serviteur* etwas anderes als *serf* oder *esclave*.

3. Deshalb entspringt die Verpflichtung eines Sklaven gegen seinen Herrn nicht einfach daraus, daß dieser ihm das Leben geschenkt hat, sondern vielmehr daraus, daß er ihn nicht in Fesseln oder eingesperrt hält. Denn jede Verbindlichkeit entspringt aus einem Vertrage; einen Vertrag aber gibt es ohne Vertrauen nicht, wie aus Kap. 2, Abschn. 9, erhellt, wo der Vertrag als ein Versprechen dessen, dem man vertraut, definiert worden ist. Es ist also hier mit dem Geschenk des Lebens auch ein Vertrauen verbunden, vermöge dessen der Herr ihm die körperliche Freiheit beläßt; wären diese Verbindlichkeit und die Vertragspflichten nicht hinzugetreten, so könnte der Sklave oder Knecht nicht bloß davonlaufen, sondern auch seinem Herrn, der ihm das Leben erhalten hat, das Leben nehmen.

4. Deshalb können solche Sklaven, die in Gefängnissen, Arbeitshäusern oder in Fesseln gehalten werden, unter die vorstehende Definition nicht befaßt werden, weil sie nicht vermöge eines Vertrages ihre Dienste leisten, sondern nur, um körperlicher Züchtigung zu entgehen. Deshalb handeln

sie, wenn sie davonlaufen oder ihren Herrn töten, nicht gegen die natürlichen Gesetze. Denn wenn jemand in Fesseln gelegt wird, so zeigt dies ganz klar, daß der Fesselnde annimmt, der Gefesselte sei durch kein anderes Band genügend gebunden.

5. Der Herr hat sonach über den nicht gefesselten Sklaven ebensoviel Eigentumsrecht wie über den gefesselten; denn er hat über beide das höchste und kann von dem Sklaven ebenso wie von jeder andern lebenden oder leblosen Sache sagen: *Das ist mein.* Daraus folgt, daß alles, was der Sklave vorher besessen hat, an den Herrn fällt; und daß alles, was der Sklave erwirbt, er für seinen Herrn erwirbt. Denn wer mit Recht über eine Person die Verfügung hat, verfügt sicher auch über alle Sachen, über welche diese Person verfügen konnte. Deshalb kann der Sklave nichts gegen den Willen seines Herrn als sein Eigentum sich vorbehalten. Indes vermag er, wenn der Herr ihm Sachen zuteilt, ein Eigentumsrecht an diesen so weit zu erlangen, daß er sie zurückbehalten und gegen seine Mitsklaven verteidigen kann, in derselben Weise wie, nach dem Frühern, dem Bürger gegenüber dem Willen des Staates, d. h. des Inhabers der höchsten Gewalt nichts als sein Eigentum gehört, jedem Bürger jedoch sein Eigentum gegenüber seinen Mitbürgern zusteht.

6. Wenn somit der Sklave selbst und alles, was er besitzt, dem Herrn gehört und jeder nach natürlichem Rechte über das Seine nach Belieben verfügen kann, so kann auch der Herr das Recht, das er über seinen Sklaven hat, veräußern, verpfänden oder letztwillig jemandem vermachen, wie es ihm beliebt.

7. Wenn früher bei dem institutiven Staat gezeigt worden ist, daß der Inhaber der höchsten Gewalt den Untertanen kein Unrecht tun kann, so gilt dies auch von den Sklaven, weil sie ihren Willen dem Willen ihres Herrn unterworfen haben. Alles, was dieser auch tun mag, geschieht deshalb mit ihrem Willen; niemandem kann jedoch mit seinem Willen ein Unrecht geschehen.

8. Sollte der Herr durch Gefangenschaft oder freiwillige Unterwerfung Sklave oder Untertan eines andern werden, so wird dieser andere nicht bloß der Herr über ihn selbst,

sondern auch über seine Sklaven; und zwar wird er der oberste Herr der Sklaven und der unmittelbare Herr des ersten Herrn. Denn da nicht bloß der Sklave, sondern auch sein Besitztum dem Herrn zufällt, so gehören auch seine Sklaven dem Herrn, und der mittelbare Herr kann nur so weit, als es dem obersten gut erscheint, über seine Sklaven verfügen. Wenn deshalb in einzelnen Staaten der Herr eine absolute Macht über seine Sklaven hat, so ist diese aus dem Naturrecht entsprungen und nicht durch das bürgerliche Gesetz begründet; dieses hat sie übergangen.

9. Der Sklave wird auf dieselbe Weise aus seiner Sklaverei befreit, auf welche in dem institutiven Staat die Untertanen aus der Untertänigkeit loskommen. *Erstens,* wenn der Herr ihm die Freiheit schenkt; denn das Recht über ihn, das der Sklave von sich auf den Herrn übertragen hat, kann der Herr dem Sklaven zurückgeben. Eine solche Schenkung der Freiheit heißt Manumission, Freilassung; es ist derselbe Fall, als wenn der Staat einem Bürger erlaubt, in einen andern Staat überzusiedeln. *Zweitens,* wenn der Herr den Sklaven von sich fortjagt. In einem Staate ist das Verbannung; sie unterscheidet sich in der Wirkung nicht von der Freilassung, sondern nur in der Art: hier wird die Freiheit als ein Geschenk gewährt, dort ist sie eine Strafe. Ein Verzicht auf das Eigentumsrecht findet in beiden Fällen statt. *Drittens* wird, wenn der Sklave gefangen genommen wird, die alte Sklaverei durch die neue aufgehoben; denn so wie alle andern Sachen, so können auch Sklaven durch den Krieg erworben werden, und es ist billig, daß der Herr sie beschütze, wenn er sie als die seinigen halten will. *Viertens* wird der Sklave frei, wenn kein Nachfolger des Herrn bekannt ist, z. B. wenn der Herr ohne Testament oder Erben verstorben ist. Denn niemand gilt als verpflichtet, wenn er nicht weiß, wem er das Schuldige zu leisten habe. *Endlich* wird ein Sklave, der in Fesseln gelegt oder sonst seiner körperlichen Freiheit beraubt wird, dadurch von jener vertragsmäßigen Verbindlichkeit frei. Denn wo kein Vertrauen ist, kann auch kein Vertrag sein, und Vertrauen, das nicht erwiesen wird, kann nicht gebrochen werden. Wenn aber der Herr selbst der Sklave eines andern ist, so kann er seine

Sklaven nicht freigeben, ohne daß sie immer noch in der Gewalt des obersten Herrn bleiben, da, wie oben gezeigt worden, solche Sklaven nicht jenem, sondern dem obersten Herrn gehören.

10. Ein Recht über vernunftlose Tiere wird ebenso wie über menschliche Personen erlangt, nämlich durch natürliche Kraft und Macht. Denn wenn in dem Naturzustande wegen des Krieges aller gegen alle jeder Mensch andere sich unterjochen oder sie töten darf, sobald es ihm vorteilhaft erscheint, so ist das um so mehr gegenüber den Tieren erlaubt. Man kann also nach Belieben die Tiere, welche sich zähmen und zu Diensten gebrauchen lassen, in das Joch spannen und die übrigen in stetem Kriege als schädlich verfolgen und vernichten. Das Eigentum an den Tieren entspringt deshalb aus dem Naturrecht, nicht aus dem positiven göttlichen Recht. Denn hätte ein solches Recht nicht schon vor der Verkündigung der Heiligen Schrift bestanden, so hätte niemand die Tiere mit Recht zur Nahrung schlachten dürfen: eine sehr mißliche Lage für die Menschen, die von den Tieren ohne Unrecht verzehrt werden, aber ihrerseits die Tiere nicht verzehren dürfen. Wenn es also nach dem natürlichen Recht geschieht, daß ein Tier einen Menschen töten kann, so geschieht es nach demselben Rechte, daß der Mensch die Tiere schlachten darf.

9. KAPITEL

Von dem Recht der Eltern gegen ihre Kinder und von der patrimonialen Herrschaft

1. Sokrates ist ein Mensch, folglich auch ein Lebewesen: dies ist ein richtiger und völlig evidenter Schluß; denn es bedarf zur Einsicht in die Wahrheit dieser Folge nur, daß man wisse, was das Wort „Mensch" bedeutet; weil „Lebewesen" in der Definition des Menschen enthalten ist und jeder den fehlenden Obersatz ergänzt, nämlich: Jeder Mensch ist ein Lebewesen. Auch der Schluß: Sophroniskus ist der Vater des Sokrates, folglich auch sein Herr, ist viel-

leicht richtig, aber nicht so klar, weil in der Definition des Vaters „Herr“ nicht enthalten ist; daher muß, damit der Schluß Evidenz besitzt, noch die Verbindung des Vaters mit dem Herrn dargelegt werden. Wenn man bisher versucht hat, ein Eigentumsrecht des Vaters über seine Kinder zu beweisen, so hat man keinen anderen Grund als die Erzeugung beigebracht; als ob es selbstverständlich wäre, daß das von mir Erzeugte auch mein sei. Man ist dabei ebenso verfahren, als wenn man glaubt, aus dem Dasein eines Dreiecks ergebe sich sofort, ohne weiteres Schlußfolgern, daß seine drei Winkel zwei rechten gleich seien. Überdies ist das Eigentum, d. h. die oberste Gewalt, unteilbar, da niemand zweien Herren dienen kann. Zur Erzeugung gehören aber zwei Personen, ein Mann und eine Frau, und deshalb ist es unmöglich, daß das Eigentum durch die bloße Erzeugung erworben werde. Der Ursprung der väterlichen Gewalt bedarf deshalb noch einer genauern Untersuchung.

2. Wir müssen dazu auf den Naturzustand zurückgehen, in welchem bei der Gleichheit der Natur alle erwachsenen Menschen für gleich gelten müssen. Hier ist nach dem Naturrecht der Sieger der Herr des Besiegten. Daher gehört nach dem Naturrecht das Eigentum an dem Kinde zunächst dem, der es zuerst in seiner Gewalt hat. Offenbar ist aber das neugeborene Kind eher in der Gewalt der Mutter als eines andern; da sie es mit Recht entweder aufziehen oder aussetzen kann, wie es ihr beliebt.

3. Zieht sie es auf, so nimmt man an, weil der Naturzustand ein Zustand des Krieges ist, daß sie es unter der Bedingung aufzieht, daß es, wenn es erwachsen, nicht ihr Feind werde, d. h. unter der Bedingung, daß es ihr gehorche. Denn mit natürlicher Notwendigkeit verlangt jeder nach dem, was für ihn selbst gut scheint; man kann deshalb nicht annehmen, daß jemand einem andern das Leben gegeben habe, damit er, sobald er mit dem reifern Alter zu Kräften gekommen, mit Recht sein Feind werde. Nun ist aber jeder ein Feind des andern, wenn er ihm weder gehorcht noch befiehlt. Deshalb wird im Naturzustande jede Frau, welche ein Kind gebiert, zugleich Mutter und Eigen-

tümerin desselben. Wenn aber andere meinen, daß in diesem Falle nicht die Mutter, sondern der Überlegenheit des Geschlechts wegen der Vater der Eigentümer werde, so ist dies unbegründet. Die Vernunft erweist vielmehr das Gegenteil; denn die Ungleichheit der natürlichen Kräfte ist nicht so groß, daß der Mann ohne Krieg die Gewalt über die Frau erlangen könnte. Auch die Erfahrung bestätigt dies nicht; denn es haben ja Frauen, nämlich die Amazonen, einst Kriege gegen ihre Feinde geführt und über ihre Kinder nach Belieben geschaltet. Und noch heutzutage haben in manchen Ländern Frauen die höchste Staatsgewalt, und über ihre Kinder bestimmt nicht der Mann, sondern sie selbst. Offenbar geschieht dies aus natürlichem Recht, da die Inhaber der höchsten Staatsgewalt an die bürgerlichen Gesetze, wie gezeigt, nicht gebunden sind. Dazu kommt, daß man im Naturzustande nur durch die Mutter wissen kann, wer der Vater des Kindes sei; deshalb gehört das Kind dem, welchem es die Mutter geben will, und folglich ihr. Das ursprüngliche Eigentumsrecht über die Kinder gebührt daher der Mutter; und bei den Menschen ebenso wie bei den übrigen lebenden Geschöpfen folgt das Erzeugte der Erzeugerin.

4. Von der Mutter kann indes das Eigentum am Kinde auf andere in mannigfacher Weise übergehen. *Erstens*, wenn sie ihr Recht niederlegt und aufgibt, indem sie das Kind aussetzt. Wer daher ein solch ausgesetztes Kind aufzieht, erlangt damit dasselbe Eigentum, das die Mutter hatte. Denn die Mutter hatte das Leben, das sie (nicht durch Erzeugung, sondern durch Ernährung) gewährt hatte, durch das Aussetzen wieder genommen; deshalb erlischt auch die Verbindlichkeit, die aus der Schenkung des Lebens entsprungen war, wieder durch diese Aussetzung. Dagegen schuldet das erhaltene Kind alles dem, der es durch Ernährung am Leben erhalten hat; es ist sein Pflegling, gleich als wäre jener die Mutter, und es ist sein Sklave, da jener der Herr ist. Denn wenn auch die Mutter in dem Naturzustande, wo alles allen gehört, das Kind zurückfordern könnte, nämlich aus demselben Rechte, wie jeder andere dies tun könnte, so kann doch das Kind nicht mit Recht sich wieder zur Mutter begeben.

5. *Zweitens* gehört das Kind einer kriegsgefangenen Mutter dem Gefangennehmenden. Denn wer das Eigentum an der Person hat, hat es auch an allen ihr gehörenden Sachen, mithin, nach dem in Abschn. 5 des vorigen Kapitels Gesagten, auch an dem Kinde. *Drittens* hat, wenn die Mutter Bürgerin irgendeines Staates ist, der Inhaber der höchsten Gewalt in diesem Staate das Eigentumsrecht an den von ihr geborenen Kindern; denn er ist auch Herr über die Mutter, die in allem dem Inhaber der höchsten Gewalt zu gehorchen verpflichtet ist. *Viertens* gehört, wenn die Frau sich einem Manne zum gemeinsamen Leben unter der Bedingung überlassen hat, daß er die Herrschaft haben solle, dem Vater infolge dieser Herrschaft über die Mutter auch das Eigentumsrecht an den von ihnen erzeugten Kindern. Hat dagegen eine Frau als Inhaberin der höchsten Gewalt Kinder mit einem Untertan erzeugt, so gehören diese der Mutter; denn die Mutter kann nur in dieser Weise unbeschadet ihrer Herrschaft Kinder haben. Überhaupt gilt allgemein, daß, wenn die Verbindung zwischen Mann und Frau eine Vereinigung derart ist, daß einer der Herrschaft des andern unterworfen sein solle, dann die Kinder dem gehören, der die Herrschaft führt.

6. Im Naturzustande jedoch gehören, wenn Mann und Frau sich so verbinden, daß keiner der Herrschaft des andern unterstehen solle, die Kinder der Mutter, aus den oben in Abschn. 3 angeführten Gründen, wenn nicht durch Verträge etwas anderes ausgemacht ist. Denn durch Verträge kann die Mutter beliebig über ihr Recht verfügen; wie es einst die Amazonen taten, welche die mit ihren Nachbarn erzeugten Kinder männlichen Geschlechts ihnen vertragsgemäß zurückschickten und die weiblichen bei sich behielten. Dagegen gehören im Staate, wenn ein Übereinkommen zwischen Mann und Frau in bezug auf das Zusammenleben besteht, die Kinder dem Vater; weil in allen Staaten, die ja von den Vätern, nicht von den Müttern begründet worden sind, das häusliche Regiment dem Manne gebührt; ein solches Übereinkommen heißt, wenn es nach den bürgerlichen Gesetzen vollzogen wird, die *Ehe*. Wird dagegen nur ein außereheliches Verhältnis eingegangen, so gehören die Kin-

der bald dem Vater, bald der Mutter, je nach Unterschied der Gesetze der einzelnen Staaten.

7. Aus Abschn. 3 erhellt, daß die Mutter die ursprüngliche Eigentümerin der Kinder ist, und nach ihr der Vater oder andere durch abgeleitete Rechte; folglich sind auch die Kinder denen, von welchen sie ernährt und erzogen werden, ebenso unterworfen wie die Sklaven ihrem Herrn und wie die Untertanen dem Inhaber der höchsten Staatsgewalt; also kann auch der Vater dem Sohne, solange er in seiner Gewalt ist, kein Unrecht tun. Auch wird der Sohn auf dieselben Arten frei von seiner Untertänigkeit wie der Sklave und der Untertan; die Entlassung des Sohnes aus der Gewalt ist dasselbe wie die Freilassung der Sklaven, und die Entsagung der Herrschaft wie die Verbannung.

8. Der von der väterlichen Gewalt befreite Sohn oder der freigelassene Sklave fürchten nun ihren Vater und Herrn, der seiner natürlichen und herrschaftlichen Gewalt über sie sich begeben hat, weniger als früher; und in bezug auf die wahre und innere Ehre ehren sie ihn weniger als vorher. Denn die Ehrfurcht besteht nur in der Achtung der Macht eines andern; und der minder Mächtige erhält daher immer auch weniger Ehre. Man kann aber nicht annehmen, daß der Herr seinen Freigelassenen und der Vater seinen entlassenen Sohn sich so habe gleichstellen wollen, daß dieser es nicht als Wohltat anerkennen, sondern sich in allen Dingen als seinesgleichen benehmen sollte. Man muß deshalb immer voraussetzen, daß die aus der Untertänigkeit Befreiten, sei es ein Sklave oder ein Sohn oder eine Kolonie, wenigstens alle äußern Zeichen versprochen haben, durch welche die Höhern von den Niedern geehrt zu werden pflegen. Hieraus erhellt, daß das Gebot, die Eltern zu ehren, zu den natürlichen Gesetzen gehört und nicht bloß auf der Pflicht der Dankbarkeit, sondern auch auf der Verbindlichkeit aus einem Vertrage beruht.

9. Welcher Unterschied, kann man daher fragen, besteht dann zwischen einem Freien oder einem Bürger und einem Sklaven? Ich wüßte nun nicht, daß ein Schriftsteller eine befriedigende Erklärung über die Freiheit und die Sklaverei gegeben hätte. Gewöhnlich gilt es als Freiheit, alles nach

seinem Belieben und straflos tun zu können; als Sklaverei dagegen der Zustand, wo man das nicht kann. Indes kann dies im Staate und unbeschadet des Friedens unter den Menschen nicht stattfinden; denn es besteht kein Staat ohne Staatsgewalt und das Recht zum Zwange. Die Freiheit ist (um sie zu definieren) nichts anderes als die Abwesenheit von allem, was die Bewegung hindert. Deshalb ist das in ein Gefäß eingeschlossene Wasser nicht frei, das Gefäß hindert sein Ausfließen; dagegen wird es frei, wenn das Gefäß zerbricht. Ein jeder hat mehr oder weniger Freiheit, je nachdem er mehr oder weniger Raum zur Bewegung hat. Deshalb hat der in ein weites Gefängnis Eingeschlossene mehr Freiheit als der in einem engen Gefängnis Befindliche. Auch kann der Mensch nach einer Seite hin frei sein und nach der andern nicht. So wird der Fußgänger an der einen oder der andern Seite durch Zäune und Mauern gehindert, damit er nicht die an den Weg angrenzenden Weinberge und Saatfelder zerstöre. Dergleichen Hindernisse sind äußerliche und unbedingte; und in diesem Sinne sind alle Sklaven und Untertanen frei, die nicht gefesselt oder eingekerkert sind. Andere Hindernisse treffen nur den Willen; sie hindern die Bewegung nicht unbedingt, sondern bedingt, indem sie unsre Wahl beeinflussen. So ist der Schiffsreisende nicht derart gehindert, daß er sich nicht ins Meer stürzen könnte, wenn er es wollen könnte. Aber auch hier hat ein Mensch um so größere Freiheit, auf je mehr Bahnen er sich bewegen kann. Und hierin besteht die bürgerliche Freiheit; denn kein Untertan oder Familiensohn oder Sklave wird durch die Strafen, welche ein noch so strenger Staat oder Vater oder Herr ihm auferlegt, gehindert, alles zu tun und von allen Mitteln, die zur Erhaltung des Lebens und der Gesundheit notwendig sind, Gebrauch zu machen. Ich wüßte also nicht, in welchem Punkte sich der Sklave beklagen könnte, daß ihm die Freiheit fehle; er müßte es denn für ein Elend halten, daß er gehindert ist, sich selbst zu verletzen, und daß er das Leben, das er durch den Krieg oder ein unglückliches Geschick oder gar durch seine Trägheit verwirkt hatte, samt allem zur Ernährung Nötigen und allem zum Leben und der Gesundheit Erforderlichen unter der Bedingung zurückempfangen habe, daß er sich leiten lasse. Denn wer durch angedrohte Strafen so in Zucht gehalten wird, daß er nicht alles, was ihm einfällt, tut, steht nicht unter dem Drucke der Sklaverei, sondern wird nur geleitet und erhalten. In jedem Staate und jeder Familie aber, wo sich Sklaven befinden, haben die freien Bürger und die Familiensöhne vor den Sklaven den Vorzug voraus, daß sie die ehrenvollern Ämter im Staat oder in der Familie innehaben und an überflüssigen Dingen mehr besitzen. Und der Unterschied zwischen einem freien Bürger und einem Sklaven liegt darin, daß der Freie nur dem Staate, der Sklave aber auch einem Mitbürger dient. Jede andere Freiheit ist eine Befreiung von den Gesetzen des Staates und gebührt nur den Herrschern.

10. Der Familienvater, seine Kinder und seine Sklaven werden durch die väterliche Herrschaft zu *einer* bürgerlichen Person geeint, welche die *Familie* heißt. Ist diese durch Vermehrung der Nachkommenschaft und Erwerb von Sklaven so zahlreich geworden, daß sie ohne das Wagstück des Krieges nicht unterjocht werden kann, so heißt sie ein patrimoniales Königtum. Da es durch Gewalt erlangt ist, so ist es zwar in seinem Ursprunge und in der Art seiner Errichtung von der institutiven Monarchie verschieden, allein es hat, wenn es einmal besteht, dieselben Eigentümlichkeiten, und das Herrscherrecht ist in beiden dasselbe, so daß ich darüber nicht besonders zu handeln brauche.

11. Durch welches Recht die höchste Staatsgewalt begründet wird, habe ich bisher dargelegt; ich habe nun noch kurz zu erklären, durch welches Recht sie sich fortsetzt. Das Recht, wodurch sie sich fortsetzt, ist das Erbfolgerecht. In der Demokratie ist die höchste Gewalt bei dem Volke, und solange noch Bürger da sind, bleibt sie mithin bei derselben Person, da das Volk keinen Nachfolger hat. Ähnlich wird in der Aristokratie, wenn ein Vornehmer stirbt, ein anderer an dessen Stelle von den übrigen eingesetzt; und wenn nicht alle auf einmal sterben, wovon ich annehme, daß es niemals geschieht, so gibt es auch hier keine Nachfolge. Deshalb entsteht die Frage nach dem Nachfolger nur in der absoluten Monarchie. Denn die, die nur für eine bestimmte Zeit die

höchste Gewalt ausüben, sind nicht Monarchen, sondern Staatsbeamte.

12. Hat ein Monarch sich einen Nachfolger in seinem Testamente ernannt, so folgt dieser ihm nach. Denn ist der Monarch vom Volke eingesetzt, so hat er die ganze Staatsgewalt, die das Volk besaß, wie ich in Kap. 7, Abschn. 11, gezeigt habe. So wie nun das Volk ihn selbst hat erwählen können, so kann auch er mit gleichem Rechte einen andern wählen. Auch in dem patrimonialen Staate gelten diese Rechte ebenso wie in dem institutiven Staate. Deshalb kann jeder Monarch sich seinen Nachfolger durch letzten Willen ernennen.

13. Was aber jemand durch letzten Willen auf einen andern übertragen kann, das kann er auch mit gleichem Rechte bei Lebzeiten verschenken oder verkaufen. Mithin hat der die Staatsgewalt mit Recht inne, dem sie von dem Monarchen durch Geschenk oder Verkauf übertragen worden ist.

14. Hat der Monarch bei Lebzeiten weder durch Testament noch sonst seinen Willen über seinen Nachfolger erklärt, so nimmt man *erstens* an, daß er nicht gewollt habe, der Staat solle in die Anarchie oder den Kriegszustand, d. h. in das Verderben der Bürger zurückfallen; denn einmal konnte er das nicht wollen, ohne die natürlichen Gesetze zu verletzen, durch die er vor seinem Gewissen zur Erfüllung alles dessen, was zum Frieden notwendig ist, verpflichtet war; zum andern hätte er auch, wenn er dies gewollt, es leicht offen erklären können. *Zweitens* ist, da das Recht nach dem Willen des Vaters übergeht, über den Nachfolger nach seinen Willenszeichen zu entscheiden. Deshalb muß man annehmen, daß er seine Untertanen lieber unter der monarchischen Herrschaft als unter einer andern haben wollte, da er selbst durch sein Beispiel und seine Regierung diese Staatsform empfohlen und sie später durch keine entgegengesetzte Handlung oder Äußerung verworfen hat.

15. Ferner sind die Menschen mit Naturnotwendigkeit denen mehr gewogen, durch die sie Ehre und Ruhm erlangen, als den andern; diese Ehre und dieser Ruhm wird aber einem jeden nach seinem Tode mehr durch die Macht seiner

Kinder als durch die anderer Menschen zuteil, und man kann deshalb schließen, daß der Vater seine Kinder allen andern vorgezogen haben will. Deshalb gilt bei einem Vater, der ohne letzten Willen gestorben, daß er eins seiner Kinder zu seinem Nachfolger hat haben wollen. Doch gilt dies nur mit dem Vorbehalt, daß keine deutlicheren Willensäußerungen für das Gegenteil vorliegen, wohin z. B. auch eine Gewohnheit gehören würde, nach der bereits mehreremal die Nachfolge stattgefunden hat. Denn wer sich über die Nachfolge nicht äußert, von dem nimmt man an, daß er sich den Gewohnheiten seines Staates fügt.

16. Unter den Kindern haben die männlichen den Vorrang; im Anfange wohl deshalb, weil in der Regel, wenn auch nicht immer, sie zur Verwaltung großer Angelegenheiten, insbesondere zur Führung der Kriege, geeigneter sind; nachher, als dieser Vorrang sich zur Gewohnheit ausgebildet hatte, deshalb, weil dieser Gewohnheit nicht widersprochen wurde. Und deshalb ist der Wille des Vaters zugunsten der männlichen Kinder auszulegen, wenn nicht eine andere Gewohnheit oder ein deutlicheres Zeichen dem entgegensteht.

17. Bei mehreren Söhnen folgt, da die Söhne gleich sind und die Herrschaft nicht geteilt werden kann, der älteste nach. Denn bei dem Unterschied des Alters hat der älteste den Vorrang, da nach dem Richterspruch der Natur der ältere (der Regel nach) auch der klügere ist, und einen andern Richter hat man nicht. Wären aber alle Brüder gleich zu werten, so müßte der Nachfolger durch das Los bestimmt werden. Die Erstgeburt ist aber eine natürliche Losentscheidung, und durch sie erhielt der älteste schon den Vorrang; es hat auch niemand die Macht, darüber zu urteilen, ob durch diese oder eine andere Art des Loses die Sache zu entscheiden ist. Diese für den erstgeborenen Sohn sprechenden Gründe gelten auch für die erstgeborene Tochter.

18. Sind keine Kinder vorhanden, so geht die Herrschaft auf die Brüder und Schwestern über, und zwar aus demselben Grunde, aus dem die Kinder nachfolgen würden, wenn welche vorhanden wären. Denn die der Natur nach am nächsten Stehenden gelten auch als die im Wohlwollen

am nächsten Stehenden, und zwar die Brüder mehr als die Schwestern, und der ältere mehr als der jüngere, aus demselben Grunde wie bei den Kindern.

19. In der Weise, wie man in der Herrschaft nachfolgt, folgt man auch in dem Erbfolgerecht nach. Deshalb nimmt man an, daß der Erstgeborene, der vor dem Vater stirbt, sein Erbfolgerecht, wenn der Vater nicht etwas anderes verordnet, auf seine Kinder übertragen hat. Und deshalb werden die Enkel und Enkelinnen ihren Oheimen in der Erbfolge vorangehen. Dies alles findet aber nur statt, soweit nicht Landesgewohnheiten (da beim Stillschweigen des Vaters ein Einverständnis damit vorausgesetzt wird) etwas anderes bestimmen.

10. KAPITEL

Eine Vergleichung der drei Arten des Staates nach ihren Nachteilen

1. Ich habe angegeben, was Demokratie, Aristokratie und Monarchie sind; jetzt soll nun durch ihre Vergleichung ermittelt werden, welche von ihnen am meisten zur Erhaltung des Friedens unter den Bürgern und zur Förderung ihres Wohles geeignet ist. Ich will zunächst die Vorteile und Nachteile des Staates im allgemeinen betrachten, damit nicht etwa jemand denke, es sei besser, einen jeden nach seinem Belieben leben zu lassen, anstatt überhaupt einen Staat zu begründen. Allerdings hat außerhalb des Staates jeder eine gänzlich unbeschränkte, aber auch nutzlose Freiheit; denn wer um seiner Freiheit willen in allem nur so handelt, wie es ihm beliebt, der muß auch wegen der gleichen Freiheit der andern alles, was diesen beliebt, sich gefallen lassen. Nach Errichtung des Staates behält dagegen der einzelne Bürger nur so viel Freiheit für sich, als zum guten und ruhigen Leben genügt; und die andern müssen so viel von ihrer Freiheit abgeben, daß man sie nicht zu fürchten braucht. Außerhalb des Staates hat zwar jeder das Recht auf alles, aber kann sich doch keines Besitzes erfreuen;

im Staate kann ein jeder sein beschränktes Recht sicher genießen. Außerhalb des Staates kann jeder von jedem mit Recht beraubt und getötet werden; im Staate nur von *einem*. Außerhalb des Staates ist man nur durch eigene Kraft geschützt; im Staate durch die Kraft aller. Außerhalb des Staates ist niemand der Früchte seiner Arbeit sicher; im Staate haben alle diese Sicherheit. Endlich besteht außerhalb des Staates die Herrschaft der Leidenschaften, Krieg, Furcht, Armut, Häßlichkeit, Einsamkeit, Barbarei, Unwissenkeit, Roheit; dagegen besteht im Staate die Herrschaft der Vernunft, Frieden, Sicherheit, Reichtum, Schmuck, Gemeinschaft, Glanz, Wissenschaft und Wohlwollen.

2. Aristoteles sagt in Buch 7, Kap. 14, seiner „Politik", daß es zwei Arten von Regierungen gebe: die eine ziele auf den Nutzen des Herrschers, die andere auf den der Untertanen ab. Als ob die Staatsform eine andere dort sei, wo die Bürger strenger, und eine andere dort, wo sie milder behandelt würden. Allein dies kann ihm auf keinen Fall zugestanden werden; vielmehr sind die aus der Regierung entspringenden Vorteile und Nachteile für den Herrscher und die Untertanen dieselben und gleichen. Die Nachteile, welche einzelne Bürger durch Unglück, Torheit, Nachlässigkeit, Trägheit oder eigene Verschwendung treffen können, lassen sich zwar von den Nachteilen, die den Regenten treffen, absondern; allein es sind dies auch keine Nachteile aus der Regierung, da sie in jedem Staate vorkommen können. Wenn solche Nachteile seit der ersten Errichtung des Staats eintreten, so werden sie zwar Nachteile aus der Regierung genannt; aber sie werden den Herrscher ebenso wie die Bürger treffen; und das Gleiche gilt für die Vorteile. So ist der erste und größte Vorteil, Frieden und Schutz, für beide derselbe; denn sowohl der Herrscher wie der Beherrschte benutzen zum Schutz ihres Lebens die Kräfte aller Mitbürger. Ebenso trifft das größte Unglück, das sich im Staate ereignen kann, nämlich Totschlag unter den Bürgern infolge von Anarchie, sowohl den Inhaber der Staatsgewalt wie jeden einzelnen Bürger gleich. Zweitens, wenn der Inhaber der Staatsgewalt so hohe Steuern von den Bürgern eintreibt, daß diese mit ihren Familien sich nicht erhalten und ihre

körperlichen Kräfte sich nicht bewahren können, so trifft dieser Nachteil die Bürger nicht mehr als den Herrscher, welcher trotz seines noch so großen Schatzes an Reichtümern ohne die Kraft der Bürger seine Herrschaft und seinen Reichtum nicht zu schützen vermag. Wenn er aber nur so viel Steuern erhebt, als zur richtigen Staatsverwaltung gerade zureicht, so gereicht dies ebenso dem Herrscher wie den Bürgern für den gemeinsamen Frieden und Schutz zum Vorteil. Auch kann man sich nicht vorstellen, wie das öffentliche Vermögen den einzelnen Bürgern zum Nachteil gereichen kann, solange sie nicht so ausgesogen werden, daß es ihnen unmöglich ist, sich durch ihre Arbeit die notwendigen Mittel zur Erhaltung ihrer Geistes- und Körperkräfte zu verschaffen. Ein solcher Nachteil würde aber den Herrscher gleichermaßen treffen; er käme auch nicht von der Schlechtigkeit der Staatseinrichtung und Staatsordnung, denn in jeder Gattung des Staates können die Bürger unterdrückt werden, sondern von der schlechten Verwaltung eines an sich gut eingerichteten Staates.

3. Um nun zu zeigen, daß von den genannten Arten des Staates, der Demokratie, Aristokratie und Monarchie, die letzte den Vorrang besitzt, muß auf die Vergleichung ihrer Vorteile und Nachteile im einzelnen eingegangen werden. Ich will nicht geltend machen, daß schon das Weltall von *einem* Gott regiert wird; daß die Alten den monarchischen Staat allen andern vorgezogen haben, indem sie die Herrschaft über die Götter dem *einen* Jupiter zuteilten; daß im Beginn der Dinge und Völker der Wille der Fürsten als Gesetz gegolten hat; daß die väterliche Herrschaft, die von Gott bei der Schöpfung eingesetzt worden ist, eine monarchische ist; daß die andern Staatsformen aus den Trümmern der durch Aufstände aufgelösten Monarchie von den Menschen*) später künstlich zusammengefügt worden sind; und

*) Diesen Punkt scheinen die Alten bei der Bildung des Prometheusmythos im Sinne gehabt zu haben. Sie erzählen, daß Prometheus, nachdem er Feuer von der Sonne geraubt, den Menschen aus Erde geformt habe; dafür habe er von dem erzürnten Jupiter als Strafe empfangen, daß seine Leber fort-

daß das Volk Gottes unter Königen gestanden hat: denn wenn diese Umstände auch die Monarchie empfehlen, so wollen wir doch von ihnen absehen, da es nur durch Beispiele und Zeugnisse, aber nicht durch Vernunftgründe geschieht.

4. Manchen mißfällt die Herrschaft eines einzigen allein deshalb, weil sie eben nur *einem* gehört; gleichsam als wenn es unbillig wäre, daß ein einziger aus so vielen mit solcher Gewalt hervorragen solle, daß er beliebig über alle übrigen schalten kann. Diese würden sich sicherlich auch der Herrschaft des *einen* Gottes entziehen, wenn sie es vermöchten. Indes gibt nur der Neid diesen Einwand gegen den *einen* an die Hand, weil er offensichtlich das hat, was jeder haben möchte. Aus demselben Grunde würden sie es auch für unbillig halten, wenn einige wenige herrschten, es sei denn, daß sie selbst dazu gehörten oder bald dahin zu kommen hofften. Denn wenn es unbillig ist, daß nicht alle gleiches Recht haben, so ist auch die Herrschaft der Vornehmen unbillig. Indes habe ich schon gezeigt, daß der Zustand der Gleichheit der Kriegszustand ist und daß die Ungleichheit deshalb mit Einwilligung aller eingeführt worden ist. Daher kann diese Ungleichheit, durch welche der, dem wir freiwillig mehr zugestanden haben, auch mehr besitzt, nicht mehr für unbillig gelten. Die Nachteile, die die Herrschaft des *einen* begleiten, stammen daher, daß er ein Mensch, nicht aber daher, daß er ein *einzelner* ist. Ich habe also zu

---

während angefressen werde. Dies will sagen, daß die menschliche Erfindungsgabe, die durch Prometheus bezeichnet wird, die Gesetze und Gerechtigkeit durch Nachahmung von der Monarchie entlehnt habe; daß dadurch, gleichsam durch ein Feuer, das seiner natürlichen Quelle entnommen worden ist, die Menge als der Schmutz und Bodensatz der Menschen zu einer bürgerlichen Person belebt und vereint worden ist, die Aristokratie oder Demokratie heißt. Die Urheber und Helfershelfer aber, die unter der natürlichen Herrschaft der Könige sicher und behaglich hätten leben können, müssen, nachdem sie entdeckt worden, dafür die Strafe leiden, daß sie, an einer hohen Stelle herausgestellt, durch stete Sorgen, Verdächtigungen und Zwistigkeiten gepeinigt werden.

prüfen, ob die Herrschaft *eines* Menschen oder die mehrerer den Bürgern nachteiliger ist.

5. Ich muß aber zunächst die Meinung derer ausschalten, welche behaupten, daß die Zusammenstellung einer Anzahl Sklaven unter einen gemeinsamen Herrn überhaupt keinen Staat bilden könne. In Kap. 5, Abschn. 9, ist der Staat als *eine* Person definiert, die aus mehreren Menschen gebildet worden ist; der Wille dieser Person soll nach ihrem Vertrag als der Wille aller gelten, so daß sie die Kräfte und Fähigkeiten der einzelnen zum gemeinsamen Frieden und Schutz verwenden darf. Nach demselben Paragraphen ist es *eine* Person, wenn der Wille mehrerer Menschen in *einem* Willen befaßt ist. Nun ist der Wille jedes Sklaven in dem Willen des Herrn nach Kap. 8, Abschn. 5, enthalten, und er kann sich ihrer Kräfte und Fähigkeiten nach seinem Willen bedienen. Daraus folgt, daß ein Staat möglich ist, der aus einem Herrn und einer Anzahl Sklaven besteht. Man kann keinen Grund hiergegen geltend machen, der nicht ebenso auch den aus dem Vater und seinen Kindern gebildeten Staat träfe; denn bei dem Herrn, der keine Kinder hat, treten die Sklaven in das Verhältnis der Kinder; sie bilden seine Ehre und seinen Schutz; sie sind dem Herrn nicht mehr untertan als die Kinder dem Vater, wie in Kap. 8, Abschn. 5, gezeigt worden ist.

6. Es gehört zu den Nachteilen der höchsten Staatsgewalt, daß ihr Inhaber neben den Geldern für den öffentlichen Bedarf, d. h. für den Unterhalt der öffentlichen Beamten, für Erbauung und Erhaltung der Festungen, zur Führung der Kriege und zur anständigen Erhaltung seines Haushaltes auch nach Belieben noch Gelder durch seine Habgier eintreiben kann, um seine Söhne, Verwandten, Günstlinge und auch Schmeichler zu bereichern. Man muß einräumen, daß dies ein Nachteil ist; allein er gehört zu denen, die sich in allen Arten des Staates finden, aber in der Monarchie noch erträglicher als in der Demokratie sind. Denn die Zahl derer, welche der Monarch bereichern will, ist nur gering, da sie nur auf den *einen* sich bezieht. Allein in der Demokratie gibt es so viele Kinder, Verwandte, Freunde und Schmeichler zu bereichern, als es Demagogen, d. h. machtvolle Redner vor dem Volke

gibt (und deren gibt es immer eine Menge, und täglich treten neue auf). Denn hier bestreben sich die einzelnen nicht bloß, ihre Familien durch Reichtum möglichst mächtig und vornehm zu machen, sondern zu ihrem Schutze auch andere durch Wohltaten sich zu verpflichten. Ein Monarch kann zum großen Teil seine Diener und Freunde, da sie nicht zahlreich sind, ohne Unkosten der Bürger befriedigen, d. h. ohne diese der Gelder zu berauben, die zur Erhaltung von Krieg und Frieden gegeben sind. In der Demokratie ist dies aber ohne Bedrückung der Bürger nicht möglich, da hier viele zu befriedigen sind und immer neue hinzukommen. Ein Monarch kann zwar auch Unwürdige befördern, allein er will dies nicht häufig tun; dagegen muß man bei den Volksrednern in der Demokratie annehmen, daß sie es alle immer wollen, weil sie es nötig haben; denn wenn nur einzelne so handelten, so würde deren Macht so anwachsen, daß sie nicht nur den andern, sondern auch dem ganzen Staate gefährlich würde.

7. Ein anderer Nachteil der höchsten Gewalt ist die beständige Todesfurcht, in welcher sich jeder notwendig befindet, wenn er bedenkt, daß der Inhaber dieser Gewalt nicht bloß beliebige Strafen für irgendwelche Vergehen festsetzen, sondern auch unschuldige Bürger, die niemals gegen Gesetze verstoßen haben, aus Zorn und Übermut ums Leben bringen kann. Dies ist allerdings bei jeder Art des Staates ein großes Übel, wo immer es geschieht; denn ein Übel ist es deshalb, weil es geschieht, nicht weil es geschehen kann. Allein es ist nur ein Fehler des Herrschers und nicht der Herrschaft. Denn die Taten Neros sind nicht sämtlich der Monarchie wesentlich. Übrigens werden auch bei der Herrschaft *eines* Menschen weniger oft Menschen schuldlos verurteilt als bei der des Volkes. Denn die Könige sind nachsichtslos allein gegen die, welche nur ihnen selbst durch ungehörige Ratschläge lästig sind oder durch beschimpfende Worte oder ihre Zielsetzung sich als Gegner erweisen; aber sie bewirken auch, daß jedes Übermaß von Macht bei den einzelnen Bürgern unschädlich werde. Deshalb können unter der Herrschaft eines Nero oder Caligula nur die unschuldig leiden, die ihnen bekannt sind, d. h. die Hofleute oder die

höhern Beamten, und auch von diesen nur jene, welche etwas besitzen, was der Herrscher haben möchte. Lästige Menschen und Beleidiger werden aber mit Recht gestraft. Deshalb ist in der Monarchie jeder außer Gefahr, der ein zurückgezogenes Leben führt, mag regieren, wer da wolle. Nur die Ehrgeizigen sind gefährdet, die übrigen bleiben vor dem Unrecht, wie es die Mächtigern erleiden, geschützt. Dagegen können bei der Volksherrschaft so viele ein Nero sein, als Volksredner dem Volke schmeicheln. Jeder von ihnen vermag so viel wie das Volk selbst, und einer gibt dem andern Raum für seine Begierde, indem sie diejenigen der Strafe entziehen, welche aus Übermut oder persönlichem Haß Mitbürger unrechtlich getötet haben; es ist so, als hätten sie stillschweigend das Abkommen getroffen: „Heute mir, morgen dir". Außerdem muß die Macht eines jeden Bürgers eine gewisse Grenze einhalten, über die hinaus sie den Staat gefährden würde; deshalb muß der Monarch eine gewisse Vorsorge üben, damit der Staat von daher nicht Schaden leide. Eine solche übermäßige Macht mußte, wenn sie in zu großem Reichtume bestand, durch Verminderung des Reichtums geschwächt werden; und wenn sie auf Volksbeliebtheit beruhte, mußten solche Mächtigen, auch wenn sie sonst nichts verbrochen hatten, beseitigt werden. Das Gleiche geschieht gewöhnlich auch in der Demokratie: so schickten die Athener machtvolle Bürger, auch ohne daß sie ein Verbrechen begangen hatten, in die Verbannung, nur weil sie mächtig waren. In Rom wurden die, welche die Gunst des Volkes durch Geschenke zu gewinnen suchten, als des Strebens nach der Königsherrschaft verdächtig, getötet. Hierin standen sich Demokratie und Monarchie gleich; nur die öffentliche Meinung erkannte dies nicht an, weil sie vom Volke ausgeht und weil das, was von vielen geschieht, auch von vielen gelobt wird. Und deshalb heißt es, der Monarch habe dergleichen aus Neid über die Tugend solcher Männer getan, während die gleiche Tat des Volkes als ein politisches Erfordernis angesehen würde.

8. Manche halten die Monarchie deshalb für schlimmer als die Demokratie, weil dort weniger Freiheit als hier bestehe. Wenn sie hierbei unter Freiheit die Befreiung von dem

Gehorsam verstehen, der den Gesetzen, d. h. den Geboten des Volkes geschuldet werden muß, so gibt es weder in der Demokratie noch in irgendeiner andern Staatsform überhaupt eine solche Freiheit. Wenn sie aber unter Freiheit verstehen, daß der Gesetze und Verbote nur wenig seien und nur solche, die zur Erhaltung des Friedens unentbehrlich sind, dann bestreite ich, daß in der Demokratie mehr Freiheit als in der Monarchie bestehe; denn beide Staatsformen können mit einer solchen Freiheit gleich wohl bestehen. Wenn man auch an den Toren und Türmen jeder Stadt das Wort *Freiheit* mit noch so großen Buchstaben anschreibt, so bezeichnet es doch nicht die Freiheit des Bürgers, sondern des Staates; und dieses Wort wird mit ebensoviel Recht dem Staate zugeschrieben, den ein Monarch, wie dem, den das Volk regiert. Wenn aber einzelne Bürger, d. h. Untertanen, Freiheit verlangen, so wird unter diesem Namen nicht Freiheit, sondern Herrschaft von ihnen verlangt; nur aus Mangel an Einsicht bemerken sie das nicht. Denn wenn jemand die Freiheit für sich fordert, so muß er sie nach dem Gebot des natürlichen Gesetzes auch den übrigen zugestehen, und damit wäre der Naturzustand wieder eingeführt, wo jeder mit Recht alles tun kann. Einen solchen Zustand würde aber jeder, wenn er ihn kennte, verabscheuen, da er schlimmer ist als jede Art von bürgerlicher Untertänigkeit. Verlangt aber jemand die Freiheit nur für sich, während die andern gebunden bleiben sollen, was verlangt er da anderes als die Herrschaft? Denn wer von jedem Bande befreit ist, während alle andern, so groß ihre Zahl auch sei, gebunden bleiben, wird ihr Herrscher. Hiernach ist also die Freiheit in einem Volksstaate nicht größer als in der Monarchie. Das, was hier irreführt, ist die gleiche Teilnahme an den öffentlichen Ämtern und an der Staatsgewalt. Wo die Herrschaft im Volke ist, haben die einzelnen Bürger so weit daran teil, als sie zum herrschenden Volk gehören; sie nehmen insofern an den öffentlichen Ämtern teil, als sie gleiches Stimmrecht bei der Wahl der Obrigkeiten und der öffentlichen Beamten haben. Dies ist auch die Meinung des Aristoteles, der nach der Gewohnheit seiner Zeit die Herrschaft fälschlich Freiheit nannte. Er sagt Buch 6, Kap. 2, seiner „Politik“: „Man setzt voraus, daß in dem Volksstaat die Freiheit bestehe, weil man gemeinhin glaubt, daß außerhalb dieser Staatsform niemand frei sei." Man kann daraus entnehmen, daß, wenn die Bürger in der Monarchie den Verlust ihrer Freiheit beklagen, sie sich nur darüber ärgern, daß sie nicht zur Regierung des Gemeinwesens herangezogen werden.

9. Indes gilt vielleicht gerade deshalb der Volksstaat für weit vorzüglicher als die Monarchie, weil da, wo alle an den öffentlichen Geschäften teilnehmen, auch alle Gelegenheit haben, ihre Klugheit, Kenntnis und Beredsamkeit bei den Beratungen über die schwierigsten und wichtigsten Angelegenheiten öffentlich zu zeigen. Nun ist dies allerdings bei der der menschlichen Natur angeborenen Ehrbegierde für alle, welche durch solche Fähigkeiten vor den andern sich auszeichnen oder doch sich auszuzeichnen glauben, das Allerangenehmste. Dieser Weg zu Ehren und Würden ist in der Monarchie allerdings den meisten verschlossen. Wie aber, wenn dies kein Nachteil wäre? Ich will es erklären: ansehen müssen, wie die Meinung eines Menschen, den man verachtet, der eigenen vorgezogen wird, wie unsere Weisheit in unserem Beisein gering geschätzt wird; um leeren Ruhm einen *ungewissen* Kampf beginnen, wobei man *gewiß* sich Feindschaften zuzieht (denn dies ist unvermeidlich, mag man siegen oder besiegt werden); wegen Verschiedenheit der Meinungen hassen und gehaßt werden; seine geheimen Gedanken und Wünsche ohne Not und Nutzen allen offenbar machen; seine häuslichen Angelegenheiten vernachlässigen: dies, sollte ich meinen, sind Nachteile. Allein wenn man von dem Kampfe der Geister, sollte auch solcher Streit den Beredten eine Lust sein, fern bleibt, ist es doch kein Nachteil; man müßte es dann auch für einen Nachteil für tapfere Menschen halten, daß sie an der Schlacht nicht teilnehmen dürfen, obgleich ihnen das Vergnügen macht.

10. Überdies spricht viel dafür, daß die Beratungen großer Versammlungen weniger erfolgreich sind als die, wo nur wenige beraten. Der erste Grund liegt darin, daß zur guten Beratung aller Staatsangelegenheiten nicht bloß die Kenntnis der innern, sondern auch der äußern Verhältnisse nötig ist. So muß man von den innern wissen, wodurch ein Staat

erhalten und verteidigt wird und woher man die Mittel dafür erhält; welche Orte sich als Stützpunkte eignen, wie man am besten die Soldaten ausheben und erhalten soll, wie die Untertanen gegen den Fürsten oder gegen die Leiter des Staates gesinnt sind und vieles ähnliche. In den äußern Fragen muß man wissen, wie groß die Macht der benachbarten Staaten ist und worauf sie beruht, welche Vorteile oder Nachteile man von ihnen zu erwarten hat, wie sie zu uns und zueinander gesonnen sind, welche Ratschlüsse täglich bei ihnen gefaßt werden. Alles dies kennen aber nur sehr wenige in solchen zahlreichen Versammlungen, die zum größten Teil aus hierin unerfahrenen, um nicht zu sagen unfähigen Leuten bestehen: wie kann daher die Menge der in falschen Ansichten Befangenen für die Beratung etwas anderes als ein Hemmnis sein?

11. Ein anderer Grund, der große Versammlungen für Beratungen weniger geeignet macht, ist, daß der einzelne zur Entwicklung seiner Ansicht eine langandauernde Rede für notwendig hält und sie, um von seinen Zuhörern noch höher geschätzt zu werden, durch Beredsamkeit, soweit er vermag, verfeinert und schmückt. Nun ist es aber die Aufgabe der Beredsamkeit, das Gute und das Schlechte, das Nützliche und das Nutzlose, das Sittliche und das Unsittliche über die Wirklichkeit hinaus zu vergrößern oder zu verkleinern und dem Ungerechten den Schein des Gerechten zu verleihen, je nachdem dies den Zwecken des Redners entspricht; dies heißt Überredung. Man benutzt wohl Vernunftschlüsse, geht dabei aber nicht von richtigen Grundsätzen aus, sondern von *ἔνδοξα* oder herrschenden Meinungen, die größtenteils falsch sind. Der Redner versucht auch nicht, seine Rede der Natur der besprochenen Dinge, als vielmehr den Leidenschaften seiner Zuhörer anzupassen. Deshalb werden die Beschlüsse nicht nach der rechten Vernunft, sondern impulsiv gefaßt. Dies ist nicht der Fehler der Menschen, sondern der Beredsamkeit, deren Zweck, wie alle Lehrer der Beredsamkeit es lehren, nicht die Wahrheit (ausgenommen zufällig), sondern der Sieg ist, und deren Aufgabe nicht die Belehrung, sondern die Überredung ist.

12. Der dritte Grund, weshalb die Beratung in einer

größern Versammlung weniger nützlich ist, liegt darin, daß daraus sich im Staate Parteien bilden und aus diesen Parteien Aufstände und Bürgerkriege hervorgehen. Denn wenn gleich starke Redner mit entgegengesetzten Ansichten und Reden gegeneinander kämpfen, so haßt der Besiegte den Sieger sowie alle die, die sich dessen Meinung angeschlossen und damit gleichsam seinen eigenen Rat und seine Weisheit verachtet haben; er versucht dann zu erreichen, daß der Rat seines Gegners zum Verderben des Staates ausschlage; auf diese Weise hofft er, daß der Ruhm des Gegners untergehen und sein eigener wieder hergestellt wird. Ist überdies die Mehrheit der Stimmen nicht bedeutend, so daß den Besiegten die Hoffnung bleibt, in einer andern Versammlung durch Hinzutritt einiger Gleichgesinnter die Oberhand zu gewinnen, so berufen die Maßgebenden unter ihnen die übrigen zur besondern Beratung, wie der früher gefaßte Beschluß wieder rückgängig zu machen sei; sie verabreden sich dann, bei der nächsten Versammlung in großer Zahl und frühzeitig zu erscheinen; sie bestimmen, was jeder und in welcher Reihenfolge er es sagen soll, damit die Sache von neuem zur Verhandlung gebracht und der früher gefaßte Beschluß aufgehoben wird, wenn ein Teil ihrer Gegner aus Nachlässigkeit nicht erschienen ist. Eine solche Tätigkeit und Betriebsamkeit, welche den Schein, als handelte das Volk selbst, erwecken soll, pflegt man Parteipolitik zu nennen. Ist aber eine Partei nur bei der Stimmabgabe die schwächere, an Kräften aber die stärkere oder die nur wenig schwächere, so wird versucht, das, was man durch Beredsamkeit und Kunstgriffe nicht zu erreichen vermochte, durch Waffen zu erlangen; und damit beginnt der Bürgerkrieg. Man entgegnet vielleicht, daß dergleichen nicht notwendig, ja nicht einmal häufig eintrete. Allein ebensogut könnte man sagen, daß die Volksredner ja nicht notwendig ehrgeizig zu sein brauchten und in großen Staatsangelegenheiten die großen Männer selten verschiedener Auffassung seien.

13. Hieraus erhellt, daß, wenn die gesetzgebende Gewalt solchen Versammlungen zusteht, die Gesetze selbst wandelbar sein müssen; sie ändern sich, nicht weil die Verhältnisse sich geändert oder die Ansichten gewechselt haben, sondern

weil heute die Mehrheit aus dieser Partei und morgen die aus jener Partei zur Versammlung geht. So schwanken die Gesetze hin und her wie Wellen auf dem Wasser.

14. Die Beratungen großer Versammlungen haben viertens den weitern Nachteil, daß die Pläne des Staates, deren Geheimhaltung oft von der größten Wichtigkeit ist, den Feinden eher bekannt werden, als sie ausgeführt werden können, und daß das, was das Volk vermag und will, dem Feinde ebenso schnell bekannt wird wie dem herrschenden Volk im Lande.

15. Diese mit den Beratungen großer Versammlungen verbundenen Nachteile zeigen um so mehr den Vorzug der Monarchie vor der Demokratie, als in dieser die wichtigsten Staatsangelegenheiten öfter als in der Monarchie in solchen Versammlungen verhandelt werden müssen; es kann auch schwerlich anders gemacht werden. Jeder würde natürlich lieber mit seinen eigenen Angelegenheiten als mit den öffentlichen sich beschäftigen, wenn diese ihm nicht eine Gelegenheit böten, seine Beredsamkeit zu zeigen, durch die er in den Ruf eines geistreichen und klugen Mannes kommt, und wenn er zu seinen Freunden und Verwandten, zu seiner Frau und seinen Kindern zurückgekehrt ist, sich des Beifalles über sein geschicktes Verhalten erfreuen kann. So fand einst Marcus Coriolanus die Freude an seinen Kriegstaten nur darin, daß er sah, wie sein Ruhm seine Mutter beglückte. Wollte das Volk in der Demokratie die Beratungen über Krieg und Frieden nur *einem* Beamten oder einigen wenigen übertragen und sich mit der Ernennung der Obrigkeiten und Staatsbeamten begnügen, d. h. mit der Machtvollkommenheit ohne Ausübung, dann würden allerdings die Monarchie und die Demokratie in diesem Punkte sich gleichstehen.

16. Die Vorteile und Nachteile der einen Art des Staates vor der andern kommen also nicht davon, daß die Herrschaft selbst oder die Führung der Staatsgeschäfte besser *einem* als mehreren, oder umgekehrt besser vielen als einigen wenigen übertragen wird. Denn die Herrschaft ist das Vermögen, die Führung der Geschäfte die Tat. Das Vermögen ist jedoch bei jeder Art des Staates gleich; nur die Taten sind verschieden, d. h. je nachdem die Bewegungen und

Handlungen des Staates von den Beratungen vieler oder weniger, Erfahrener oder Unerfahrener ausgehen. Deshalb sind die Vorteile und Nachteile einer Regierung nicht von der Person dessen bedingt, in dem die Machtvollkommenheit des Staates ruht, sondern von den Beamten des Staates; und deshalb kann ein Staat selbst dann gut geleitet werden, wenn der Monarch eine Frau, ein Knabe oder ein Kind ist, sofern nur die Minister und Beamten den Geschäften gewachsen sind. Das Wort: Wehe dem Reiche, dessen König noch ein Knabe ist! will nicht sagen, daß die monarchische Staatsform schlechter sei als die demokratische, sondern im Gegenteil, daß es ein zufälliges Unglück für ein Reich sei, wenn es bei einem noch im Knabenalter stehenden Könige einmal vorkommt, daß viele aus Ehrgeiz und mit Gewalt sich in die Staatsberatungen eindrängen und die Staatsverwaltung dann demokratisch wird, und daß infolgedessen jene Unglücksfälle eintreten, welche die gewöhnliche Folge der Volksherrschaft sind.

17. Ein deutliches Zeichen, daß die unbeschränkteste Monarchie die beste Staatsform von allen ist, liegt darin, daß nicht bloß die Könige, sondern auch die Staaten, wo das Volk oder die Vornehmen herrschen, nur einem einzigen die Kriegsgewalt übergeben, und zwar in der unbeschränktesten Weise. Hierbei ist übrigens auch dies zu bemerken, daß ein König dem Feldherrn keine größere Gewalt über das Heer übertragen kann, als er selbst rechtlich über die Bürger besitzt. Dies zeigt, daß die Alleinherrschaft im Felde die beste Form von allen ist. Aber was sonst anders sind mehrere Staaten, als ebenso viele Feldlager, die sich durch Truppen und Waffen gegeneinander verteidigen und deren Zustand, da Staaten durch keine gemeinsame Gewalt in Schranken gehalten werden (wenn auch ein ungewisser Friede, gleichsam ein kurzer Waffenstillstand zwischen ihnen herrscht), daher als Naturzustand, d. h. als Kriegszustand erachtet werden muß?

18. Endlich, da es für die Erhaltung der Menschen notwendig ist, daß sie die Untertanen *eines* Menschen oder einer Versammlung werden, so geschieht dies am besten durch Unterwerfung unter den, der an dem Wohl und

Glück der Unterworfenen ein Interesse hat. Dies ist dann der Fall, wenn die Untertanen die Erbschaft des Herrschers bilden; denn jeder sucht von selbst seine Erbschaft sich zu erhalten. Indes bilden nicht die Grundstücke oder Gelder, sondern die tätige Seele und der Körper der Bürger den Reichtum der Fürsten; was jene leicht anerkennen, welche wissen, wie hoch im Preise die Herrschaft kleiner Staaten eingeschätzt wird, und wieviel leichter durch Menschen Geld, als durch Geld Menschen erworben werden können. Auch ist der Fall selten, daß ein Fürst einen seiner Untertanen des Lebens oder Vermögens ohne seine Schuld, rein aus zügelloser Herrschsucht, beraubt.

19. Bisher habe ich die Monarchie mit dem Volksstaat verglichen und die Aristokratie nicht erwähnt. Indes kann man wohl aus dem Bisherigen schließen, daß diejenige Aristokratie für ihre Bürger die bessere und die dauerhaftere vor andern sein wird, bei welcher die Herrschaft sich vererbt und auf die Wahl der Obrigkeiten sich beschränkt, wo die Beratungen nur wenigen und den Geschicktesten anvertraut sind, mit einem Wort, wo die monarchische Regierung am meisten und die demokratische am wenigsten nachgeahmt wird.

11. KAPITEL

Stellen und Beispiele aus der Heiligen Schrift über das Recht der Herrschaft, welche das Bisherige bestätigen

1. Ich habe in Kap. 6, Abschn. 2, den Anfang des institutiven oder politischen Staates von der Einwilligung der Menge so abgeleitet, daß entweder alle ihre Einwilligung geben oder für Feinde gehalten werden müssen. Einen solchen Anfang nahm auch die Herrschaft Gottes über die Juden, wie sie von Moses eingerichtet wurde, 2. Mose 19, 5-8: „Wenn ihr meine Stimme hören werdet usw., so werdet ihr mir ein priesterliches Reich sein usw. — Moses kam, und die Ältesten des Volkes wurden berufen usw., und alles Volk sprach allzumal: Alles, was der Herr gesagt hat, wollen wir

tun." Ebenso begann auch die Macht des Moses unter Gott oder seine Macht als Stellvertreter des Königs, 2. Mose 20, 18-19: „Das ganze Volk hörte den Donner und sah die Blitze usw. und sagte zu Moses: Sprich du zu uns und wir werden hören." Ähnlich begann die Herrschaft Sauls, 1. Sam. 12, 12; 13: „Als ihr sahet, daß Naas, der König der Kinder Ammons, gegen euch gekommen war, sagtet ihr zu mir: Mitnichten; ein König soll über uns herrschen! da euer Herr über euch geherrscht hat. Jetzt ist also euer König da, den ihr gewählt und erbeten habt." Da aber nicht alle einwilligten, sondern nur der größere Teil (denn einige Söhne Belials sagten, 1. Sam. 10, 27: „Wird uns jener auch erretten können? Und sie verachteten ihn"), so wurden die, welche nicht eingewilligt hatten, gleich Feinden zum Tode geführt. Und das Volk sagte zu Samuel, 1. Sam. 11, 12: „Wer ist es, der gesagt hat, Saul solle nicht über uns herrschen? Gebt uns die Männer, daß wir sie töten."

2. In demselben Kap. 6, Abschn. 6 und 7, habe ich gezeigt, daß sowohl die Rechtsprechung wie die Kriegführung von dem Ermessen des Inhabers der höchsten Gewalt abhängt; also in der Monarchie allein von dem Monarchen oder König. Dies wird durch den Ausspruch des Volkes selbst bestätigt, 1. Sam. 8, 20: „Wir werden sein wie alle andern Völker, und unser König wird Recht sprechen über uns, und er wird vor uns ausziehen und unsere Kriege für uns führen." Auch König Salomo zeugt dafür sowohl in betreff der Rechtsprechung wie in allem, worüber man streiten kann, ob es gut oder schlecht ist, 1. Könige 3, 9: „Du wirst also deinem Knechte ein gelehriges Herz geben, damit er über dein Volk Recht sprechen und zwischen Gutem und Bösem unterscheiden kann." Auch Absalom sagt 2. Sam. 15, 3: „Es ist von dem König keiner eingesetzt, der dich anhören soll."

3. In Kap. 6, Abschn. 12, habe ich gezeigt, daß die Könige von ihren Untertanen nicht bestraft werden können; dies bestätigt König David, der, als Saul versuchte, ihm das Leben zu nehmen, sich dennoch enthielt, Saul zu töten, auch den Abisai davon abhielt, indem er sagte, 1. Sam. 26, 9: „Töte ihn nicht, denn wer kann seine Hand gegen den Gesalbten des Herrn erheben und unschuldig sein?" Und als

er den Saum vom Rocke Sauls abgeschnitten, 1. Sam. 24, 7: „Der Herr sei mir gnädig, damit ich dies meinem Herrscher nicht antue, dem Gesalbten des Herrn, daß ich meine Hand gegen ihn ausstrecke.“ Ebenso, 2. Sam. 1, 15, hieß er den Amalekiter, welcher ihm zuliebe den Saul getötet hatte, dennoch mit dem Tode bestrafen.

4. Das, was Richter 17, 6 steht: „In jenen Tagen war kein König in Israel, sondern jeder tat, was ihm recht schien“, als wenn da, wo kein Monarch ist, die Anarchie oder Verwirrung aller Dinge herrscht, könnte zum Beweis angeführt werden, daß die königliche Herrschaft besser als alle andern Staatsformen ist; indes könnte man unter „König“ nicht bloß *einen* Menschen, sondern auch eine Versammlung verstehen, sobald ihr nur die höchste Gewalt zukommt. Aber selbst in diesem Sinne gilt, daß ohne eine höchste und absolute Gewalt (wie ich im ganzen sechsten Kapitel zu beweisen versucht habe) einem jeden alles erlaubt ist, was ihm beliebt oder was er für recht hält. Allein dieses verträgt sich nicht mit der Erhaltung des menschlichen Geschlechts; deshalb besteht schon nach dem natürlichen Gesetz eine höchste Gewalt in jedem Staate.

5. In Kap. 8, Abschn. 7 u. 8, habe ich gezeigt, daß die Sklaven ihren Herren einfachen Gehorsam, und in Kap. 9, Abschn. 7, daß die Söhne ihren Eltern diesen selben Gehorsam schulden. Dasselbe sagt der heilige Paulus, und zwar in bezug auf die Sklaven, Kol. 3, 22: „Sie sollen ihrem fleischlichen Herrn in allem nicht nach den Augen dienen, als wenn sie nur den Menschen gefallen wollten, sondern in Einfalt ihres Herzens, aus der Furcht Gottes.“ Über die Söhne, Kol. 3, 20: „Ihr Söhne, gehorcht den Vätern in allem, denn daran hat der Herr Gefallen.“ So wie ich unter einfachem Gehorsam alles befasse, was nicht gegen die Gesetze Gottes verstößt, so muß man auch an diesen Stellen aus Paulus zu den Worten „in allem“ hinzudenken: „was nicht gegen die Gesetze Gottes geht.“

6. Um jedoch das Recht der Fürsten nicht Stück für Stück zu erweisen, führe ich nur die Stellen an, wo ihre ganze Gewalt zusammenfassend festgesetzt wird, nämlich daß die Untertanen ihnen den einfachen und absoluten Gehorsam

schulden. Zunächst aus dem Neuen Testament, Matth. 23, 2; 3: „Auf dem Sessel des Moses haben die Schriftgelehrten und Pharisäer gesessen; deshalb beobachtet und tut alles, was sie euch sagen." „Tut alles," sagt Christus, d. h. „gehorchet einfach." Weshalb? Weil sie „auf dem Sessel des Moses sitzen", d. h. des weltlichen Fürsten, nicht des Priesters Aaron. Ferner Röm. 13, 1; 2: „Jedermann sei untertan der obrigkeitlichen Gewalt; denn alle Gewalt kommt nur von Gott, und wo sie ist, da ist sie von Gott eingesetzt. Wer deshalb der Obrigkeit Widerstand leistet, der widersetzt sich der Einrichtung Gottes, und wer sich widersetzt, der bereitet sich selbst das Verderben" usw. Da sonach alle Obrigkeiten zur Zeit des heiligen Paulus von Gott eingerichtet waren, alle Könige aber damals von ihren Untertanen vollen Gehorsam forderten, so erhellt, daß eine solche Gewalt von Gott angeordnet worden. 1. Petrus 2, 13—15: „Seid untertan jeder menschlichen Kreatur um Gottes willen, d. h. dem Könige, der über allen steht, oder den von ihm gesandten Beamten, damit sie die Übeltäter strafen und die Gerechten loben; denn das ist der Wille Gottes." Weiter sagt der heilige Paulus zu Titus, Tit. 3, 1: „Ermahne sie, daß sie untertan seien den Fürsten und Obrigkeiten und daß sie ihren Befehlen gehorchen." Aber welchen Fürsten? Doch offenbar den Fürsten jener Zeit, welche den einfachen Gehorsam verlangten! Um endlich auf das Beispiel Christi selbst zu kommen, dem nach einem von David herkommenden erblichen Recht die Herrschaft über die Juden gebührte, so zahlte er, da er nach der Weise eines Untertanen lebte, seine Abgaben an den Kaiser und bekannte, daß sie dem Kaiser gehörten. Matth. 22, 21: „Gebet", sagt er, „dem Kaiser, was des Kaisers ist, und Gott, was Gottes ist." Als es ihm gefiel, als König aufzutreten, verlangte er vollen Gehorsam und sagte, Matth. 21, 2; 3: „Gehet in das Haus euch gegenüber, und ihr werdet dort eine Eselin mit ihrem Füllen finden, bindet sie los und bringt sie mir, und wenn jemand etwas dagegen sagen sollte, so antwortet, daß der Herr ihrer bedarf." Er tat sonach dies aus seinem Rechte als Herr oder als König der Juden. Wenn man den Untertanen ihr Gut nur mit der Begründung nimmt, daß der Herr es bedarf, so ist dessen Herrschaft absolut. Die überzeugendsten Stellen des Alten Testaments hierüber sind folgende, 5. Mose 5, 27: „Gehe hin und höre auf *alles,* was der Herr unser Gott dir sagen wird, und du wirst es uns dann sagen, und wenn wir es gehört, werden wir es tun." In dem Worte „alles" ist hier der volle Gehorsam beschlossen. Ferner bei Josua 1, 16—18: „Und sie antworteten dem Josua und sagten: *Alles,* was du uns geheißen hast, wollen wir tun, und wohin du uns sendest, wollen wir gehen. So wie wir in *allem* dem Moses gehorcht haben, so wollen wir auch dir gehorchen; nur sei der Herr dein Gott mit dir, wie er es mit Moses war. Wer deinem Munde widerspricht und nicht allen deinen Geboten gehorcht, der soll des Todes sterben." Ferner das Gleichnis vom Stechdorn, Richter 9, 14; 15: „Und alle Hölzer sagten zum Stechdorn: Komm und herrsche über uns! Er aber antwortete: Wenn ihr mich wahrhaft zum König bestellt, so kommt und ruht unter meinem Schatten; wenn ihr aber nicht wollt, so soll das Feuer vom Stechdorn ausgehen und die Zedern des Libanon verzehren." Der Sinn dieser Worte ist, daß man sich bei den Worten dessen beruhigen müsse, den man wahrhaft zum König über sich eingesetzt hat, wenn man nicht durch den Feuerbrand des Bürgerkrieges verzehrt sein wolle. Noch bestimmter wird die Gewalt des Königs von Gott selbst 1. Sam. 8, 9 ff. beschrieben: „Beschreibe ihnen das Recht des Königs, der über sie herrschen soll, usw. Das Recht des Königs, der über euch herrschen soll, wird sein, daß er eure Söhne euch nimmt und auf seine Kriegswagen stellt usw. Und eure Töchter wird er nehmen, damit sie Salben kochen usw. Die besten Ölgärten wird er nehmen und seinen Knechten geben." Ist dies nicht eine absolute Gewalt? Und doch wird sie von Gott das Recht des Königs genannt. Niemand, nicht einmal der höchste Priester ist anscheinend bei den Juden von diesem Gehorsam ausgenommen gewesen. Denn als der König, nämlich Salomo, dem Priester Abiathar sagte, 1. Kön. 2, 26; 27: „Gehe nach Anathot zu deinem Acker, denn du bist ein Mann des Todes; aber heute will ich dich nicht töten, weil du die Lade Gottes vor David, meinem Vater, getragen hast, und weil du in allem, was mein Vater gelitten hat, ihm beigestanden hast.

Und Salomo vertrieb den Abiathar, daß er nicht mehr der Priester des Herrn war“, — so ergibt sich aus nichts, daß diese Tat Gott mißfiel; denn wir lesen weder, daß Salomo deshalb von Gott getadelt worden, noch daß er ihm seit der Zeit weniger angenehm gewesen sei.

12. KAPITEL

Von den innern Ursachen, durch welche ein Staat sich auflöst

1. Bisher habe ich davon gesprochen, durch welche Ursachen und welche Verträge Staaten entstehen und welche Rechte die Herrscher über ihre Untertanen haben. Ich habe nun noch einiges über die Ursachen zu sagen, durch welche die Staaten sich auflösen, d. h. über die Ursachen der Aufstände. Schon bei den körperlichen Dingen ist bei deren Bewegungen dreierlei in Betracht zu ziehen: 1. die innere Anlage, wonach sie der Bewegung fähig sind, 2. der äußere Anstoß, aus dem eine gewisse und bestimmte Bewegung entsteht, und 3. der Vorgang selbst. So ist auch bei einem Staate, wo die Bürger im Aufruhr sich erheben, dreierlei zu beachten: 1. die Lehren und Leidenschaften, welche dem Frieden abträglich sind, und von denen die Gemüter der einzelnen ergriffen werden, 2. die Eigenschaften der Personen, welche die schon von den Leidenschaften Ergriffenen aufstacheln, aufrufen und dazu führen, die Waffen zu ergreifen, 3. die Art, wie dies geschieht oder die Parteiung selbst. Von den Lehren, welche zum Aufruhr stimmen, ist die erste, daß das Urteil über das Gute und Böse jedem einzelnen zustehe. Dies ist in dem Naturzustande wahr, wo die einzelnen mit gleichem Rechte leben und sich durch keinen Vertrag der Herrschaft eines andern unterworfen haben, wie ich in Kap. 1, Abschn. 9, bewiesen habe. Aber in dem bürgerlichen Zustande ist der Satz falsch. In Kap. 6, Abschn. 9, habe ich gezeigt, daß die bürgerlichen Gesetze die Regeln über das Gute und Böse, Rechte und Unrechte, Sittliche und Unsittliche bilden, mithin das, was der Gesetzgeber

gebietet, als gut, was er verbietet, als böse angesehen werden muß. Gesetzgeber ist aber allemal der Inhaber der Staatsgewalt, also in der Monarchie der Monarch. In Kap. 11, Abschn. 2, habe ich dies mit den Worten Salomos bestätigt. Sollte man nämlich das erstreben, was die einzelnen für gut halten, und das fliehen, was sie für böse halten, was sollten da dessen Worte bedeuten, 1. Kön. 3, 9: „Du wirst deinem Knechte ein gelehriges Herz geben, damit er über dein Volk richten und zwischen Gutem und Bösem unterscheiden kann.“ Wenn sonach die Könige das Gute und Böse zu bestimmen haben, so sind jene Redensarten verkehrt, wenn man sie auch täglich hört, wonach nur derjenige König sei, der recht handle, und daß man den Königen nur in ihren gerechten Befehlen zu gehorchen brauche, und ähnliche. Denn vor der Errichtung irgendeiner Herrschaft hat das Gerechte und Ungerechte nicht bestanden, da ihre Natur sich auf ein Gebot bezieht und jede Handlung ihrer Natur nach indifferent ist; das, was Recht und Unrecht ist, kommt von dem Recht des Herrschers. Was mithin ein rechtmäßiger König gebietet, macht er durch seinen Befehl zu dem Rechten, und was er verbietet, durch das Verbot zu dem Unrechten. Wenn dagegen die einzelnen Bürger das Urteil über das Gute und Böse für sich beanspruchen, so wollen sie so viel wie der König sein, was mit der Wohlfahrt des Staates sich nicht verträgt. Das älteste Gebot Gottes lautet, 1. Mose 2,17: „Von dem Baume der Erkenntnis des Guten und Bösen sollst du nicht essen“, und die älteste Versuchung des Teufels lautet, Kap. 3, 5: „Ihr werdet sein wie die Götter und die Erkenntnis des Guten und Bösen haben.“ Und die erste Vorhaltung Gottes an die Menschen lautet in V. 11: „Wer hat dir gesagt, daß du nackt seiest, wenn du nicht von dem Baume gegessen hast, von dem zu essen ich dir verboten hatte?“ Als wenn Gott sagte: Woher hältst du jetzt deine Nacktheit für unanständig, in der dich zu erschaffen mir gut erschien? Nur weil du dir die Erkenntnis des Anständigen und Unanständigen angemaßt hast.

2. Jede Handlung gegen das Gewissen ist eine Sünde; denn wer so handelt, verachtet das Gesetz. Indes muß man unterscheiden: die Sünde ist die meine, wenn ich bei der

Handlung weiß, daß es *meine* Sünde ist; wenn ich es aber für die Sünde eines andern halte, so kann ich bisweilen die Handlung ohne eigene Sünde tun. Wenn ich auf Befehl etwas tue, was für den Befehlenden eine Sünde ist, so begehe ich, wenn ich es tue, keine Sünde, sofern der Gebietende mein Herr von Rechts wegen ist. Wenn ich z. B. auf Befehl meines Staates in den Krieg ziehe, so tue ich damit kein Unrecht, wenn auch meiner Meinung nach der Krieg mit Unrecht begonnen ist; vielmehr täte ich Unrecht, wenn ich den Kriegsdienst verweigerte und mir die Entscheidung über Recht und Unrecht anmaßen würde, die allein dem Staate gebührt. Wer diesen Unterschied nicht beachtet, verfällt, sooft ihm etwas befohlen wird, was unerlaubt ist oder er dafür ansieht, in die Notwendigkeit zu sündigen, denn er handelt gegen sein Gewissen, wenn er gehorcht, und gegen das Recht, wenn er nicht gehorcht. Im ersten Falle zeigt er, daß er die Strafen des jenseitigen Lebens nicht fürchtet; im andern Falle hebt er nach seinem Teil die menschliche Gemeinschaft und das Staatsleben des diesseitigen Lebens auf. Deshalb ist die Meinung derer, welche lehren, daß die Untertanen sündigen, wenn sie die Befehle ihres Fürsten, die ihnen ungerecht erscheinen, ausführen, irrig und gehört zu denen, welche dem bürgerlichen Gehorsam entgegenlaufen; und diese Meinung ist die Folge jenes ursprünglichen Irrtums, den ich im vorhergehenden Abschnitt erörtert habe. Denn indem wir uns selbst das Urteil über das Gute und Böse anmaßen, bewirken wir, daß sowohl unser Gehorsam als auch unser Ungehorsam eine Sünde wird.

3. Die dritte aufrührerische Lehre, wonach der Tyrannenmord erlaubt ist, ist aus derselben Wurzel entsprungen. In der Tat haben nicht bloß viele Theologen unserer Zeit, sondern alle Philosophen in alten Zeiten, wie Plato, Aristoteles, Cicero, Seneca, Plutarch, und alle andern Begünstiger der Anarchie in Griechenland und Rom ihn für erlaubt, ja selbst für höchst lobenswert erklärt. Unter den Tyrannen verstehen sie dabei nicht bloß die Monarchen, sondern alle, welche die höchste Staatsgewalt in irgendeiner Staatsform innehaben. So wurde in Athen nicht bloß Pisistratus, der allein die Gewalt hatte, sondern nach ihm auch jeder einzelne

aus dem Rat der Dreißig, die gemeinsam herrschten, Tyrann genannt. Aber derjenige, dessen Tötung als eines Tyrannen sie verlangen, herrscht entweder mit Recht oder mit Unrecht; im zweiten Falle ist er ein Feind und wird mit Recht getötet; allein das ist kein Tyrannenmord, sondern Tötung eines Feindes. Hat er mit Recht die Herrschaft, so tritt die göttliche Frage ein: „Wer hat dir gesagt, daß er ein Tyrann sei, wenn du nicht von dem Baume gegessen hast, von dem zu essen ich dir verboten habe?" Denn warum nennst du den einen Tyrannen, den Gott zum König gemacht hat, wenn du nicht als einzelner Bürger die Entscheidung über Gut und Böse dir anmaßest? Wie verderblich indes eine solche Meinung allen Staaten und vorzüglich den Monarchien ist, erhellt leicht daraus, daß damit jeder König, sei er gut oder schlecht, dem ausgesetzt ist, daß ein Meuchelmörder über seine Verurteilung entscheidet und auch mit eigener Hand sie vollstreckt.

4. Die vierte der bürgerlichen Gesellschaft gefährliche Lehre geht dahin, daß auch die Inhaber der Staatsgewalt den Gesetzen des Staates unterworfen seien. Ihre Unwahrheit ist in Kap. 6, Abschn. 14, hinlänglich dargelegt worden, weil der Staat weder gegen sich noch gegen einen Bürger eine Verbindlichkeit eingehen kann; gegen sich nicht, weil man nur einem andern sich verpflichten kann, und gegen einen Bürger nicht, weil der Wille der einzelnen Bürger in dem Willen des Staates mit enthalten ist, so daß, wenn der Staat von solcher Verbindlichkeit frei werden will, es auch die Bürger wollen, womit er von selbst frei ist. Was aber von dem Staate gilt, gilt auch von dem Menschen oder der Versammlung von Menschen, die die höchste Gewalt innehat; denn sie stellen den Staat vor, der nur durch ihre höchste Gewalt besteht. Daß übrigens diese Lehre sich mit dem Wesen des Staates nicht verträgt, erhellt daraus, daß damit die Entscheidung über Recht und Unrecht, d. h. über das, was mit den Gesetzen des Staates übereinstimmt oder nicht, wieder auf die einzelnen übergehen würde. Es wird also der Gehorsam immer aufhören, sobald ein Gebot ungesetzlich erscheint, und zugleich auch alle Zwangsgewalt; und das ist nicht möglich ohne die Zerstörung des

Wesens des Staates. Trotzdem hat diese irrige Meinung bedeutende Verteidiger, wie Aristoteles und andere, die annehmen, daß bei der Schwachheit der Menschen nur den Gesetzen die höchste Gewalt im Staate übertragen werden dürfe. Indes können diese Männer unmöglich die Natur des Staates tief erfaßt haben, wenn sie glauben, daß man die Zwangsgewalt, die Auslegung der Gesetze und die Gesetzgebung, Gewalten, die dem Staate unentbehrlich sind, den Gesetzen selbst überlassen könne. Wenn auch mitunter einzelne Bürger gegen den Staat vor Gericht auftreten und mit ihm Prozesse führen können, so findet dies doch nur insoweit statt, als es sich dabei nicht um die Machtbefugnisse des Staates handelt, sondern darum, was der Staat durch ein bestimmtes einzelnes Gesetz gewollt hat. Handelt es sich z. B. um das Leben eines Bürgers, das nach einem Gesetz verfallen ist, so ist die Frage nicht, ob der Staat vermöge seines absoluten Rechtes ihm das Leben nehmen könne, sondern ob er nach diesem Gesetze gewollt habe, daß ihm das Leben genommen werde; und dies hat er gewollt, wenn der Bürger das Gesetz übertreten hat, sonst nicht. Daß der Staat an seine eigenen Gesetze gebunden sei, wird also noch nicht dadurch genügend bewiesen, daß dem Bürger der Rechtsweg gegen den Staat offensteht. Im Gegenteil erhellt, daß der Staat durch seine Gesetze nicht gebunden ist, da niemand sich gegen sich selbst verpflichten kann. Deshalb werden die Gesetze dem Titius und Gajus gegeben, aber nicht dem Staate, wenn auch der Ehrgeiz der Rechtsgelehrten es dahin gebracht hat, daß der Unerfahrene meint, die Gesetze hingen nicht von der Autorität des Staates, sondern von der Klugheit der Rechtsgelehrten ab.

5. Fünftens ist es eine für die Staaten äußerst verderbliche Lehre, daß die höchste Staatsgewalt geteilt werden könne. Dabei sind die Ansichten über die Teilung verschieden. Manche teilen so, daß sie der bürgerlichen Gewalt die Dinge zugestehen, welche sich auf den Frieden und die Vorteile dieses Lebens beziehen; dagegen übertragen sie die Gewalt in allen das Heil der Seele betreffenden Dingen an andere. Dann muß es sich freilich treffen, daß die Bürger die Gerechtigkeit, die für das Heil am allernotwendigsten

ist, nicht, wie es sich gehört, nach den Gesetzen des Staates bemessen, sondern nach den Geboten und Lehren von Personen, die in bezug auf den Staat entweder Privatleute oder Fremde sind. Die Bürger werden dann aus abergläubischer Furcht dem Fürsten den schuldigen Gehorsam verweigern, wobei sie freilich durch ihre Furcht selbst in das Übel, das sie fürchten, geraten. Was gibt es aber Verderblicheres für den Staat, als wenn die Menschen durch die Drohung der ewigen Höllenqualen von dem Gehorsam gegen die Fürsten, d. h. gegen die Gesetze, oder von dem gerechten Leben abgeschreckt werden? Andere teilen die höchste Gewalt so, daß sie die Entscheidung über Krieg und Frieden einem, den sie Monarchen nennen, übertragen, dagegen das Recht, Abgaben zu erheben, nicht diesem, sondern andern. Allein die Hauptsache im Frieden wie im Kriege ist das Geld; wer also die Herrschaft so teilt, teilt sie in Wirklichkeit gar nicht, sondern gibt sie dem, in dessen Gewalt das Geld steht, und dem andern nur den Namen; teilt man sie aber wirklich, so löst man den Staat auf. Denn weder kann ein notwendiger Krieg ohne Geld geführt, noch kann der öffentliche Friede ohne Geld erhalten werden.

6. Gewöhnlich wird gelehrt, daß Glaube und Heiligkeit nicht durch Fleiß und natürliche Vernunft erworben werden, sondern daß sie den Menschen immer auf übernatürliche Weise eingeflößt oder eingegeben werden. Wäre dies richtig, so wüßte ich nicht, weshalb man Rechenschaft über seinen Glauben ablegen sollte, oder warum nicht jeder, welcher nur wahrhaft ein Christ ist, als Prophet gelten sollte, oder endlich, weshalb nicht jeder das, was er tun und lassen soll, besser aus seiner eigenen Eingebung als aus den Geboten des Herrschers oder der rechten Vernunft entnehmen könnte. Man würde also wieder darauf zurückkommen, daß der einzelne über Gut und Schlecht entscheiden könne, und das kann, ohne den Staat aufzulösen, nicht zugelassen werden. Dennoch ist diese Meinung in der Christenheit so weit verbreitet, daß die Menge derer, welche der natürlichen Vernunft abtrünnig geworden sind, beinahe zahllos ist. Sie rührt von wahnsinnigen Menschen her, die durch häufiges Lesen der Heiligen Schrift sich eine Menge heiliger

Worte gesammelt haben und sie bei dem Vortrag so zu verbinden pflegen, daß ihre Rede keinen Sinn hat, aber unerfahrenen Personen doch göttlich erscheint. Denn wessen Unsinn als göttliche Rede erscheint, der wird notwendig für göttlich inspiriert gehalten werden.

7. Die siebente dem Staat feindliche Lehre lautet, daß den einzelnen Bürgern an ihren Gütern ein absolutes Eigentum zustehe, d. h. ein solches Eigentum, daß es das Recht jedes andern, nicht nur aller seiner Mitbürger, sondern auch des Staates selbst darauf ausschließt. Dies ist nicht richtig; denn wer einen Herrn hat, hat selbst keine Herrschaft, wie in Kap. 8, Abschn. 5, gezeigt worden ist. Nun ist aber der Staat infolge seiner Begründung der Herr aller Bürger. Vor Annahme des staatlichen Jochs hatte niemand ein besonderes Recht, sondern alles war allen gemein. Sag also: woher hast du dieses dein Eigentum, wenn nicht vom Staate? Woher aber hatte es der Staat, wenn nicht daher, daß jeder sein Recht auf den Staat übertragen hat? Mithin hast auch du dein Recht dem Staat übertragen; dein Besitzrecht und dein Eigentum an deinen Sachen kommen dir nur insoweit und so lange zu, als der Staat es will; ähnlich wie in der Familie die einzelnen Söhne nur so viel und so lange Besitz haben, als der Vater es will. Indes kommen die meisten Staatskundler zu einem andern Schluß. Die Menschen sind, so sagen sie, von Natur alle gleich; es gibt keinen Grund, daß jemand mir meine Sachen mit mehr Recht wegnehmen kann, als ich ihm die seinigen. Es ist richtig, daß zum allgemeinen Schutz mitunter Geld nötig sei; allein wer es verlangt, muß die Notwendigkeit zeigen, und dann wird man es ihm bereitwillig geben. Indes übersehen diese Männer bei dieser Ausführung, daß das, was sie jetzt verlangen, schon bei der Begründung des Staates geschehen ist; indem sie sprechen, als bestünde nur eine aufgelöste Menge und noch kein Staat, lösen sie gerade den bestehenden Staat auf.

8. Endlich ist es für den Staat, und besonders für den monarchischen, von größtem Nachteil, daß man nicht genügend das Volk von der bloßen Menge unterscheidet. Das *Volk* ist eine Einheit mit *einem* Willen und ist *einer* Hand-

lung fähig; all das kann von einer *Menge* nicht gesagt werden. Das Volk herrscht in jedem Staate, selbst in der Monarchie; denn da äußert das Volk seinen Willen durch den *eines* Menschen. Die Menge besteht dagegen aus den Bürgern, d. h. aus den Untertanen. In der Demokratie und Aristokratie sind die Bürger die Menge, und die Versammlung ist das Volk; in der Monarchie sind die Untertanen die Menge, und (wenn dies auch paradox ist) der König ist das Volk. Gemeine Leute und andere, die den Sachverhalt nicht erfassen, sprechen von einer großen Zahl Menschen immer als vom Volke, d. h. vom Staate. Sie sagen, „der Staat" sei gegen den König aufgestanden (was unmöglich ist), und „das Volk" wolle dies und jenes wolle es nicht, wie es gerade unruhigen und unzufriedenen Untertanen paßt. Allein sie wiegeln dabei unter dem Vorwand, daß es das Volk sei, die Bürger gegen den Staat, d. h. die Menge gegen das Volk auf. Dies sind ungefähr all die Lehren, die, wenn sie bei den Bürgern Eingang finden, sie zu Aufständen verleiten. Und da in jedem Staat die Majestät dem Inhaber der höchsten Gewalt bewahrt bleiben muß, so haftet allen diesen Lehren natürlicherweise das Verbrechen der Majestätsverletzung an.

9. Nichts quält den Menschen mehr als Armut oder der Mangel der zur Erhaltung seines Lebens und seiner Stellung erforderlichen Mittel. Obgleich nun jedermann weiß, daß man durch Fleiß sich Vermögen erwerben und durch Sparsamkeit erhalten kann, so pflegt doch der Arme die Schuld nicht in seiner Trägheit oder Verschwendung zu suchen, sondern er gibt der schlechten Staatsregierung die Schuld, die durch Steuern sein Privatvermögen verzehrt habe. Indes sollte man doch bedenken, daß der, welcher kein Vermögen hat, nicht bloß arbeiten muß, um zu leben, sondern daß er auch kämpfen muß, um arbeiten zu können. Jeder Jude, welcher zu Esras Zeit an den Mauern Jerusalems mitbaute, verrichtete mit der einen Hand die Arbeit und in der andern hielt er das Schwert. Man muß bedenken, daß in jedem Staate der König oder die höchste Versammlung die Hand ist, welche das Schwert führt, und daß sie durch den Fleiß der Bürger ebenso ernährt werden muß, wie die, mit der

jeder sich sein Privatvermögen erwirbt. Die Zölle und Steuern sind nur der Lohn derer, welche in Waffen wachen, damit der Fleiß der einzelnen nicht durch die feindlichen Einfälle behindert werde. Deshalb sind diese Klagen, womit man seine Armut den öffentlichen Abgaben zur Last legt, ebenso ungerechtfertigt wie die Behauptung, daß man durch Bezahlung seiner Schulden arm geworden sei. Indes denken die meisten Menschen an all dies nicht; es geht ihnen wie denen, die an Alpdrücken leiden; dieses Übel, das von der Gefräßigkeit kommt, macht die Leidenden glauben, sie würden überfallen und unter einer schweren Last erdrückt und erstickt. Es leuchtet ohne weiteres ein, daß Menschen, die glauben, der Staat erdrücke sie mit seiner ganzen Last, zu Aufständen geneigt sind und daß die, denen der gegenwärtige Zustand nicht gefällt, an Veränderungen ihre Freude haben.

10. Ein anderer, dem Staate verderblicher geistiger Übelstand findet sich bei denen, die bei geringer Beschäftigung der Würden entbehren. Jedermann strebt naturgemäß nach Auszeichnung und Berühmtheit, am meisten aber die, welche von der Sorge für das tägliche Leben am wenigsten berührt werden. Die Muße treibt sie teils zu Erörterungen über die öffentlichen Angelegenheiten, teils zum ungezwungenen Lesen von Geschichtswerken, Reden, politischen Abhandlungen und anderen Büchern; dadurch halten sie sich sowohl infolge ihrer Begabung als auch ihrer Bildung für hinreichend befähigt, die wichtigsten Angelegenheiten zu besorgen. Da indes nicht alle das sind, wofür sie sich halten, und selbst wenn dies der Fall wäre, doch bei ihrer großen Zahl nicht alle zu öffentlichen Ämtern herangezogen werden könnten, so müssen viele übergangen werden. Diese fühlen sich vor den Kopf gestoßen und wünschen daher, teils aus Neid gegen die, die ihnen vorgezogen wurden, teils aus der Hoffnung, doch noch emporzukommen, nichts sehnlicher als einen unglücklichen Ausgang der öffentlichen Beratungen. Und deshalb kann man sich nicht wundern, wenn sie die Gelegenheit zu Neuerungen begierig erwarten.

11. Zu den zum Aufstand verleitenden Leidenschaften gehört auch die Hoffnung auf Erfolg. Wenn auch die Men-

schen noch so sehr von Meinungen erfüllt sind, welche dem Frieden und der bürgerlichen Ordnung zuwiderlaufen; wenn sie noch so sehr von den Machthabern durch Unrecht und Beleidigungen verletzt und gereizt werden: so wird daraus doch kein Aufstand entstehen, wenn die Hoffnung auf Erfolg gar nicht oder zu schwach vorhanden ist; der einzelne wird sich verstellen und das augenblickliche Schlimme lieber als noch Schlimmeres ertragen. Nun gehört aber zu dieser Hoffnung notwendig viererlei: eine genügende Anzahl, Kriegswerkzeuge, gegenseitiges Vertrauen und Führer. Ein Widerstand gegen die Obrigkeit, der ohne die genügende Anzahl erfolgt, ist kein Aufstand, sondern ein Akt der Verzweiflung. Unter Kriegswerkzeugen verstehe ich Waffen und Vorräte, ohne die eine große Anzahl nichts hilft. Ebensowenig helfen Waffen ohne gegenseitiges Vertrauen, noch all dies ohne die Vereinigung unter einen Führer, dem die übrigen gehorchen, nicht weil sie sich seiner Befehlsgewalt unterworfen hätten (denn ich habe in diesem Kapitel vorausgesetzt, daß dergleichen Menschen nicht verstehen, daß sie zu mehr als zu dem, was sie selbst für recht und gut halten, verpflichtet sein könnten), sondern aus Achtung vor seiner Tapferkeit und seinem kriegerischen Geschick oder wegen der Ähnlichkeit ihrer Leidenschaften. Sind diese vier Bedingungen solchen Menschen erreichbar, die mit der gegenwärtigen Lage unzufrieden sind und die ihr Recht zum Handeln nur nach ihrem eigenen Ermessen bestimmen, so fehlt zum Aufstand und zur Verwirrung im Staate nur noch, daß jemand sie aufhetzt und antreibt.

12. Sallust schildert den Charakter des Catilina, der in Geschicklichkeit zu Aufständen von niemand übertroffen wurde, dahin, daß er viel Beredsamkeit, aber wenig Weisheit besessen habe. Er trennt also die Beredsamkeit von der Weisheit; jene legt er dem zu Unruhen geborenen Menschen als eine notwendige Eigenschaft bei, diese, als die Gebieterin des Friedens, spricht er ihm ab. Die Beredsamkeit ist aber zweifacher Natur: die eine Art ist der klare und elegante Ausdruck der Gedanken und der Begriffe, entstanden zum Teil aus der Betrachtung der Dinge selbst, zum Teil aus einem Verständnis der Worte in ihrer eigentlichen

und bestimmten Bedeutung. Die andere ist eine Erregung der Leidenschaften, wie Hoffnung, Furcht, Zorn, Mitleid, und stammt her von dem übertragenen Gebrauch der Worte, der den Leidenschaften angepaßt ist. Jene webt ihre Rede aus wahren Grundsätzen, diese aus den herrschenden Meinungen, gleichviel welcher Art sie seien; die Kunst jener ist die Logik, dieser die Rhetorik; das Ziel jener ist die Wahrheit, dieser der Sieg. Beide haben ihren Nutzen, jene bei Beratungen, diese bei Ermahnungen; denn jene trennt sich nie von der Weisheit, diese aber beinahe immer. Daß nun diese Art mächtiger Beredsamkeit, die weit entfernt ist von der wahren Erkenntnis der Dinge, d. h. von der Weisheit, das wahre Kennzeichen derer ist, welche das Volk zu Neuerungen aufregen und anreizen, kann man leicht aus dem, was sie vornehmen, ersehen. Denn sie könnten das Volk nicht mit jenen verkehrten, dem Frieden und der bürgerlichen Gesellschaft widersprechenden Meinungen vergiften, wenn sie nicht selbst denselben anhingen; und dies zeugt von einer größern Unwissenheit, als bei einem weisen Manne möglich ist. Denn wer nicht weiß, woher die Gesetze ihre Kraft ableiten, welches die Regeln des Gerechten und Ungerechten, des Sittlichen und Unsittlichen, des Guten und Schlechten sind, was den Frieden unter den Menschen herstellt und bewahrt und was ihn zerstört, was ihm selbst und was andern gehört, endlich, was er will, daß ihm geschehe, damit er es auch andern tue: wer das alles nicht weiß, der ist fürwahr erbärmlich weise. Wer aber seine Zuhörer aus dummen Menschen zu verrückten machen kann; wer bewirken kann, daß die Armen ihren Zustand für noch elender und die in guten Verhältnissen Befindlichen ihren Zustand für schlecht halten; wer die Hoffnungen verstärken und die Gefahren verharmlosen kann, trotz aller Gründe der Vernunft: der vermag das nur durch Beredsamkeit; nicht durch die, welche die Dinge so darstellt wie sie sind, sondern durch jene andere, welche die Gemüter aufregt und damit ihnen alles so erscheinen läßt, wie der Redner selbst in seiner Aufregung es vorher aufgefaßt hat.

13. Um die Gemüter der Bürger für den Aufruhr zu stimmen, wirken aus Unwissenheit auch viele, die voll guter

Gesinnung für den Staat sind, dadurch mit, daß sie den Jünglingen in der Schule und dem ganzen Volke von der Kanzel Lehren beibringen, die mit den geschilderten Meinungen übereinstimmen. Nun verwenden die, welche jene Stimmung zum Ausbruch bringen wollen, ihre ganzen ehrgeizigen Bemühungen darauf, daß sie die Mißvergnügten zunächst in Parteiungen und Verschwörungen zusammenbringen, und dann, daß sie selbst die Führung in diesen Parteien erlangen. Das erste geschieht dadurch, daß sie sich zu Vermittlern und Auslegern der Entschlüsse und Handlungen der einzelnen machen und die Personen und Orte zu Versammlungen bestimmen, wo über die Verbesserungen, die in der Staatsregierung geschehen sollen, beraten wird, wie es ihren Interessen am besten entspricht. Damit sie aber in der Partei die Führung erlangen, muß in der Partei wieder eine Partei gebildet werden, d. h. sie müssen mit wenigen besondere geheime Zusammenkünfte abhalten, in denen über die Anträge beschlossen wird, welche später in der allgemeinen Versammlung gestellt werden sollen, wer sie stellen soll, was die einzelnen und in welcher Reihenfolge sie sprechen sollen, und wie die Mächtigsten und Volkstümlichsten in der Partei zu ihren Ansichten gebracht werden können. Wenn auf diese Weise die Partei zu einer erheblichen Stärke angewachsen ist und jene durch ihre Beredsamkeit die Leitung darin haben, treiben sie sie zur Tat. So gelingt es ihnen mitunter, den Staat zu stürzen; nämlich dann, wenn ihnen keine andere Partei entgegentritt. Zumeist jedoch bringen sie Spaltungen hervor und führen den Bürgerkrieg herbei. Denn die Dummheit und die Rednerkunst verbinden sich zum Umsturz des Staates in derselben Weise, wie nach dem Mythos einst die Töchter des Pelias, des Königs von Thessalien, sich mit der Medea heimlich gegen ihren Vater verschworen. Indem sie nämlich dem altersschwachen Greis die Jugend wiedergeben wollten, leg-sie ihn, auf den Rat der Medea, in Stücke zerschnitten zum Kochen auf das Feuer und warteten vergeblich, daß er erwachen sollte. Ebenso will das gemeine Volk in seiner Torheit, gleich den Töchtern des Pelias, den alten Staat verjüngen, und, verführt durch die Rednerkünste ehrgeiziger

Menschen, gleich wie durch die Hexerei der Medea, teilen sie ihn in Parteien und lassen ihn, statt ihn zu reformieren, meist im Feuer sich verzehren.

13. KAPITEL

Von den Pflichten der Inhaber der höchsten Staatsgewalt

1. Nach dem Bisherigen sind die Pflichten der Bürger und Untertanen in den verschiedenen Arten des Staates und die Macht der obersten Herrscher über sie offenbar. Dagegen habe ich noch nichts von den Pflichten der Herrscher und von der Art und Weise, wie sie sich gegen die Untertanen benehmen sollten, gesagt. Hierbei muß zwischen dem Recht und der Ausübung der höchsten Staatsgewalt unterschieden werden; denn beides ist trennbar. Z. B. wenn der, der das Recht dazu hat, doch an der Entscheidung der Streitigkeiten oder an den Beratungen nicht selbst teilnehmen kann oder mag. Denn die Könige sind mitunter aus Altersgründen an der Führung ihrer Geschäfte gehindert; mitunter können sie es wohl, halten es aber für angebrachter, sich mit der Wahl ihrer Beamten und Räte zu begnügen und ihre Herrschervorrechte durch sie ausüben zu lassen. Wo das Recht so von der Ausübung getrennt ist, da gleicht die Regierung des Staates der gewöhnlichen Regierung der Welt, wo Gott, der erste Beweger von allem, die natürlichen Wirkungen durch die Ordnung der mittelbaren Ursachen herbeiführt. Wenn dagegen der zur Regierung Berechtigte bei allen Urteilssprüchen, Beratungen und öffentlichen Unternehmungen selbst dabei ist, da gleicht die Verwaltung dem Fall, wo Gott, gegen die natürliche Ordnung, selbst allen Stoff in Bewegung setzt. Ich werde deshalb in diesem Kapitel kurz und in den Hauptzügen von den Pflichten derer handeln, welche die höchste Staatsgewalt teils aus eigenem Rechte, teils im Auftrage verwalten. Es ist nicht meine Absicht, mich darüber zu verbreiten, was einigen Fürsten im Unterschied von anderen vorbehalten ist, denn das muß den politischen Gebräuchen in jedem Staat überlassen bleiben.

2. Alle Pflichten der Herrschenden lassen sich in den *einen* Satz zusammenfassen, daß das Wohl des Volkes das höchste Gesetz ist. Denn wenn auch die Inhaber der höchsten Gewalt unter den Menschen den Gesetzen im eigentlichen Sinn des Wortes, d. h. dem Willen der Menschen nicht unterworfen werden können, weil es ein Widerspruch wäre, der oberste und dennoch andern unterworfen zu sein, so ist es doch ihre Pflicht, der rechten Vernunft, welche das natürliche, moralische und göttliche Gesetz ist, nach Möglichkeit in allem zu gehorchen. Nun ist die Herrschaft des Friedens wegen eingerichtet, und der Friede wird des Wohles wegen erstrebt; deshalb würde der mit der Herrschaft Ausgestattete gegen die Bedingungen des Friedens, d. h. gegen die natürlichen Gesetze verstoßen, wenn er seine Macht anders als zum Wohle des Volkes gebrauchte. So wie nun das Wohl des Volkes das Gesetz vorschreibt, aus dem die Fürsten ihre Pflicht abnehmen können, so lehrt es auch die Kunst, durch welche diese Wohlfahrt gewonnen werden kann; denn die Macht der Bürger ist die Macht des Staates, d. h. dessen, der im Staate die höchste Gewalt hat.

3. Unter dem Volke wird hier nicht die *eine* bürgerliche Person, d. h. der regierende Staat selbst verstanden, sondern die Menge der Bürger, welche regiert werden. Der Staat ist nämlich nicht seinetwegen, sondern der Bürger wegen eingerichtet worden; aber man kann dabei nicht auf diesen oder jenen einzelnen Rücksicht nehmen. Denn der Herrscher als solcher sorgt nur durch Gesetze, die allgemein sind, für das Wohl der Bürger; deshalb hat er seine Pflicht erfüllt, wenn er mit ganzer Anstrengung dafür gesorgt hat, daß es durch heilsame Einrichtungen so vielen wie möglich und so lange wie möglich gut gehe und daß es niemandem schlecht gehe, ausgenommen durch seine eigene Schuld oder durch einen Zufall, dem man nicht vorbeugen konnte. Mitunter erfordert es aber das Wohl der meisten, daß es denen, die schlecht sind, auch schlecht gehe.

4. Unter dem Wohle ist nicht bloß die notdürftige Erhaltung des Lebens irgendwie, sondern ein möglichst glückliches Leben zu verstehen. Denn die Menschen haben sich nur deshalb aus freien Stücken zu einem institutiven Staate

verbunden, um so angenehm zu leben, als es die menschliche Wesensart gestattet. Deshalb würden die, welche die höchste Gewalt in einem solchen Staate übernommen haben, gegen das natürliche Gesetz verstoßen (weil sie das Vertrauen derer verletzten, die ihnen die Staatsgewalt übertragen haben), wenn sie nicht durch Gesetze, soweit dies dadurch möglich ist, dafür sorgen würden, daß die Bürger mit allen Gütern nicht bloß zum Leben, sondern auch zum Genusse reichlich versehen werden. Alle diejenigen aber, welche eine Herrschaft durch Waffen gewonnen haben, streben dahin, daß die Untertanen körperlich und geistig kräftig seien, damit sie ihnen dienen können. Sie würden deshalb gegen ihr eigenes Ziel und Interesse handeln, wenn sie nicht versuchten, die Untertanen nicht nur mit dem Lebensnotwendigen, sondern auch mit dem, was sie stark und kräftig macht, zu versorgen.

5. Vor allem meinen die Fürsten, daß hinsichtlich des ewigen Heiles die Frage von höchster Bedeutung sei, welche Meinungen über Gott herrschen und welcher Gottesdienst geübt werde. Nimmt man dies an, so entsteht die Frage, ob die Inhaber der höchsten Staatsgewalt, wer sie auch immer seien, ob einer oder mehrere, nicht gegen die natürlichen Gesetze verstoßen, wenn sie verabsäumen, die Lehre und den Gottesdienst, den sie selbst für das ewige Heil der Bürger für nötig halten, zu verbreiten und üben zu lassen, oder wenn sie gestatten, daß das Entgegengesetzte gelehrt und geübt werde. Es ist klar, daß sie damit gegen ihr Gewissen handeln und die ewige Verdammnis ihrer Untertanen, soweit es von ihnen abhängt, wollen. Denn sonst sehe ich keinen Grund, weshalb sie, da sie als die Höchsten nicht gezwungen werden können, gestatten sollten, daß das gelehrt und getan werde, was nach ihrer Ansicht zur Verdammnis führen muß. Indes lasse ich diese schwierige Frage unentschieden.

6. Die Vorteile der Untertanen lassen sich, nur in bezug auf das diesseitige Leben, in vier Arten einteilen: 1. daß man gegen äußere Feinde verteidigt wird; 2. daß der innere Frieden erhalten wird; 3. daß man sein Vermögen, soweit es sich mit der öffentlichen Sicherheit verträgt, vermehren

kann; 4. daß man seine Freiheit so weit genießt, als kein Schaden daraus entsteht. Denn die Herrscher können für das Glück innerhalb des Staates nicht mehr tun, als daß die Bürger vor äußern und innern Kriegen gesichert werden und dadurch ihr durch eigenen Fleiß erworbenes Vermögen genießen können.

7. Zum Schutze des Volkes ist zweierlei nötig: zeitige Warnung und Wappnung im voraus. Denn unter den verschiedenen Staaten besteht der Natur-, d. h. der Kriegszustand; und wenn sie auch einmal keinen Krieg führen, so ist dies doch kein Friede, sondern nur ein Atemschöpfen, wobei die Feinde gegenseitig ihre Bewegungen und Mienen beobachten und ihre Sicherheit nicht nach den Verträgen, sondern nach den Kräften und Plänen des Gegners beurteilen. Dies folgt aus dem Naturrecht, wie in Kap. 2, Abschn. 10, gezeigt worden ist, da die Verträge in dem Naturzustande ihre Kraft verlieren, wenn berechtigte Furcht dazwischentritt. Deshalb gehören zur Sicherheit des Staates erstens Personen, welche die Absichten und Handlungen aller, die dem Staate gefährlich werden können, möglichst weitgehend ausspähen und aufspüren. Diese Späher sind für die Verwalter der Staatsgewalt dasselbe wie die Lichtstrahlen für die menschliche Seele. Und man kann vom Sehen im politischen Sinne richtiger als im natürlichen Sinne sagen, daß das sensible und intelligible Bild der äußern Dinge, von andern unbeachtet, der Seele, d. h. den Verwaltern der höchsten Staatsgewalt, durch die Luft zugeführt wird: deshalb sind diese Späher für das Wohl des Staates ebenso notwendig wie die Lichtstrahlen für das Wohl des Menschen. Auch kann man sie mit Spinngeweben vergleichen, die, nach allen Seiten mit feinsten Fäden ausgebreitet, der in ihrer kleinen Höhle sitzenden Spinne die äußern Vorgänge anzeigen; die Herrscher können ohne solche Späher so wenig wissen, was zum Schutze der Untertanen angeordnet werden muß, wie jene Spinnen ohne ihre Fäden nicht wissen können, wann sie herauskommen und wohin sie eilen sollen.

8. Ferner gehört zur Verteidigung des Volkes, daß es gerüstet ist. Gerüstet sein heißt aber, schon vor Eintritt der Gefahr mit Soldaten, Waffen, Schiffen, Festungen und Geld-

mitteln versehen sein. Denn hat man erst eine Niederlage erlitten, so ist die Aushebung von Soldaten und die Beschaffung von Waffen wenn nicht unmöglich, so doch zu spät. Ebenso würde, wenn man Festungen und Stützpunkte an den passenden Orten nicht im voraus anlegen wollte, ehe der Feind die Grenzen überschritten, man es machen wie die der Fechtkunst unkundigen Bauern, die nach des Demosthenes Bemerkung den Schild immer auf die Seite nehmen, auf der sie gerade einen Hieb empfangen haben. Wenn man aber meint, es genüge, das Geld zur Ernährung der Soldaten und für die übrigen Kriegsunkosten dann einzuziehen, wenn die Gefahr sich zeigt, so bedenkt man sicherlich nicht, wie schwer es fällt, von habgierigen Menschen plötzlich eine so große Summe Geldes beizutreiben. Denn fast jedermann pflegt das, was er einmal erworben hat, so sehr als sein rechtmäßiges Eigentum anzusehen, daß er es für ein großes Unrecht gegen sich hält, wenn er genötigt wird, auch nur einen winzigen Teil davon für das Allgemeine herzugeben. Nun kann aber aus den Einnahmen, die aus Steuerabgaben und Zöllen in die Staatskasse fließen, nicht plötzlich eine so große Summe aufgebracht werden, wie zur kriegerischen Verteidigung des Staates erforderlich ist. Deshalb müssen im Interesse der Staatssicherheit schon in den Friedenszeiten Geldmittel für den Kriegsfall angesammelt werden. Wenn sonach die Herrscher um des Wohles der Bürger willen die Pläne der Feinde erforschen, ein Heer und Festungen unterhalten und ständig Geld bereithalten müssen, und wenn die Fürsten nach dem Gesetze der Natur für das Wohl der Bürger mit ganzer Anstrengung zu sorgen verpflichtet sind, so muß ihnen nicht bloß erlaubt sein, Späher auszusenden, ein Heer zu unterhalten, Festungen zu bauen und Geld dafür einzufordern, sondern es wäre geradezu unerlaubt, dies zu unterlassen. Dazu gehört noch weiter, daß alles, was zur Schwächung der Macht der Nachbarn, die ihnen gefährlich erscheinen, durch List oder Gewalt geschehen kann, von den Lenkern des Staates geschehen muß. Denn sie sind verpflichtet, drohenden Übeln entgegenzutreten, damit diese nicht erst eintreffen.

9. Zur Erhaltung des inneren Friedens ist vielerlei nötig,

weil vielerlei, wie in dem vorigen Kapitel gezeigt worden ist, zusammentrifft, was ihn stören kann. Ich habe dort nachgewiesen, daß manches die Gemüter zum Aufruhr geneigt macht und anderes die Bürger in solcher Stimmung zur Tat bewegt und treibt. Zur Erweckung dieser Neigung dienen, wie ich dort gezeigt, an erster Stelle gewisse schlechte Lehren. Deshalb ist es Pflicht derer, welche den Staat leiten, diese Lehren aus dem Gemüt der Bürger auszurotten und die entgegengesetzten ihnen einzuimpfen. Da Meinungen aber nicht durch Befehl, sondern durch Belehrung, nicht durch den Schrecken der Strafen, sondern durch einleuchtende Vernunftgründe angenommen werden, so müssen die Gesetze, die diesem Übel begegnen sollen, sich nicht gegen die Irrenden, sondern gegen die Irrtümer selbst richten. Diese Irrtümer, die, wie ich im vorigen Kapitel gezeigt habe, mit der Ruhe des Staates unvereinbar sind, sind in das Gemüt der unwissenden Untertanen teils durch die Kanzelredner gelangt, teils durch das tägliche Geschwätz der Leute, die infolge gesicherter Vermögensverhältnisse Muße genug für Studien finden; und diese Leute haben ihre Ansichten von den Lehrern angenommen, von denen sie in ihrer Jugend auf den öffentlichen Universitäten unterrichtet wurden. Deshalb muß man umgekehrt, wenn man heilsame Lehren zur Geltung bringen will, bei den Universitäten beginnen. Dort müssen die wahren und wahrhaft bewiesenen Grundlagen für eine Staatslehre gelegt werden; die darin unterrichteten jungen Leute werden dann später die Masse im einzelnen und öffentlich darüber belehren können. Und das werden sie um so bereitwilliger und erfolgreicher tun, je mehr sie selbst von der Wahrheit dessen überzeugt sind, was sie lehren und verkündigen. Sind doch heutzutage Urteile im Umlauf, die bloß durch das häufige Anhören zur Geltung gelangt sind, obgleich sie falsch und so wenig verständlich sind, als wenn man eine Anzahl von Ausdrücken durch das Los aus der Urne gezogen und verbunden hätte; wieviel mehr werden daher aus denselben Ursachen wahre Lehren angenommen werden, die der menschlichen Einsicht und der Natur der Dinge entsprechen? Deshalb halte ich es für die Pflicht der Herrscher, daß sie die wahren Grundzüge der Staatslehre aufzeichnen lassen, die dann auf allen Universitäten des Staates gelehrt werden müssen.

10. An zweiter Stelle macht, wie ich gezeigt habe, die Unzufriedenheit infolge der Armut die Bürger zum Aufstande geneigt; denn wenn auch diese Armut von eigener Verschwendung oder Trägheit kommt, so legen sie sie doch den Staatslenkern zur Last und meinen, durch die öffentlichen Abgaben erschöpft und erdrückt worden zu sein. Mitunter hat diese Klage einen gerechten Grund, wenn nämlich die Staatslasten ungleich auf die Bürger verteilt sind. Denn eine Last, die, wenn alle sie tragen, leicht ist, kann, wenn viele sich derselben entziehen, den übrigen schwer, ja unerträglich werden; auch schmerzt diese Ungleichheit noch mehr als die Last selbst. Mit großem Eifer kämpft nämlich jeder um die Steuerfreiheit, und die in diesem Kampfe weniger Glücklichen, gleichsam die Besiegten, beneiden die Glücklicheren. Um daher gerechte Klagen zu beheben, verlangt es das Interesse der öffentlichen Ruhe und gehört folglich zur Pflicht der Regierenden, daß die öffentlichen Lasten gleich verteilt werden. Überdies sind die Steuern der Bürger nur der Preis des erkauften Friedens, und es ist deshalb nur vernünftig, daß alle, die an diesem Frieden in gleicher Weise teilnehmen, auch gleiche Beiträge leisten, entweder an Geld oder an öffentlichen Leistungen. Es ist ein natürliches Gesetz (nach Kap. 3, Abschn. 15), daß jeder bei Austeilung des Rechts an andere sich gegen alle gleich verhalte. Deshalb sind die Herrscher durch das natürliche Gesetz verpflichtet, die Staatslasten gleichmäßig unter ihre Bürger zu verteilen.

11. Unter der Gleichheit ist indes hier nicht eine Gleichheit der Geldleistung, sondern der Last zu verstehen, d. h. eine Gleichheit des Verhältnisses zwischen den Lasten und den Vorteilen. Denn wenn auch alle den Frieden gleich genießen, so sind doch die Vorteile des Friedens nicht für alle die gleichen: die einen erwerben mehr, die anderen weniger; und wiederum verbrauchen die einen mehr, die anderen weniger. Es fragt sich daher: sollen die Bürger zu den öffentlichen Ausgaben nach Verhältnis ihres Einkommens oder nach Verhältnis ihres Verbrauchs beitragen? D. h. sollen

die Personen besteuert werden, so daß sie nach Verhältnis ihres Vermögens zahlen, oder sollen es die Waren, so daß jeder nach dem Maße dessen zahlt, was er davon verbraucht? Wenn die Steuern nach Verhältnis des Vermögens entrichtet werden, so besitzen doch die, welche gleiches Einkommen haben, noch nicht ein gleiches Vermögen, da der eine das Erworbene sparsam bewahrt, während der andere es in Luxusdingen vergeudet. Obgleich daher beide die Vorteile des Friedens gleich genießen, tragen sie doch nicht gleich zu den Staatslasten bei. Werden dagegen die Waren mit Steuern belegt, so zahlt jeder, indem er sein Privatgut verbraucht, eben dadurch daß er es verbraucht, den dem Staate schuldigen Teil ohne Unterschied nicht nach Verhältnis dessen, was er besitzt, sondern dessen, was er durch die Vorteile des Staates besessen hat. Es ist also unzweifelhaft, daß die erste Art der Steuererhebung gegen die Billigkeit und also auch gegen die Pflicht der Herrscher verstößt, während die letzte Art der Vernunft und ihrer Pflicht gemäß ist.

12. Eine dritte Gefahr für den öffentlichen Frieden liegt, wie ich gezeigt habe, in der aus dem Ehrgeiz entspringenden Unzufriedenheit. Wer sich für weiser als die andern und zur Führung der Staatsgeschäfte für geschickter hält als die, welche zur Zeit sie verwalten, der zeigt, wenn er nicht auf andere Weise darlegen kann, wie sehr seine Tüchtigkeit dem Staate nützen würde, dies durch Schädigung des Staates. Da Ehrgeiz und die Gier nach Ehrenstellen aus den Menschen nicht ausgerottet werden können, so haben die Herrscher dazu auch keine Verpflichtung; wohl aber können sie durch ständige Anwendung von Belohnungen und Strafen den Menschen begreiflich machen, daß der Weg zu den Ehrenstellen nicht durch Kritik an der gegenwärtigen Regierung führt und auch nicht durch die Parteien und die Volksgunst, sondern durch das Entgegengesetzte. Die guten Bürger sind die, welche die Beschlüsse, die Gesetze und Rechte ihrer Vorfahren bewahren. Würden diese konsequent mit Ehren und Würden geschmückt, dagegen die Parteisüchtigen von den Inhabern der Staatsgewalt bestraft und mißachtet, so würde der Ehrgeiz mehr darauf gehen, zu gehorchen, als Widerstand zu leisten. Indessen ist es wohl

zuzeiten nötig, so wie man ein Pferd seiner zu großen Wildheit wegen liebkosen muß, daß man einem halsstarrigen Bürger aus Furcht vor seiner Macht schmeichelnd begegnen muß; in solchen Fällen ist jedoch der Reiter wie auch der Herrscher bereits in der Gefahr zu fallen. Ich handle hier aber nur von solchen Fällen, wo das Ansehen und die Macht der Herrscher noch unerschüttert ist. Ihre Pflicht ist nach meiner Ansicht, die gehorsamen Bürger zu begünstigen und die unruhigen nach Möglichkeit zu unterdrücken; denn sonst kann weder die Staatsgewalt, noch ohne diese die Ruhe der Bürger erhalten werden.

13. Wenn es den Herrschern obliegt, die Parteisüchtigen im Zaume zu halten, so noch viel mehr, die Parteiungen selbst aufzulösen und zu zerstreuen. Eine *Parteiung* nenne ich eine Anzahl Bürger, die sich durch gegenseitige Verträge untereinander oder durch die Macht eines einzelnen ohne Genehmigung des oder der Inhaber der höchsten Staatsgewalt verbunden haben. Eine Parteiung ist also gleichsam ein Staat im Staate: denn so wie durch die Verbindung der Menschen in dem Naturzustande der Staat entsteht, so entsteht durch eine neue Verbindung der Bürger die Parteiung. Nach dieser Definition ist also eine Anzahl von Bürgern, welche sich verpflichtet haben, einem auswärtigen Fürsten oder Bürger einfach zu gehorchen, oder welche Verträge oder Bündnisse unter sich zu gegenseitiger Verteidigung gegen jedermann, die Inhaber der höchsten Gewalt im Staate nicht ausgenommen, eingegangen sind, eine Parteiung. Ebenso liegt in der Beliebtheit eines Bürgers bei der Masse, wenn sie so groß ist, daß er dadurch ein Heer aufstellen kann, eine Parteiung, solange er nicht durch Bürgen oder andere Pfänder dem Staate Sicherheit leistet. Dasselbe gilt von dem übermäßigen Reichtum einzelner Bürger, da alles dem Gelde gehorcht. Wenn es nun richtig ist, daß die einzelnen Staaten gegeneinander sich in dem Natur- und Kriegszustande befinden, so handeln Fürsten, welche Parteiungen gestatten, ebenso als wenn sie den Feind in ihre Tore einließen: da dies gegen das Wohl der Bürger geht, geht es auch gegen die natürlichen Gesetze.

14. Damit die Bürger wohlhabend werden, ist zweierlei

nötig: Arbeit und Sparsamkeit; auch können die natürlichen Erträge des Landes und des Meeres als eine dritte Quelle angesehen werden. Auch eine vierte gibt es, die Kriegskunst, die mitunter das Vermögen der Bürger vermehrt, aber doch häufiger es vermindert. Jedenfalls sind nur die beiden ersten notwendig; denn ein Staat auf einer Insel im Meere, die nur Raum zum Wohnen bietet, kann auch ohne Säen und Fischen allein durch Handel und Gewerbe reich werden. Indes wird unzweifelhaft ein Staat mit einem ausgedehnten Landbesitz bei der gleichen Zahl Bürger reicher, oder bei gleichem Reichtume zahlreicher an Bürgern sein. Das vierte Mittel, die Kriegskunst, gehörte ehedem zu den gewinnbringenden Künsten, und zwar unter dem Namen des Plünderungs- oder Beutegeschäfts; es galt bei den Menschen, als sie vor Begründung der Staaten nur zerstreut als Familien lebten, für recht und ehrenvoll, da das Plündern nur eine Kriegführung im kleinen ist. Und große Staaten, wie Rom und Athen, haben durch Kriegsbeute, auswärtige Zölle und durch Waffengewalt erworbene Gebiete den allgemeinen Wohlstand mitunter so gehoben, daß die ärmeren Bürger nicht allein keine Abgaben zu zahlen brauchten, sondern der einzelne Mann noch Geld und Land zugeteilt erhielt. Indes darf diese Art, Reichtum zu erwerben, nicht zur Regel erhoben werden. Denn die Kriegskunst ist in betreff des Gewinnes wie das Würfelspiel: die meisten zerrütten dabei ihr Vermögen, nur wenige werden reich. Gibt es also nur drei Wege, auf denen die Bürger wohlhabend werden können, Land- und See-Erzeugnisse, Arbeit und Sparsamkeit, so hat sich auch die Pflicht der Herrscher nur auf diese zu richten. Dem ersten Weg nützen Gesetze, welche Landwirtschaft und Fischerei begünstigen, wodurch der Ertrag von Land und Meer gesteigert wird. Dem zweiten sind alle Gesetze gegen die Trägheit und zum Anreiz des Fleißes von Vorteil, wodurch die Schiffahrt, durch welche die Erzeugnisse der ganzen Welt beinahe nur mit Arbeit erkauft und in *einem* Staat zusammengebracht werden, ferner die mechanischen Künste, worunter ich alle höhere Handwerkskunst verstehe, und die mathematischen Wissenschaften, die Quelle der Nautik und Mechanik, zu Ehren gebracht werden. Für den dritten Weg nützen die Gesetze, die sich gegen die Verschwendung im Essen, in der Kleidung und überhaupt in allen Konsumgütern richten. Da also dergleichen Gesetze für die obengenannten Zwecke zuträglich sind, so gehört es auch zur Pflicht der Herrscher, sie zu erlassen.

15. Die Freiheit der Bürger besteht nicht in der Freiheit *von* den Staatsgesetzen und auch nicht darin, daß die Inhaber der Staatsgewalt nicht Gesetze nach ihrem Willen geben können. Da aber sämtliche Bewegungen und Tätigkeiten der Bürger durch Gesetze niemals fest umschrieben werden, noch bei ihrer Mannigfaltigkeit umschrieben werden können, so muß es notwendigerweise Unzähliges geben, das weder geboten noch verboten wird, sondern das der einzelne nach seinem Ermessen tun oder lassen kann. In diesem Sinne versteht man den Genuß der Freiheit; und so ist sie hier zu nehmen, nämlich als der Teil des natürlichen Rechts, den die Gesetze den Bürgern gestattet und übriggelassen haben. So wie das Wasser, wenn es von allen Seiten eingeschlossen ist, stockt und verdirbt, und wenn es nach allen Seiten offen ist, sich verbreitet und um so stärker abfließt, je mehr Ausgänge es findet, so würden auch die Bürger, wenn sie ohne Erlaubnis der Gesetze nichts unternehmen dürften, geistig erstarren; wenn ihnen alles gestattet wäre, so würden sie sich zerstreuen; je mehr Dinge also die Gesetze unbestimmt lassen, um so größere Freiheit genießen die Bürger. Das Übermaß ist nach beiden Richtungen ein Fehler; denn die Gesetze sollen die Tätigkeit der Menschen nicht beseitigen, sondern nur leiten; so wie die Natur die Ufer der Flüsse nicht gemacht hat, um die Flüsse aufzuhalten, sondern um ihnen die Richtung zu geben. Das Maß für die Freiheit ist aus dem Wohle der Bürger und des Staates zu entnehmen. Deshalb widerstreitet es besonders der Pflicht der Herrscher und verantwortlichen Gesetzgeber, wenn der Gesetze mehr sind, als das Wohl der Bürger und des Staates unbedingt erfordert. Denn man pflegt das, was man tun und nicht tun darf, mehr nach der natürlichen Vernunft als nach der Kenntnis der Gesetze zu überlegen; sind also der Gesetze so viele, daß man sie nicht leicht im

Gedächtnis behalten kann, und verbieten sie Dinge, welche die Vernunft an sich nicht untersagt, so müssen viele lediglich aus Unkenntnis der Gesetze, ohne alle böse Absicht, über die Gesetze straucheln, gleichsam über Fallstricke; zum Nachteil der unschädlichen Freiheit, welche die Herrscher nach dem natürlichen Gesetz den Bürgern zu erhalten verpflichtet sind.

16. Zur Freiheit, die für den Staat unschädlich und zu einem glücklichen Leben der Bürger notwendig ist, gehört auch wesentlich, daß man keine andern Strafen zu fürchten habe als solche, die man voraussehen und erwarten kann. Dies findet da statt, wo die Gesetze überhaupt keine Strafen bestimmen, oder wo keine härtern vollstreckt werden, als bestimmt sind. Wo gar keine Strafen angedroht sind, da erwartet der erste Übertreter des Gesetzes eine unbestimmte oder willkürliche Strafe, und seine Furcht ist, da sie sich auf ein unbeschränktes Übel bezieht, auch notwendig unbeschränkt. Nun fordert aber das natürliche Gesetz nach dem in Kap. 3, Abschn. 11, Gesagten von denen, die den Staatsgesetzen nicht untertan sind, d. h. von den höchsten Herrschern, bei der Festsetzung und der Vollstreckung der Strafen nicht das vergangene Übel, sondern das zukünftige Gute zu beachten; sie sündigen daher, wenn sie für die willkürlichen Strafen ein anderes Maß als das allgemeine Wohl anwenden. Ist dagegen die Strafe bestimmt, sei es durch das Gesetz vorgeschrieben, wenn z. B. ausdrücklich festgesetzt ist: Wer dies und das tut, soll dies und das leiden, oder sei es durch den Gebrauch, insofern die Strafe, die das Gesetz nicht vorgeschrieben hat, sondern die anfangs willkürlich war, später durch die Bestrafung des ersten Übertreters ihre Bestimmtheit erhalten hat (denn die natürliche Billigkeit fordert, daß die Übertreter eines Gesetzes gleichmäßig bestraft werden müssen), so würde es dem natürlichen Gesetz widerstreiten, wenn eine härtere Strafe verhängt würde, als das Gesetz bestimmt hat. Denn der Zweck der Strafe ist nicht, den menschlichen Willen zu zwingen, sondern in der Weise zu formen und zu beeinflussen, wie der Gesetzgeber es wünscht. Und die Überlegung besteht nur in der gleichsam wie bei einer Waage

stattfindenden Abwägung der Vorteile und Nachteile der beabsichtigten Tat; was hierbei das Übergewicht erhält, bestimmt gemäß seiner Neigung unser Handeln. Bestimmt also der Gesetzgeber für ein Vergehen eine zu kleine Strafe, so daß die Furcht nicht das Übergewicht über die Begierde erhält, vielmehr der Überschuß der Begierde über die Furcht vor der Strafe das Vergehen veranlaßt, so trifft die Schuld den Gesetzgeber, d. h. den Herrscher; umgekehrt straft er, wenn er jemand mit einer härtern als der von ihm gesetzlich festgelegten Strafe belegt, an einem andern das, was er selbst versehen hat.

17. Zur unschädlichen und notwendigen bürgerlichen Freiheit gehört auch, daß ein jeder von den ihm durch die Gesetze gestatteten Rechten ohne Furcht Gebrauch machen kann. Denn es hilft ihm nichts, wenn das Gesetz das Seine von dem eines andern unterscheidet, aber durch falsche Richtersprüche, Raub und Diebstahl beide wieder vermengt werden. Diese Übelstände treten da ein, wo die Richter bestechlich sind. Denn die Furcht, welche die Menschen von dem Unrechttun abschreckt, hängt nicht davon ab, daß Strafen festgesetzt sind, sondern daß sie auch vollstreckt werden. Das Kommende nämlich schätzt man nach dem Vergangenen, und was nur selten geschieht, erwartet man auch selten. Wenn also die Richter sich durch Geschenke, Vorliebe oder wohl auch durch Mitleid bestechen lassen und die nach dem Gesetz verwirkten Strafen oft erlassen und dadurch die Lasterhaften hoffen lassen, daß sie straflos wegkommen werden, so werden die guten Bürger von Mördern, Dieben und Schurken umgeben sein und weder untereinander frei verkehren noch überhaupt sich bewegen können; ja der Staat selbst löst sich dann auf, und jeder tritt wieder in das Recht ein, sich nach seinem Ermessen zu verteidigen. Deshalb gebietet das natürliche Gesetz den Herrschern, die Gerechtigkeit nicht allein selbst zu üben, sondern auch die von ihnen eingesetzten Richter durch Strafen zu Gleichem anzuhalten; d. h. die Herrscher haben die Klagen der Bürger anzuhören und, sooft es nötig wird, außerordentliche Richter zu ernennen, um die Amtsführung der ordentlichen Richter zu untersuchen.

14. KAPITEL

Von den Gesetzen und den Vergehen

1. Das Gesetz wird von denen, welche den Sinn der Worte weniger sorgfältig erwägen, bald mit dem Ratschlage, bald mit dem Vertrage, bald mit dem Rechte verwechselt. Man verwechselt das Gesetz mit dem Ratschlage, wenn man den Monarchen für verpflichtet hält, nicht bloß seine Räte zu hören, sondern auch ihnen zu gehorchen, als wenn die Einholung der Ratschläge, ohne daß nach ihnen gehandelt würde, etwas Nutzloses wäre. Der Unterschied zwischen Ratschlag und Gesetz ergibt sich aus dem Unterschied zwischen Ratschlag und Gebot: der Ratschlag ist eine Anweisung, bei dem der Grund, ihr zu folgen, aus der geratenen Sache selbst entnommen wird; das Gebot ist aber eine Anweisung, wo der Grund der Befolgung in dem Willen des Anweisenden liegt; denn man könnte nicht wohl sagen: Ich will es so, und deshalb gebiete ich es so, wenn der Wille nicht eben statt eines Grundes gälte. Da nun der Gehorsam gegen die Gesetze sich nicht auf den Gegenstand selbst, sondern auf den Willen des Gebieters gründet, so ist das Gesetz kein Ratschlag, sondern ein Gebot und ist so zu definieren: Das Gesetz ist das Gebot der Person, sei es ein Mensch oder eine Versammlung, deren Befehl den Grund des Gehorsams enthält. Deshalb müssen die Gebote Gottes in bezug auf die Menschen, die des Staates in bezug auf seine Bürger und allgemein die der Machthaber in bezug auf die, welche sich ihnen nicht widersetzen können, deren Gesetze heißen. Es sind also Gesetz und Ratschlag vielfach voneinander unterschieden: das Gesetz kommt von dem, welcher über die, denen er gebietet, Macht hat; der Ratschlag von dem, der diese Macht nicht hat. Es ist Pflicht, das, was das Gesetz gebietet, zu tun; Sache des freien Willens ist es, den Ratschlag zu befolgen. Der Rat zielt auf den Zweck dessen ab, dem geraten wird, das Gesetz geht aber auf den Zweck des Gebieters. Der Ratschlag wird nur denen gegeben, die es wollen, das Gesetz aber auch denen, die es nicht wollen. Endlich gilt

das Recht des Ratgebers nur so weit, als es dem, dem er den Rat erteilt, beliebt; dagegen wird das Recht des Gesetzgebers nicht durch das Belieben dessen aufgehoben, dem das Gesetz auferlegt wird.

2. Man verwechselt das Gesetz mit dem Vertrage, wenn man das Gesetz nur für *ὁμολογήματα* oder Lebensregeln hält, die durch die gemeinsame Übereinkunft der Menschen festgesetzt wurden. Auch Aristoteles hat diese Ansicht; denn er definiert in der Vorrede zu seiner „Rhetorik an Alexander" das Gesetz: *Νόμος ἐστὶ λόγος ὡρισμένος καθ' ὁμολογίαν κοινὴν πόλεως, μηνύων πῶς δεῖ πράττειν ἕκαστα*, d. h. das Gesetz ist eine bestimmte Rede gemäß der gemeinsamen Übereinkunft des Staates, welche anzeigt, wie das einzelne getan werden soll. Diese Definition umfaßt nicht das Gesetz überhaupt, sondern nur das Staatsgesetz; denn die göttlichen Gesetze sind offenbar nicht aus einer Übereinkunft der Menschen hervorgegangen, und dasselbe gilt für die natürlichen Gesetze. Denn wäre dies der Fall, so könnten sie durch eine Übereinkunft der Menschen auch wieder aufgehoben werden, während sie doch unveränderlich sind. Aber es ist auch keine richtige Definition des Staatsgesetzes, da der Staat hier entweder für eine bürgerliche Person gilt, die *einen* Willen hat, oder für eine Menschenmenge, bei der jeder einzelne seinen besonderen freien Willen hat. Im ersten Falle ist der Ausdruck: „durch gemeinsame Übereinkunft" nicht richtig, da dies bei *einer* Person nicht stattfinden kann; auch darf es nicht heißen: „welche anzeigt" was getan werden soll, sondern „welche gebietet"; denn der Staat *gebietet* den Bürgern das, was er anzeigt. Aristoteles hat also hier unter Staat eine Menschenmenge verstanden, welche durch gemeinsame Übereinkunft (etwa durch ein mittels Abstimmung bestätigtes Schriftstück) bestimmte Lebensregeln angibt. Allein dies sind nur gegenseitige Verträge, welche erst dann für jeden verbindlich werden und daher Gesetze sind, wenn durch Begründung einer höchsten Gewalt, die Zwang auszuüben vermag, jeder vor den anderen gesichert ist, die auf andere Weise jene Verträge nicht einhalten würden. Mithin sind die Gesetze nach dieser Definition des Aristoteles nur nackte

und unwirksame Verträge, die erst dann, wenn jemand mit Recht die Staatsgewalt ausübt, nach dessen Ermessen zu Gesetzen werden oder nicht. Er verwechselt also die Verträge mit den Gesetzen, was nicht geschehen sollte, denn der Vertrag ist ein Versprechen, das Gesetz ein Gebot; bei jenem heißt es: Ich werde es tun, bei diesem: Du sollst es tun. Verträge verpflichten uns*); Gesetze halten uns als Verpflichtete fest. Ein Vertrag verpflichtet durch sich, das Gesetz hält den Verpflichteten fest vermöge des allgemeinen Vertrages über den zu leistenden Gehorsam. Deshalb bestimmt man bei dem Vertrage zunächst über das, was zu tun ist, und verpflichtet sich dann dazu; aber bei dem Gesetz geht die Verpflichtung, das Gebotene zu tun, voraus, und es wird erst nachher bestimmt, was getan werden soll. Demnach hätte Aristoteles das bürgerliche Gesetz so definieren sollen: Das bürgerliche Gesetz ist eine durch den Staatswillen festgelegte Rede, welche das einzelne, was geschehen soll, gebietet. Dies stimmt mit dem, was ich in Kap. 6, Abschn. 9, gesagt habe, überein, nämlich daß die Gesetze die Gebote des im Staate mit der höchsten Gewalt Betrauten, sei es ein Mensch oder eine Versammlung, in bezug auf die künftigen Handlungen der Bürger sind.

3. Man verwechselt das Gesetz mit dem Rechte, wenn man das nach dem göttlichen Recht Erlaubte zu tun fortfährt, obgleich es nach dem Staatsgesetz verboten ist. Allerdings kann das durch Gottes Gesetz Verbotene durch das Staatsgesetz nicht erlaubt, und das durch Gottes Gesetz Gebotene durch das Staatsgesetz nicht verboten werden; allein wohl kann das nach dem göttlichen Recht Erlaubte, also zu tun Gestattete durch das Gesetz des Staates verboten werden; denn das niedere Gesetz kann die von einem

*) Man hat das „Sichverpflichten" und das „als Verpflichteter festgehalten werden" für dasselbe erklärt und deshalb darin nur einen Unterschied in den Worten, nicht in der Sache gefunden. So will ich mich deshalb deutlicher dahin ausdrücken, daß der Mensch durch den Vertrag verpflichtet wird, d. h. er soll ihn seines Versprechens wegen erfüllen; durch Gesetz wird dagegen der Verpflichtete festgehalten, d. h. die Furcht vor der im Gesetz angedrohten Strafe zwingt ihn zur Leistung.

höheren Gesetz gelassene Freiheit einschränken, wenn auch nicht erweitern. Nun ist aber die natürliche Freiheit ein von den Gesetzen nicht begründetes, sondern übriggelassenes Recht. Denn mit Entfernung der Gesetze wird die Freiheit vollständig. Diese Freiheit wird zunächst durch das natürliche und göttliche Gesetz beschränkt; den Überrest beschränken die Gesetze des Staates; und das, was diese übriglassen, kann wieder durch die Statuten der einzelnen Städte und Gemeinschaften beschränkt werden. Also besteht zwischen Gesetz und Recht ein großer Unterschied; das Gesetz ist eine Fessel, das Recht Freiheit, und sie bilden Gegensätze.

4. Das Gesetz in seinem gesamten Umfang läßt sich zunächst nach dem Unterschiede seines Urhebers in das göttliche und menschliche einteilen. Das göttliche ist wieder zweifach, je nach der Art, wie Gott den Menschen seinen Willen zu erkennen gegeben hat, also ein natürliches oder moralisches und ein positives Gesetz. Das natürliche ist das, was Gott allen Menschen durch sein ewiges uns eingeborenes Wort, d. h. durch die natürliche Vernunft kundgetan hat; und dieses Gesetz allein habe ich in diesem ganzen Werke zu erklären versucht. Das positive Gesetz ist das, was Gott uns durch das Wort der Propheten geoffenbart hat, wo er zu den Menschen wie ein Mensch gesprochen hat. Dahin gehören die Gesetze, welche er den Juden über ihren Staat und Gottesdienst gegeben hat. Man kann sie die göttlichen Staatsgesetze nennen, weil sie die besonderen Gesetze des israelitischen Staates, seines auserwählten Volkes waren. Das natürliche Gesetz kann wieder eingeteilt werden in das natürliche der Menschen, das allein den Namen „das natürliche Gesetz“ erhalten hat, und in das natürliche der Staaten, das das Gesetz der Völker genannt werden kann, aber gewöhnlich als Völkerrecht bezeichnet wird. Beider Vorschriften sind dieselben; indes nehmen die einmal eingerichteten Staaten die Eigenschaften einer menschlichen Person an, und deshalb nennt man das Gesetz, wenn man von den Pflichten der einzelnen Menschen spricht, das natürliche, und wenn es auf ganze Staaten und Nationen angewendet wird, das Völkerrecht.

Und die bis jetzt behandelten Elemente des natürlichen Gesetzes und des Naturrechts können, wenn sie auf ganze Staaten oder Völker übertragen werden, auch als die Elemente der Gesetze und des Rechtes der Völker gelten.

5. Jedes menschliche Gesetz ist ein bürgerliches Gesetz. Denn außerhalb der bürgerlichen Gesellschaft besteht unter den Menschen der Kriegszustand, in welchem keiner dem andern untergeben ist und in welchem es deshalb mit Ausnahme der Gebote der natürlichen Vernunft, d. h. des göttlichen Gesetzes, keine andern Gesetze gibt. Im Staate ist aber nur der Staat, d. h. der mit der höchsten Staatsgewalt betraute Mensch oder die Versammlung, der Gesetzgeber, und die Gesetze des Staates sind bürgerliche Gesetze. Sie können nach Unterschied ihres Gegenstandes in heilige und weltliche eingeteilt werden. Die heiligen betreffen die Religion, d. h. die Zeremonien und den Gottesdienst, nämlich die Bestimmungen über die Formen der Weihung von Personen, Sachen und Orten, über die öffentliche Lehre vom göttlichen Wesen, über die Worte und Gebräuche bei den Gebeten usw. Sie sind durch kein positives göttliches Gesetz festgesetzt. Denn die bürgerlichen heiligen Gesetze sind menschliche Gesetze (sie heißen auch kirchliche) über heilige Dinge, jedoch werden die weltlichen Gesetze allgemein einfach als bürgerliche bezeichnet.

6. Die bürgerlichen Gesetze zerfallen wiederum in zwei Teile, nach den beiden Pflichten des Gesetzgebers, einerseits zu entscheiden und andererseits die Menschen zu zwingen, die Entscheidungen anzuerkennen; jener Teil kann der verteilende, dieser der rächende oder strafende genannt werden. Der erste teilt jedem sein Recht zu, d. h. er setzt Regeln für alles fest, aus denen jeder abnehmen kann, was sein und was des andern ist; so daß andere uns nicht in dem Gebrauch und Genuß unsers Eigentums stören und wir nicht jene in ihrem Gebrauch und Genuß. Ebenso bestimmt er, was einem jeden zu tun oder zu unterlassen erlaubt und was unerlaubt ist. Der rächende Teil bestimmt die Strafen, welche die Übertreter des Gesetzes treffen sollen.

7. Verteilendes und rächendes Gesetz sind indes nicht zwei verschiedene Arten der Gesetze, sondern zwei Teile

desselben Gesetzes. Denn wenn das Gesetz z. B. nichts weiter sagt als: „Was du mit deinem Netze im Meere gefangen hast, ist dein“, so wäre dies nutzlos. Denn wenn auch ein anderer dir deinen Fang wegnähme, so könnte er damit doch dein Eigentum bleiben. Denn in dem Naturzustande, wo alles allen gemeinsam ist, ist das Deine und das Fremde dasselbe; und was das Gesetz für dein erklärt, war schon vor dem Gesetz dein und hört auch nach dem Gesetz nicht auf, dein zu sein, wenn auch ein anderer es besitzt. Das Gesetz ist also bedeutungslos, wenn es nicht bestimmt, daß die Sache so dein sei, daß alle andern dich in dem jederzeitigen, beliebigen und sicheren Gebrauch und Genuß nicht stören dürfen. Denn es gehört zu dem Eigentum an Sachen nicht, daß einer imstande ist, sie zu benutzen, sondern daß *nur* er sie benutzen kann; und dies geschieht, wenn das Gesetz verbietet, daß andere ihn in dem Gebrauche stören. Ein solches Verbot ist aber ohne Androhung von Strafen vergeblich; deshalb muß jedes Gesetz, das eine Wirkung haben soll, beides enthalten: einmal das Verbot, ein Unrecht zu begehen, und zweitens eine Strafe für den, der es dennoch tut. Der erste Teil, welcher der verteilende heißt, ist verbietend und spricht zu allen; der andere, welcher der rächende oder strafende heißt, ist gebietend und wendet sich nur an die Diener des Staates.

8. Hieraus erhellt auch, daß jedem bürgerlichen Gesetz ausdrücklich oder stillschweigend eine Strafe angehängt ist. Denn wenn eine solche weder in dem geschriebenen Gesetz selbst, noch durch das Beispiel eines, der wegen der Übertretung des Gesetzes bereits die Strafe erlitten hat, bestimmt worden ist, so nimmt man an, daß eine willkürliche Strafe eintrete, nämlich ein solche, die von dem Ermessen des Gesetzgebers, d. h. des Inhabers der Staatsgewalt abhängt. Denn ein Gesetz, das ungestraft verletzt werden kann, ist ohne Bedeutung.

9. Da es auf den Gesetzen des Staates beruht, daß jeder sein eigenes, von dem eines andern unterschiedenes Recht hat und daß ihm verboten wird, in fremdes Eigentum einzubrechen, so folgt, daß solche Gesetze wie: „Du sollst die in den Gesetzen bestimmte Ehre deinen Eltern gewähren;

du sollst den nicht töten, dessen Tötung die Gesetze verbieten; du sollst jeden durch die Gesetze verbotenen Beischlaf vermeiden; du sollst gegen den Willen des Herrn eines andern Güter nicht wegnehmen; du sollst die Gesetze und Richtersprüche nicht durch Meineid nutzlos machen“, Gesetze des Staates sind. Die natürlichen Gesetze gebieten wohl dasselbe, aber nicht ausdrücklich. Denn das natürliche Gesetz (wie in Kap. 3, Abschn. 2, gezeigt worden) verlangt die Innehaltung der Verträge und also auch Gehorsam da, wo dieser ausgemacht worden ist, und befiehlt, sich des fremden Gutes zu enthalten, sobald die Staatsgesetze bestimmt haben, was als solches anzusehen ist. Auch versprechen alle Bürger (nach Kap. 6, Abschn. 13) den Geboten des Inhabers der höchsten Gewalt, d. h. den Staatsgesetzen, schon durch die Begründung des Staates selbst Gehorsam, noch ehe sie verletzt werden können. Denn das natürliche Gesetz galt auch in dem Naturzustande; aber erstens gab es dort, weil die Natur alles allen gegeben hat, nichts Fremdes und deshalb konnte fremdes Eigentum auch nicht angegriffen werden; zweitens, wo alles gemeinsam war, war auch jede geschlechtliche Verbindung erlaubt; drittens galt da der Kriegszustand und deshalb war das Töten kein Unrecht; viertens hing da alles von dem eigenen Ermessen eines jeden ab, mithin auch wieweit er seinen Eltern Ehrfurcht bezeigen wollte; endlich gab es da keine öffentlichen Gerichte und deshalb auch kein gerichtliches Zeugnis, was falsch oder wahr genannt werden konnte.

10. Da somit die Verbindlichkeit zur Beobachtung jener Gesetze älter ist als ihre Verkündung, weil sie in der Errichtung des Staates selbst enthalten sind, so gebietet das natürliche Gesetz, weil es die Verletzung der Verträge verbietet, damit aber auch, daß alle Gesetze des Staates beobachtet werden. Wo man zum Gehorsam verpflichtet wird, noch ehe man weiß, was gefordert werden wird, da ist man verpflichtet, ganz allgemein und in allem zu gehorchen. Hieraus ergibt sich, daß kein Staatsgesetz, es müßte denn zur Beschimpfung Gottes erlassen sein (in bezug auf welchen die Staaten nicht selbständig sind und auch keine Gesetze geben können), gegen das natürliche Gesetz ver-

stoßen kann. Denn wenn dieses auch den Diebstahl, den Ehebruch usw. verbietet, das Staatsgesetz aber gebietet, über etwas herzufallen, so ist dies dann kein Diebstahl oder Ehebruch usw. So erlaubten die Lacedämonier einst den Knaben durch ein bestimmtes Gesetz, fremde Sachen heimlich wegzunehmen; aber damit hatten sie verordnet, daß diese Sachen nicht dem bisherigen Besitzer, sondern dem gehören sollten, der sie heimlich weggenommen; mithin war diese Wegnahme kein Diebstahl. Ebenso waren bei den Heiden die nach ihren Gesetzen geschehenen Verbindungen zweier Personen verschiedenen Geschlechts rechtmäßige Ehen.

11. Es gehört notwendigerweise zum Wesen des Gesetzes, daß den Bürgern zweierlei dabei bekannt sei: *erstens*, welcher Mensch oder welche Versammlung die höchste Gewalt, d. h. das Recht der Gesetzgebung hat; *zweitens*, was das Gesetz verordnet. Denn niemand kann gehorchen, wenn er nicht weiß, wem und wozu er verpflichtet ist, und es ist dann so, als wenn er gar nicht verpflichtet wäre. Ich sage nicht, daß es notwendigerweise zum Wesen des Gesetzes gehöre, daß dieser oder jener Punkt fortwährend bekannt gemacht werde, sondern nur, daß sie einmal bekannt geworden seien. Vergißt nachher der Bürger das Recht dessen, der es erlassen hat, oder das Gesetz selbst, so bleibt er doch nicht minder zum Gehorsam verpflichtet, da er es im Gedächtnis hätte behalten können, wenn er den Willen zu gehorchen gehabt hätte, wie es das natürliche Gesetz befiehlt.

12. Die Kenntnis des Gesetzgebers hängt von dem Bürger selbst ab; denn ohne seine Zustimmung und vertragliche Anerkennung, ob sie nun ausdrücklich oder stillschweigend erfolgte, konnte das Recht der Gesetzgebung auf niemand übertragen werden. Ausdrücklich ist dies geschehen, wenn die Bürger von Anfang an die einzurichtende Staatsform unter sich ausgemacht haben, oder wenn sie sich durch Versprechen der Herrschaft jemandes unterworfen haben; stillschweigend ist es zum mindesten geschehen, wenn sie die Vorteile seiner Herrschaft und Gesetze zu ihrem Schutze und ihrer Erhaltung gegen andere sich zu-

nutze machen. Wessen Herrschaft unsere Mitbürger gehorchen sollen, damit wir Vorteil von ihrem Gehorsam haben, dessen Herrschaft erkennen wir schon durch diese Forderung als rechtmäßig an. Deshalb ist Unkenntnis der gesetzgebenden Gewalt niemals eine genügende Entschuldigung; denn jeder weiß, was er selbst getan hat.

13. Die Kenntnis der Gesetze hängt dagegen von dem Gesetzgeber ab; er hat die Gesetze zu verkünden, andernfalls sind es keine Gesetze. Denn ein Gesetz ist das Gebot des Gesetzgebers, und ein Gebot ist eine Willenserklärung; deshalb gibt es kein Gesetz ohne Willenserklärung des Gesetzgebers, und diese erfolgt durch die Verkündung. Bei dieser muß zweierlei feststehen: einmal daß der oder die, welche ein Gesetz verkünden, entweder selbst das Recht der Gesetzgebung haben oder im Auftrage dessen oder derer, welche dies Recht haben, handeln; das zweite ist der Inhalt des Gesetzes selbst. Das erste, nämlich daß die verkündeten Gesetze von dem Inhaber der Staatsgewalt ausgehen, kann im strengen und philosophischen Sinne nur der wissen, welcher sie aus dem Munde des Herrschers empfangen hat. Die übrigen müssen es glauben; indes sind der Gründe dafür so viele, daß es kaum möglich ist, daß sie es nicht glauben. So muß in dem demokratischen Staate, wo jeder an dem Beschluß der Gesetze, wenn er will, teilnehmen kann, der Ausgebliebene denen glauben, die dabei gewesen sind. Dagegen müssen in den Monarchien und Aristokratien, wo nur wenige in Gegenwart des Monarchen oder der Vornehmen die Befehle selbst hören können, notwendigerweise diese ermächtigt werden, sie den übrigen zu verkünden. Hiernach wird das als Verordnung und Erlaß des Herrschers angesehen, was als solcher schriftlich oder mündlich von den damit Beauftragten vorgelegt wird. Wenn nun für diese Annahme die Gründe vorliegen, daß der Fürst oder die höchste Versammlung sich solcher Beamten, Schreiber, Herolde, Siegel und anderer Beweisstücke stetig zu seiner Willenserklärung bedient hat; daß diesen niemals die Ermächtigung dazu genommen worden ist; und daß die, welche solchen Verkündungen nicht geglaubt und das Gesetz übertreten

haben, bestraft worden sind: so wird nicht allein der, welcher den durch diese Beamten bekannt gemachten Verordnungen und Erlassen gehorcht, überall gerechtfertigt erscheinen, sondern wer nicht glaubt und daher nicht gehorcht, wird auch bestraft. Denn die ständige Erlaubnis dieser Dinge ist ein genügend deutliches Zeichen und eine ersichtliche Willenserklärung des Herrschers; vorausgesetzt, daß das Gesetz, die Verordnung oder der Erlaß nichts enthält, was die höchste Gewalt des Herrschers selbst einschränkt. Denn man kann nicht annehmen, er wolle, daß seine Beamten ihm etwas von seiner Macht entziehen, solange er den Willen zu herrschen behält. Der Sinn und Inhalt des Gesetzes ist, wenn Zweifel entstehen sollten, von denen zu erbitten, welchen von der höchsten Gewalt die Untersuchung der Rechtsstreitigkeiten oder das Richteramt übertragen worden ist. Richten ist nämlich nur eine Anwendung des Gesetzes auf den einzelnen Fall mittels der Auslegung. Die damit beauftragten Personen werden ebenso erkannt wie die, denen die Vollmacht zur Verkündung der Gesetze erteilt ist.

14. Die Staatsgesetze wiederum zerfallen nach der Weise ihrer Verkündung in zwei Arten, in geschriebene und ungeschriebene. Unter dem geschriebenen Gesetz verstehe ich das, was der Rede oder eines andern Willenszeichens des Gesetzgebers bedarf, um überhaupt Gesetz zu werden. Denn die Gesetze als Gattung sind ihrer Natur und Zeit nach so alt wie das menschliche Geschlecht, und deshalb älter als die Erfindung der Buchstaben und der Schreibkunst. Deshalb gehört zu dem geschriebenen Gesetz nicht notwendig eine Schrift, sondern eine Rede; nur diese gehört zu dem Wesen des Gesetzes, während die Schrift nur der Erinnerung daran dient. Dafür seien, so berichtet man, vor Erfindung der Schrift zur Unterstützung des Gedächtnisses die Gesetze in Verse gebracht und abgesungen worden. Das ungeschriebene Gesetz ist das, welches keiner andern Verkündung als durch die Stimme der Natur oder die natürliche Vernunft bedarf; dahin gehören die natürlichen Gesetze. Denn wenn man auch das natürliche Gesetz, soweit es dem Willen gebietet, von dem Gesetz des

Staates unterscheidet, so ist es doch in bezug auf die Handlungen ein Staatsgesetz. Wenn es z. B. heißt: Du sollst nicht begehren, so ist das nur ein natürliches Gesetz, da es sich nur auf die Gesinnung bezieht; dagegen ist das Gesetz: Du sollst nicht angreifen, sowohl ein natürliches wie ein staatliches Gesetz. Es ist nun einmal unmöglich, allgemeine Regeln aufzustellen, nach denen alle künftigen Streitigkeiten, die möglicherweise zahllos sind, entschieden werden könnten, und deshalb nimmt man bei allen in den geschriebenen Gesetzen nicht enthaltenen Fällen an, daß dem Gesetz der natürlichen Billigkeit zu folgen ist, welches gebietet, Gleichen Gleiches zuzuteilen; und dies kraft des Staatsgesetzes, das auch diejenigen bestraft, die wissentlich und absichtlich die natürlichen Gesetze in ihrem Handeln übertreten.

15. Hieraus ergibt sich zunächst, daß man die natürlichen Gesetze, obgleich sie in den Büchern der Philosophen niedergelegt sind, deswegen doch nicht zu den geschriebenen Gesetzen rechnen kann. Ebenso sind die Schriften der Rechtsgelehrten keine Gesetze, da ihnen die Ermächtigung der höchsten Gewalt dafür fehlt; ebensowenig die Aussprüche der Klugen, d. h. der Richter, sie müßten denn mit Einwilligung der Staatsgewalt Gewohnheitsrecht geworden sein; und dann müssen sie zu den geschriebenen Gesetzen gerechnet werden, und zwar nicht wegen der Gewohnheit an sich (da diese nicht aus eigener Kraft ein Gesetz bilden kann), sondern wegen der Einwilligung des höchsten Herrschers, welche man daraus abnimmt, daß er den Urteilsspruch, mag er gerecht oder ungerecht gewesen sein, zum Gewohnheitsrecht hat werden lassen.

16. Das Wort Vergehen in seiner weitesten Bedeutung umfaßt alles Handeln, Sprechen oder Wollen gegen die rechte Vernunft. Ein jeder sucht sich zu den Zwecken, die er sich vorgesetzt hat, mittels der Vernunft die Mittel. Wenn er nun hierbei die Vernunft recht gebraucht, d. h. wenn er von unzweifelhaftesten Grundsätzen beginnt und den Fortgang aus den notwendigen Folgen jener stetig ableitet, so schreitet er auf dem geradesten Wege vor. Verfährt er anders, so gerät er auf Irrwege, d. h. er wird gegen

sein eigenes Ziel handeln, sprechen oder begehren. Geschieht dies, so hat er in seinem Vernunftgebrauch allerdings geirrt, in seinem Handeln und Wollen aber sich vergangen; denn das Vergehen folgt dem Irrtum, wie der Wille der Einsicht. Und dies ist die weiteste Bedeutung des Wortes Vergehen; sie umfaßt auch das unkluge Handeln, sei es gegen das Gesetz, wie das Zerstören eines fremden Hauses, oder nicht gegen das Gesetz, wie das Errichten des eigenen Hauses auf Sand.

17. Wenn aber von Gesetzen die Rede ist, so ist die Bedeutung des Wortes Vergehen eine engere und befaßt nicht jede Handlung gegen die rechte Vernunft, sondern nur die, welche eine Schuld enthält und deshalb Schuldversehen genannt wird. Indes ist nicht jedes Versehen gleich ein Vergehen oder eine Schuld, sondern nur dann, wenn es mit vernünftigem Grund als Schuld angerechnet wird. Es fragt sich daher, was es heißt: mit vernünftigem Grund etwas als Schuld anrechnen; und was es heißt: gegen die Vernunft. Die menschliche Natur ist so beschaffen, daß man das, was man für sich begehrt, als gut, und was man verabscheut, als schlecht bezeichnet. So führt die Verschiedenheit der Neigungen dahin, daß der eine das ein Gut nennt, was dem anderen als ein Übel gilt, und daß derselbe Mensch dasselbe jetzt ein Gut und gleich hinterher ein Übel nennt und daß er dieselbe Sache bei sich als gut und bei dem anderen als schlecht erklärt. Denn jedermann schätzt das Gut und das Übel nach dem Vergnügen oder Schmerz, den er jetzt empfindet oder später erwartet. Da nun die glücklichen Taten der Feinde, die ihre Ehre, ihr Vermögen und ihre Macht vermehren, und ebenso die glücklichen Taten der Gleichstehenden, wegen des Wettstreits um Ehre unter ihnen, allen lästig und deshalb als Übel erscheinen (und es auch sind), und da man die für schlecht hält, d. h. denen die Schuld gibt, von denen das Übel gekommen ist: so ist es unmöglich, durch die Übereinstimmung der einzelnen, denen nicht dasselbe gefällt und mißfällt, festzustellen, welche Handlungen als Schuld angerechnet werden sollen und welche nicht. Allerdings kann man über manches Allgemeine eine Überein-

stimmung erzielen, wie z. B. daß der Diebstahl, der Ehebruch und ähnliches Vergehen sind; gleich als ob man sagte, jedermann nenne das ein Übel, was er mit einem Worte bezeichnet, das gewöhnlich einen übeln Sinn hat. Allein die Frage ist hier nicht, ob der Diebstahl ein Vergehen ist, sondern was als Diebstahl gelten solle; und ähnlich verhält es sich mit dem übrigen. Bei der großen Verschiedenheit der Meinungen kann somit die Frage, was mit vernünftigem Grund als Schuld anzusehen ist, so wenig durch die Vernunft des einen wie des andern entschieden werden, da alle Menschen von Natur gleich sind. Da es nun weiter keine Vernunft außer der der einzelnen und der des Staates gibt, so folgt, daß der Staat zu bestimmen hat, was mit vernünftigem Grund als Schuld anzusehen sei. Danach ist Schuld, d. h. *Vergehen*, jede Handlung, Unterlassung, Rede oder Gesinnung, die gegen die Vernunft des Staates, d. h. gegen die Gesetze verstößt.

18. Indes kann jemand infolge der menschlichen Schwäche gegen die Gesetze verstoßen, obwohl er sie beobachten will. Dann wird aber doch seine Tat, als gegen das Gesetz, ihm mit Recht als Schuld angerechnet und für ein Vergehen erachtet. Andere beachten die Gesetze nicht; so oft sie Hoffnung auf Vorteil und Straflosigkeit fassen, lassen sie sich durch das Bewußtsein, Verträge geschlossen und ihr Wort gegeben zu haben, nicht von deren Verletzung abhalten. Bei diesen sind nicht bloß ihre Handlungen, sondern auch ihre Gesinnungen gegen das Gesetz. Wer nur aus Schwachheit fehlt, ist, auch wenn er fehlt, ein guter Mensch; dagegen sind die anderen, auch wenn sie nicht fehlen, doch schlechte Menschen. Obgleich beides, die Tat und die Gesinnung, dem Gesetz zuwider sein kann, so wird dieser Widerstreit doch jedesmal mit einem verschiedenen Namen bezeichnet. Die Regelwidrigkeit der Handlung heißt *ἀδίκημα*, eine unrechte Tat; die der Gesinnung *ἀδικία* und *κακία*, Ungerechtigkeit und Bosheit; jene ist die Schwachheit eines verwirrten Geistes, diese die Gemeinheit einer verfestigten Gesinnung.

19. Wenn es nun kein Vergehen ohne Verletzung eines Gesetzes gibt, und kein Gesetz ohne Gebot des Inhabers

der höchsten Gewalt, und keinen solchen Inhaber, ohne daß die Gewalt ihm mit unserer Einwilligung übertragen worden ist, wie kann da derjenige sich vergehen, welcher das Dasein Gottes oder seine Vorsehung leugnet oder eine andere Lästerung gegen Gott ausstößt? Denn dieser könnte ja sagen, daß er seinen Willen niemals dem Willen Gottes unterworfen habe, indem er ihn gar nicht als daseiend angenommen hat; sollte auch seine Meinung irrig und deshalb sündhaft sein, so gehöre sie doch nur zu den Vergehen der Unklugheit oder Unwissenheit, welche man rechtlich nicht strafen könne. Ein solcher Einwand ist nun allerdings insoweit zulässig, als ein solches Vergehen, obgleich es das schwerste und verdammungswürdigste ist, doch nur zu den Vergehen der Unklugheit gerechnet werden kann*); aber es ist verkehrt, sie wegen dieser Unklugheit oder Unwissenheit zu entschuldigen. Denn der Gottesleugner wird entweder von Gott unmittelbar oder durch die von Gott eingesetzten Könige gestraft; nicht so, wie ein Untertan von seinem Könige gestraft wird, weil er dessen Gesetze verletzt hat, sondern wie ein Feind von seinem Feinde, weil er sich den Gesetzen nicht hat unterwerfen wollen,

*) Ich bin viel getadelt worden, daß ich die Gottesleugnung nicht zur Ungerechtigkeit, sondern zur Unklugheit gerechnet habe; ja manche haben diese Stelle so verstanden, als wenn ich mich nicht als eifrigen Gegner der Gottesleugner hätte zeigen wollen. Man wendet mir ferner ein, daß ich anderwärts gesagt habe, man könne das Dasein Gottes durch die natürliche Vernunft erkennen, und deshalb hätte anerkennen müssen, daß die Gottesleugner wenigstens gegen das natürliche Gesetz verstoßen, also nicht bloß einer Unklugheit, sondern auch einer Ungerechtigkeit schuldig seien. Indes bin ich ein solcher Feind der Gottesleugner, daß ich nach einem Gesetz, nach dem ich sie wegen Ungerechtigkeit verurteilen könnte, nicht bloß fleißig gesucht, sondern auch lebhaft gewünscht habe, es zu finden. Da ich aber keins fand, so habe ich zunächst untersucht, welchen Namen Gott diesen ihm so verhaßten Menschen selbst gegeben hat. Nun spricht Gott von dem Gottesleugner folgendermaßen: „Es spricht der Törichte in seinem Herzen: es gibt keinen Gott." Sonach habe ich dies Vergehen unter die Gattung gebracht, wohin Gott selbst es gestellt hat. Sodann zeige ich, daß die Gottes-

also nach Kriegsrecht, wie die gegen Gott kämpfenden Giganten. Denn alle, die keinem gemeinsamen Herrscher noch einer dem andern untertan sind, sind gegenseitige Feinde.

20. Vermöge des Vertrages, wodurch die einzelnen Bürger sich untereinander zum absoluten und umfassenden Gehorsam (wie ich in Kap. 6, Abschn. 13, definiert habe) gegen den Staat, d. h. gegen den höchsten Herrscher, sei es *ein* Mensch oder eine Versammlung, verpflichtet haben, sind sie auch verpflichtet, die einzelnen Gesetze des Staates zu beobachten; befaßt doch jener Vertrag alle diese Gesetze in sich; es ist daher klar, daß der Bürger, der sich von dem allgemeinen Gehorsamsvertrag lossagt, sich gleichzeitig von allen Gesetzen lossagt. Dieser Fehler ist um so viel größer als jedes andere Vergehen, wie das stetige Sündigen schlimmer ist als das einmalige Sündigen. Dieses Verbrechen wird Majestätsverletzung genannt. Es fällt darunter jede Rede und jede Tat, wodurch ein Bürger oder Untertan erklärt, daß er nicht länger den Willen habe, dem Inhaber der höchsten Staatsgewalt, sei es *ein* Mensch oder eine Versammlung, zu gehorchen. Diesen Willen er-

---

leugner die Feinde Gottes sind. Ich meine aber, daß „Feind" eine beträchtlich härtere Bezeichnung ist als „ungerecht". Endlich bestätige ich ja, daß sie unter jener Bezeichnung von Gott wie von weltlichen Herrschern mit Recht bestraft werden können. Ich habe hiernach dies Vergehen in keiner Weise entschuldigt oder verringert. Wenn ich aber gesagt habe, daß man das Dasein Gottes schon durch die natürliche Vernunft erkennen könne, so habe ich damit nicht gemeint, daß jedermann dies vermöge; so wenig wie man schließen darf, jedermann aus dem Volke hätte das Verhältnis der Kugel zum Zylinder auffinden können, weil Archimedes es mit Hilfe der natürlichen Vernunft entdeckt hat. Wenn daher auch einzelne das Dasein Gottes durch das Licht der Vernunft erkennen können, so können dies doch die übrigen nicht; die einen, weil sie ihren Sinn nur auf sinnliche Lust oder auf Erlangung von Reichtum und Ehren gerichtet haben, andere, weil sie die richtigen Schlußfolgerungen nicht zu ziehen gewöhnt, befähigt oder geneigt sind, und endlich andere, weil sie töricht sind, und dazu gehören die Gottesleugner.

klärt ein Bürger durch die Tat, wenn er den Personen, welche die höchste Gewalt haben oder denen, die ihre Befehle ausführen, Gewalt antut oder anzutun versucht. Es gehören dahin die Landesverräter, die Königsmörder und solche, die die Waffen gegen den Staat ergreifen oder während des Krieges zu den Feinden übergehen. Durch Worte wird dieser Wille von denen erklärt, die schlechtweg bestreiten, daß sie oder die übrigen Bürger zu einem solchen Gehorsam verbunden seien. Dies kann teils im ganzen geschehen, wenn der einfache, absolute und umfassende Gehorsam bestritten wird (unbeschadet des Gehorsams, den man Gott schuldig ist), teils im einzelnen, z. B. wenn jemand den Inhabern der Staatsgewalt das Recht abspricht, nach ihrem Ermessen Krieg zu führen, Frieden zu schließen, Soldaten anzuwerben, Steuern zu erheben, die Beamten und Staatsdiener zu ernennen, Gesetze zu geben, Streitigkeiten zu entscheiden, Strafen zu verhängen oder sonst etwas vorzunehmen, was zur Erhaltung des Staates gehört. Dergleichen Worte und Taten sind nach dem natürlichen, nicht nach dem bürgerlichen Gesetz Majestätsverletzung. Indes kann es vorkommen, daß eine Handlung, die vor Erlaß des bürgerlichen Gesetzes kein solches Verbrechen war, nach Erlaß des Gesetzes Majestätsverletzung wird. So kann z. B. durch ein Gesetz bestimmt werden, daß es als ein Zeichen der Aufsagung des bürgerlichen Gehorsams gelten solle, d. h. als Majestätsverletzung, wenn jemand Falschmünzerei treibt oder die Staatssiegel fälscht. Wer nach Erlaß eines solchen Gesetzes dies verübt, ist also der Majestätsverletzung nicht weniger schuldig als jene oben Genannten. Indes ist sein Verbrechen nicht so schwer, weil er nicht alle Gesetze auf einmal, sondern nur eins verletzt hat. Denn dadurch, daß das Gesetz eine Tat als Majestätsverletzung bezeichnet, obgleich sie ihrer Natur nach es nicht ist, wählt es rechtlich zwar ein verhaßteres Wort und verhängt vielleicht auch eine härtere Strafe über den Schuldigen, aber das Verbrechen selbst kann es dadurch nicht schwerer machen.

21. Das Vergehen, das nach dem natürlichen Gesetz Majestätsverletzung ist, enthält eine Verletzung des natür-

lichen und nicht des staatlichen Gesetzes. Denn die Verbindlichkeit zum Gehorsam gegen den Staat, kraft deren die Staatsgesetze gültig sind, geht allen Staatsgesetzen voraus, und die Majestätsverletzung ist ihrer Natur nach nur die Verletzung dieser Verbindlichkeit. Folglich wird durch Majestätsverletzung das Gesetz verletzt, das den Gesetzen des Staates vorausgeht, nämlich das natürliche Gesetz, welches verbietet, die Verträge und das gegebene Wort zu verletzen. Wenn ein Fürst ein Staatsgesetz in der Fassung gäbe: Du sollst dich nicht empören, so würde er damit nichts erreichen. Denn wenn die Bürger nicht vorher zum Gehorsam verpflichtet sind, d. h. verpflichtet, sich nicht zu empören, so bleibt jedes Gesetz ungültig. Eine Verbindlichkeit aber, die nur zu dem verpflichtet, wozu man schon vorher verpflichtet war, ist überflüssig.

22. Hieraus folgt, daß Aufrührer, Verräter und alle anderen der Majestätsverletzung Überführten nicht nach dem staatlichen, sondern nach dem natürlichen Recht bestraft werden; d. h. man straft sie, nicht weil sie schlechte Bürger, sondern weil sie Staatsfeinde sind, und nicht nach dem Rechte der Herrschaft oder der Staatsgewalt, sondern nach dem Kriegsrecht.

23. Manche glauben, daß sie ihre Handlungen gegen das staatliche Gesetz gesühnt haben, wenn sie sich freiwillig der von dem Gesetz bestimmten Strafe unterwerfen, und daß die, welche die von dem Gesetz geforderte Strafe erlitten haben, vor Gott der Verletzung des natürlichen Gesetzes nicht schuldig seien (obgleich man durch die Verletzung der Staatsgesetze auch die natürlichen verletzt, da diese den Gehorsam gegen die Staatsgesetze gebieten); so als ob durch das Gesetz die Tat nicht verboten, sondern die Strafe als Kaufpreis gesetzt wäre, für den die Berechtigung, das vom Gesetz Verbotene zu tun, erkauft würde. Aus diesem Grunde könnte man auch folgern, daß keine Gesetzesverletzung ein Vergehen sei, sondern daß jeder die durch seine eigene Gefahr erkaufte Freiheit zu Recht besitze. Allerdings lassen die Worte des Gesetzes eine doppelte Auffassung zu. Nach der einen enthält es zweierlei (wie in Abschn. 7 gezeigt worden ist), nämlich das

unbedingte Verbot: Du sollst es nicht tun, und das rächende Gebot: Wer es dennoch tut, soll Strafe leiden. Nach der zweiten Auffassung enthält das Gesetz nur eine Bedingung: Du sollst es nicht tun, wenn du nicht diese Strafe leiden willst; in diesem Sinne verbietet das Gesetz nicht unbedingt, sondern bedingt. Im ersten Sinne vergeht sich der Täter, weil er das tut, was das Gesetz verboten hat; im zweiten Sinne vergeht er sich aber nicht, denn die Tat ist dann dem, der die Bedingung erfüllt, nicht mehr verboten. Im ersten Sinne ist jedermann die Tat verboten, im zweiten Sinne nur dem, der die Strafe meidet. Im ersten Sinne verpflichtet der rächende Teil des Gesetzes nicht den Schuldigen, sondern die Obrigkeit zur Strafvollstreckung; im zweiten Sinne ist der Schuldige selbst verpflichtet, die Strafe zu vollstrecken; zu ihrer Vollstreckung, wenn es die Todesstrafe oder sonst eine schwere Strafe ist, kann er aber nicht verpflichtet werden. In welchem Sinne nun ein Gesetz aufzufassen sei, hängt von dem Ermessen des Inhabers der Staatsgewalt ab. Schwankt daher jemand über den Sinn des Gesetzes, so ist die Tat, weil man jedenfalls sicher sein kann, daß wer es nicht tut, sich auch nicht vergeht, ein Vergehen, wie auch das Gesetz später ausgelegt werden mag. Denn wenn man zweifelt, ob etwas ein Vergehen sei oder nicht, so ist die Tat, wenn man die Freiheit hat, sie zu unterlassen, eine Verachtung des Gesetzes, und deshalb nach Kap. 3, Abschn. 28, ein Vergehen gegen das natürliche Gesetz. Deshalb ist die Unterscheidung des Gehorsams in tätigen und leidenden falsch; denn man kann durch die Strafen, die Menschenwille festgesetzt hat, nicht die Vergehen gegen das natürliche Gesetz, welches das Gesetz Gottes ist, sühnen; das hieße sonst, daß die, welche auf ihre Gefahr sündigten, gar keine Sünde begehen würden.

Religion

15. KAPITEL

Von dem natürlichen Reich Gottes

1. In den vorhergehenden Kapiteln habe ich aus der Vernunft und dem Zeugnis der Heiligen Schrift dargelegt, daß der Naturzustand, d. h. der Zustand der absoluten Freiheit bei denen, die weder regieren noch regiert werden, Anarchie und Kriegszustand ist; daß die Vorschriften, durch die ein solcher Zustand vermieden wird, die natürlichen Gesetze sind; daß kein Staat ohne eine oberste Gewalt bestehen kann; und daß den Inhabern dieser Gewalt einfach, d. h. in allem, was den Geboten Gottes nicht zuwiderläuft, Gehorsam zu leisten ist. Es bleibt mir nun zum vollen Verständnis der bürgerlichen Pflichten nur noch die Darlegung der Gesetze und Gebote Gottes übrig. Denn sonst kann man nicht wissen, ob die Gebote der höchsten Staatsgewalt mit den Gesetzen Gottes übereinstimmen oder nicht, woraus folgen würde, daß man entweder aus übertriebenem Gehorsam gegen den Staat widerspenstig gegen die göttliche Majestät wird, oder aus Furcht, gegen Gott zu sündigen, in Widerspenstigkeit gegen den Staat gerät. Um diesen beiden Klippen zu entgehen, ist die Kenntnis der göttlichen Gesetze nötig. Da aber die Kenntnis der Gesetze von der Kenntnis der Herrschaft abhängt, so soll in dem Folgenden über die Herrschaft Gottes gehandelt werden.

2. Der Psalmist sagt im 96. (97.) Psalm, V. 1: „Der Herr regiert, des freue sich die Erde“, und derselbe Psalmist sagt im 98. (99.) Psalm, V. 1: „Der Herr regiert, mögen die Völker sich auch sträuben; er sitzet auf Cherubim, mag auch die Erde erzittern“, d. h. mögen die Menschen wollen

oder nicht, Gott ist der König der ganzen Erde, und selbst wenn einige sein Dasein oder seine Vorsehung bestreiten, wird er deshalb nicht seines Thrones verlustig. Wenn nun auch Gott alle Menschen durch seine Macht so regiert, daß niemand etwas gegen seinen Willen zu tun vermag, so ist das doch in der eigentlichen und genauen Bedeutung des Wortes kein Regieren. Denn man sagt nur von dem, daß er regiert, der nicht durch seine Handlungen, sondern durch seine Worte, d. h. durch seine Gebote und Drohungen herrscht. Unbeseelte oder unvernünftige Körper sind also im Reiche Gottes keine Untertanen — obgleich auch sie der Macht Gottes unterliegen —, denn sie verstehen nicht die Gebote und Drohungen Gottes; auch die Gottesleugner sind keine Untertanen dieses Reiches, weil sie an keinen Gott glauben; ebensowenig sind die Untertanen, die zwar an das Dasein Gottes glauben, aber nicht annehmen, daß er sich um die Dinge hienieden bekümmere. Denn auch sie werden zwar durch die Macht Gottes geleitet, aber sie erkennen die Gebote Gottes nicht an und fürchten seine Drohungen nicht. Deshalb gehören nur die zum Reiche Gottes, die anerkennen, daß Gott der Herrscher aller Dinge ist, daß er den Menschen Gebote gegeben und bestimmte Strafen für die Übertretenden festgesetzt hat. Alle andern kann man nicht Untertanen, sondern nur Feinde Gottes nennen.

3. Man kann nur dann von jemand sagen, daß er durch seine Gebote regiere, wenn er sie den Regierten deutlich bekannt gibt. Denn die Gebote der Herrscher sind die Gesetze der Regierten; als Gesetz gilt aber nur das deutlich Verkündete, so daß jede Entschuldigung der Unkenntnis aufgehoben ist. Die Menschen verkünden ihre Gesetze nur durch das Wort oder die Stimme und können auch ihren Willen auf andere Weise gar nicht allgemein bekannt machen. Aber Gott kann seine Gesetze auf dreifache Weise verkündigen: erstens durch die stillschweigenden Gebote der rechten Vernunft; zweitens durch unmittelbare Offenbarung, welche entweder durch eine übernatürliche Stimme oder durch ein Gesicht oder einen Traum oder eine göttliche Eingebung, d. h. einen Hauch seines Geistes geschieht;

drittens durch die Stimme eines Menschen, welchen Gott durch wahrhafte Wunder den übrigen als glaubwürdig empfohlen hat. Ein solcher Mensch, dessen Stimme Gott zur Erklärung seines Willens an andere benutzt, heißt ein Prophet. Diese drei Arten können das dreifache Wort Gottes genannt werden, nämlich das Wort der Vernunft, das mit den Sinnen vernommene Wort und das prophetische Wort; ihnen entsprechen die drei Arten, durch die man Gott hören kann: der rechte Vernunftgebrauch, die Sinne und der Glaube. Nur wenige haben Gottes Wort mit den Sinnen vernommen, Gott hat auch nur zu einzelnen durch Offenbarung gesprochen, und zwar zu Verschiedenen verschieden; Gesetze seines Reiches sind keinem Volke auf diese Weise verkündet worden.

4. Gemäß dem Unterschiede zwischen dem Worte der Vernunft und dem prophetischen Worte wird Gott ein zweifaches Reich zugeteilt: ein natürliches, wo er durch die Gebote der rechten Vernunft regiert; dieses Reich umfaßt wegen der allen Menschen gemeinsamen vernünftigen Natur alle diejenigen, die die Macht Gottes anerkennen; und ein prophetisches Reich, in dem Gott auch durch das prophetische Wort regiert; dies ist ein besonderes Reich, da Gott nicht allen Menschen positive Gesetze gegeben hat, sondern nur einem besonderen Volke und bestimmten, von ihm auserwählten Menschen.

5. In seinem natürlichen Reiche kommt Gottes Recht, zu herrschen und die Verletzung seiner Gesetze zu bestrafen, allein von seiner unwiderstehlichen Macht. Denn alles Recht gegen andere beruht entweder auf der Natur oder auf Vertrag. Wie das Recht zur Herrschaft aus dem Vertrage entspringt, ist in Kap. 6 dargelegt worden; aus der Natur folgt dasselbe Recht dadurch, daß die Natur es nicht aufgehoben hat. Denn da nach der Natur jeder das Recht auf alles hat, so war für jeden das Recht, über alle zu herrschen, so alt wie die Natur selbst. Unter den Menschen ist dieses Recht nur aus gegenseitiger Furcht beseitigt worden, wie oben in Kap. 2, Abschn. 3, gezeigt worden ist; denn die Vernunft gebot, zur Erhaltung des menschlichen Geschlechtes von diesem Rechte abzugehen, weil aus der

Gleichheit der Menschen nach ihren natürlichen Kräften und Vermögen notwendig der Krieg folgte und mit dem Krieg das Verderben des menschlichen Geschlechtes verbunden ist. Hätte dagegen einer die übrigen an Macht so übertroffen, daß selbst alle mit vereinten Kräften ihm nicht hätten widerstehen können, so wäre kein Grund für ihn vorhanden gewesen, das von der Natur ihm gewährte Recht aufzugeben. Er hätte daher das Recht zur Herrschaft über alle andern vermöge seiner überragenden Macht behalten, durch die er sich und die anderen zu erhalten vermocht hätte. Deshalb leitet sich das Recht derer, deren Macht unwiderstehlich ist, und folglich auch das Recht des allmächtigen Gottes, zur Herrschaft unmittelbar aus eben dieser Macht ab. Und so oft auch Gott einen Sünder straft oder selbst tötet, und ihn zwar straft, weil er sündigte, so müssen wir dennoch zugeben, daß Gott ihn auch dann mit Recht hätte strafen oder gar töten können, wenn er nicht gesündigt hätte; wenn auch Gott nach seinem Willen bei der Strafe die vorhergehende Sünde berücksichtigen kann, so folgt daraus doch nicht, daß das Recht heimzusuchen oder zu töten nicht von der göttlichen Macht, sondern von der Sünde der Menschen abhängt.

6. Die berühmte Streitfrage früherer Jahrhunderte, weshalb die Guten Übles und die Bösen Gutes erfahren, stimmt mit der hier aufgeworfenen überein, mit welchem Recht Gott Gutes und Übles über die Menschen verhängt. Ihre Schwierigkeit hat nicht bloß die Menge, sondern selbst Philosophen und, was noch mehr ist, sogar Heilige in ihrem Glauben an die göttliche Vorsehung schwankend gemacht. In Psalm 72 (73), 1—3 sagt David: „Wie wohl will Gott den Kindern Israels, die redlichen Herzens sind; aber meine Füße sind beinahe gestrauchelt und meine Schritte beinahe ausgeglitten, weil ich über die Ungerechten mich ereifert habe und gesehen, wie die Sünder in Frieden lebten.“ Und wie heftig hadert Hiob mit Gott, daß er ihn, der doch ein Gerechter sei, mit solchen Leiden heimsuche! Gott selbst löst bei Hiob diese Schwierigkeiten mit seinen eigenen Worten und stützt sein Recht auf Gründe, die nicht von den Sünden Hiobs, sondern von seiner eigenen Macht

hergenommen sind. Denn Hiob und seine Freunde stritten untereinander; diese wollten, weil er Strafe erlitt, daraus seine Schuld ableiten, jener ihre Anschuldigung mit Gründen seiner Unschuld widerlegen. Gott aber, welcher ihn und jene angehört hatte, widerlegt die Vorhaltungen Hiobs, nicht indem er ihn einer Ungerechtigkeit oder Sünde beschuldigt, sondern indem er sich auf seine eigene Macht beruft, Hiob 38, 4ff.: „Wo warst du (sagt Gott), als ich die Grundlagen der Erde legte? usw.", und über die Freunde Hiobs sagt Gott, Hiob 42, 7, er sei erzürnt über sie, da sie nicht wahrhaft vor ihm geredet hätten wie sein Knecht Hiob. Damit stimmt der Ausspruch unseres Erlösers über den Blindgeborenen überein: Als ihn seine Jünger fragten, ob dieser selbst oder seine Eltern gesündigt, weil er blind geboren sei, antwortete Jesus, Johannes 9, 3: „Weder dieser noch seine Eltern haben gesündigt, sondern es ist geschehen, um die Werke Gottes an ihm zu offenbaren." Allerdings heißt es Römer 5, 12, daß „der Tod durch die Sünde in die Welt gekommen"; allein daraus folgt nicht, daß Gott vermöge seines Rechtes die Menschen nicht den Krankheiten und dem Tode hätte unterwerfen können, auch wenn sie niemals gesündigt hätten, ebenso wie er auch die übrigen Geschöpfe sterblich gemacht und den Krankheiten unterworfen hat, obgleich sie nicht sündigen können.

7. Wenn Gott sein Recht zur Herrschaft vermöge seiner Allmacht besitzt, so erhellt, daß die Verbindlichkeit zum Gehorsam gegen ihn den Menschen infolge ihrer Ohnmacht obliegt*). Denn eine Verbindlichkeit aus einem Vertrage, wie sie in Kap. 2 behandelt worden ist, kann hier, wo das

*) Wenn dies jemand hart erscheinen sollte, so bitte ich ihn, bei sich zu überlegen, ob, wenn es zwei Allmächtige gäbe, einer dem andern zu gehorchen verbunden wäre. Ich glaube, er wird einräumen, daß keiner von beiden dazu verpflichtet sei. Ist dies richtig, dann ist auch meine Behauptung richtig, daß die Menschen Gott untertan sind, weil sie nicht allmächtig sind. Wenn unser Erlöser den Paulus ermahnte, der damals ein Feind der Kirche war, er solle nicht wider den Stachel löcken, so scheint er deshalb Gehorsam von ihm gefordert haben, weil er zum Widerstande nicht die genügende Macht hätte.

Recht zur Herrschaft aus der Natur ohne Vermittlung eines Vertrages entsteht, nicht statthaben. Nun gibt es zwei Arten der natürlichen Verbindlichkeit. Bei der einen wird die Freiheit durch körperliche Hindernisse aufgehoben; in diesem Sinne sagt man, daß Himmel und Erde und alle Geschöpfe den gemeinsamen Gesetzen ihrer Schöpfung gehorchen. Bei der andern wird die Freiheit durch die Hoffnung und die Furcht aufgehoben, der gemäß der Schwächere, der an seiner eigenen Widerstandskraft verzweifelt, gar nicht anders kann, als dem Stärkeren zu gehorchen. Aus dieser zweiten Art der Verbindlichkeit, d. h. aus der Furcht oder dem Bewußtsein der eigenen Ohnmacht gegenüber der Macht Gottes, geht die Verbindlichkeit zum Gehorsam gegen Gott in seinem natürlichen Reiche hervor; denn die Vernunft sagt jedem, der die Macht und die Vorsehung Gottes anerkennt, daß man wider den Stachel nicht löcken könne.

8. Da das Wort Gottes, insoweit er nur durch die Natur herrscht, lediglich in der rechten Vernunft enthalten ist und die Gesetze der Könige nur aus ihren Worten erkannt werden können, so erhellt, daß die Gesetze Gottes, insoweit er nur durch die Natur herrscht, lediglich die natürlichen Gesetze sind, wie sie Kap. 2 und 3 aufgeführt und aus den Geboten der Vernunft abgeleitet worden sind: Demut, Billigkeit, Gerechtigkeit, Mitleid und die übrigen den Frieden fördernden moralischen Tugenden, die sich auf die gegenseitigen Pflichten der Menschen untereinander beziehen; und daneben die, welche die rechte Vernunft in bezug auf die Verehrung und den Dienst der Majestät Gottes gebietet. Ich brauche deshalb diese natürlichen Gesetze oder moralischen Tugenden nicht nochmals aufzuzählen; dagegen ist zu untersuchen, welche Verehrung und welchen Gottesdienst, d. h. welche heiligen Gesetze diese natürliche Vernunft gebietet.

9. Verehrung im eigentlichen Sinne ist die Achtung vor der mit Güte gepaarten Macht eines andern, und man ehrt jemand, wenn man ihn hochschätzt. Deshalb liegt die Verehrung nicht in dem Verehrten, sondern in dem Verehrenden. Diese auf der Achtung beruhende Verehrung führt

notwendigerweise zu drei Gemütszuständen: zu Liebe, die sich auf die Güte, und zu Hoffnung und Furcht, die sich auf die Macht beziehen. Aus diesen gehen die äußeren Handlungen hervor, wodurch der Mächtige versöhnt und günstig gestimmt wird, und die die Wirkungen und daher die natürlichen Zeichen der Verehrung selbst sind. Das Wort Verehrung ist indes auch auf die äußerlichen Wirkungen der Ehrfurcht übertragen worden; in diesem Sinne sagt man, man ehrt den, von dessen Macht man in Wort oder Tat eine sehr hohe Meinung bezeugt; Verehrung ist dann dasselbe wie Ehre erweisen; dies ist aber eine äußere Handlung, die die innere Ehrfurcht kundgibt; und man sagt, daß man die verehrt, welche man, wenn sie erzürnt sind, durch Ehrerbietung zu besänftigen oder auf andere Weise sich geneigt zu machen sucht.

10. Alle Zeichen der Gesinnung bestehen in Worten oder in Handlungen, und deshalb besteht auch jeglicher Kult entweder in Worten oder in Handlungen. Dabei lassen sich aber drei Arten unterscheiden: die erste enthält das Lob oder die Anerkennung der Güte; die zweite ist die Anerkennung der gegenwärtigen Macht; dies heißt verherrlichen, *μεγαλύνειν*; die dritte ist die Anerkennung des Glückes oder der Macht, die auch in der Zukunft sicher fortbestehen wird, welche *μακαρισμός* heißt. Jede dieser drei Arten von Verehrung kann sich in Worten und in Taten äußern. Lob und Preis wird in Worten erteilt, wenn es in Sätzen oder dogmatisch geschieht, d. h. durch Eigenschaften und Namen. Man kann dies ein in Aussagen gefaßtes oder kategorisches Loben und Preisen nennen, z. B. wenn man von dem Geehrten sagt, er sei freigebig, tapfer, weise. Durch Handlungen geschieht es, wenn es als eine Folge oder Voraussetzung geschieht, z. B. durch Danksagung, welche Güte, durch Gehorsam, welcher Macht, und durch Glückwünsche, welche Glück voraussetzen.

11. Mag man nun jemand mit Worten oder mit Taten preisen wollen, so gibt es solche, welche überall als ehrenvoll gelten: so unter den Eigenschaften die allgemeinen Namen der Tugenden und Machtvollkommenheiten, die in keinem schlechten Sinne verstanden werden können, wie gut, schön,

tapfer, gerecht und dergleichen mehr. Von Handlungen gehören hierher Gehorsam, Danksagung, Bitten und ähnliches der Art, in denen immer eine Anerkennung von Tugend und Macht enthalten ist. Andere Zeichen gelten bei den einen als ehrenvoll, bei den anderen als verletzend oder als gleichgültig; dahin gehören von den Eigenschaften die, welche je nach der Verschiedenheit der Ansichten bald als Tugenden, bald als Laster, bald als sittlich, bald als unsittlich aufgefaßt werden, z. B. daß jemand seinen Feind getötet habe, daß er geflohen sei, daß er ein Philosoph, ein Redner und ähnliches mehr sei, was bei manchen als eine Ehre, bei andern als eine Schmach gilt. Die hierher gehörenden Handlungen hängen von den Gebräuchen der einzelnen Gegenden und von den Bestimmungen der Staatsgesetze ab; so die Entblößung des Hauptes als Begrüßung, die Ablegung der Schuhe, die Verneigung des Körpers, das Vorbringen von Bittgesuchen, während man steht, im Staube liegt, kniet; ebenso Zeremonienformeln und ähnliches. Jene Verehrung, welche überall und immer als ehrend gilt, ist die natürliche; die andere, die nach den Orten und Sitten wechselt, kann die willkürliche genannt werden.

12. Die Verehrung kann ferner eine anbefohlene sein, nämlich durch den Befehl dessen, der verehrt wird, oder eine freiwillige, wenn sie von dem Willen des Verehrenden abhängt. Bei der befohlenen Verehrung sind die die Verehrung ausdrückenden Handlungen nicht als solche ein Zeichen der Ehrfurcht, sondern weil sie befohlen sind; sie bedeuten unmittelbar Gehorsam, der Gehorsam aber Macht; deshalb beruht die befohlene Verehrung auf dem Gehorsam. Bei der freiwilligen Verehrung macht aber die Natur der Handlungen selbst sie ehrenvoll; gelten sie als solche bei den Zuschauern, so dienen sie der Verehrung; sonst sind sie beleidigend. Die Verehrung kann ferner eine öffentliche oder eine private sein. Die öffentliche Verehrung kann in bezug auf die einzelnen Verehrenden keine freiwillige sein, wohl aber in bezug auf den Staat. Denn das, was freiwillig geschieht, erfolgt nach dem Ermessen dessen, der es tut, und es würde dann nicht *eine* Verehrung sein, sondern so viele, als verehrende Personen daran teilnehmen, wenn nicht durch

das Gebot *eines* die Willen aller geeinigt würden. Dagegen kann die private Verehrung eine freiwillige sein, wenn sie im geheimen geschieht; denn im Fall sie öffentlich erfolgt, ist sie durch die Gesetze oder durch die guten Sitten beschränkt, womit die Freiwilligkeit sich nicht verträgt.

13. Um das Ziel oder den Zweck, weshalb andere verehrt werden, zu erkennen, muß man auf die Ursache zurückgehen, weshalb die Menschen sich über Verehrung freuen. Man muß, wie ich an anderer Stelle gezeigt habe, annehmen, daß Freude darin besteht, daß man Tüchtigkeit, Körperkraft, Wissen, Schönheit, Freunde, Reichtum oder irgendeine andere Macht als die seine oder gleichsam als die seine ansieht. Sie besteht also nur in dem Ruhm oder Triumph des Geistes, indem man sich für geehrt hält, d. h. für geliebt oder gefürchtet, d. h. man meint, den Dienst und die Hilfe seiner Mitmenschen zur Verfügung zu haben. Da man den, welchen andere verehren, d. h. für einen Mächtigen halten, auch für einen solchen hält, so wird die Ehre durch die Verehrung vergrößert; und indem der Geehrte für mächtig gehalten wird, erlangt er eine wirkliche Macht. Der Zweck dessen, der seine Verehrung gebietet oder zuläßt, geht also dahin, sich möglichst viele durch Liebe oder Furcht gehorsam zu machen.

14. Um zu erkennen, welche Gottesverehrung die natürliche Vernunft verlangt, muß man bei Gottes Eigenschaften beginnen. Es ist zunächst klar, daß ihm das Dasein beizulegen ist; denn man kann den nicht verehren wollen, von dem man nicht annimmt, daß er existiert. Ferner sprechen die Philosophen, die lehren, daß Gott die Welt selber oder ihre Seele, d. h. ein Teil der Welt sei, unwürdig von Gott; denn damit legen sie ihm nichts bei, sondern leugnen überhaupt sein Dasein. Denn unter dem Namen *Gott* versteht man die Ursache der Welt; wenn jene also sagen, daß die Welt Gott sei, so sagen sie, daß sie keine Ursache habe, d. h. daß Gott nicht sei. Dies gilt auch von denen, welche behaupten, daß die Welt nicht erschaffen worden sei, sondern ewig bestanden habe; denn da das Ewige keine Ursache hat, leugnen sie damit die Ursache der Welt, d. h. das Dasein Gottes. Auch die haben eine unwürdige Auffassung

von Gott, die ihm völlige Muße zuerteilen und ihm damit die Regierung der Welt und des menschlichen Geschlechts entziehen. Man erkennt ihn dabei wohl als allmächtig an, allein wenn er sich um die Dinge hienieden nicht kümmert, so gilt dann jene Redensart: Was über uns ist, das kümmert uns nicht. Wenn so nichts vorliegt, weshalb man Gott lieben oder fürchten sollte, so ist es für sie dasselbe, als wenn er überhaupt nicht da wäre. Ferner sind bei Eigenschaften, die Größe und Macht bezeichnen, diejenigen, die etwas Endliches oder Beschränktes angeben, keineswegs Zeichen einer Verehrung Gottes. Denn man verehrt Gott nicht in würdiger Weise, wenn man ihm nicht die höchstmögliche Macht und Größe zuteilt; und das Endliche ist nicht dieses Höchstmögliche, denn jedem Endlichen kann man leicht immer noch etwas mehr zuschreiben und beilegen. Deshalb darf man Gott auch keine Gestalt beilegen, weil jede Gestalt endlich ist; ebensowenig darf man sagen, daß man Gott mit seiner Einbildungskraft oder einem anderen Vermögen der Seele erfasse oder begreife; denn man kann nur das Endliche erfassen. Wenn auch das Wort *unendlich* eine Vorstellung der Seele bezeichnet, so folgt doch daraus noch nicht, daß wir irgendeine Vorstellung eines unendlichen Gegenstandes besitzen. Denn wenn man sagt, etwas sei unendlich, so bezeichnet man keine Bestimmung der Sache, sondern nur das Unvermögen unseres Geistes; wie wenn man sagte, daß man nicht wisse, ob und wo die Sache begrenzt sei. Auch sprechen die von Gott nicht ehrfürchtig genug, die da sagen, daß eine Idee von ihm unserem Geist einwohne; denn Ideen sind Vorstellungen in uns, und Vorstellungen haben wir nur von endlichen Dingen. Auch darf man von Gott nicht sagen, daß er Teile habe oder daß er ein Ganzes sei, denn auch dies sind nur Bestimmungen der endlichen Dinge; auch nicht, daß er an einem Orte sei, da nur das an einem Orte sein kann, was seiner Größe nach von allen Seiten begrenzt und endlich ist; ebensowenig daß Gott sich bewege oder ruhe, da beides voraussetzt, daß Gott sich an einem Orte befindet; ebensowenig daß es mehrere Götter gebe, denn es gibt nicht mehrere Unendliche. Ferner sind in bezug auf die Eigenschaften der Glückseligkeit die Gottes unwürdig welche einen Schmerz bedeuten (man müßte denn mit diesen Worten nicht den Gemütszustand, sondern durch Umwechselung der Bedeutung die Wirkung bezeichnen): dahin gehören Reue, Zorn, Mitleid; ebenso Eigenschaften, die einen Mangel bezeichnen, wie Begehren, Hoffnung, sinnliche Begierde und jene Liebe, die man auch Wollust nennt; denn sie bezeichnen einen Mangel, da man sich nicht vorstellen kann, daß jemand etwas begehre, hoffe und wünsche, wenn es ihm nicht fehlt oder mangelt. Ebenso sind die leidenden Zustände Gottes unwürdig; denn alles Leiden bezeichnet eine beschränkte Macht, die von andern abhängt. Wenn man daher Gott einen Willen zuschreibt, so darf darunter kein dem unsern ähnlicher verstanden werden, der nur ein vernünftiges Begehren ist (denn wenn Gott begehrte, so fehlte ihm etwas, und das zu sagen ist Lästerung); etwas Analoges muß allerdings angenommen werden, das wir aber nicht begreifen. Dasselbe gilt, wenn man Gott Sehen und andere Sinneswahrnehmungen zuschreibt, oder Wissen und Verstand; dies sind bei uns nur Erregungen der Seele, welche von den äußern Gegenständen erweckt werden, die einen Druck auf die Sinnesorgane ausüben; man kann nicht annehmen, daß derartiges bei Gott vorkomme, da es das Zeichen der Abhängigkeit von einer fremden Macht wäre und der höchsten Seligkeit widerspräche. Wenn man Gott also nur Eigenschaften, welche die Vernunft fordert, beilegen will, so muß man entweder verneinende wählen, wie *unendlich, ewig, unbegreiflich* usw., oder höchste Steigerungen, wie *der beste, der größte, der stärkste* usw., oder unbestimmte, wie *gut, gerecht, stark, Schöpfer, König* und ähnliche; und zwar in dem Sinne, daß man damit nicht das Wesen Gottes bezeichnen will (denn dann würde man ihn in die Schranken unserer Einbildungskraft einzwängen), sondern daß man damit nur die eigene Bewunderung und den Gehorsam ausdrücken will, wie es der Demut und einer Gott mit ganzer Kraft verehrenden Gesinnung zukommt. Denn die Vernunft fordert nur *ein* Wort, das die Natur Gottes bezeichnet, d. i. sein Dasein, oder einfach, daß er *ist*, und auch nur *eins*, das die Beziehung auf uns bezeichnet, nämlich *Gott*, worin enthalten ist, daß er sowohl *König* wie *Herr* und *Vater* ist.

15. In bezug auf die äußeren Handlungen, durch welche Gott verehrt werden soll, wie auch in bezug auf seine Namen, gebietet die Vernunft ganz allgemein, daß sie Zeichen einer verehrenden Gesinnung seien. Darunter fallen *erstens* die Gebete. „Wer in Gold und Marmor heilige Gesichter bildet, achtet die Götter nicht; aber wer betet, tut es." Denn Gebete sind Zeichen der Hoffnung; und Hoffnung ist eine Anerkennung der göttlichen Macht und Güte.

Zweitens gehört dahin die Danksagung, die dasselbe Gefühl bekundet; nur geht die Bitte der Wohltat voraus, während der Dank ihr folgt.

Drittens gehören hierher die Gaben, d. h. die Weihgeschenke und Opfer; es sind die tätigen Äußerungen des Dankes.

Viertens gehört hierher, daß man bei keinem andern schwöre. Denn durch den Schwur ruft der Mensch gegen sich selbst für den Fall, daß er falsch schwört, den Zorn dessen auf, der sowohl weiß, ob falsch geschworen ist oder nicht, als auch den Menschen, wie stark er auch sei, strafen kann; und das vermag nur Gott. Wenn es aber einen Menschen gäbe, dem die Bosheit seiner Untertanen nicht verborgen bleiben und dem keine menschliche Macht Widerstand leisten könnte, so genügte das gegebene Wort ohne Eid, da dieser Mensch die Verletzung strafen könnte. Man würde also keines Schwures bedürfen.

Fünftens soll man von Gott mit Überlegung sprechen; denn dies zeugt von Furcht, und Furcht ist eine Anerkennung seiner Macht. Hieraus folgt, daß man den Namen Gottes nicht nutzlos oder leichtsinnig gebrauchen soll; denn beides zeugt von keiner Überlegung. Ferner soll man nicht unnützerweise schwören, denn es hilft nichts. Es bedarf aber der Eide nur unter den Staaten, wenn man den gewaltsamen Streit verhindern oder beseitigen will, der unvermeidlich ist, wenn man den Zusagen nicht vertrauen kann; oder im Staate zur besseren Gewißheit für den Richter. Ferner soll man nicht über Gottes Wesen streiten; denn es ist vorausgesetzt, daß im natürlichen Reiche Gottes alles durch die Vernunft allein ermittelt wird, d. h. nach den Grundsätzen der natürlichen Wissenschaft. Mit diesen Mitteln

Gottes Wesen zu erkennen, ist aber unmöglich, da wir mit ihnen nicht einmal die Eigenschaften unseres Körpers oder sonst eines Geschöpfes genügend zu erfassen vermögen. Mit solchem Streit kommt man also höchstens dahin, daß man nach dem kleinen Maßstabe unserer Begriffe der Majestät Gottes unüberlegte Namen beilegt. Ferner folgt in bezug auf das Recht der göttlichen Herrschaft, daß es eine unüberlegte und voreilige Äußerung ist, wenn man sagt, daß dies oder jenes sich mit der Gerechtigkeit Gottes nicht vertrage. Denn selbst die Menschen betrachten es als eine Schmach, wenn ihre Kinder ihr Recht bestreiten oder die Gerechtigkeit nach einem andern Maße als dem ihrer Gebote messen.

Sechstens muß alles, was an Gebeten, Dankeshandlungen und Opfern geschieht, in seiner Art das Beste und ein Zeichen der Ehrerbietung sein; d. h. Gebete dürfen nicht hastig oder oberflächlich oder gemein sein, sondern schön und gut gefaßt. Es war zwar verkehrt, wenn die Heiden Gott unter einem Bilde verehrten; allein es war nicht unvernünftig, wenn sie bei den heiligen Handlungen sich der Gedichte und der Musik bedienten. Auch müssen die Opfergaben schön und die Geschenke prächtig sein; sie sollen entweder ein Zeichen der Unterwürfigkeit oder Dankbarkeit oder ein Erinnerungszeichen empfangener Wohltaten sein. Denn alle diese entspringen aus dem Bestreben, Gott die Ehre zu erweisen.

Siebentens soll Gott nicht bloß im geheimen, sondern auch öffentlich und angesichts aller Menschen verehrt werden; denn der Gottesdienst ist um so wertvoller, je mehr Ehrfurcht er bei anderen erweckt, wie in Abschn. 13 gezeigt worden. Daher geht, wenn andere den Gottesdienst nicht sehen, dasjenige an ihm verloren, was das größte Wohlgefallen erregt.

Endlich ist mit höchster Anstrengung auf die Beobachtung der natürlichen Gesetze zu achten; denn jede Geringschätzung der Herrschaft Gottes enthält die höchste Beleidigung Gottes, wie umgekehrt der Gehorsam ihm angenehmer ist als alle andern Opfer.

Von den natürlichen Gesetzen über den Gottesdienst sind diese die hauptsächlichsten, und zwar von denen, welche die

Vernunft den einzelnen Menschen gebietet. Den ganzen Staaten aber, von denen jeder *eine* Person darstellt, gebietet dieselbe natürliche Vernunft außerdem die Einheitlichkeit des öffentlichen Gottesdienstes. Denn die von den einzelnen nach ihrer Vernunft ausgehenden Handlungen sind keine Handlungen des Staates und deshalb auch nicht Gottesdienst des Staates; als von dem Staat geschehen gilt nur das, was infolge des Befehls des oder der Inhaber der höchsten Staatsgewalt getan wird, und was deshalb mit dem Willen aller Bürger, d. h. einheitlich geschieht.

16. Die natürlichen Gesetze über den Gottesdienst, die in dem vorhergehenden Abschnitt aufgezählt worden sind, verlangen nur die Erweisung der natürlichen Zeichen der Ehrerbietung. Es gibt jedoch zwei Arten von Zeichen: die einen sind natürliche, die andern vertraglich festgesetzte, über die man entweder ausdrücklich oder stillschweigend übereingekommen ist. Da nun in jeder Sprache der Gebrauch der Namen oder Benennungen auf dem Übereinkommen beruht, so kann er auch durch Übereinkommen geändert werden; denn was von dem Willen der Menschen abhängt und von ihm seine Kraft empfängt, kann durch den übereinstimmenden Willen derselben Menschen wieder geändert oder aufgehoben werden. Die Namen mithin, welche nach dem Übereinkommen der Menschen zu Eigenschaften Gottes erhoben worden sind, können nach gleichem Übereinkommen wieder beseitigt werden. Nun kann das, was durch das Übereinkommen der Menschen geschieht, auch der Staat tun. Der Staat (d. h. der Inhaber der höchsten Gewalt) kann deshalb mit vollem Recht verordnen, welche Namen oder Benennungen für Gott als ehrenvoll gelten sollen und welche nicht; d. h. welche Lehren über die Natur und das Wirken Gottes öffentlich zu vertreten und zu bekennen sind. Handlungen dagegen erhalten ihre Bedeutung nicht durch das Übereinkommen der Menschen, sondern aus ihrer Natur heraus; so wie die Wirkungen die Zeichen ihrer Ursachen sind. Manche Handlungen sind daher immer Zeichen der Verachtung für die, in deren Gegenwart sie geschehen; so alle die, durch welche die Unreinheit des Körpers gezeigt wird, oder solche, die man sich in

Gegenwart derer, die man verehrt, vorzunehmen schämt. Andere Handlungen gelten immer als Zeichen der Ehrerbietung; so ein bescheidenes und demütiges Herantreten und Anreden, das Freigeben des Weges oder Nachgeben in bezug auf irgendeinen Vorteil. Hieran kann der Staat nichts ändern. Dagegen gibt es unzählige Handlungen, die in bezug auf Ehre und Schande indifferent sind; diese kann der Staat zu Zeichen der Ehre machen, und sie werden damit wirklich ehrenvoll. Hieraus läßt sich entnehmen, daß man dem Staate in dem zu gehorchen hat, was er als Zeichen der Verehrung Gottes, d. h. für den Gottesdienst, vorschreibt; nur muß es überhaupt als ein Zeichen der Ehrerbietung gelten können; es ist aber ein Zeichen der Ehrerbietung, wenn es auf Befehl des Staates als solches gebraucht wird.

17. Ich habe dargelegt, welches die heiligen und die weltlichen Gesetze Gottes sind, wo er nur durch die Natur herrscht. Indes ist jedermann in seinem Vernunftgebrauch dem Irrtume ausgesetzt, und die Menschen sind hinsichtlich der meisten Handlungen verschiedener Ansicht; deshalb entsteht die weitere Frage, wer nach Gottes Willen als der Ausleger der rechten Vernunft, d. h. seiner Gesetze anzusehen ist. Wie ich bewiesen habe, entspricht es in betreff der weltlichen Gesetze (d. h. derer, die sich auf die Gerechtigkeit und das Verhalten der Menschen zueinander beziehen) nach dem über die Begründung des Staates Gesagten der Vernunft, daß jede Rechtsprechung dem Staate allein zusteht und daß Rechtsprechung nichts anderes ist als Auslegung der Gesetze. Deshalb ist überall der Staat, d. h. der Inhaber der höchsten Staatsgewalt, der Ausleger dieser Gesetze. In bezug auf die heiligen Gesetze muß man das in Kap. 5, Abschn. 13, Dargelegte berücksichtigen, wonach die einzelnen Bürger so viel Recht auf den Inhaber der Staatsgewalt übertragen haben, als sie übertragen konnten. Nun konnten sie das Recht zur Regelung der Art des Gottesdienstes übertragen, folglich ist dies auch von ihnen geschehen. Daß sie es konnten, erhellt daraus, daß vor der Errichtung des Staates ein jeder die Art der Gottesverehrung aus seiner eigenen Vernunft entnehmen mußte; nun kann aber jeder seine besondere Vernunft der des ganzen Staates

unterwerfen. Auch würde, wenn jeder nur seiner eigenen Vernunft im Gottesdienst folgen wollte, bei der großen Verschiedenheit derer, die Gott verehren, einer den Gottesdienst des andern für ungebührlich oder gar unfromm halten, und keiner würde von den andern als ein Gottesverehrer angesehen werden. Es gäbe also dann gar keinen Gottesdienst, selbst wenn er noch so sehr der Vernunft entspräche; denn das Wesen des Gottesdienstes liegt darin, daß er ein Zeichen der inneren Ehrfurcht ist. Als Zeichen kann aber nur das gelten, wodurch irgend etwas andern bekannt gemacht wird; deshalb kann das nicht als Zeichen der Ehrfurcht gelten, was nicht auch von andern für ein solches gehalten wird. Wiederum ist das ein wahres Zeichen, das auf dem Übereinkommen der Menschen beruht; deshalb ist das ehrenvoll, was durch das Übereinkommen der Menschen, d. h. durch das Gebot des Staates ein Zeichen der Ehre wird. Es ist also nicht gegen den Willen Gottes, soweit er durch die Vernunft allein erklärt ist, wenn man ihm die Zeichen der Ehre erweist, welche der Staat anordnet. Deshalb können die Bürger das Recht, über den Gottesdienst zu bestimmen, an den oder die Inhaber der höchsten Staatsgewalt übertragen; ja sie sind dazu verpflichtet, da sonst alle möglichen absurden Ansichten über die Natur Gottes und alle lächerlichen Gebräuche, welche je bei den Völkern bestanden haben, gleichzeitig in demselben Staate zum Vorschein kommen könnten. Man würde dann dahin gelangen, daß jeder glaubt, alle übrigen beleidigten Gott; von niemand könnte man dann wirklich sagen, daß er Gott verehre; denn die äußere Gottesverehrung wird nur dann zu einer solchen, wenn die andern sie auch dafür halten. Hiernach ergibt sich der Schluß, daß die Auslegung aller natürlichen Gesetze, der heiligen wie der weltlichen, in dem natürlichen Reiche Gottes von der Staatsgewalt abhängt, also von dem Menschen oder der Versammlung, welcher die höchste Staatsgewalt übertragen ist, und daß Gott alles, was er befiehlt, durch ihren Mund befiehlt; und umgekehrt, daß alles, was von ihnen über die Gottesverehrung und über weltliche Dinge befohlen wird, von Gott selbst befohlen wird.

18. Hiergegen könnte man erstens fragen, ob man folglich

auch dann dem Staate gehorchen müsse, wenn er geradezu befiehlt, Gott zu beleidigen, oder wenn er verbietet, ihn zu verehren. Ich antworte, daß dies nicht aus Obigem folgt und man also nicht zu gehorchen braucht. Denn Beleidigungen und die Unterlassung des Gottesdienstes kann niemand als eine Art des Gottesdienstes ansehen; auch hatte vor Errichtung des Staates niemand von denen, die Gottes Herrschaft anerkannten, das Recht, Gott die ihm daher gebührende Ehre zu verweigern, und er konnte daher das Recht, solches zu befehlen, auch nicht auf den Staat übertragen. Fragt man zweitens, ob man dem Staate gehorchen müsse, wenn er gewisse Ausdrücke oder Handlungen gebietet, die zwar Gott nicht geradezu beleidigen, aber aus denen doch beleidigende Folgerungen gezogen werden können, z. B. wenn man Gott unter einem Bilde verehren soll in Gegenwart derer, die dies für eine Verehrung halten: so muß dies allerdings geschehen*). Denn der Gottesdienst soll ein Zeichen der Verehrung sein; dieser Gottesdienst gilt aber als ein Zeichen der Verehrung und verbreitet somit auch die Ehre Gottes bei denen, welche ihn als solches Zeichen auffassen.

---

*) Ich habe in Abschnitt 14 dieses Kapitels gesagt, daß, wenn man Gott Grenzen setzt, man gegen das natürliche Gesetz über den Gottesdienst verstoße. Nun setzt man Gott Grenzen, wenn man ihn unter einem Bilde verehrt. Man tut also damit etwas, was nicht geschehen soll, und deshalb scheint diese Stelle der frühern zu widersprechen. Allein man erwäge zunächst, daß, wenn jemand durch Staatsgewalt zu solchem Gottesdienst gezwungen wird, nicht *er*, sondern die, welche es befehlen, Gott Grenzen setzen. Denn wer gezwungen Gott verehrt, verehrt ihn wirklich; aber er steht oder wirft sich an der Stelle nieder, wo es der rechtmäßige Herrscher befiehlt. Sodann sage ich nicht, daß dies immer und überall geschehen müsse, sondern nur für den Fall, daß außer den Geboten der menschlichen Vernunft keine andere Regel für den Gottesdienst besteht; denn dann gilt der Wille des Staates als Vernunft. In dem Reiche Gottes sowohl durch den Alten wie durch den Neuen Bund ist aber die Bilderanbetung ausdrücklich verboten, und deshalb darf sie da nicht geschehen, auch wenn der Staat sie gebietet. Wenn man dies erwägt, so wird man finden, daß zwischen diesem Abschnitt und Abschnitt 14 kein Widerspruch besteht.

Oder wenn befohlen wird, Gott einen Namen beizulegen, dessen Sinn man nicht versteht oder von dem man nicht einsieht, wie er mit dem Namen Gottes zusammenhängt, so muß auch dies geschehen. Denn alles, was wir nach bestem Wissen zu Gottes Ehre tun, ist, wenn es nur von andern dafür gehalten wird, wirklich ein Zeichen der Ehrerbietung; verweigert man deshalb dergleichen, so weigert man sich auch, die Ehre Gottes zu verbreiten. Dasselbe gilt in betreff des rein vernünftigen Gottesdienstes von allen Eigenschaften und Handlungen Gottes, die in Zweifel und Streit gezogen werden können. Wenn auch die Anordnungen des Staates hier mitunter gegen die rechte Vernunft verstoßen und deshalb seitens der Befehlenden Sünde sein können, so sind sie doch nicht gegen die rechte Vernunft und enthalten keine Sünde für die Untertanen; denn für diese besteht in zweifelhaften Fällen die rechte Vernunft darin, daß man sich der Vernunft des Staates unterwerfe. Man kann endlich fragen, ob auch dann gehorcht werden soll, wenn der Mensch oder die Versammlung, welche die Staatsgewalt innehat, befiehlt, daß sie mit denselben Ausdrücken und Handlungen verehrt werden solle, mit denen Gott zu verehren ist. Hier gibt es vieles, was man Gott und den Menschen gemeinsam beilegen kann; denn auch Menschen können gelobt und gepriesen werden. Und durch vielerlei Handlungen können sowohl Gott wie Menschen verehrt werden. Es kommt also allein auf den Sinn der Ausdrücke und Handlungen an. Wenn die Ausdrücke bedeuten, daß ein Mensch die Staatsgewalt unabhängig von Gott innehaben kann, oder daß er unsterblich sei, oder daß seine Macht grenzenlos sei, oder ähnliches, so muß man sich derselben enthalten, wenn auch der König sie gebietet. Dasselbe gilt von Handlungen, die denselben Sinn haben: wenn z. B. ein Abwesender angefleht werden soll; wenn man von jemand das erbitten soll, was nur Gott gewähren kann, wie Regen und Sonnenschein; wenn man ihm das darbringen soll, was nur Gott empfangen kann, wie Brandopfer, oder wenn man ihm die höchstmögliche Verehrung erweisen, z. B. sich ihm aufopfern soll. Denn das zielt darauf ab, daß der Glaube an Gottes Regierung erschüttert werde, und läuft gegen die obigen Voraussetzungen. Im übrigen kann Kniebeugung, Fußfall oder jedwede andere körperliche Handlung auch bei der Verehrung des Staatsoberhauptes gestattet sein, da sie als eine Anerkennung bloß der bürgerlichen Gewalt gelten kann. Der Dienst Gottes unterscheidet sich von dem weltlichen nicht durch körperliche Bewegungen, Stellungen, Haltungen oder Gesten, sondern durch die Gedanken, die damit über den Verehrten ausgedrückt werden. Wirft man sich daher vor jemand nieder, um damit auszudrücken, daß man ihn für Gott halte, so ist es ein Gottesdienst; geschieht es als Zeichen der Anerkennung der Staatsgewalt, so ist es ein weltlicher Dienst. Auch unterscheidet sich der Gottesdienst von dem weltlichen nicht durch die Handlungen, die man gewöhnlich mit den Worten *λατρεία* und *δουλεία* bezeichnet (von denen ersteres den Dienst, das andere den Stand der Sklaven bezeichnet), da diese Worte für dieselben Handlungen gelten.

19. Aus dem Gesagten erhellt, daß in dem natürlichen Reiche Gottes die Untertanen sündigen: 1. wenn sie die Moralgesetze verletzen, die in Kap. 2 und 3 entfaltet worden sind; 2. wenn sie in Dingen, die zur Gerechtigkeit gehören, die Gesetze oder Gebote des Staates verletzen; 3. wenn sie Gott nicht *κατὰ τὰ νόμιμα* verehren; 4. wenn sie vor den Menschen nicht durch Wort und Tat bekennen, daß nur *ein* Gott ist, allgütig, allmächtig, allselig, der höchste König der ganzen Welt und aller Könige der Welt, d. h. wenn sie Gott nicht verehren. Diese vierte Sünde ist in dem natürlichen Reiche Gottes nach dem in Kap. 14, Abschn. 20, Gesagten das Verbrechen gegen die göttliche Majestät. Denn sie enthält die Leugnung der göttlichen Macht, d. h. den Atheismus. Mit dieser Sünde verhält es sich ebenso, wie wenn ein Mensch, welcher der höchste König ist, in seiner Abwesenheit durch einen Vizekönig regiert. Die, welche diesem Vizekönig nicht in allem gehorchten, ausgenommen, wenn er sich selbst die Herrschaft anmaßte oder einem andern übergeben wollte, würden sich gegen ihn vergehen; dagegen würden die des Majestätsverbrechens schuldig heißen, welche dem Vizekönig unbedingt und selbst in jenen ausgenommenen Fällen gehorchten.

16. KAPITEL

Von dem Reich Gottes durch den Alten Bund

1. Das Bewußtsein der eigenen Schwäche und die Bewunderung der Naturereignisse bringt die Menschheit dahin, daß die meisten Gott für den unsichtbaren Schöpfer aller sichtbaren Dinge halten und ihn fürchten, da sie wissen, daß sie selbst sich nicht hinreichend beschützen können. Der unvollkommene Gebrauch ihrer Vernunft und die Heftigkeit ihrer Leidenschaften hindern sie aber an der rechten Gottesverehrung. Die Furcht vor dem Unsichtbaren wird jedoch zum Aberglauben, wenn sie sich von der rechten Vernunft trennt. Deshalb war es den Menschen beinahe unmöglich, ohne die besondere Hilfe Gottes die doppelte Klippe des Atheismus und des Aberglaubens zu vermeiden, denn dieser kommt von der Furcht, die von der rechten Vernunft sich getrennt hat, jener von einer Meinung der Vernunft, welcher die Furcht abgeht. Deshalb fand der Götzendienst leicht bei dem größten Teile des Menschengeschlechts Eingang; beinahe alle Völker verehrten Gott in Bildern und in der Gestalt endlicher Dinge, und sie beteten Geister oder eingebildete Wesen an, die sie wohl aus Furcht Dämonen nannten. Indes gefiel es der göttlichen Majestät, wie in der Heiligen Schrift zu lesen ist, aus dem menschlichen Geschlecht den Abraham auszuerwählen, um durch ihn die Menschen zu dem wahren Gottesdienst anzuleiten. Diesem hat sich Gott in übernatürlicher Weise offenbart, und mit ihm und seiner Nachkommenschaft ist er jenen bekannten Vertrag eingegangen, welcher der Alte Bund oder Vertrag oder das Alte Testament heißt. Abraham ist also das Haupt der wahren Religion; er hat nach der Sintflut zuerst gelehrt, daß es *einen* Gott gebe, der der Schöpfer des Weltalls sei (Josephus, „Jüdische Altertümer", Buch I, Kap. 7). Und von ihm hat das vertragsmäßige Reich Gottes seinen Anfang genommen.

2. Im Beginn der Welt hat Gott nicht bloß in natürlicher Weise, sondern auch durch Vertrag über Adam und Eva geherrscht; er scheint deshalb neben dem von der natür-

lichen Vernunft gebotenen Gehorsam nur noch den durch Vertrag bestimmten, d. h. den auf der Einwilligung der Menschen beruhenden Gehorsam verlangt zu haben. Indes ist jener Vertrag gleich damals ungültig geworden und später niemals erneuert worden, und der Ursprung des Reichs Gottes (von dem ich hier handle) kann also daraus nicht abgeleitet werden. Doch will ich hierbei bemerken, daß durch das Verbot, nicht von dem Baume der Erkenntnis des Guten und Bösen zu essen (mag dadurch das Urteil über das Gute und Böse oder das Essen der Frucht eines Baumes verboten worden sein), Gott für seine Gebote den einfachsten Gehorsam verlangt hat, ohne eine Erörterung, ob das Gebotene gut oder böse sei, zuzulassen. Denn in der Natur einer Baumfrucht liegt, wenn ein Verbot fehlt, nichts, was das Essen derselben zu einem moralisch Bösen, d. h. zu einer Sünde hätte machen können.

3. Der Vertrag zwischen Gott und Abraham ist nach 1. Mose 17, 7; 8 dahin geschlossen worden: „Es soll ein Vertrag zwischen mir und dir und deinem Samen in deinen Nachkommen sein, ein ewiges Bündnis, daß ich dein Gott und der Gott deines Samens nach dir in Ewigkeit bin. Und ich werde dir und deinem Samen das Land deiner Pilgerschaft, das ganze Land Kanaan, zum ewigen Besitz geben.“ Damit aber Abraham und seine Nachkommenschaft die Kenntnis dieses Vertrags sich bewahren konnte, war die Einrichtung eines Zeichens nötig; deshalb wurde dem Vertrage die Beschneidung zugefügt, aber nur als ein Zeichen. V. 10; 11 sagt: „Dies ist mein Vertrag, der gelten soll zwischen mir und dir und deinem Samen nach dir. Alles Männliche von euch soll beschnitten werden, und ihr werdet das Fleisch eurer Vorhaut beschneiden, damit es ein Zeichen des Bündnisses zwischen mir und euch sei.“ Es ist also vereinbart, Abraham solle Gott als seinen und seiner Nachkommenschaft Gott anerkennen, d. h. er solle sich ihm als dem Herrscher unterwerfen, wogegen Gott dem Abraham die Erbschaft jenes Landes geben werde, in dem er damals, aber nur als Fremder, wohnte; Abraham solle als Erinnerungszeichen dieses Vertrags für die Beschneidung seiner selbst und seiner männlichen Nachkommenschaft sorgen.

4. Da indes Abraham schon vor dem Vertrage Gott als den Schöpfer und König der Welt anerkannt hatte (denn er hatte weder an dem Dasein Gottes noch an seiner Vorsehung je gezweifelt), war es da nicht überflüssig, daß Gott sich den ihm schon von Natur geschuldeten Gehorsam noch durch einen Lohn und Vertrag erwarb, nämlich dadurch, daß er Abraham die Herrschaft über das Land Kanaan verhieß, wenn er ihn als seinen Gott annähme, obgleich er es doch schon vorher nach natürlichem Rechte war? Deshalb können die Worte: „daß ich dein Gott und der Gott deines Samens nach dir sei" nicht bedeuten, daß diesem Vertrag Genüge geleistet würde, wenn Abraham die Macht und Herrschaft Gottes, die er über alle Menschen von Natur hat, anerkennt, d. h. wenn er Gott bloß unbestimmt anerkennt, wie es die natürliche Vernunft verlangt; sondern Abraham muß ihn bestimmt als den Gott anerkennen, der zu ihm sagte (1. Mose 12, 1; 2): „Gehe aus deinem Lande" usw., und (1. Mose 13, 14): „Hebe deine Augen auf" usw., als den, der ihm nach 1. Mose 18, 1; 2 unter dem Bilde dreier himmlischer Männer erschien, und nach 1. Mose 15, 1 in einem Gesicht und nach V. 13 in einem Traume: dies verlangt den Glauben. In welcher Gestalt Gott dem Abraham erschienen ist und in welchem Tone er ihn angeredet hat, ist nicht angegeben. Aber es steht fest, daß Abraham jene Stimme für die Stimme Gottes und eine wahre Offenbarung hielt und daß er wollte, daß die Seinigen den, der so mit ihm geredet, als Gott, den Schöpfer der Welt, verehren sollten; Abrahams Glaube lag nicht darin, daß er glaubte, daß Gott existiert oder seine Versprechen wahrhaft hält (was ja alle Menschen glauben), sondern daß er nicht daran zweifelte, daß Gott es gewesen war, dessen Stimme und Versprechen er gehört hatte. Deshalb bedeutete „Gott Abrahams" nicht einfach Gott, sondern den Gott, der ihm erschienen war; und deshalb war die Verehrung, welche Abraham Gott unter diesem Namen schuldete, nicht eine Verehrung der Vernunft, sondern der Religion und des Glaubens, und nicht die, welche die Vernunft, sondern welche Gott in übernatürlicher Weise geoffenbart hatte.

5. Dagegen finden wir keine Gesetze, die Gott dem

Abraham oder die Abraham seiner Familie damals oder später in weltlichen oder heiligen Dingen gegeben hätte; mit Ausnahme der Vorschrift über die Beschneidung, die in dem Vertrage selbst enthalten ist. Hieraus erhellt, daß für Abraham keine anderen Gesetze und keine andere Gottesverehrung außer den natürlichen Gesetzen, dem von der Vernunft gebotenen Gottesdienst und der Beschneidung bestanden haben.

6. Abraham war bei den Seinigen der Ausleger aller Gesetze, sowohl der heiligen wie der weltlichen; teils in natürlicher Weise, sofern er sich bloß auf die natürlichen Gesetze stützte, teils auch nach den Worten des Vertrags, in welchem von Abraham nicht bloß für sich, sondern auch für seine Nachkommenschaft Gehorsam versprochen wird; und das wäre zwecklos gewesen, wenn seine Nachkommen nicht seinen Geboten hätten gehorchen müssen. Auch Gott sagt 1. Mose 18, 18; 19: „Es sollen in ihm alle Völker der Erde gesegnet sein; denn ich weiß, daß er seine Kinder und sein Haus nach ihm lehren wird, die Wege des Herrn zu wandeln und Gericht und Gerechtigkeit zu üben.“ Wie kann man dies anders verstehen als unter der Voraussetzung, daß seine Kinder und sein Haus zum Gehorsam gegenüber seinen Geboten verpflichtet waren?

7. Hieraus folgt, daß die Untertanen Abrahams, wenn sie ihm gehorchten, nicht sündigen konnten, vorausgesetzt, daß Abraham ihnen nicht gebot, das Dasein oder die Vorsehung Gottes zu leugnen oder etwas zu tun, was ausdrücklich gegen die Ehre Gottes gegangen wäre. In allen andern Fällen mußte das Wort Gottes allein aus seinem Munde empfangen werden, da er der Ausleger aller Gesetze und Worte Gottes war; denn nur Abraham konnte sie belehren, wer der Gott Abrahams sei und wie er zu verehren sei. Ebenso konnten nach Abrahams Tode die Untertanen des Isaak und Jakob diesen in allen Dingen aus demselben Grunde ohne Sünde gehorchen, solange sie den Gott Abrahams als ihren Gott und König anerkannten und bekannten. Denn sie hatten sich bedingungslos Gott unterworfen, und zwar eher als dem Abraham, und dann wieder dem Abraham eher als dem Gotte Abrahams, und dem Gotte

Abrahams eher als dem Isaak. Deshalb war bei Abrahams Untertanen die Gottesleugnung das einzige Verbrechen gegen die göttliche Majestät; dagegen war es bei ihren Nachkommen auch ein derartiges Verbrechen, wenn sie den Gott Abrahams leugneten, d. h. wenn sie Gott anders verehrten, als Abraham angeordnet hatte, also namentlich unter selbstgemachten Bildern*), wie die andern Völker es taten, die deshalb Götzendiener hießen. Damals konnten also die Untertanen leicht unterscheiden, was sie in bezug auf die Gebote der Fürsten zu tun und was sie zu vermeiden hatten.

8. Wenn ich der Erzählung der Heiligen Schrift weiter folge, so ist dieser Vertrag 1. Mose 26, 3; 4 mit Isaak, und 1. Mose 28, 13; 14 mit Jakob erneuert worden. Gott nennt sich da nicht einfach „Gott“, dessen Dasein die Natur uns lehrt, sondern ausdrücklich den „Gott Abrahams und Isaaks“. Als er später denselben Vertrag durch Moses mit dem ganzen Volke Israels erneuern will (2. Mose 3, 6), sagt er: „Ich bin der Gott deines Vaters, der Gott Abrahams, der Gott Isaaks und der Gott Jakobs.“ Als dann dieses Volk in der Wüste am Berge Sinai verweilte, wo es sich nicht nur in voller Freiheit befand, sondern auch jeder Unterwerfung unter Menschen, weil es die in Ägypten ertragene Sklaverei in frischer Erinnerung hatte, gänzlich abgeneigt war, da ist allen der alte Vertrag zur Erneuerung mit den Worten vorgelegt worden, 2. Mose 19, 5; 6: „Wenn ihr also meine Stimme hören und meinen Vertrag einhalten werdet (nämlich den mit Abraham, Isaak und Jakob eingegangenen Vertrag), so sollt ihr von allen Völkern mein besonderes Volk sein, denn mein ist die ganze Erde, und ihr sollt mein

*) In Kap. 15, Abschn. 14, habe ich die Unvernünftigkeit dieser Gottesverehrung dargelegt. Geschieht sie indes auf Befehl eines Staats, in dem das geschriebene Wort Gottes weder bekannt noch angenommen ist, so ist eine solche Gottesverehrung nicht gegen die Vernunft, wie ich in Kap. 15, Abschn. 18, gezeigt habe. Wo aber Gott infolge eines Vertrages herrscht, in welchem ausdrücklich ausbedungen worden ist, daß diese Verehrung nicht stattfinden solle (wie in dem mit Abraham geschlossenen Vertrag), da bleibt sie ein Unrecht, mag der Staat sie gebieten oder nicht.

priesterliches Reich und mein heiliges Volk sein". Und das ganze Volk antwortete einstimmig und sagte (V. 8): „Alles was Gott gesprochen hat, wollen wir tun."

9. Bei diesem Bündnis ist unter anderm die Benennung „Reich" zu beachten, die vorher nicht gebraucht worden war. Denn wenn auch Gott von Natur und durch den Vertrag mit Abraham ihr König war, so schuldeten sie ihm doch nur Gehorsam und den natürlichen Gottesdienst als seine Untertanen; dagegen schuldeten sie den von Abraham eingerichteten Religionsdienst als Untertanen Abrahams, Isaaks und Jakobs, ihrer natürlichen Fürsten. Denn die Israeliten hatten kein anderes Wort Gottes als das natürliche Wort der rechten Vernunft empfangen, und es war kein Vertrag zwischen Gott und ihnen geschlossen worden, außer soweit ihr Wille in dem Willen Abrahams als ihres Fürsten mit befaßt war. Durch den am Berge Sinai abgeschlossenen Vertrag jedoch, in den jeder einzelne eingewilligt hatte, wird die Herrschaft Gottes über sie zu einer institutiven. Von dieser Zeit an beginnt jenes in der Heiligen Schrift und den Büchern der Theologen viel genannte *Reich Gottes*. Hierauf beziehen sich auch die Worte Gottes zu Samuel, als die Israeliten einen König verlangten, 1. Sam. 8, 7: „Nicht dich haben sie verworfen, sondern mich, daß ich nicht über sie herrschen soll"; ferner die Worte Samuels zu den Israeliten, 1. Sam. 12, 12: „Ihr sagt, ein König solle über euch herrschen, während doch Gott euer Herr über euch herrscht"; ferner die Worte Jerem. 31, 32: „Den Vertrag, welchen ich geschlossen habe usw., und ich habe doch über sie geherrscht", und ebenso die Lehre des Judas aus Galiläa, die Josephus in den „Jüdischen Altertümern" B. XVIII, Kap. 1, mit den Worten erwähnt: „Judas aus Galiläa hat zuerst das Studium des vierten Weges derer, welche sich der Weisheit befleißigen, eingeführt. Diese stimmen im übrigen mit den Pharisäern überein, nur haben sie eine unerschütterliche Neigung zur Freiheit und glauben, daß Gott allein als Herr und Fürst anzuerkennen sei. Sie ertragen deshalb samt ihren Verwandten und liebsten Freunden lieber die ausgesuchtesten Arten von Strafen, als daß sie einen Sterblichen als ihren Herrn anerkennen."

10. Nachdem das Recht zur Königsherrschaft so durch Vertrag begründet worden war, wollen wir zunächst die Gesetze betrachten, die Gott den Juden gegeben hat. Es sind die allbekannten, nämlich der Dekalog, und jene andern, teils Rechts-, teils Zeremonialgesetze, welche die Bücher Mose vom 2. Buche, Kap. 20, bis zum Ende des 5. Buches und dem Tode des Moses enthalten. Von den hauptsächlich aus der Hand des Moses überlieferten Gesetzen sind ein Teil schon von natürlicher Verbindlichkeit, da sie von Gott, als dem Gott der Natur, gegeben waren; sie haben schon vor Abraham gegolten. Andere leiten ihre Verbindlichkeit aus dem mit Abraham eingegangenen Vertrage her; Gott hat sie als Gott Abrahams gegeben. Sie galten schon vor Moses wegen dieses früheren Vertrages. Ein anderer Teil verpflichtet nur infolge des zuletzt mit dem Volke selbst geschlossenen Vertrags, und Gott hat sie als der besondere König der Israeliten gegeben. Zur *ersten* Art gehören alle Gebote des Dekalogs, die sich auf die Sitten beziehen, wie: Du sollst deine Eltern ehren; du sollst nicht töten; du sollst nicht ehebrechen; du sollst nicht stehlen; du sollst nicht falsch Zeugnis ablegen; du sollst nicht fremdes Gut begehren. Denn dies sind natürliche Gesetze. Ferner das Gebot: Du sollst den Namen Gottes nicht mißbrauchen; denn es ist ein Teil der natürlichen Gottesverehrung, wie im vorhergehenden Kapitel, Abschn. 15, gezeigt worden ist. Ferner das zweite Gebot: Du sollst Gott nicht in einem von dir selbst gemachten Bilde anbeten; denn es gehört auch, wie dort gezeigt worden, zur natürlichen Religion. Zur *zweiten* Art gehört das erste Gebot, daß man nicht andere Götter haben solle; denn darin bestand das Wesen des Vertrags mit Abraham, in dem Gott nur verlangt, daß er sein und seiner Nachkommen Gott sein solle. Ferner das Gebot, daß der Sabbat heilig gehalten werden solle; denn die Heilighaltung des siebenten Tages ist zum Andenken an die sechstägige Schöpfung eingerichtet worden, wie aus den Worten 2. Mose 31, 16; 17 erhellt: „Er (nämlich der Sabbat) ist in Ewigkeit zwischen mir und den Kindern Israels ausgemacht worden, als ein ewiges Zeichen; denn der Herr schuf in sechs Tagen Himmel und Erde, und am

siebenten Tage hat er von seinem Werke ausgeruht." Zur *dritten* Art gehören die Gesetze zur Staats-, Gerichts- und Gottesdienstordnung, welche die Juden allein angehen. Die auf steinerne Tafeln geschriebenen Gesetze der ersten und zweiten Art, nämlich der Dekalog, wurden in der Bundeslade selbst aufbewahrt; die übrigen waren in das Buch aller Gesetze eingeschrieben und wurden an der Seite der Bundeslade verwahrt, 5. Mose 31, 26. Denn sie konnten ohne Bruch des Vertrags mit Abraham geändert werden, was bei den andern nicht anging.

11. Alle Gesetze Gottes sind sein Wort, aber umgekehrt ist nicht jedes Wort Gottes ein Gesetz. So ist es ein Wort Gottes: „Ich bin Gott dein Herr, der dich aus dem Lande Ägypten geführt hat", aber es ist kein Gesetz. Auch ist nicht alles, was zur Erklärung des Wortes Gottes mit ihm zusammen ausgesprochen oder geschrieben wird, damit auch ein Wort Gottes. Denn wenn es heißt: „Das sagt der Herr", so ist dies nicht die Stimme Gottes, sondern die des Predigers oder Propheten. All das, und nur das, ist das Wort Gottes, was Gott nach Versicherung eines wahren Propheten gesprochen hat. Die Schriften der Propheten, die sowohl die Worte Gottes wie auch die der Propheten enthalten, heißen das Wort Gottes, weil sie dieses mitenthalten. Da aber all das, und das allein, Gottes Wort ist, was von einem wahren Propheten für ein solches erklärt wird, so kennt man Gottes Wort nicht eher, als bis man weiß, wer ein wahrer Prophet ist; und man kann dem Worte Gottes nicht eher glauben, als bis man dem Propheten glaubt. Dem Moses hat das israelitische Volk aus zwei Gründen geglaubt, wegen seiner Wunder und wegen seines Glaubens. Denn wenn er auch noch so große und augenscheinliche Wunder verrichtet hätte, so würden sie ihm doch nicht geglaubt haben, oder hätten wenigstens ihm nicht glauben dürfen, wenn er sie zu einem andern Gottesdienst aus Ägypten geführt hätte, als zu dem Gottesdienst Abrahams, Isaaks und Jakobs, ihrer Väter; denn dies wäre gegen ihren mit Gott eingegangenen Vertrag gewesen. In gleicher Weise hat Gott allen Juden zweierlei als Kennzeichen eines wahren Propheten angegeben, nämlich die übernatürliche Prophezeiung

kommender Dinge, die ein ungeheures Wunder ist, und den Glauben an den Gott Abrahams, der sie aus Ägypten befreit hat. Wem eins dieser Kennzeichen fehlt, der ist kein wahrer Prophet, und was er als Gottes Wort hinstellt, kann nicht als das Wort Gottes gelten. Fehlt ihm der Glaube, so wird er 5. Mose 13, 1—5 mit folgenden Worten verworfen: „Wenn ein Prophet in eurer Mitte aufsteht oder einer, der sagt, daß er ein Gesicht gesehen habe, und er hat ein Zeichen oder Schrecknis vorausgesagt, was eingetroffen ist, und dieser Prophet sagt: Laßt uns gehen und andern Göttern folgen usw., so soll dieser Prophet oder Erfinder von Träumen getötet werden." Wenn dagegen die Prophezeiung kommender Ereignisse fehlt, so wird er 5. Mose 18, 21; 22 mit den Worten verworfen: „Wenn du im stillen fragst, wie kann ich erkennen, daß er Gottes Wort nicht gesprochen habe? so nimm dies als Zeichen: Alles, was der Prophet im Namen des Herrn vorausgesagt hat und was nicht eingetroffen ist, das hat nicht der Herr gesprochen, sondern der Prophet in der Eitelkeit seiner Seele sich ausgedacht." Somit ist zweifellos nur das Gottes Wort, was ein wahrer Prophet als solches verkündigt hat; und nur der ist ein wahrer Prophet unter den Juden gewesen, dessen Glaube der rechte war und dessen Prophezeiungen von den Ereignissen bestätigt wurden. Dagegen kann darüber gestritten werden, was es heißt, anderen Göttern zu dienen, und auch darüber, ob Ereignisse, welche die Prophezeiungen bestätigen sollen, ihnen wahrhaft entsprechen. Dies gilt namentlich bei dunkeln und rätselhaften Prophezeiungen von Ereignissen, wie dies beinahe alle Prophezeiungen der Propheten sind, die nicht wie Moses offenbar, sondern „nur in Rätseln und Gestalten Gott sahen", 4. Mose 12, 8. Hierüber kann man nur mit Hilfe der natürlichen Vernunft entscheiden, da das Urteil hier von der Auslegung des Propheten und der Vergleichung mit den Ereignissen abhängt.

12. Als das geschriebene Wort Gottes galt bei den Juden das Buch des ganzen Gesetzes, das *Deuteronomium* hieß; und zwar galt, soweit sich aus der heiligen Geschichte entnehmen läßt, bis zur Zeit der Gefangenschaft dies Buch allein. Denn es ist von Moses selbst den Priestern über-

geben worden, damit es aufbewahrt und an der Seite der Bundeslade niedergelegt werde, 5. Mose 31, 9; 26. Die Könige sollten es abschreiben, und viel später ist es durch den Einfluß des Königs Josia wiederum als das Wort Gottes anerkannt worden, 2. Kön. 23, 1 ff. Dagegen ist nicht ersichtlich, wann die übrigen Bücher des Alten Testaments zuerst unter die kanonischen Bücher aufgenommen worden sind. Was den Jesaias und die übrigen Propheten betrifft, die nur prophezeiten, was während der Gefangenschaft eintreten würde, so konnten deren Schriften nicht sogleich als prophetisch angesehen werden, da das oben erwähnte Gesetz (5. Mose 18, 21; 22) den Israeliten befahl, nur die als Propheten anzusehen, deren Prophezeiungen durch die Ereignisse bestätigt wurden. Daher mögen vielleicht die Juden die Schriften der Männer, die sie ermordeten, als sie prophezeiten, später als prophetische, d. h. als das Wort Gottes angesehen haben.

13. Nachdem wir gesehen haben, welche Gesetze es unter dem Alten Bunde gegeben und was als Wort Gottes von Anfang an gegolten hat, ist nunmehr zu ermitteln, wer das Recht hatte zu beurteilen, ob die Schriften der Propheten, die später sich erhoben, als Gottes Wort anzusehen waren, d. h. ob die Ereignisse mit den Prophezeiungen übereinstimmten oder nicht, und wer über das Recht verfügte, die schon bestehenden Gesetze und das geschriebene Wort Gottes auszulegen. Es muß dies nach Unterschied der Zeiten und der Veränderungen des israelitischen Staates untersucht werden.

Offenbar ist bei Lebzeiten des Moses diese Gewalt ausschließlich bei ihm gewesen. Wäre nicht er selbst der Ausleger der Gesetze und des Wortes gewesen, so wäre dieses Amt entweder jeder Privatperson oder der Versammlung oder Synagoge vieler oder dem Hohenpriester oder andern Propheten zugekommen. Daß dieses Amt aber weder Privatpersonen noch einer aus ihnen gebildeten Versammlung zukam, ergibt sich daraus, daß es nicht zugelassen, ja daß es sogar mit den schwersten Strafen bedroht war, Gott anders als durch Moses sprechen zu hören. Denn es steht geschrieben, 2. Mose 19, 24; 25: „Die Priester aber und das

Volk sollen die Grenzsteine nicht überschreiten und nicht zu dem Herrn hinaufsteigen, damit er sie nicht etwa töte. Und es stieg Moses zum Volke hernieder und erzählte ihnen alles.“ Daß übrigens weder einzelne noch eine Versammlung behaupten durften, daß Gott durch sie geredet habe und folglich daß ihnen das Recht zustehe, Gottes Wort auszulegen, wird bei Gelegenheit des Aufstandes des Korah, Dathan, Abiram und der 250 Fürsten der Versammlung offen und ausdrücklich erklärt. Denn als diese behaupteten, daß Gott ebenso durch sie wie durch Moses spreche, sagten sie zum Beweis, 4. Mose 16, 3: „Es genüge euch, daß die ganze Menge eine von Heiligen ist und der Herr in ihnen ist; weshalb erhebt ihr euch also über das Volk des Herrn?“ Wie aber Gott über diesen Streit entschied, erkennt man daran, daß Korah, Dathan und Abiram lebendig in die Hölle hinabstiegen und daß ein von dem Herrn ausgegangenes Feuer die 250 Männer verzehrte, Vers 33; 35.

Zweitens erhellt aus einem ähnlichen Streite zwischen dem Hohenpriester Aaron, seiner Schwester Maria und Moses, daß dieses Recht dem Aaron nicht zugestanden hat. Sie stritten darüber, ob Gott bloß durch Moses gesprochen oder auch durch sie, d. h. ob nur Moses oder auch sie Ausleger von Gottes Wort wären. Sie sagten, 4. Mose 12, 2: „Hat der Herr etwa bloß durch Moses gesprochen, hat er nicht auch in gleicher Weise durch uns gesprochen?“ Gott aber schilt sie deshalb und macht einen Unterschied zwischen Moses und den übrigen Propheten. Er sagt, Vers 6—8: „Wenn einer von euch ein Prophet ist, so will ich ihm in einem Gesicht erscheinen oder im Traum zu ihm sprechen; aber Moses ist kein solcher Knecht von mir usw., denn ich rede von Mund zu Mund mit ihm und er sieht den Herrn offenbar und nicht in Rätseln und Gestalten: weshalb habt ihr also nicht Ehrfurcht vor ihm gehabt?“ usw. Daß bei Lebzeiten Moses die Auslegung des Wortes Gottes nicht irgendwelchen andern Propheten zugekommen ist, läßt sich endlich schon aus seiner, von mir soeben erwähnten, ausgezeichneten Stellung über alle andern entnehmen; ebenso aus der natürlichen Vernunft, nach der die Verkündung und die Auslegung der Befehle Gottes nur ein und demselben Propheten zukommen kann; und ein anderes Wort Gottes als das durch Moses verkündete gab es damals nicht. Auch erhellt es daraus, daß damals kein anderer Prophet vorhanden war, der dem Volke prophezeit hätte, jene 70 Ältesten ausgenommen, welche durch den Geist des Moses prophezeiten. Und selbst das wollte Josua, damals erster Diener und später Nachfolger des Moses, nicht anerkennen, bis er erfuhr, daß es mit Einwilligung des Moses geschehen sei; auch die Heilige Schrift selbst ergibt dies 4. Mose 11, 25, wo es heißt: „Es stieg der Herr in einer Wolke herab usw. und nahm von dem Geiste, der in Moses war, und gab ihn den 70 Ältesten.“ Als nun gemeldet wurde, daß sie prophezeiten, sprach Josua zu Moses, Vers 28; 29: „Mein Herr, laß es nicht zu!“ Aber Moses antwortete: „Weshalb ereiferst du dich für mich?“ usw. Da somit Moses der alleinige Verkünder von Gottes Wort war und das Recht der Auslegung weder bei Privatpersonen noch bei der Synagoge noch bei dem Hohenpriester noch bei anderen Propheten war, so bleibt nur, daß Moses allein der Ausleger des Wortes Gottes gewesen ist, dem auch die höchste Gewalt in weltlichen Dingen zustand; und der Streit des Korah und der übrigen Verschworenen gegen Moses und Aaron, sowie der Streit Aarons und seiner Schwester gegen Moses ist nicht wegen ihres Seelenheils, sondern aus Ehrgeiz und wegen der Herrschaft über das Volk entstanden.

14. In der Zeit Josuas war die Auslegung der Gesetze und des Wortes Gottes bei dem Hohenpriester Eleazar, der zugleich absoluter König unter Gott war. Dies folgt erstens aus dem Vertrage selbst, in dem der israelitische Staat ein priesterliches Königreich genannt wird oder, wie es 1. Petrus 2, 9 heißt, ein königliches Reich der Priester, eine Benennung, die man nur anwenden konnte, wenn nach der Verfassung und dem Vertrage mit dem Volke die königliche Gewalt sich bei dem Hohenpriester befand. Auch ist dies kein Widerspruch mit dem oben Gesagten, wo nicht Aaron, sondern Moses die Herrschaft unter Gott hatte. Denn wenn *ein* Mensch die Verfassung eines werdenden Staates einrichtet, so ist es notwendig, daß dieser für die Zeit seines Lebens das von ihm eingerichtete Reich auch leiten muß

(mag es eine Monarchie oder Aristokratie oder Demokratie sein); er muß während seines Lebens alle Gewalt haben, die er für spätere Zeit unter andere verteilt. Daß aber der Priester Eleazar nicht bloß das Priesteramt, sondern auch die höchste Staatsgewalt besessen hat, ist bei der Berufung Josuas zur Staatsverwaltung ausdrücklich gesagt. Denn es heißt 4. Mose 27, 18—21: „Nimm den Josua, den Sohn des Nun usw., stelle ihn vor den Priester Eleazar und vor das ganze Volk und gib ihm Anweisungen vor dem Angesicht aller und laß ihn teilnehmen an deiner Ehre, damit ihn die ganze Versammlung der Kinder Israels höre. Der Priester Eleazar soll für ihn Gott befragen, wenn etwas zu unternehmen ist; nach dessen Worten soll er ausziehen und zurückkehren und alle Kinder Israels mit ihm." „Gott befragen, was zu tun ist", d. h. das Wort Gottes auslegen und im Namen Gottes in allen Dingen gebieten, gebührt hiernach dem Eleazar; „ausziehen und zurückkehren nach seinen Worten", d. h. ihm gehorchen, bezieht sich auf Josua und das ganze Volk. Auch bemerke man, daß die Worte: „teilnehmen an deiner Ehre" deutlich zeigen, daß Josua nicht die gleiche Macht wie Moses gehabt hat. Doch erhellt, daß auch zu Josuas Zeit beides, die höchste bürgerliche Gewalt und das Recht, Gottes Wort auszulegen, in derselben Person vereinigt gewesen ist.

15. Nach Josuas Tod folgt die Zeit der Richter bis zu dem König Saul; an dieser sieht man, daß das Recht zu der von Gott eingerichteten Herrschaft bei dem Hohenpriester geblieben ist. Denn die Herrschaft war nach dem Vertrage priesterlich, d. h. eine durch Priester ausgeübte Herrschaft Gottes. Und das sollte so bleiben, bis die Staatsform von dem Volke selbst mit Gottes Einwilligung geändert wurde. Dies geschah erst, als Gott dem Verlangen nach einem König nachgab und zu Samuel sagte, 1. Sam. 8, 7: „Höre das Volk in allem, was es zu dir spricht; denn nicht dich, sondern mich haben sie verworfen, damit ich nicht über sie herrschen soll." Also gebührte nach Gottes eigener Einrichtung die höchste bürgerliche Gewalt rechtlich dem Hohenpriester; tatsächlich war aber diese Gewalt bei den Propheten, denen (als von Gott in außerordentlicher Weise

erweckten Menschen) die Israeliten, ein nach Propheten begieriges Volk, wegen ihrer Achtung vor der Prophetengabe den Schutz und die Rechtsprechung über sich anvertrauten. Der Grund lag darin, daß nach der Errichtung des priesterlichen Gottesreichs zwar Strafen bestimmt und Richter ernannt waren, allein das Recht, die Strafen zu vollziehen, von dem Ermessen einzelner abhing und es einer ungeordneten Menge und den einzelnen zustand, zu strafen oder nicht zu strafen, wie sie gerade durch persönliche Leidenschaft aufgereizt wurden. Deshalb hat Moses auf Grund seiner Herrschaft niemand mit dem Tode bestraft; sondern wenn einer oder mehrere getötet werden sollten, so hetzte er die Menge auf diese, wobei er auf Grund seiner von Gott empfangenen Macht sagte: „Dies spricht der Herr". Dies entsprach der Natur des besonderen Gottesreichs. Denn Gott herrscht da wahrhaft, wo man seinen Gesetzen nicht aus Furcht vor den Menschen, sondern aus Furcht vor ihm selbst gehorcht. Wären die Menschen wirklich so, wie sie sein sollten, so wäre dies die beste Staatsform; allein für die Menschen, wie sie einmal sind, bedarf es einer zwingenden Gewalt (worunter ich sowohl das Recht wie die Macht dazu verstehe). Deshalb schrieb Gott gleich von Anfang an durch Moses Gesetze für die spätern Könige vor, 5. Mose 17, 14—20; und Moses prophezeite dem Volke in seinen letzten Worten (5. Mose 31, 29): „Ich weiß, daß ihr nach meinem Tode ungerecht handeln und schnell von dem Wege abweichen werdet, den ich euch vorgeschrieben habe." Als nun gemäß dieser Weissagung ein anderes Geschlecht herangewachsen war (Richter 2, 10; 11), „welches den Herrn und seine Werke, die er Israel getan, nicht kannte, da sündigten die Kinder Israels im Angesicht Gottes und dienten dem Baal", d. h. sie verwarfen die Herrschaft Gottes, oder des Priesters, durch den Gott regierte; und als sie später von ihren Feinden besiegt und mit Sklaverei bedrückt wurden, erwarteten sie den Willen Gottes nicht mehr von dem Priester, sondern von den Propheten. Diese richteten tatsächlich in Israel, während nach dem Rechte sie dem Hohenpriester zu gehorchen hatten. Das Priesterregiment war daher nach des Moses und Josuas Tode zwar ohne

Kraft, aber doch rechtmäßig. Daß demselben Hohenpriester auch die Auslegung von Gottes Wort gebührte, erhellt daraus, daß Gott, nachdem die Bundeshütte und die Bundeslade geweiht worden waren, nicht mehr vom Berge Sinai geredet hat, sondern nur noch in der Bundeshütte von der Gnadenstelle zwischen den Cherubim, der niemand außer dem Hohenpriester sich nahen durfte. Nach dem Verfassungs*recht* lag sowohl die höchste Staatsgewalt wie die Auslegung des Wortes Gottes in der Hand des Hohenpriesters; *tatsächlich* aber lag sie in den Händen der Propheten, die über die Israeliten richteten. Denn als Richter besaßen sie die bürgerliche Macht; als Propheten legten sie Gottes Wort aus. So bestanden bis dahin in jeder Weise diese beiden Gewalten untrennbar beisammen.

16. Als später die Könige herrschten, war unzweifelhaft die weltliche Macht bei diesen; denn die Herrschaft Gottes durch die Priesterschaft war auf Bitten der Israeliten mit Einwilligung Gottes aufgehoben worden; was auch Hieronymus, als er über die Bücher Samuels spricht, mit den Worten sagt: „Samuel zeigt, daß nach dem Tode Elis und der Tötung Sauls das alte Gesetz abgeschafft worden ist." Ferner beweisen die Eidschwüre der neuen Priesterschaft und der neuen Herrschaft bei Zadok und David, daß das Regierungsrecht der Könige sich auf die Bewilligung des Volkes stützte. Der Priester war nur so weit berechtigt, als Gottes Befehl ging; das Recht des Königs ging aber so weit wie das Recht jedes einzelnen gegen sich selbst. Denn die Israeliten hatten ihm die Rechtsprechung über alle und die Kriegführung für alle zugestanden, und darin liegt alles Recht, das überhaupt ein Mensch dem andern einräumen kann. Die Israeliten sagten (1. Sam. 8, 20): „Unser König soll über uns richten und er soll vor uns herziehen und unsere Kriege für uns führen." Also stand die Rechtsprechung den Königen zu; die Rechtsprechung besteht aber nur in der Anwendung der Gesetze durch ihre Auslegung auf den einzelnen Fall; deshalb gehörte auch die Auslegung der Gesetze vor die Könige. Da nun bis zur Gefangenschaft neben dem Mosaischen Gesetz kein anderes geschriebenes Wort Gottes anerkannt war, so hatten die Könige auch das

Recht zur Auslegung von Gottes Wort. Ja noch mehr, da das Wort Gottes als Gesetz genommen werden mußte und den Königen die Auslegung der Gesetze zukam, so würde, selbst wenn es neben dem Mosaischen Gesetz noch ein anderes schriftliches Wort Gottes gegeben hätte, auch dessen Auslegung den Königen gebührt haben. Als das *Deuteronomium*, welches das Mosaische Gesetz enthielt, wiedergefunden worden war, nachdem es lange verloren gewesen, befragten zwar die Priester Gott über dieses Buch, aber das geschah nicht aus eigenem Recht, sondern auf Josias Befehl, und nicht unmittelbar, sondern vermittels der Prophetin Holda. Daraus wird offenbar, daß das Recht, Bücher als Gottes Wort zuzulassen, den Priestern nicht zugestanden hat. Jedoch folgt nun nicht etwa, daß die Prophetin dieses Recht hatte, denn andere entschieden darüber, ob ein Prophet als ein wahrer anzuerkennen sei oder nicht. Denn wozu hätte Gott dem ganzen Volke Merkmale und Kennzeichen angegeben, durch die es die wahren Propheten von den falschen unterscheiden konnte, nämlich das Eintreffen ihrer Prophezeiungen und die Übereinstimmung mit der von Moses begründeten Religion, wenn von diesen Merkmalen kein Gebrauch hätte gemacht werden dürfen? Also war das Recht, Bücher als Gottes Wort zuzulassen, bei den Königen, und deshalb wurde jenes Gesetzbuch auf Grund der Rechtsbefugnis des Königs Josia gebilligt und angenommen, wie aus 2. Kön. 22 und 23 erhellt, wo es heißt, daß er die verschiedenen Stände des Reichs, nämlich die Ältesten, die Priester, die Propheten und das Volk, berufen und ihnen das Buch vorgelesen und die Worte des Bündnisses wieder im Gedächtnis erweckt habe, d. h. er habe bewirkt, daß jenes Bündnis für das Mosaische Bündnis, d. h. für das Wort Gottes anerkannt und von den Israeliten von neuem angenommen und bestätigt worden sei. Daher war damals die bürgerliche Gewalt und die Gewalt, das Wort Gottes von dem Worte der Menschen zu unterscheiden und das Wort Gottes auszulegen, lediglich bei den Königen. Die Propheten waren nicht mit eigenem Recht abgesandt, sondern nach Art und mit dem Recht von Herolden oder Predigern, über welche die Zuhörer richteten. Wenn die bestraft wurden, die den Propheten nicht zuhörten, wenn sie leicht Faßliches deutlich lehrten, so folgt doch daraus nicht, daß die Könige alles befolgen mußten, was die Propheten im Namen Gottes geboten. Allerdings ist der gute König von Juda, Josia, getötet worden, weil er den Worten Gottes, welche Necho, der König Ägyptens, ihm verkündigte, nicht folgte, d. h. weil er den guten Rat, wenngleich er von dem Feinde zu kommen schien, abwies; allein, so glaube ich, kann man darum doch nicht sagen, Josia sei durch irgendein göttliches oder menschliches Gesetz verpflichtet gewesen, dem Pharao Necho, dem König von Ägypten, zu glauben, weil dieser sagte, daß Gott zu ihm gesprochen habe. Will man aber einwenden, daß die Könige wegen Mangels an Gelehrsamkeit selten zur Auslegung der alten Bücher, die das Wort Gottes enthielten, geeignet gewesen und daß es deshalb unbillig sei, daß dieses Geschäft zu ihrem Rechte gehörte, so würde dieser Einwand ebenso gegen die Priester und alle Menschen gelten; denn alle können irren. Und wenn auch die Priester nach ihren natürlichen Anlagen und ihrer Übung besser als die andern unterrichtet waren, so sind die Könige doch sehr wohl geeignet, dergleichen Ausleger unter ihrem Vorsitz zu ernennen; und deshalb kann die Auslegung des Wortes Gottes sehr wohl zu dem Recht der Könige gehören, wenn sie selbst es auch nicht auslegen. Wer ihnen das Recht abspricht, weil sie es nicht selbst ausüben können, verfährt wie die, welche sagen, das Recht Geometrie zu lehren dürfe nicht von den Königen abhängen, wenn sie nicht selbst Geometer seien. Wir lesen in der Bibel, daß die Könige für das Volk gebetet, das Volk gesegnet, den Tempel geweiht, den Priestern Vorschriften gegeben, Priester vom Amte entfernt und andere eingesetzt haben. Opfer haben sie allerdings nicht dargebracht, weil dies das erbliche Recht Aarons und seiner Nachkommen war; allein das Priesteramt war offenbar nicht bloß bei Lebzeiten des Moses, sondern auch in der ganzen Zeit von König Saul bis zur babylonischen Gefangenschaft keine Herrschaft, sondern ein Dienst.

17. Nach der Rückkehr aus der babylonischen Gefangenschaft wurde durch das erneuerte und bestätigte Bündnis

die priesterliche Herrschaft so wiederhergestellt, wie sie vom Tode Josuas bis zum Eintritt der Könige bestanden hatte; nur wurde nicht ausdrücklich festgesetzt, daß die zurückgekehrten Juden weder dem Esra, unter dessen Leitung sie ihren Staat einrichteten, noch einem andern, sondern nur Gott das Recht der Herrschaft übertrugen. Die Erneuerung scheint damals nur in den bloßen Versprechen und Gelöbnissen der einzelnen bestanden zu haben, daß sie die Vorschriften des Gesetzbuches befolgen wollten. Indes ergab sich dennoch (vielleicht ohne daß das Volk es wollte) aus dem damals erneuerten Vertrage (denn es war derselbe Vertrag wie der am Berg Sinai abgeschlossene), daß der Staat ein priesterliches Königreich wurde, d. h. daß die höchste weltliche und geistliche Gewalt in den Priestern vereinigt war. Nun wurde allerdings durch den Ehrgeiz derer, die um das Priesteramt stritten, und durch die Einmischung fremder Fürsten der Staat bis zu den Zeiten unsers Erlösers Jesus Christus so zerrüttet, daß man aus den Geschichtswerken jener Zeiten nicht ersehen kann, in wessen Händen sich die Staatsgewalt befunden hat; es ist aber offenbar, daß auch in diesen Zeiten das Recht zur Auslegung von Gottes Wort von der höchsten bürgerlichen Gewalt nicht getrennt gewesen ist.

18. Hieraus ist leicht zu ersehen, wie die Juden während der ganzen Zeit von Abraham bis zu Christus in bezug auf die Befehle ihrer Fürsten sich zu verhalten hatten. Denn so wie in den rein menschlichen Reichen man der niedern Obrigkeit in allem gehorchen muß, ausgenommen wenn ihre Befehle in sich eine Majestätsverletzung enthalten, so mußten auch im Reiche Gottes die Juden ihren Fürsten Abraham, Isaak, Jakob, Moses, den Priestern, den Königen, jedem zu seiner Zeit in allem Gehorsam leisten, solange ihre Befehle nicht ein Verbrechen gegen die Majestät Gottes enthielten. Das war aber: 1. die Ableugnung der Vorsehung Gottes; denn damit leugnete man, daß Gott von Natur der König sei; 2. der Götzendienst, d. h. die Anbetung nicht anderer (denn es gibt nur *einen Gott)*, sondern fremder Götter, d. h. also, die Anbetung zwar *eines* Gottes, aber unter andern Namen, Eigenschaften und Gebräuchen, als von Abraham

und Moses eingeführt worden waren. Denn darin lag eine Leugnung, daß der Gott Abrahams ihr König vermöge des mit Abraham und ihnen selbst eingegangenen Vertrages sei. In allen andern Dingen mußte dagegen Gehorsam geleistet werden. Und wenn ein König oder Priester, der die höchste Gewalt innehatte, ihnen etwas gegen die Gesetze gebot, so beging *er* damit eine Sünde, und nicht seine Untertanen; denn deren Pflicht ist, den Befehlen der Vorgesetzten zu gehorchen, nicht, sie zu erörtern.

17. KAPITEL

Von dem Reich Gottes durch den Neuen Bund

1. In dem Alten Testamente finden sich viele deutliche Prophezeiungen über unsern Erlöser Jesus Christus, der das Reich Gottes durch einen neuen Vertrag wiederherstellen sollte; teils verkünden sie seine königliche Würde, teils seine Niedrigkeit und sein Leiden. Über seine Würde finden sich unter andern die folgenden Stellen: 1. Mos. 17, 16 segnet Gott Abraham, verspricht ihm den Sohn Isaak und fügt hinzu, daß „Könige der Völker aus ihm hervorgehen werden". 1. Mose 49, 10 segnet Jakob seinen Sohn Judas und sagt: „Von Juda soll das Zepter nicht weggenommen werden." 5. Mose 18, 18 sagt Gott zu Moses: „Ich werde ihnen einen Propheten erwecken aus der Mitte ihrer Brüder, der dir ähnlich ist, und ich will ihm meine Worte in den Mund legen, und er wird zu ihnen alles sagen, was ich ihn heißen werde; und wenn einer die Worte, welche er in meinem Namen sagen wird, nicht anhören will, so werde ich als Rächer mich erheben." Jesaias sagt Jes. 7, 14: „Gott selbst wird euch ein Zeichen geben. Eine Jungfrau wird empfangen und einen Sohn gebären, und er wird mit Namen Emanuel genannt werden." Ferner sagt er Jes. 9, 5: „Ein Kind ist uns geboren und ein Sohn uns gegeben, und die Herrschaft ist auf seine Schultern gelegt worden, und er wird den Namen des Wunderbaren, des Ratgebers, des starken Gottes, des Ewig-Vaters, des Friedensfürsten führen." Fer-

ner Jes. 11, 1—5: „Es wird ein Reis aus der Wurzel Jesse hervorgehen, und es wird ein Zweig aus ihrer Wurzel emporsteigen, über welchem der Geist der Weisheit ruhen wird usw. Er wird nicht urteilen nach dem, was die Augen sehen, noch beweisen nach dem, was die Ohren hören, sondern er wird die Armen nach der Gerechtigkeit richten usw., und er wird die Erde treffen mit der Rute seines Mundes und den Gottlosen töten mit dem Hauch seiner Lippen." Auch die Kapitel 51—54, 56, 60—62 im Jesaias enthalten beinahe nur Beschreibungen der Ankunft und der Taten des zukünftigen Christus. Bei Jeremias heißt es, 31, 31: „Siehe, ein Tag wird kommen, sagt der Herr, und ich werde mit dem Hause Israel und mit dem Hause Juda ein neues Bündnis schließen." Baruch sagt 3, 35—37: „Dieser ist unser Gott usw. Später wird er auf Erden gesehen werden und mit den Menschen verkehren." Und Hesekiel 34, 23; 25: „Ich werde über sie einen Hirten erwecken, der sie weiden soll, meinen Knecht David, und ich werde mit ihnen einen Friedensvertrag schließen." Daniel kündet 7, 13; 14: „Ich sah das Gesicht in der Nacht, und siehe, es kam mit den Wolken des Himmels gleichsam ein Menschensohn, und er gelangte bis zu dem Alten, und dieser gab ihm die Macht und die Ehre und die Herrschaft; und alle Völker und Stämme und Zungen werden ihm dienen, und seine Macht wird ewig währen." Haggai 2, 6; 7: „Es ist noch ein Kleines, und ich werde Himmel und Erde bewegen und das Meer und die Wüste und alle Völker, und es wird der von allen Völkern Ersehnte kommen." Zacharias sagt 3, 8 bei Schilderung des Gesichts, in dem er den Hohenpriester Josua erblickt: „Ich werde meinen Knecht, Sproß geheißen, kommen lassen", und weiter 6, 12: „Seht den Mann, dessen Name Sproß ist", und ferner 9, 9: „Freue dich, Tochter Zion; juble, Tochter Jerusalem, siehe deinen König und Erretter." Ergriffen von diesen und anderen Weissagungen, erwarteten die Juden Christus als ihren von Gott gesandten König, der sie befreien und noch dazu über alle Völker herrschen sollte. Ja die Weissagung, daß aus Judäa einer kommen sollte, der sich der Herrschaft bemächtigen werde, hatte sich über das ganze römische Reich verbreitet. Der Kaiser Vespasian deutete sie, wenn auch fälschlich, zugunsten seines Unternehmens.

2. An Weissagungen über die Niedrigkeit und das Leiden Christi finden sich unter andern folgende: Jesaias 53, 4: „Er hat selbst unsre Leiden erlitten und unsre Schmerzen selbst getragen, und wir hielten ihn gleichsam für aussätzig und von Gott geschlagen und gebeugt." Und weiter V. 7: „Er hat sich dargebracht, weil er es selbst gewollt, und er hat den Mund nicht geöffnet; er wird wie ein Lamm zum Tode geführt werden und schweigen wie ein Schaf vor dem, der es schert." Und ferner V. 8: „Er ist abgeschnitten von der Erde der Lebendigen, wegen des Verbrechens des Volkes ist er getötet worden"; und V. 12: „Und ich werde ihm viele zuteilen, und er soll die Beute der Tapfern teilen, weil er seine Seele in den Tod gegeben hat und er mit den Verbrechern zusammengestellt worden und er selbst die Sünden vieler getragen und für die Übertreter gebeten hat." Und Zacharias sagt 9, 9: „Er selbst wird in seiner Armut dann einen Esel besteigen und das Füllen einer Eselin."

3. Während der Regierung des Kaisers Tiberius begann unser Erlöser, Jesus aus Galiläa, der Sohn Josephs (wie man meinte), zu predigen. Er verkündete dem jüdischen Volke, daß das Reich Gottes, das sie erhofften, nahe herbeigekommen sei und daß er der König sei, d. h. der Christus. Er legte das Gesetz aus und nahm 12 Apostel und 70 Jünger nach der Zahl der Stammesfürsten und der 70 Ältesten (ähnlich wie Moses) in seinen Dienst und lehrte den Weg des Heils teils selbst, teils durch sie. Er reinigte den Tempel, verrichtete große Zeichen und erfüllte alles, was die Propheten über den künftigen Christus geweissagt hatten. Er wurde von den Pharisäern, deren falsche Lehre und heuchlerische Heiligkeit er bloßgestellt hatte, gehaßt und auf ihre Veranlassung vom Volke beschuldigt, daß er nach der Herrschaft strebe, und gekreuzigt. Und daß dieser Mann der wahre Christus und der von Gott verheißene König war, der von Gott dem Vater gesandt war, um den neuen Vertrag zwischen den Juden und Gott zu erneuern, das zeigen die Evangelisten, die seine Abstammung, Geburt, Leben, Lehre, Tod und Auferstehung beschreiben und das, was er getan,

mit jenen Weissagungen vergleichen; und alle Christen stimmen mit den Evangelisten überein.

4. Daraus, daß Christus von Gott dem Vater gesandt war, um ein Bündnis zwischen ihm und dem Volke abzuschließen, wird deutlich, daß Christus, wenn er auch seinem Vater der Natur nach gleich war, doch geringer gewesen ist in bezug auf das Recht der Herrschaft. Denn sein Amt war im eigentlichen Sinne nicht das eines Königs, sondern das eines Stellvertreters des Königs, so wie es auch die Herrschaft des Moses war; denn das Reich war nicht seines, sondern das seines Vaters. Christus selbst deutete dies an, da er sich wie ein Untertan taufen ließ, und er sprach es offen in dem von ihm gelehrten Gebete aus, Matth. 6, 9: „Unser Vater usw.; dein Reich komme." Auch da, als er sagte (Matth. 26, 29): „Ich werde nicht trinken usw. bis zu jenem Tage, wo ich den neuen Trank mit euch trinken werde in dem Reiche meines Vaters." Auch der heilige Paulus sagt 1. Kor. 15, 22—24: „Wie alle in Adam sterben, so werden alle in Christo wieder lebendig werden, und jeder in seiner Reihe: zuerst Christus, dann die, welche Christus gehören und ihm, als er kam, geglaubt haben, dann das Ende, wenn er das Reich an Gott den Vater übergeben wird." Trotzdem wird dieses Reich auch das Reich Christi genannt. Denn die Mutter der Söhne Zebedäi bat Christus mit den Worten (Matth. 20, 21): „Sage, daß diese meine beiden Söhne einer zur Rechten und einer zur Linken in deinem Reiche sitzen sollen"; und der Übeltäter rief am Kreuze (Luk. 23, 42) aus: „Herr, gedenke meiner, wenn du in dein Reich gekommen bist." Der heilige Paulus sagt Ephes. 5, 5: „Dies sollt ihr wissen, daß alle Hurer usw. nicht die Erbschaft im Reiche Christi und Gottes erhalten werden", und 2. Tim. 4, 1: „Ich bezeuge es vor Gott und Jesus Christus, der bei seiner und seines Reiches Ankunft richten wird die Lebendigen und die Toten", und V. 18: „Der Herr hat mich von allem schlechten Werke befreit und wird mich in sein himmlisches Reich retten." Auch braucht man sich nicht zu wundern, daß beiden das Reich zugeschrieben wird, da beide, Vater und Sohn, derselbe Gott sind; und der neue Vertrag über das Reich Gottes ist nicht im Namen des Vaters, sondern im Namen des

Vaters, des Sohnes und des Heiligen Geistes, als des einigen Gottes, geschlossen worden.

5. Das Reich Gottes, zu dessen Wiederherstellung Christus von Gott dem Vater gesandt worden, beginnt indes erst mit seiner zweiten Ankunft, nämlich mit dem Tage des Gerichts, wenn er in voller Majestät in Begleitung seiner Engel kommen wird. Denn den Aposteln ist versprochen worden, daß sie die 12 Stämme Israels im Reiche Gottes richten werden. Es heißt Matth. 19, 28: „Ihr, die ihr mir gefolgt seid in der Wiedergeburt, ihr werdet, wenn des Menschen Sohn auf dem Throne seiner Majestät sitzen wird, auch auf 12 Thronen sitzen und die 12 Stämme Israels richten." Dies kann aber erst am Tage des Gerichts geschehen. Deshalb ist Christus noch nicht auf dem Throne seiner Majestät; und die Zeit, wo Christus auf der Erde geweilt hat, wird nicht ein Königreich, sondern eine Wiedergeburt genannt, d. h. eine Erneuerung oder Wiederherstellung des Reiches Gottes und ein Aufrufen derer, die in dieses künftige Reich aufgenommen werden sollen. Wenn es Matth. 25, 31; 32 heißt: „Wenn des Menschen Sohn in seiner Herrlichkeit kommen wird, und alle Engel mit ihm, dann wird er auf dem Throne seiner Majestät sitzen, und alle Völker werden sich vor ihm versammeln, und er wird sie voneinander sondern, wie der Hirt die Schafe von den Böcken sondert", so können wir offenbar schließen, daß keine örtliche Trennung der Untertanen Gottes von seinen Feinden stattfinden wird, sondern daß sie durcheinander gemischt leben werden bis zur zweiten Ankunft Christi. Dies bestätigt sich auch durch den Vergleich des himmlischen Reiches mit dem Weizen, der mit Spreu gemischt ist, und mit einem Netze, das alle Arten Fische enthält. Eine solche Menge von Untertanen und Feinden, die gemischt miteinander leben, kann aber nicht wohl ein Königreich genannt werden. Ferner, als die Apostel unsern Erlöser fragten, ob er zu der Zeit, wo er gen Himmel fahren werde, das Reich Israel wiederherstellen werde, bezeugten sie damit, daß nach ihrer Ansicht bei der Himmelfahrt Christi das Reich Gottes noch nicht gekommen sei. Dasselbe ergibt sich auch aus den Worten Christi, Joh. 18, 36: „Mein Reich ist nicht

von dieser Welt", und Luk. 22, 18: „Ich werde nicht trinken usw., bis das Reich Gottes gekommen ist", und Joh. 3, 17: „Gott hat seinen Sohn nicht in diese Welt gesandt, daß er die Welt richte, sondern daß die Welt durch ihn gerettet werde." Und Joh. 12, 47: „Wenn einer mein Wort hört und nicht bewahrt, so richte ich ihn deshalb nicht; denn ich bin nicht gekommen, die Welt zu richten, sondern zu erlösen." Und Luk. 12, 14: „Mensch, wer hat mich zum Richter oder Schiedsmann zwischen euch bestellt?" Auch der Name „himmlisches Reich" bestätigt dies. Dasselbe ergibt sich aus den Worten des Propheten Jeremias, der über das Reich Gottes durch den Neuen Bund sagt, Jer. 31, 34: „Es wird kein Mann mehr seinen Nächsten und kein Mann seinen Bruder belehren und sagen: Erkenne den Herrn; denn alle werden mich erkennen, von den Niedrigsten bis zu den Höchsten, sagt der Herr"; womit ein Reich dieser Welt nicht gemeint sein kann. Deshalb wird das Reich Gottes, zu dessen Errichtung Christus in die Welt gekommen ist, das die Propheten verkündet haben und von dem alle beten: „Dein Reich komme", wenn es seine Untertanen örtlich von den Feinden getrennt, seine Rechtsprechung, seine Majestät so haben soll, wie prophezeit worden ist, erst dann beginnen, wenn Gott die Schafe von den Böcken scheiden wird, wenn die Apostel die 12 Stämme Israels richten werden, wenn Christus in seiner Majestät und in seinem Ruhme erscheinen wird, wenn endlich alle Menschen Gott so erkennen werden, daß eine Belehrung nicht mehr nötig ist, d. h. bei der zweiten Ankunft Christi oder am Tage des Jüngsten Gerichts. Wäre das Reich Gottes schon jetzt wiedererrichtet, so wäre kein Grund vorhanden, weshalb Christus, nachdem er das Werk vollbracht, zu dem er gesandt worden, noch einmal kommen sollte oder weshalb wir beten sollten: „Dein Reich komme."

6. Wenn auch das Reich Gottes, das Christus durch ein neues Bündnis begründen sollte, ein himmlisches war, so darf man doch nicht meinen, daß die, welche im Glauben an Christus diesen Vertrag eingegangen waren, nicht auch auf Erden so regiert werden mußten, daß sie in dem durch den Vertrag versprochenen Glauben und Gehorsam dau-

ernd verblieben. Denn das himmlische Reich und Vaterland zu versprechen, wäre nutzlos, wenn wir nicht dahin geleitet werden sollten; dies ist aber nur möglich, wenn wir den rechten Weg geführt werden. Moses hat, nachdem er das priesterliche Regiment eingerichtet hatte, in der ganzen Zeit der Wanderung bis zum Eintritt in das Gelobte Land das Volk geleitet und geführt, obgleich er kein Priester war. Ebenso liegt es unserm Erlöser ob (der nach Gottes Willen in dieser Sache Moses ähnlich sein sollte und hierzu vom Vater gesandt war), die künftigen Bürger des himmlischen Staats schon in diesem Leben so zu leiten, daß sie zu jenem gelangen und darin eintreten können, wenn auch das Reich eigentlich nicht seines, sondern das seines Vaters ist. Indes ist die Art, wie Christus in diesem Leben die Gläubigen leitet, nicht eigentlich ein Reich oder eine Herrschaft, sondern das Amt eines Hirten oder das Recht zur Lehre, d. h. Gott der Vater hat ihm nicht die Gewalt, über Mein und Dein zu richten, wie den Königen dieser Erde, gegeben, auch nicht die Gewalt, durch Strafen zu zwingen oder Gesetze zu geben; sondern Christus sollte der Welt den Weg zeigen und sie die Wissenschaft des Heils lehren, d. h. er sollte predigen und erklären, was die zu tun haben, die in das Reich Gottes eingehen wollen. Daß Christus von dem Vater nicht die Macht empfangen hatte, in Fragen des Mein und Dein zu entscheiden, d. h. in allen Rechtsfragen zwischen denen, die nicht an ihn glaubten, das zeigen deutlich jene oben angeführten Worte Christi: „Mensch, wer hat mich zum Richter oder Schiedsmann zwischen euch bestellt?" Auch Vernunftgründe bestätigen dies: denn Christus war abgesandt, den Vertrag zwischen Gott und den Menschen abzuschließen, und ehe das nicht geschehen, ist niemand zum Gehorsam verpflichtet; hätte er über Rechtsfragen entschieden, so hätte niemand seiner Entscheidung zu gehorchen brauchen. Daß Christus aber in dieser Welt die Rechtsprechung weder über die Gläubigen noch über die Ungläubigen übertragen worden ist, erhellt daraus, daß dieses Recht zweifellos den Fürsten zusteht, solange deren Machtbefugnis von Gott nicht gemindert wird. Aber dies geschieht nicht vor dem Tage des Jüngsten Gerichtes, wie aus den

Worten des heiligen Paulus hervorgeht, welcher vom Tage des Jüngsten Gerichts, 1. Kor. 15, 24, sagt: „Dann folgt das Ende, wenn er das Reich dem Vater und Gott übergeben und alle Herrschaft, Gewalt und Macht aufgehoben haben wird." Zweitens erhellt dies aus den Worten unsers Erlösers an Jakobus und Johannes, die gesagt haben, Luk. 9, 54: „Willst du nicht, daß wir sagen, daß das Feuer vom Himmel herabfalle und diese verzehre?" (nämlich die Samariter, die Jesus, als er nach Jerusalem ging, nicht gastlich bei sich aufnehmen wollten), worauf Jesus sie schalt und sagte, Vers 56: „Des Menschen Sohn ist nicht gekommen, die Seelen zu verderben, sondern zu erretten." Ebenso seine Worte Matth. 10, 16: „Sehet, ich sende euch wie Schafe mitten unter Wölfe." Ebenso Joh. 3, 17: „Gott hat seinen Sohn nicht in diese Welt gesandt, daß er die Welt richte, sondern daß sie durch ihn gerettet werde." Und Joh. 12, 47: „Wenn jemand meine Worte vernimmt und nicht bewahrt, so richte ich ihn nicht, denn ich bin nicht gekommen, daß ich die Welt richte" usw. Sie alle zeigen, daß Jesus nicht die Gewalt empfangen hatte, jemand zu verurteilen oder zu strafen. Es heißt zwar Joh. 5, 22: „Der Vater urteilt über niemand; er hat alles Gericht dem Sohne übergeben"; allein dies widerspricht den obigen Stellen nicht, da es von dem Tage des Jüngsten Gerichts verstanden werden kann und muß. Daß endlich Christus nicht gesandt worden ist, um neue Gesetze zu geben, und deshalb nach seinem Amte und seiner Sendung kein Gesetzgeber im eigentlichen Sinne war (wie auch Moses nicht), sondern daß er ein Bringer und Verbreiter der Gesetze seines Vaters war (denn Gott allein, und nicht Moses noch Christus war nach dem Vertrage König), folgt aus Matth. 5, 17: „Ich bin nicht gekommen zu lösen (nämlich die früher von Gott durch Moses gegebenen Gesetze, die er gleich danach auslegt), sondern zu erfüllen." Und Matth. 5, 19: „Wer eines von jenen kleinsten Geboten löst und die Menschen so belehrt, wird der Kleinste im Himmelreich heißen." Also hatte Christus von dem Vater nicht die königliche oder herrscherliche Gewalt in dieser Welt übertragen erhalten, sondern nur die eines Ratgebers und Lehrers. Er selbst deutet dies Matth. 4, 19 an, wenn er die Apostel nicht Jäger, sondern Menschenfischer nennt, und wenn er das Reich Gottes mit dem Senfkorn und mit dem im Mehl verborgenen Sauerteig vergleicht (Matth. 13, 31 bis 33).

7. Gott versprach erstens dem Abraham eine zahlreiche Nachkommenschaft, den Besitz des Landes Kanaan und die Segnung aller Völker in seiner Nachkommenschaft, unter der Bedingung, daß Abraham und seine Nachkommen Gott dienen würden. Sodann versprach Gott der leiblichen Nachkommenschaft Abrahams die priesterliche Herrschaft, die freieste Regierung, bei der sie sich keiner menschlichen Herrschaft zu unterwerfen brauchten, unter der Bedingung, daß sie dem Gott Abrahams nach der von Moses gelehrten Weise dienen würden. Endlich verhieß Gott ihnen und allen Völkern ein himmlisches und ewiges Reich unter der Bedingung, daß sie dem Gotte Abrahams nach der von Christus gelehrten Weise dienen würden. Denn durch den Neuen, d. h. christlichen Bund ist von seiten der Menschen versprochen, daß sie dem Gott Abrahams in der von Jesu gelehrten Weise dienen wollen, und von seiten Gottes, daß er ihnen die Sünden vergeben und sie in das himmlische Reich einführen wolle. Wie das himmlische Reich beschaffen ist, ist bereits oben in Abschnitt 5 gezeigt worden; bald wird es das Reich des Himmels, bald das Reich des Ruhmes, bald das ewige Leben genannt. Das von den Menschen Geforderte, nämlich Gott zu dienen wie Christus gelehrt habe, enthält zweierlei: Gott Gehorsam zu leisten (denn das heißt Gott dienen), und den Glauben an Jesus, nämlich den Glauben, daß Jesus der von Gott verheißene Christus sei; denn nur deshalb ist seine Lehre mehr als jede andere zu befolgen. Anstatt des Gehorsams wird in der Heiligen Schrift sehr oft „Reue" gesagt, weil Christus überall lehrt, daß bei Gott der Wille für die Tat gelte; die Reue ist aber ein untrügliches Zeichen eines gehorsamen Sinnes. Versteht man dieses recht, so bestätigen viele Stellen der Heiligen Schrift aufs deutlichste, daß diese Bedingungen, die ich hier genannt, nämlich von seiten Gottes die Vergebung der Sünden und das ewige Leben, von seiten der Menschen die Reue und der Glaube an Jesus Christus, die

Bedingungen des christlichen Bundes gewesen sind. So enthalten die Worte Mark. 1, 15: „Das Reich Gottes ist nahe herbeigekommen, laßt uns Buße tun und dem Evangelium glauben", den ganzen Vertrag. Ebenso die Worte Luk. 24, 46, 47: „Weil es so geschrieben steht, mußte Christus leiden und am dritten Tage wieder auferstehen vom Tode, und es mußte in seinem Namen die Buße und die Vergebung der Sünden bei allen Völkern gepredigt werden, ausgehend von Jerusalem." Ebenso die Worte Apostelgesch. 3, 19; 20: „Tut Buße und bekehret euch, damit eure Sünden ausgelöscht werden, wenn die Zeiten der Erquickung kommen werden" usw. Mitunter wird nur die eine Seite ausdrücklich hervorgehoben und die andere vorausgesetzt, so Joh. 3, 36, wo es heißt: „Wer an den Sohn glaubt, hat das ewige Leben; wer aber an den Sohn nicht glaubt, wird das Leben nicht erblicken, sondern Gottes Zorn wird über ihm bleiben." Hier wird der Glaube ausgedrückt, die Reue aber nicht erwähnt. In Christi Bergpredigt, Matth. 4, 17 heißt es: „Tut Buße, denn das Reich Gottes ist genaht." Hier wird die Reue genannt und der Glaube vorausgesetzt. Am deutlichsten und förmlichsten wird der Inhalt des Neuen Bundes Luk. 18 angegeben, wo ein Vornehmer, der das Reich Gottes gleichsam erstehen will, unsern Erlöser fragt, V. 18: „Lieber Meister, was soll ich tun, daß ich das ewige Leben erlange?" Zunächst nennt Christus den einen Teil des Preises, die Befolgung der Gebote, d. h. den Gehorsam; und als jener sagt, daß er diesen geleistet habe, fügt er das Zweite V. 22 hinzu: „Eines fehlt noch; verkaufe alles, was du besitzest, und gib es den Armen, und du wirst einen Schatz im Himmelreich haben, und komm und folge mir." Dies betraf den Glauben. Da jener aber nicht fest an Christus und die himmlischen Schätze glaubte, ging er traurig davon. Derselbe Vertrag ist in den Worten Mark. 16, 16 enthalten: „Wer da glaubt und getauft wird, wird gerettet werden; wer aber nicht glaubt, wird verdammt werden." Hier wird der Glaube genannt und die Reue bei dem Getauften vorausgesetzt. Ebenso heißt es Joh. 3, 5: „Wenn einer nicht wiedergeboren ist aus dem Wasser und dem Heiligen Geiste, so kann er nicht in das Reich Gottes eingehen." Hier bedeutet das „Aus-dem-Wasser-geboren-werden" dasselbe wie Wiedergeburt, d. h. Bekehrung zu Christus. Wenn in diesen beiden Stellen und in verschiedenen andern die Taufe verlangt wird, so ist das so zu verstehen, daß, was die Beschneidung für den Alten Bund war, die Taufe für den Neuen Bund sein soll. Jene gehörte nicht zu dem Wesen des Alten Bundes, sondern sollte nur sein Andenken erhalten, als eine Zeremonie und ein Zeichen (das in der Wüste nicht beobachtet wurde); ebenso gehört also auch die Taufe nicht zu dem Wesen des Neuen Bundes, sondern dient zu dessen Erinnerung und Zeichen. Wenn nur der gute Wille da ist, so kann in der Not die Handlung selbst wegbleiben; dagegen sind die Reue und der Glaube, als zum Wesen des Vertrages gehörend, immer notwendig.

8. Im Reiche Gottes nach diesem Leben wird es keine Gesetze geben; denn einmal bedarf es da keiner Gesetze, wo es keine Sünde gibt, und dann hat Gott uns die Gesetze nicht für den Himmel selbst gegeben, sondern damit wir dahin gelangen sollen. Ich werde also nun die Gesetze ermitteln, die Christus nicht selbst gegeben hat (denn er wollte, wie ich in Abschn. 6 gezeigt habe, die gesetzgebende Gewalt sich gar nicht anmaßen), sondern die er als die Gesetze seines Vaters für uns aufgestellt hat. In der Schrift ist eine Stelle, wo die von Gott bis zu dieser Zeit gegebenen Gesetze in die zwei Gebote zusammengezogen sind: „Liebe Gott deinen Herrn von ganzem Herzen und von ganzer Seele und von ganzem Gemüte, das ist das *erste* und größte Gebot. Das *zweite* ist diesem ähnlich: Liebe deinen Nächsten wie dich selbst. An diesen beiden Geboten hängt das ganze Gesetz und die Propheten." (Matth. 22, 37—40.) Das erste von diesen Geboten ist schon früher von Moses mit denselben Worten 5. Mose 6, 5 erlassen worden. Und das zweite hat sogar schon vor Moses gegolten, da es ein natürliches Gesetz ist, das mit der vernünftigen Natur zugleich beginnt. Beide Gebote zusammen sind die Summe aller Gesetze. Denn alle Gesetze des natürlichen Gottesdienstes sind in den Worten „Du sollst Gott lieben" enthalten, und alle Gesetze des Gottesdienstes, der nach dem Alten Bund geschuldet wird, sind in den Worten enthalten:

„Du sollst deinen Gott lieben", d. h. Gott als den besondern König Abrahams und seiner Nachkommen, und alle natürlichen und bürgerlichen Gesetze sind in den Worten befaßt: „Liebe deinen Nächsten wie dich selbst." Denn wer Gott und seinen Nächsten liebt, ist bereit, den göttlichen und menschlichen Gesetzen zu gehorchen, und Gott verlangt nichts weiter als einen gehorsamen Sinn. An einer anderen Stelle, nämlich in dem 5., 6. und 7. Kapitel des Matthäus, legt Christus die Gesetze aus. Aber alle diese Gesetze sind vollständig enthalten entweder in dem Dekalog oder dem Moralgesetz, oder in dem Glauben Abrahams. So ist das Gesetz, das gebietet, die Frau nicht zu verstoßen, in dem Glauben Abrahams enthalten; denn das Gebot „Beide sollen nur ein Fleisch sein" ist weder von Christus noch von Moses zuerst erlassen worden, sondern von Abraham, der zuerst die Erschaffung der Welt verkündete. Deshalb sind die Gesetze, welche Christus in der einen Stelle zusammenzieht und in der andern erläutert, dieselben, zu denen alle Menschen verpflichtet sind, die den Gott Abrahams anerkennen. Daneben hat Christus, wie die Schrift ergibt, kein Gesetz gegeben als das über die Einrichtung der Sakramente der Taufe und des Abendmahls.

9. Was soll man nun von jenen Geboten halten, die da lauten: „Tut Buße", „laßt euch taufen", „befolge die Gebote", „glaubt an das Evangelium", „komm zu mir", „verkaufe alles, was du hast, gib es den Armen und folge mir", und ähnlichen Geboten? Die Antwort ist, daß sie keine Gesetze sind, sondern Ermahnungen zum Glauben, wie die Worte des Jesaias 55, 1: „Kommt und kauft ohne Silber und ohne allen Tausch Wein und Milch." Wenn die so Berufenen nicht kommen, sündigen sie deshalb gegen kein Gesetz, sondern nur gegen die Klugheit; nicht ihr Unglaube, sondern ihre früheren Sünden werden bestraft. Deshalb sagt Johannes von dem Ungläubigen, Joh. 3, 36: „Der Zorn Gottes bleibt auf ihm"; aber nicht: Der Zorn Gottes wird über ihn kommen. Ebenso sagt er Joh. 3, 18: „Wer nicht glaubt, ist schon gerichtet, weil er nicht glaubt"; aber er sagt nicht: er wird gerichtet werden, sondern: er ist schon gerichtet. Man kann nicht wohl begreifen, daß die Verge-

bung der Sünden ein Vorteil ist, der von dem Glauben kommt, wenn man nicht auch umgekehrt versteht, daß die Bestrafung der Sünden ein Nachteil ist, der von dem Unglauben kommt.

10. Unser Erlöser hat also den Untertanen der Könige und den Bürgern der Staaten keine verteilenden Gesetze gegeben, d. h. keine Regeln, nach denen der Bürger wissen und unterscheiden kann, was ihm gehört und was fremdes Eigentum ist; auch er hat keine Formeln, Worte oder Umstände bestimmt, nach denen gegeben, überreicht, Besitz ergriffen und besessen werden soll, damit der Empfänger oder Besitzergreifende oder Besitzer ein Recht daran erlange. Hieraus ergibt sich, daß nicht bloß bei den Ungläubigen, wo Christus selbst erklärt, daß er weder ihr Richter noch ihr Schiedsmann sei, sondern auch bei den Christen die einzelnen Bürger diese Regeln von dem Staate zu empfangen haben, also von dem Menschen oder der Versammlung, welche die höchste Staatsgewalt innehat. Also wird mit jenen Gesetzen: „Du sollst nicht töten", „Du sollst nicht ehebrechen", „du sollst nicht stehlen", „du sollst deine Eltern ehren", den Untertanen und Bürgern nur geboten, ihren Fürsten und höchsten Gebietern in allen Fragen über Mein und Dein, über eigenes und fremdes Recht absolut zu gehorchen. Denn mit dem Gebot „Du sollst nicht töten" ist nicht jede Tötung verboten; denn der, welcher sagte: „Du sollst nicht töten", hat auch gesagt: „Wer am Sabbat arbeitet, soll getötet werden", 2. Mose 35, 2. Selbst nicht jede Tötung ohne Gerichtsverfahren ist verboten; denn es heißt 2. Mose 32, 27: „Ein jeder töte seinen Bruder und seinen Freund und seinen Nächsten", und es wurden 23 000 Mann getötet. Dies gilt selbst von der Tötung eines unschuldigen Menschen; denn Jephtha gelobt Richter 11, 31: „Wer auch immer als erster heraustritt, den bringe ich dem Herrn zum Brandopfer dar", und sein Gelöbnis war Gott angenehm. Was ist also verboten? Nur dies, daß einer einen andern töte, der nicht das Recht dazu hat, d. h. niemand soll töten, wenn es nicht seines Amtes ist. Deshalb gebietet das Gesetz Christi in bezug auf die Tötung und infolgedessen auch in bezug auf jede Verletzung eines Menschen

und die zu erkennenden Strafen, daß man nur dem Staate zu gehorchen habe. Ebenso wird mit dem Gebote „Du sollst nicht ehebrechen“ nicht jeder Beischlaf verboten, sondern nur der mit einer fremden Frau; welche aber als eine fremde gelten solle, darüber liegt die Entscheidung beim Staat und muß nach den von dem Staat hierüber gegebenen Regeln getroffen werden. Deshalb befiehlt dieses Gebot dem Ehemann und der Ehefrau, einander die Treue zu bewahren, die sie sich nach Vorschrift des Staates gelobt haben. Ebenso wird durch das Gebot „Du sollst nicht stehlen“ nicht jede Ergreifung oder heimliche Wegnahme einer Sache, sondern nur die einer fremden verboten; dem Bürger ist damit nur verboten, das zu ergreifen oder wegzunehmen, was zu ergreifen oder wegzunehmen der Staat verbietet. Es darf also, allgemein gesagt, nur das Totschlag, Ehebruch oder Diebstahl genannt werden, was gegen die bürgerlichen Gesetze getan wird. Endlich hat Christus zwar geboten, die Eltern zu ehren, aber er hat nicht bestimmt, durch welche Gebräuche, mit welchen Benennungen und mit welchem Gehorsam dies geschehen soll. Deshalb ist anzunehmen, daß sie dem Willen nach und innerlich zwar wie Könige und Herren von ihren Kindern zu ehren sind, äußerlich aber nur so weit, als es der Staat erlaubt, der jedermann, wie den übrigen Besitz, so auch die ihm gebührende Ehre zuweist. Da nun das Wesen der Gerechtigkeit darin besteht, jedem das Seine zu geben, so ist klar, daß es auch dem christlichen Staate zukommt zu bestimmen, worin Gerechtigkeit und worin Ungerechtigkeit oder das Vergehen gegen die Gerechtigkeit besteht. Was aber dem Staat zukommt, das muß als dem oder denen zukommend gelten, die die höchste Staatsgewalt innehaben.

11. Ferner hat unser Erlöser den Bürgern keine andern Gesetze in betreff der Staatsregierung gegeben, als die natürlichen Gesetze, d. h. das Gebot zum bürgerlichen Gehorsam. Deshalb darf kein Bürger für sich bestimmen, wer dem Staate als Freund oder Feind gelten soll, wann ein Krieg begonnen, wann ein Bündnis, wann Friede oder Waffenstillstand geschlossen werden soll; auch hat kein Bürger darüber zu entscheiden, welche Bürger, welche und

welcher Menschen Machtbefugnisse, welche Lehren, welche Sitten, welche Reden, welche und welcher Menschen Verbindungen das Wohl des Staats fördern oder gefährden. Also gebührt die Entscheidung über alles dies und ähnliches, soweit es nötig ist, dem Staate, d. h. dem höchsten Herrscher.

12. Überdies, der Bau von Festungen, Häusern und Tempeln, die Bewegung, Fortschaffung oder Beseitigung schwerer Lasten, das sichere Befahren der Meere, der Bau von Maschinen für allerhand nützliche Dinge, die Erkenntnis der Gestalt der Erde, des Laufes der Gestirne, der Jahreszeiten, der Zeitrechnung und endlich der Natur der Dinge, ferner die Kenntnis des natürlichen und bürgerlichen Rechts, sowie alle Wissenschaften, die, unter dem Namen Philosophie zusammengefaßt, teils zum bloßen Leben, teils zum angenehmen Leben notwendig sind: die Einsicht in all dies, so behaupte ich, wird (da Christus sie nicht gelehrt hat) nur durch Vernunftgebrauch vermittelt, d. h. durch ein Gewebe von Schlüssen, die ihren Anfang nehmen von der Erfahrung. Allein dergleichen Vernunftschlüsse der Menschen sind bald richtig, bald falsch; und deshalb sind die so gewonnenen Sätze, die als eine Wahrheit gelten, mitunter Wahrheit, mitunter aber auch Irrtum. Irrtümer selbst in diesen wissenschaftlichen Gegenständen bringen jedoch dem Staate zuweilen Schaden und veranlassen große Aufstände und Rechtsverletzungen. Deshalb muß für alle Fälle, wo eine Streitfrage entsteht, die dem Staatswohl und dem gemeinen Frieden widerstreitet, jemand da sein, der über den Vernunftgebrauch befindet, d. h. entscheidet, ob die Ergebnisse richtig abgeleitet sind oder nicht, und der damit den Streit beschließt. Hierüber hat Christus aber keine Vorschriften gegeben; er ist nicht in die Welt gekommen, um Logik zu lehren. Es bleibt deshalb nur übrig, daß diejenigen über solche Streitigkeiten zu entscheiden haben, welche Gott von Natur schon früher bestellt hat, d. h. die, welche in jedem Staate von der höchsten Staatsgewalt dazu bestellt worden sind. Wenn ferner über die genaue und eigentliche Bedeutung, d. h. die Definition der gebräuchlichen Namen oder Benennungen sich ein Streit erhebt, dessen Entscheidung

im Interesse des öffentlichen Friedens oder der Rechtspflege nötig ist, so gebührt diese Entscheidung dem Staat. Denn dergleichen Definitionen werden aus der Betrachtung der verschiedenen Begriffe, zu deren Bezeichnung jene Namen zu verschiedenen Zeiten und aus verschiedenen Ursachen angewandt worden sind, durch Vernunftgebrauch herausgezogen; aber die Entscheidung, ob das richtig geschehen sei, gebührt dem Staate. Hat z. B. eine Frau ein Kind von ungewöhnlicher Gestalt geboren und verbietet das Gesetz die Tötung eines Menschen, so entsteht die Frage, ob dieses Kind ein Mensch sei, und es erhebt sich also die weitere Frage, was ein Mensch sei. Hier wird niemand zweifeln, daß die Entscheidung dem Staate zusteht, ohne daß man auf die Definition des Aristoteles, wonach der Mensch ein vernünftiges Geschöpf ist, Rücksicht nehmen kann. Von all diesen Gegenständen, nämlich Recht, Politik und Naturwissenschaften, hat Christus erklärt, daß es nicht zu seinem Amt gehöre, darüber Vorschriften und Lehrsätze aufzustellen, bis auf den einen, daß die einzelnen Bürger bei allen Streitigkeiten hierüber den Gesetzen und Urteilssprüchen ihres Staats zu gehorchen hätten. Doch muß man sich dabei erinnern, daß derselbe Christus als Gott mit Recht nicht bloß alles, was er wollte, hätte lehren, sondern auch befehlen können.

13. Das Wesentliche in dem Amte unseres Erlösers bestand darin, den Weg und alle Mittel zur Erwerbung des Heils und des ewigen Lebens zu lehren. Eines der Mittel zum Heil besteht aber in Gerechtigkeit und bürgerlichem Gehorsam und in der Beobachtung aller natürlichen Gesetze. Diese können nun in zweifacher Weise gelehrt werden: einmal als Lehrsätze vermittels der natürlichen Vernunft, indem das Recht und die natürlichen Gesetze von den menschlichen Grundsätzen und Verträgen abgeleitet werden; und eine so dargebotene Lehre bleibt der Prüfung durch die Staatsgewalt unterworfen. Sodann in der Form von Gesetzen, gestützt auf die göttliche Machtvollkommenheit, indem gezeigt wird, daß Gottes Wille es so verlangt; diese Lehrart kommt nur dem zu, der den Willen Gottes auf übernatürliche Weise erkannt hat, also nur Christus.

Zweitens gehörte zu Christi Amt, den Reumütigen die Sünden zu vergeben; dies war zu dem Heile der Menschen, die schon gesündigt hatten, notwendig und konnte auch von keinem andern geschehen. Denn auf die Reue folgt die Vergebung der Sünden nicht natürlicherweise, als eine Schuldigkeit, sondern sie hängt, als ein freiwilliges Geschenk, von dem Willen Gottes ab, der in übernatürlicher Weise sich offenbaren muß. Drittens gehörte zu Christi Amt, alle jene Gebote Gottes in betreff des Gottesdienstes oder der Glaubenssätze zu lehren, welche durch die natürliche Vernunft nicht erkannt werden können, sondern nur durch Offenbarung. Dahin gehören: daß er selbst Christus sei; daß sein Reich kein irdisches, sondern ein himmlisches sei; daß es Lohn und Strafe nach diesem Leben gebe; daß die Seele unsterblich sei; daß soviel Sakramente und von solcher Art gelten sollen, und ähnliches.

14. Nach dem in den vorgehenden Abschnitten Gesagten wird sich leicht der Unterschied zwischen Geistlichem und Weltlichem ziehen lassen. Unter Geistlichem versteht man das, was seine Grundlage in der Machtvollkommenheit und dem Amte Christi hat und was man, wenn Christus es nicht gelehrt hätte, nicht hätte wissen können; alles andere ist weltlich. Mithin gehören zum weltlichen Recht die Definition und das Urteil über das Gerechte und Ungerechte, die Entscheidung aller Streitfragen über die Mittel zur Erhaltung des öffentlichen Friedens und Schutzes und die Prüfung der Lehren und Bücher in jeder Wissenschaft aus Vernunft. Alles dagegen, was nur von dem Worte und der Machtvollkommenheit Christi abhängt, gehört zu den Geheimnissen des Glaubens, und die Entscheidung hierüber gehört zum geistlichen Recht. Da indes unser Erlöser den Unterschied der Begriffe des Weltlichen und Geistlichen nicht gelehrt hat, so hat die Vernunft sie zu definieren, und es gehört dies zum weltlichen Recht. Allerdings unterscheidet der heilige Paulus an vielen Stellen das Geistliche von dem Fleischlichen und rechnet zu dem Geistlichen das von dem Geist Ausgehende, also die Weisheit, den Vortrag der Wissenschaften, den Glauben, die Gabe, Krankheiten zu heilen, die Verrichtung von Wundern, die Weis-

sagung, die Unterscheidung der Geister, die Kenntnis der verschiedenen Sprachen und ihre Auslegung; so Röm. 8, 5; 1. Kor. 12, 8—10. Ebenso rechnet er 2. Kor. 2, 14—16 dazu alles, was durch den Heiligen Geist in übernatürlicher Weise eingegeben worden und was der fleischlich gesinnte Mensch nicht verstehen kann, sondern nur der, welcher den Sinn Christi erkannt hat. Und Röm. 15, 27 nennt er die irdischen Glücksgüter fleischliche Dinge und 1. Kor. 3, 1—3 die Menschen fleischliche Menschen: doch hat er nicht definiert oder Regeln gegeben, aus denen man entnehmen könnte, was von der natürlichen Vernunft und was von übernatürlicher Eingebung ausgeht.

15. Da sonach feststeht, daß unser Erlöser die Beurteilung und Entscheidung aller Streitigkeiten über Weltliches den Fürsten und Inhabern der höchsten Gewalt in den einzelnen Staaten übertragen, oder vielmehr sie ihnen nicht genommen hat, so ist jetzt zu fragen, wem er das gleiche Recht über das Geistliche übertragen hat. Dies kann aber nur aus dem Worte Gottes und der Überlieferung der Kirche entnommen werden, und es ist deshalb zunächst zu ermitteln, was das Wort Gottes, was seine Auslegung, was die Kirche und was der Wille und das Gebot der Kirche ist. Sieht man davon ab, daß in der Heiligen Schrift manchmal der Ausdruck „Wort Gottes“ zur Bezeichnung des Sohnes Gottes gebraucht wird, so bleiben noch drei Bedeutungen dieses Ausdrucks. Erstens bezeichnet es in seinem eigentlichsten Sinne alles, was Gott gesprochen hat. Was Gott zu Abraham und den Erzvätern, zu Moses und den Propheten, oder was unser Erlöser zu seinen Jüngern oder andern gesprochen hat, das ist Gottes Wort. Zweitens das, was von Menschen auf Befehl oder Anstoß des Heiligen Geistes ausgesprochen worden ist; in diesem Sinne gilt die Heilige Schrift als Wort Gottes. Drittens bedeutet in dem Neuen Testament sehr oft das Wort Gottes die evangelische Lehre, oder das Wort *über* Gott, oder das Wort über das Reich Gottes durch Christus. So heißt es Matth. 4, 23, daß Christus das Evangelium des Reichs gepredigt habe; so Apostelgesch. 13, 46, daß die Apostel das Wort Gottes predigen, und Apostelgesch. 5, 20, wo das Wort Gottes das Wort des Lebens ge-

nannt wird. Ebend. 15, 7 heißt es das Wort des Evangeliums; Röm. 10, 8 das Wort des Glaubens; Ephes. 1, 13 das Wort der Wahrheit, d. h. (wie er auslegend hinzufügt) das Evangelium des Heils. Auch heißt es das Wort der Apostel, denn der heilige Paulus sagt 2. Thess. 3, 14: „Wenn einer unserm Worte nicht gehorcht usw.“ Diese Stellen können nur von der Lehre des Evangeliums gemeint sein. Ebenso wenn es Apostelgesch. 12, 24 u. 13, 49 heißt, daß das Wort Gottes gesäet werde, wachse und sich vermehre, so kann dies von dem eigentlichen gesprochenen Worte Gottes oder der Apostel nicht wohl gemeint sein, aber wohl von ihrer Lehre. In diesem dritten Sinne ist das Wort Gottes die ganze Lehre des christlichen Glaubens, welche heutzutage von den Kanzeln gelehrt wird und in den Büchern der Theologen enthalten ist.

16. Die Heilige Schrift, die bei uns als von Gott eingegeben gilt, ist ganz das Wort Gottes in jenem zweiten Sinne; und unzählige Stellen darin sind es in jenem ersten Sinne. Da ferner der größte Teil der Heiligen Schrift von der Voraussagung und Andeutung des himmlichen Reichs vor der Fleischwerdung Christi oder von der Verkündung des Evangeliums und dessen Deutung nach der Fleischwerdung handelt, so ist die Heilige Schrift das Wort Gottes und daher auch das Richtmaß und die Regel der ganzen evangelischen Lehre in der dritten Bedeutung, wo das Wort Gottes das Wort *über* Gott, d. h. das Evangelium bezeichnet. Indes enthält die Heilige Schrift auch vieles Politische, Geschichtliche, Moralische, Physische und anderes, was auf die Geheimnisse des Glaubens keinen Bezug hat. Solche Stellen enthalten wohl eine wahre Lehre und sind das Richtmaß für solche Lehren, sie können aber nicht das Richtmaß für die Geheimnisse der christlichen Religion sein.

17. Aber nicht die toten Worte und der Buchstabe des Wortes Gottes sind das Richtmaß der christlichen Lehre, sondern sein wahrer und echter Sinn. Denn der Geist wird nur von der Schrift, die er versteht, geleitet. Deshalb bedürfen die Heiligen Schriften eines Auslegers, um ein Richtmaß zu sein; und hieraus folgt, daß entweder das Wort des Auslegers das Wort Gottes ist oder das Richtmaß

der christlichen Lehre nicht das Wort Gottes ist. Dies letzte muß aber notwendigerweise falsch sein, denn das Maß für eine Lehre, die nicht durch menschliche Vernunft, sondern nur durch göttliche Offenbarung zu erkennen ist, kann nur ein göttliches sein. Wen wir nicht für fähig halten, zu entscheiden, ob eine Lehre wahr sei oder nicht, dessen Ansicht kann unmöglich als Maß für diese Lehre gelten. Deshalb ist das erste richtig, wonach das Wort des Auslegers der Heiligen Schrift auch das Wort Gottes ist.

18. Als Ausleger, dessen Ansicht solche Bedeutung hat, daß sie als Wort Gottes gilt, kann aber nicht jeder angesehen werden, der die Heilige Schrift seinen lateinischen Zuhörern aus dem Hebräischen und Griechischen in das Lateinische übersetzt und den französischen Zuhörern in das Französische und jedem anderen in seine Muttersprache; denn das ist keine Auslegung. Obgleich die Rede die erste Stelle unter den Mitteln einnimmt, durch die wir andern unsere Gedanken mitteilen, so liegt es doch allgemein in der Natur der Rede, daß sie diese Aufgabe nicht allein ohne Hilfe vielfacher Nebenumstände lösen kann. Die mündliche Rede hat unmittelbare Ausleger, nämlich die Zeit, den Ort, die Mienen, die Gesten und die Absicht des Redenden, ja diesen selbst, der seine Meinung, so oft es nötig ist, noch durch andere Worte deutlich machen kann. Diese bei der Auslegung von Schriften aus alten Zeiten fehlenden Hilfsmittel herbeizuschaffen, erfordert einen ungewöhnlichen Scharfsinn und überhaupt große Gelehrsamkeit und eine überaus reiche Kenntnis der Vorzeit. Deshalb genügt zur Auslegung der Heiligen Schrift nicht, daß man die Sprache verstehe, in der sie geschrieben ist. Auch ist nicht jeder, der einen Kommentar über die Schrift schreibt, ein authentischer Ausleger der Schrift. Denn die Menschen können irren; sie können auch die Schrift ihrem Ehrgeiz entsprechend beugen und ihren Vorurteilen gewaltsam dienstbar machen; die Folge würde sein, daß man falsche Meinungen für das Wort Gottes halten müßte. Aber selbst wenn dies nicht eintreten würde, so würden doch gleich mit dem Abgange dieser Erklärer ihre Erklärungen neuer Erläuterungen bedürfen, und im Lauf der Zeit diese

Erläuterungen Darstellungen und die Darstellungen neue Kommentare ohne Ende verlangen. Daher kann das Richtmaß oder die Regel der christlichen Lehre, nach welcher die Religionsstreitigkeiten zu entscheiden sind, in keinem Falle in einer schriftlich niedergelegten Auslegung bestehen. Es bleibt nur übrig, daß als maßgebender Ausleger ein Mensch gelte, dessen rechtmäßiges Amt es ist, entstandene Streitigkeiten durch Auslegung des Wortes Gottes in seinen Urteilssprüchen zu beenden; seiner Autorität hat man deshalb ebenso sich zu fügen wie der Autorität jener, welche die Heilige Schrift selbst uns zuerst als das Richtmaß des Glaubens empfohlen haben. Dieser Mensch muß der Ausleger der Heiligen Schrift und zugleich der höchste Richter über alle Lehren sein.

19. Was das Wort *ekklesia* oder Kirche anlangt, so bedeutet es ursprünglich dasselbe, was das Wort *concio* oder Bürgerversammlung im Lateinischen bezeichnet; ebenso wie *ekklesiastes* dasselbe ist wie *concionator*, d. h. der, der zu der Versammlung spricht. In diesem Sinne wird in der Apostelgesch. 19, 32 u. 39 von der verworrenen und von der rechtmäßigen *ekklesia* gesprochen; diese bezeichnet eine berufene Versammlung, jene eine in Unordnung zusammengelaufene Volksmenge. Übrigens versteht die Heilige Schrift unter der Kirche der Christen bald die Versammlung, bald die Christen selbst, auch wenn sie sich nicht wirklich versammelt haben, sofern sie nur in die Versammlung eintreten und mit ihr Gemeinschaft haben dürfen. So bezeichnet der Ausdruck „Sage der Kirche“ in Matth. 18, 17 die Versammlung, denn man kann nur so der Kirche etwas sagen. Dagegen bezeichnen die Worte in Apostelgesch. 8, 3: „Er hat die Kirche verwüstet“, die nicht versammelte Kirche. Mitunter bezeichnet der Name Kirche auch die Getauften oder die zu dem christlichen Glauben sich Bekennenden, mögen sie innerlich Christen sein oder nur äußerlich; das ist da der Fall, wo es heißt, es sei der Kirche etwas gesagt oder geschrieben worden, oder es sei von der Kirche etwas gesagt, beschlossen oder getan worden. Mitunter bezeichnet das Wort aber nur die Erwählten, wie da, wo von der heiligen und unbefleckten Kirche

gesprochen wird (Ephes. 5, 27). Indes sind die Erwählten, soweit sie noch kämpfen, nicht im eigentlichen Sinne die Kirche, denn sie können nicht zusammenkommen; sie sind vielmehr die zukünftige Kirche, nämlich die Kirche an jenem Tage, wenn sie sich von den Verdammten scheiden und triumphieren werden. Mitunter bedeutet die Kirche auch die gesamte Christenheit; so Ephes. 5, 23, wo Christus das Haupt der Kirche, und Kol. 1, 18, wo er das Haupt des Kirchenkörpers genannt wird. Manchmal wird damit nur ein Teil der Christenheit bezeichnet; so heißt es: die Kirche zu Ephesus; die in seinem Hause befindliche Kirche; die sieben Kirchen, usw. Endlich bezeichnet die Kirche, wenn sie als eine tatsächlich versammelte Gemeinschaft verstanden wird, je nach dem Zweck der Versammlung manchmal die, welche sich nur zur Beratung und zu Rechtssprüchen versammelt haben, wofür auch das Wort Konzil oder Synode gebraucht wird, und manchmal die, welche sich im Hause des Gebets zur Verehrung Gottes versammelt haben. In diesem Sinne steht das Wort 1. Kor. 14, 4; 5; 23; 28 usw.

20. Unter der Kirche, welcher persönliche und eigene Rechte und Handlungen beigelegt werden und von welcher jene erwähnten Ausdrücke „Sage der Kirche" und „Wer der Kirche nicht gehorcht" und ähnliche Wendungen verstanden werden müssen, ist eine Anzahl Menschen zu verstehen, welche den Neuen Bund durch Christus eingegangen sind, d. h. alle, welche das Sakrament der Taufe empfangen haben; diese Anzahl kann rechtlich zu einer Versammlung an einem Orte von jemand berufen werden, und die so Berufenen sind entweder persönlich oder durch Vertreter zu erscheinen verpflichtet. Denn eine Menge, die sich nicht, wo nötig, zu einer Versammlung vereinigen kann, ist nicht als eine *Person* anzusehen. Eine Kirche kann nur als eine Versammlung sprechen, beurteilen und hören. Was von den einzelnen vorgebracht wird (nämlich soviel Köpfe, soviel Meinungen), ist jeweils nur der Ausspruch eines einzelnen Menschen, nicht der Ausspruch der Kirche.

Ebenso ist eine unerlaubte Versammlung ein Nichts. Niemand wird trotz seiner Anwesenheit in solcher Menge durch den Beschluß der übrigen gebunden, namentlich wenn er mit seiner Meinung abweicht. Und daher kann eine solche Kirche gar keinen Beschluß fassen; denn nur dann kann eine Menge etwas beschließen, wenn die einzelnen durch den Beschluß der Mehrheit gebunden sind. Es muß deshalb in die Definition einer Kirche, der man die Eigenschaften einer Person beilegt, aufgenommen werden, daß sie sich nicht nur überhaupt, sondern auch mit Recht versammeln kann. Wenn ferner einer zwar die übrigen mit Recht berufen kann, diese aber der Berufung mit Recht nicht nachzukommen brauchen (was bei Menschen, wo einer dem andern nicht untertan ist, vorkommen kann), so gilt auch dann die Kirche nicht als *eine Person;* denn mit demselben Recht, mit dem die, welche auf eine solche Berufung zu einem bestimmten Termin und Ort sich versammeln, *eine Kirche* sind, sind auch die, welche an einem andern, von ihnen festgesetzten Ort zusammenkommen, *eine andere Kirche.* Jede Anzahl Gleichgesinnter ist dann eine Kirche, und es gibt dann so viel Kirchen als verschiedene Glaubensmeinungen; dieselbe Menschenmenge stellt dann zugleich *eine* und *mehrere* Kirchen vor. Deshalb kann keine Kirche als *eine* gelten, wo die bestimmte und bekannte, d. h. die rechtmäßige Gewalt fehlt, welche die einzelnen verpflichtet, an den Versammlungen persönlich oder durch Vertreter teilzunehmen. Durch diese Einheit der rechtmäßigen Gewalt zur Berufung der Synoden und Versammlungen der Christen und nicht durch die Gleichförmigkeit der Lehre wird die Kirche *eine* und persönlicher Eigenschaften fähig; sonst ist nur eine Menge und eine Mehrheit von Personen vorhanden, mögen sie in ihren Ansichten auch noch so sehr übereinstimmen.

21. Aus dem Bisherigen ergibt sich als notwendige Folge, daß ein Staat christlicher Menschen und eine Kirche durchaus ein und dasselbe ist, das nur aus zweifachen Ursachen zweifach benannt wird. Der Stoff ist für den Staat und die Kirche derselbe, nämlich dieselben christlichen Menschen. Auch ihre Form, die in der rechtmäßigen Berufungsgewalt besteht, ist dieselbe; denn es ist klar, daß die einzelnen Bürger sich da versammeln müssen, wohin sie von dem Staate berufen werden. Staat heißt dabei die Verbindung,

soweit sie aus Menschen, und Kirche, soweit sie aus Christen besteht.

22. Hiermit hängt auch zusammen, daß, wenn es mehrere christliche Staaten gibt, sie durchaus nicht als Kirche eine *Person* sind. Durch gemeinsame Übereinkunft können sie zwar zu einer *Kirche* werden, aber nur dann, wenn sie auch zu *einem* Staate sich umbilden, da sonst Versammlungen zu bestimmter Zeit und an festgesetztem Ort nicht stattfinden können. Nun fallen aber Personen, Orte und Zeiten von Versammlungen unter das bürgerliche Recht, und kein Bürger oder Fremder darf mit Recht irgendeinen Ort betreten, wenn nicht der Staat, welcher die Herrschaft über diesen Ort hat, es gestattet. Wenn daher Handlungen nur mit Erlaubnis des Staats rechtlich getan werden können, so geschehen sie, wenn sie rechtlich geschehen, mit Ermächtigung des Staates. Allerdings ist die allgemeine Kirche *ein* mystischer Körper, dessen Haupt Christus ist, aber nur in der Weise, wie alle Menschen, welche Gott als den Lenker der Welt anerkennen, *ein* Reich und *ein* Staat sind; aber trotzdem sind sie nicht *eine* Person und nicht *einer* gemeinsamen Handlung oder Ansicht fähig. Ferner, wo Christus das Haupt der christlichen Kirche genannt wird, da bezieht der Apostel dies offenbar nur auf die Erwählten, die, solange sie sich in dieser Welt befinden, nur eine Kirche der Möglichkeit nach sind, die erst in Wirklichkeit eine Kirche sein wird, wenn sie sich von den Verdammten getrennt und untereinander am Tage des Gerichts vereint haben werden. Die römische Kirche hatte ehedem einen großen Umfang, aber die Grenzen des Reichs hat sie nicht überschritten; sie ist deshalb keine allgemeine, wenn man das Wort nicht in dem Sinne wie von dem römischen Staate versteht, von dem es hieß, daß „der römische Sieger schon den ganzen Erdkreis besaß", obgleich er doch nicht den zwanzigsten Teil davon innehatte. Nachdem aber dies Reich in Teile zerfiel, bildeten die daraus hervorgehenden einzelnen Staaten auch ebenso viele Kirchen. Und die Gewalt, die die römische Kirche über sie hatte, mochte doch wohl ganz von der Machtvollkommenheit jener Kirchen abhängen, die zwar die römischen Kaiser vertrieben hatten,

aber es sich doch gefallen ließen, römische Doktoren zu bekommen.

23. Geistliche kann man die nennen, welche ein öffentliches Amt in der Kirche bekleiden. Dieses Amt ist entweder ein dienendes oder ein herrschendes. Das Amt der Dienenden war, bei Tische aufzuwarten, die zeitlichen Güter der Kirche zu verwalten und zu jener Zeit, wo alles Eigentum an Vermögen aufgehoben war und sie von der Gemeinschaft erhalten wurden, auf die einzelnen ihre Anteile zu verteilen. Die Herrschenden hießen nach ihrer Stellung Apostel, Bischöfe und Presbyter, d. h. die Ältesten, womit nicht das Lebensalter, sondern nur das Amt bezeichnet wurde. So war Timotheus Presbyter, obgleich er noch ein junger Mann war. In der Regel waren es jedoch ältere Männer, die man mit diesen Ämtern betraute, und daher kam es, daß das Lebensalter auch zur Bezeichnung des Amtes gebraucht wurde. Dieselben Beamten hießen nach Verschiedenheit ihrer Aufgabe Apostel, Propheten, Evangelisten, Pastoren oder Lehrer. Das apostolische Amt war in der Tat das allgemeine; dagegen hatten die Propheten ihre empfangenen Offenbarungen in der Kirche mitzuteilen; die Evangelisten mußten predigen oder das Evangelium unter den Ungläubigen verkünden, während die Pastoren die Belehrung, Befestigung und Leitung derer besorgten, die schon zu den Gläubigen gehörten.

24. Bei der Wahl der Geistlichen ist zweierlei zu beachten: die Wahl der Personen und ihre Weihe oder Einführung, die auch die Ordination genannt wird. Die ersten zwölf Apostel hat Christus selbst gewählt und geweiht. Nach Christi Himmelfahrt wurde Matthias an Stelle des Verräters Judas dazugewählt; die Kirche, welche damals aus einer Versammlung von ungefähr 120 Menschen bestand, wählte zwei aus; „und sie bestimmten zweie, Joseph und Matthias“; Gott selbst aber billigte durch das Los den Matthias. Diese zwölf nennt der heilige Paulus die großen oder ersten Apostel, auch die Apostel der Beschneidung. Später wurden noch zwei Apostel zugefügt, Paulus und Barnabas, die zwar von den Lehrern und Propheten der Kirche zu Antiochien (die eine gesonderte Kirche war) durch Handauflegung ordi-

niert wurden, aber auf Befehl des Heiligen Geistes gewählt worden waren. Apostelgeschichte 13, 2; 3 ergibt, daß beide Apostel waren. Daß sie das apostolische Amt dadurch empfingen, daß sie auf Befehl des Heiligen Geistes von den Propheten und Lehrern der Kirche zu Antiochien für Gottes Werk ausgesondert wurden, zeigt der heilige Paulus selbst, der sich Röm. 1, 1 zur Unterscheidung den für das Evangelium Gottes ausgesonderten Apostel nennt. Fragt man aber weiter, auf wessen Autorität hin es als ein Befehl des Heiligen Geistes angenommen wurde, was jene Lehrer und Propheten als von ihm herrührend bezeichneten, so muß man notwendig antworten: Auf die Autorität der Kirche zu Antiochien. Denn die Propheten und Lehrer müssen vor ihrer Zulassung von der Kirche geprüft werden. So sagt der heilige Johannes, 1. Joh. 4, 1: „Glaubt nicht jedem Geiste, sondern prüfet den Geist, ob er von Gott sei, weil viele falsche Propheten in die Welt ausgezogen sind." Von welcher andern Kirche kann es aber geschehen sein als von der, an welche dieser Brief gerichtet ist? Ähnlich tadelt der heilige Paulus, Gal. 2, 14, die Kirchen in Galatien, weil sie zu dem Judentum neigten; obgleich sie es auf Anlaß von Petrus zu tun schienen. Denn nachdem er gesagt, daß er den Petrus selbst mit den Worten getadelt: „Wenn du als Jude in heidnischer und nicht in jüdischer Weise lebst, wie kannst du da die Heiden zwingen, nach der Weise der Juden zu leben?" fragt er jene bald darauf, Gal. 3, 2: „Nur das eine will ich von euch hören, ob ihr durch die Werke des Gesetzes den Geist empfangen habt, oder weil ihr die Glaubenslehre gehört." Hieraus erhellt, daß er bei den Galatern die Hinneigung zum Judentum getadelt hat, wenn auch der Apostel Petrus sie dazu gezwungen hatte. Da es sonach nur Sache der Kirche und nicht Sache des Petrus und infolgedessen auch keines andern Menschen war, zu bestimmen, welchen Lehrern die Kirche zu folgen habe, so gehörte es auch zur Machtvollkommenheit der Kirche von Antiochien, ihre Propheten und Lehrer zu wählen. Wenn nun durch die Auflegung der Hände seitens jener so gewählten Lehrer der Heilige Geist sich die Apostel Paulus und Barnabas ausgesondert hat, so ist klar, daß die Handauflegung und die Weihe der höchsten Lehrer bei jeder Kirche den Lehrern dieser Kirche zusteht. Die Bischöfe aber, welche auch die Presbyter hießen, wenn auch nicht alle Presbyter Bischöfe waren, wurden damals durch die Apostel ordiniert (denn Paulus und Barnabas bestimmten, nachdem sie in Derbe, Lystra und Iconium gelehrt hatten, nach der Apostelgesch. 14, 23 Presbyter für jede einzelne Kirche), oder durch andere Bischöfe. So ließ Paulus den Titus in Kreta zurück, um in den Städten Presbyter einzusetzen, Tit. 1, 5; und dem Timotheus wurde gesagt: „Vernachlässige nicht die Gnade Gottes, die in dir ist und die dir auf Grund der Weissagung mit Handauflegung der Ältestenschaft gegeben worden", 1. Timoth. 4, 14. Dieser empfing auch Anweisungen über die Wahl der Presbyter; und dies kann nur von der Ordination der von der Kirche Gewählten verstanden werden, da niemand ohne Erlaubnis der Kirche einen Lehrer einsetzen konnte. Denn selbst der Apostel Amt war nicht, zu befehlen, sondern zu belehren; und obgleich die von den Aposteln oder den Presbytern empfohlenen Personen aus Achtung vor jenen nicht verworfen wurden, so konnten sie doch ohne den Willen der Kirche nicht gewählt werden, und deshalb nahm man an, daß sie auch auf Grund der Machtvollkommenheit der Kirche gewählt worden waren. Ähnlich verhielt es sich mit den Beamten, welche Diakonen hießen; sie wurden zwar von den Aposteln geweiht, aber von der Kirche gewählt. Als sieben Diakonen gewählt und ordiniert werden sollten, wählten die Apostel sie nicht aus, sondern sagten, Apostelgesch. 6, 3: „Sucht, ihr Brüder, nach sieben Männern guten Rufes unter euch"; und dann, V. 5; 6, wählten diese den Stephanus usw. und stellten die Gewählten den Aposteln vor. Sonach ergibt das Herkommen der Kirche unter den Aposteln, daß die Ordination aller Geistlichen oder ihre Weihe, die durch das Gebet und Auflegung der Hände erfolgte, den Aposteln und Lehrern zukam, daß aber die Wahl der zu Ordinierenden der Kirche gebührte.

25. Die Macht zu binden und zu lösen, d. h. die Sünden zu belassen oder zu vergeben, ist unzweifelhaft von Christus den damals noch zukünftigen Pastoren ebenso übertragen

worden wie den damaligen Aposteln, und diesen ist die ganze Gewalt der Sündenvergebung, welche Christus hatte, übertragen worden; Johannes 20, 21 sagt Christus: „Wie mich der Vater gesandt hat, so sende ich auch euch", und fügt V. 23 hinzu: „Wem ihr die Sünden vergebt, dem sollen sie vergeben sein, und wem ihr sie belaßt, der soll sie behalten." Zweifelhaft ist es dagegen, was das Lösen und Binden, die Vergebung und die Belassung der Sünden ist. Denn, erstens, demjenigen die Sünden zu belassen, der auf die Vergebung der Sünden getauft worden ist und wahrhaft bereut, scheint gegen den Vertrag des Neuen Testaments zu verstoßen und konnte deshalb weder von Christus und noch weniger von den Pastoren geschehen. Demjenigen aber die Sünden zu erlassen, der nicht bereut, scheint gegen den Willen Gottes des Vaters zu verstoßen, der Christus gesandt hat, um die Welt zu bekehren und die Menschen zu dem Gehorsam zurückzuführen. Zweitens würde, wenn jedem Pastor die Macht der Sündenvergebung in dieser Weise übertragen worden wäre, alle Furcht vor den Fürsten und bürgerlichen Obrigkeiten und damit das gesamte bürgerliche Regiment zerstört werden. Denn Christus hat gesagt, ja die Natur selbst befiehlt es: „Fürchtet nicht die, welche den Leib töten, aber den Geist nicht töten können; fürchtet vielmehr den, welcher den Geist und den Leib verderben kann in der Hölle." (Matth. 10, 28.) Denn niemand ist so schwachsinnig, daß er nicht lieber denen gehorchen wird, welche die Sünden vergeben und belassen können, als selbst dem mächtigsten Könige. Andrerseits darf man die Vergebung der Sünden nicht bloß als eine Befreiung von den Kirchenstrafen ansehen. Denn welches andere Übel hat die Exkommunikation noch an sich, als die daraus folgende ewige Strafe? Oder welche Vorteile hätte man von der Aufnahme in die Kirche, wenn das Heil auch außer ihr gewonnen werden könnte? Man muß deshalb daran festhalten, daß die Pastoren die Gewalt haben, wahrhaft und absolut die Sünden zu vergeben, aber nur den Reuigen; und daß sie die Sünden belassen können, aber nur den verstockten Sündern. Indes besteht die Meinung, daß die Reue nur darin bestehe, daß man seine Handlungen verdamme und alle Absichten aufgebe, welche einem selbst sündlich und strafbar erscheinen; und daraus hat sich die Meinung gebildet, daß die Reue schon vor dem Bekenntnis der Sünden vor Menschen erfolgen könne und daß die Reue nicht die Wirkung, sondern die Ursache des Sündenbekenntnisses sei. Daher ist die Schwierigkeit, die entsteht, wenn man sagt, die Sünden der Reuigen seien schon bei der Taufe vergeben und die Sünden der Verstockten könnten überhaupt nicht vergeben werden, gegen die Heilige Schrift und gegen die Worte Christi, der da sagt: „Wem ihr die Sünden vergebt“ usw. Um diese Schwierigkeit aufzulösen, halte man erstens fest, daß eine wahre Anerkennung der Sünde schon Reue ist; denn wer da weiß, daß er gesündigt, weiß auch, daß er geirrt hat; irren *wollen* ist aber unmöglich. Wer also weiß, daß er gesündigt hat, wünscht, daß er nicht so gehandelt hätte, und dies ist die Reue. Zweitens, wo es zweifelhaft ist, ob die Tat eine Sünde gewesen sei oder nicht, da ist zu bedenken, daß die Reue dem Bekenntnis der Sünde nicht vorausgeht, sondern nachfolgt; denn es gibt keine Reue, ehe nicht die Sünde anerkannt ist. Deshalb muß der Reuige sowohl die Tat anerkennen, als auch, daß sie eine Sünde sei, d. h. gegen das Gesetz verstoße. Solange also jemand seine Tat für keine Gesetzesverletzung hält, kann er sie auch nicht bereuen. Deshalb muß jeder Reue die Anhaltung der Taten an das Gesetz vorausgehen; aber ohne Ausleger kann man die Taten nicht gut an das Gesetz anhalten, da nicht die Worte des Gesetzes, sondern die Absicht des Gesetzgebers die Regel für die Handlungen ist. Als Ausleger des Gesetzes muß aber ein Mensch oder mehrere Menschen angesehen werden, da der einzelne nicht darüber Richter sein kann, ob seine Tat sündhaft sei oder nicht. Deshalb muß die Tat, über deren Sündhaftigkeit ein Zweifel besteht, vor einem oder mehreren Menschen dargelegt werden; und diese Darlegung ist das Bekenntnis. Entscheidet nun der Ausleger des Gesetzes, daß die Tat sündhaft sei, so ist es Reue, wenn der Sünder sich bei diesem Urteil beruhigt und sich entschließt, nicht mehr so zu handeln. Auf diese Weise ist die Reue entweder keine wahre, oder sie muß dem Bekenntnis nachfolgen, aber kann ihm nicht vorausgehen. Aus diesen Darlegungen ergibt sich leicht die Natur der Macht zu lösen und zu binden; denn bei der Vergebung der Sünden ist zweierlei zu beachten: einmal das Urteil oder die Verurteilung, wodurch die Tat für eine Sünde erklärt wird, und zweitens, wenn der Verurteilte sich bei dem Urteil beruhigt und sich ihm unterwirft, d. h. bereut, die Vergebung der Sünden, oder, wenn keine Reue eintritt, die Belassung der Sünden. Das erste, d. h. die Entscheidung, ob eine Sünde vorliegt, gebührt dem Ausleger des Gesetzes, d. h. dem höchsten Richter; das zweite, die Vergebung oder Belassung der Sünde, gebührt dem Pastor, und darin besteht die Macht zu lösen und zu binden. Aus Matth. 18, 15—18 erhellt, daß dies die wahre Meinung unseres Erlösers bei Einsetzung dieser Macht gewesen ist; denn er sagt seinen Jüngern: „Wenn dein Bruder gegen dich gesündigt hat, so geh und sprich mit ihm allein.“ (Die Worte: wenn er gegen dich gesündigt hat, wollen übrigens so viel sagen wie: wenn er dir Unrecht getan hat; Christus spricht also hier von dem Unrecht, das vor das bürgerliche Gericht gehört.) Dann fügt er hinzu: „Will er auf dich nicht hören (d. h. wenn er die Tat leugnet, oder sie zwar einräumt, aber nicht als Unrecht anerkennen will), so nimm noch einen oder zwei hinzu; will er auch auf diese nicht hören, so melde es der Kirche.“ Das letztere offenbar deshalb, damit diese entscheide, ob eine Sünde vorliegt oder nicht. „Wenn er auf die Kirche nicht hört“, d. h. wenn er sich bei deren Ausspruch nicht beruhigt, sondern dabei bleibt, daß die Tat, die die Kirche als Sünde ansieht, nicht eine Sünde sei, d. h. wenn er nicht bereut (da niemand etwas bereuen kann, was er nicht für Sünde hält), so fährt Christus nicht fort: so sage es den Aposteln; und hieraus sieht man, daß die letzte Entscheidung, ob etwas Sünde sei oder nicht, nicht diesen, sondern der Kirche zukommen solle. Christus fährt vielmehr fort: „so gelte er dir wie ein Heide oder Zöllner“, d. h. wie einer außerhalb der Kirche, der nicht getauft ist, also wie einer, dem die Sünden nicht erlassen werden. Denn alle Christen wurden auf die Vergebung der Sünden getauft. Da man indes fragen kann, wem solche

Macht, die Wohltat der Taufe den Verstockten zu entziehen, zukommen sollte, so zeigt Christus, daß dieselben Personen, denen er die Macht gegeben hatte, die Reuigen auf die Vergebung der Sünden zu taufen und damit aus Heiden zu Christen zu machen, auch die Macht hatten, die Sünden denen, die von der Kirche für verstockt erklärt wurden, zu belassen und so aus Christen wieder zu Heiden zu machen; und er fügt daher sofort hinzu: „Wahrlich ich sage euch, was ihr auf Erden gebunden haben werdet, das wird auch im Himmel gebunden sein, und was ihr auf Erden gelöst haben werdet, das wird auch im Himmel gelöst sein." Hieraus ergibt sich, daß die Macht zu lösen und zu binden, oder die Sünden zu vergeben und zu belassen, die auch die Macht der Schlüssel heißt, nicht verschieden ist von der, welche an anderer Stelle, Matth. 28, 19, mit den Worten gegeben wird: „Geht und lehret alle Völker, und tauft sie im Namen des Vaters, des Sohnes und des Heiligen Geistes." Der Pastor darf dem, den die Kirche für würdig erachtet, die Taufe nicht versagen; aber ebensowenig dem die Sünden belassen, den die Kirche der Sündenlossprechung für würdig erachtet; oder dem die Sünden vergeben, den die Kirche für verstockt erklärt. Und es ist Sache der Kirche, über die Sündhaftigkeit zu entscheiden, und Sache der Pastoren, dementsprechend die Betreffenden aus der Kirche auszuschließen oder in sie aufzunehmen. So sagt der heilige Paulus zur Kirche in Korinth, 1. Kor. 5, 12: „Solltet ihr nicht über die, welche zu euch gehören, richten können?" Indes erklärt er selbst, daß ein Blutschänder von der Kirche auszuschließen sei. „Ich", sagt er, Vers 3, „bin körperlich abwesend, aber im Geiste gegenwärtig usw."

26. Die Belassung der Sünden wird von der Kirche *Exkommunikation* genannt; der heilige Paulus nennt es: dem Satan überliefern. Der Name Exkommunikation, der dasselbe sagt wie aus der Synagoge ausschließen, scheint dem Mosaischen Gesetz entlehnt zu sein. Dieses befahl 3. Mose 13, 46, daß die von dem Priester für aussätzig Erklärten außerhalb des Lagers sich aufhalten sollten, bis sie durch den Spruch des Priesters wieder für rein erklärt und durch

gewisse Handlungen, wozu die Waschung des Körpers gehörte, wieder gereinigt worden wären. Später wurde es dann bei den Juden Sitte, die zu dem Judentum übertretenden Heiden, die als unrein angesehen wurden, erst nach der Waschung aufzunehmen und die von der Lehre der Synagoge Abtrünnigen aus der Synagoge auszuschließen. In Nachahmung dieser Gebräuche wurden die, die zu dem Christentum übertraten, mochten es Juden oder Heiden sein, nur durch die Taufe in die Kirche aufgenommen; und ebenso wurde denen, die von der Kirche abwichen, die Kirchengemeinschaft entzogen. Man nannte dies eine Überlieferung an den Satan, weil alles außerhalb der Kirche zu dem Reiche Satans gerechnet wurde. Der Zweck dieses Verfahrens war, daß der, welcher so zeitweise von der Gnade und den geistlichen Vorrechten der Kirche ausgeschlossen worden, zu seinem Heile gedemütigt werden sollte. In bezug auf die weltlichen Rechte aber wirkte die Exkommunikation dahin, daß der Betroffene nicht bloß von allen Versammlungen oder Gemeinden und der Teilnahme an den Gnadenmitteln ausgeschlossen war, sondern daß er, gleich einem Aussätzigen, von den übrigen Christen gemieden wurde, mehr sogar als ein Heide. Denn der Apostel hat 1. Kor. 5, 10; 11 erlaubt, daß man mit den Heiden verkehren könne, mit jenen aber dürfe man nicht einmal sein Mahl einnehmen. Bei solchen Wirkungen der Exkommunikation erhellt zunächst, daß ein christlicher Staat nicht exkommuniziert werden kann. Denn ein christlicher Staat ist eine christliche Kirche, wie oben Abschn. 21 gezeigt worden ist, und hat den gleichen Umfang; eine Kirche aber kann nicht exkommuniziert werden. Sie müßte entweder sich selbst exkommunizieren, was unmöglich ist, oder von einer anderen Kirche exkommuniziert werden, und dies wäre entweder die allgemeine oder eine besondere. Die allgemeine Kirche ist aber keine Person (wie in Abschn. 22 gezeigt worden), sie kann daher nicht handeln und nichts tun, also auch niemand exkommunizieren. Wenn aber eine besondere Kirche eine andere exkommuniziert, so erreicht sie nichts und ändert nichts. Denn wo keine gemeinsamen Versammlungen sind, kann auch keine Ausschließung von solchen stattfinden. Wenn eine Kirche, z. B. die zu Jerusalem, eine andere, etwa die zu Rom, exkommuniziert haben würde, so hätte sie ebenso sich selbst wie diese exkommuniziert, da der, welcher einen andern von seinem Verkehr ausschließt, sich auch des Verkehrs mit ihm beraubt. Zweitens kann niemand alle Bürger eines unabhängigen Staats auf einmal exkommunizieren oder ihnen den Gebrauch der Kirchen oder den öffentlichen Gottesdienst untersagen. Denn sie können nicht durch eine Kirche, die sie selbst bilden, exkommuniziert werden; könnten sie es, so würden sie nicht nur keine Kirche, sondern auch kein Staat mehr bleiben, sie würden sich von selbst auflösen; und dies wäre weder eine Exkommunikation noch ein Interdikt. Wollte eine andere Kirche sie exkommunizieren, so müßte diese Kirche sie als Heiden ansehen. Keine christliche Kirche darf aber nach Christi Lehre den Heiden verbieten, sich zu versammeln und miteinander zu verkehren, wie es ihren Staaten beliebt; namentlich wenn sie sich zur Verehrung Christi vereinigen wollten, sollte es auch in eigentümlicher Art und Weise geschehen; sie kann es daher auch Exkommunizierten nicht verbieten, die wie Heiden zu behandeln sind. Drittens kann der Fürst, als Inhaber der höchsten Staatsgewalt, nicht exkommuniziert werden; denn nach Christi Lehre kann kein Untertan und auch keine Anzahl von Untertanen ihren Fürsten, selbst wenn er heidnischen Glaubens ist, von öffentlichen oder privaten Orten ausschließen, noch ihm den Eintritt in irgendeine Versammlung verweigern, noch ihn hindern, innerhalb seines Herrschaftsgebiets alles zu tun, was ihm beliebt. Denn in allen Staaten gilt es als Majestätsverletzung, wenn ein Bürger oder eine beliebige Anzahl von ihnen gemeinschaftlich sich eine Gewalt über den ganzen Staat anmaßen. Wer sich aber eine solche Gewalt über den Inhaber der Staatsgewalt anmaßt, tut es auch über den Staat selbst. Außerdem tritt bei dem Fürsten, wenn er Christ ist, der besondere Umstand hinzu, daß der Staat, dessen Wille in seinem Willen enthalten ist, eben das ist, was man Kirche nennt. Deshalb geschieht jede Exkommunikation, welche die Kirche vornimmt, nur mit der Ermächtigung des Fürsten. Der Fürst exkommuniziert sich aber nicht selbst und kann daher auch von seinen Untertanen nicht exkommuniziert werden. Es kann wohl kommen, daß eine Versammlung aufrührerischer oder verräterischer Bürger den Fürsten für exkommuniziert erklärt; allein dies geschieht ohne Recht. Noch weniger kann ein Fürst von einem anderen Fürsten exkommuniziert werden; es würde dies keine Exkommunikation, sondern eine höhnische Kriegsankündigung sein. Denn da *eine* Kirche nicht aus Bürgern zweier unabhängiger Staaten bestehen kann, weil (wie in Abschn. 22 gezeigt worden) die Macht fehlen würde, die Mitglieder rechtmäßig zu einer Versammlung zu berufen, so sind die Mitglieder einer Kirche nicht verpflichtet, einer andern zu gehorchen, und können deshalb nicht ihres Ungehorsams wegen exkommuniziert werden. Meint man aber, daß Fürsten, als Glieder der allgemeinen Kirche, infolge der Machtvollkommenheit dieser Kirche exkommuniziert werden könnten, so kann dies nicht eintreten, weil die allgemeine Kirche (wie in Abschn. 22 dargelegt worden) keine Person darstellt, von der man sagen könnte, sie handelt, beschließt, setzt fest, exkommuniziert, spricht frei oder tut sonst etwas, was eine Person tun kann. Auch fehlt ihr auf Erden ein Leiter, auf dessen Befehl sie sich versammeln und beraten könnte; denn ein solcher Leiter der allgemeinen Kirche, der sie berufen könnte, wäre der Leiter und Herr aller Christen auf der ganzen Erde, und das kann nur Gott allein sein.

27. In Abschn. 18 ist gezeigt worden, daß das Recht der Schriftauslegung nicht darin besteht, daß der Ausleger den von ihm herausgeholten Sinn ungestraft andern schriftlich oder mündlich auslegen und erklären darf, sondern darin, daß die andern nicht berechtigt sind, seiner Auslegung zuwider zu handeln oder zu lehren. Die Auslegung, von der ich hier handle, ist also zugleich die Macht, in allen durch die Heilige Schrift zu entscheidenden Streitigkeiten die Entscheidung zu geben. Ich habe nun zu zeigen, daß dieses Recht den einzelnen Kirchen zusteht und von der Machtvollkommenheit des Inhabers oder der Inhaber der höchsten Staatsgewalt, sofern sie Christen sind, abhängt. Würde dies nämlich nicht der Fall sein, so müßte dieses Recht entweder vom Ermessen der einzelnen Bürger oder von einer fremden Macht

abhängen. Das erste kann, neben vielen anderen Gründen, schon wegen der Nachteile und Ungereimtheiten, die daraus hervorgehen würden, nicht stattfinden. Vor allem würde damit nicht nur aller bürgerliche Gehorsam (gegen Christi Gebot) aufgehoben sein, sondern auch alle Gesellschaft, und der Friede unter den Menschen würde (gegen die natürlichen Gesetze) aufgelöst werden. Kann der einzelne sich die Schrift selbst auslegen, d. h. kann jeder sich zum Richter darüber machen, was Gott gefällt und was ihm mißfällt, so braucht er nicht eher dem Fürsten zu gehorchen, als bis er selbst entschieden hat, ob dessen Gebote mit der Schrift übereinstimmen oder nicht. Und so gehorcht er dann entweder gar nicht oder auf Grund seines eigenen Urteils, d. h. er gehorcht dann immer nur sich selbst und nicht dem Staate; es ist also der bürgerliche Gehorsam aufgehoben. Ebenso müßten, wenn jeder seiner eigenen Ansicht folgen könnte, die entstehenden Streitigkeiten zahllos und unentscheidbar werden, und die Folge wäre zuerst Haß und dann Zank und Krieg unter den Menschen, da diese ihrer Natur nach jede Abweichung von ihrer Meinung für eine Beleidigung nehmen; damit würde alle Gesellschaft und der Friede zugrunde gehen. Überdies haben wir als Beispiel das, was Gott unter dem Alten Gesetz in betreff des Gesetzbuchs vorgeschrieben hat: es sollte zwar niedergeschrieben und öffentlich benutzt werden und für das Richtmaß der göttlichen Lehre gelten; aber die Streitigkeiten darüber sollten nicht von den einzelnen, sondern nur von den Priestern entschieden werden. Endlich gebietet unser Erlöser, daß, wenn unter einzelnen ein Anstoß sich erhebt, sie die Kirche hören sollen; deshalb hat diese das Amt, die Streitigkeiten zu entscheiden; und nicht der einzelne, sondern die Kirche hat die Heilige Schrift auszulegen. Um ferner einzusehen, daß keine auswärtige Person das Recht hat, das Wort Gottes auszulegen, d. h. alle Fragen über Gott und die Religion zu entscheiden, braucht man nur zu erwägen, welche Bedeutung diese Gewalt für die Gemüter und Handlungen der Bürger besitzt. Denn bekanntlich richten sich alle freiwilligen Handlungen der Menschen mit natürlicher Notwendigkeit nach ihren Ansichten über das Gute und Schlechte, über den Lohn und die Strafe. Die Menschen werden also denen notwendig gehorchen wollen, nach deren Ermessen, wie sie glauben, sie die Seligkeit oder die Verdammnis für die Ewigkeit zu erwarten haben. Wenn nun jemand über die Lehren und Handlungen entscheiden kann, welche heilsnotwendig sind, so erwarten die Menschen von seiner Entscheidung auch ihre ewige Seligkeit oder ihr ewiges Verderben, und sie werden ihm deshalb in allen Dingen Folge leisten. Infolgedessen ist ganz klar, daß die Bürger, die in bezug auf die heilsnotwendigen Lehren sich an den Ausspruch einer fremden Macht gebunden erachten, keinen Staat für sich bilden, sondern die Untertanen dieser auswärtigen Macht sind. Wenn daher auch ein Fürst irgend jemand schriftlich solche Gewalt einräumen würde, dabei aber doch die bürgerliche Herrschaft für sich behalten wollte, so würde ein solches Schriftstück keine Gültigkeit haben und keins jener Rechte übertragen, die zur Aufrechterhaltung oder zur guten Ausübung seiner Gewalt nötig sind. Denn nach Kap. 2, Abschn. 4, gilt keine Übertragung eines Rechts, wo das entsprechende Zeichen des Willens zu übertragen fehlt. Hat nun jemand deutlich erklärt, daß er die Staatsgewalt behalten wolle, so kann er die nötigen Zeichen nicht gegeben haben, daß er die zur Herrschaft notwendigen Befugnisse habe übertragen wollen. Ein solches Schriftstück würde kein Zeichen einer Willenserklärung, sondern nur der Unwissenheit der Vertragschließenden sein. Zweitens muß man erwägen, wie ungereimt es für den Staat oder den Inhaber der höchsten Gewalt sein würde, einem Feinde die Macht über das Gewissen seiner Bürger zu überliefern; denn alle, die sich nicht zu der Einheit einer Rechtsperson verbunden haben, befinden sich nach Kap. 5, Abschn. 6, im Kriegszustande, wenn sie auch nicht immer wirklich Krieg führen; denn auch unter Feinden gibt es Zeiten des Waffenstillstands. Es genügt für die feindliche Haltung, wenn ein Mißtrauen besteht, wenn die Grenzen der Staaten, der Königreiche und der Fürstentümer durch Festungen geschützt werden und man sich beiderseits in kriegerischer Stellung und mit kämpferischer Miene wie Feinde betrachtet, auch wenn man den Kampf selbst noch nicht führt. Wie unbillig ist es endlich, das zu verlangen, was man schon vermittels des Grundes, aus dem man es verlangt, als das Recht eines andern anerkennt! Ich wäre der Ausleger der Heiligen Schrift für dich, der du Bürger eines andern Staates bist. Weshalb? Welcher Vertrag zwischen mir und dir gäbe mir dies Recht? Antwort: Die göttliche Machtvollkommenheit. Aber woher weißt du dies? Aus der Heiligen Schrift: nimm das Buch und lies. Allein das hilft nichts, wenn ich sie mir nicht selbst auslege. Also gebührt mir und jedem andern Bürger diese Auslegung, und doch haben wir beide dies verneint. So bleibt nur übrig, daß in jeder christlichen Kirche, d. h. in jedem christlichen Staate, die Auslegung der Heiligen Schrift, d. h. das Recht, alle Streitfragen zu entscheiden, von der Machtvollkommenheit des Menschen oder der Versammlung ausgeht und abhängt, welche die höchste Staatsgewalt innehat.

28. Es gibt nun zwei Arten von Streitfragen. Die eine betrifft das Geistliche, d. h. die Fragen des Glaubens, deren Wahrheit durch die natürliche Vernunft nicht festgestellt werden kann; dahin gehören die Fragen über die Natur und das Amt Christi, über die zukünftigen Belohnungen und Strafen, über die Auferstehung des Leibes, über die Natur und das Amt der Engel, über die Sakramente, über den äußern Gottesdienst und ähnliches. Die andere Art betrifft die Fragen der menschlichen Wissenschaft, deren Wahrheit durch die natürliche Vernunft und durch Schlußfolgerungen aus den Absprachen und Definitionen der Menschen, d. h. aus dem durch Sprachgebrauch und allgemeine Übereinstimmung feststehenden Sinn der Worte ermittelt werden kann; dahin gehören alle Fragen des Rechts und der Philosophie. Wenn es sich z. B. um die Rechtsfrage handelt, ob etwas versprochen und vereinbart worden sei oder nicht, so handelt es sich nur darum, ob derartige Worte, so geäußert, nach dem Sprachgebrauch und der übereinstimmenden Meinung der Bürger ein Versprechen oder Vertrag genannt werden können; ist dies der Fall, so ist es richtig, daß ein Vertrag geschlossen worden ist; wenn nicht, so ist es falsch. Diese Wahrheit ist

also von den Absprachen und der Übereinstimmung der Menschen abhängig. Wenn es sich in der Philosophie z. B. darum handelt, ob derselbe Gegenstand ganz und zugleich an mehreren Orten sein kann, so hängt die Entscheidung der Frage von der Feststellung ab, was die Menschen in allgemeiner Übereinstimmung unter dem Wort „ganz" verstehen. Verstehen sie in allgemeiner Übereinstimmung, wenn sie sagen, etwas sei ganz an einem Ort, daß nichts davon woanders ist, so ist es falsch, zu sagen, derselbe Gegenstand sei an mehreren Orten zugleich. Die Wahrheit ist hier also von der Übereinstimmung der Menschen abhängig, und ebenso verhält es sich bei allen andern Fragen des Rechts und der Philosophie. Wer meint, er könne gegen diese allgemeine Übereinstimmung der Menschen in Benennung der Dinge aus dunklen Schriftstellen etwas beweisen, der zerstört allen Sinn der Sprache und zugleich auch die menschliche Gesellschaft selbst. Denn der, der seinen ganzen Acker verkauft hat, kann dann sagen, das Ganze sei in einem Erdklumpen enthalten, und den übrigen Acker als nicht verkauft behalten. Ja die Vernunft selbst wird damit zerstört, da sie nur in der Ermittelung der auf solcher Übereinstimmung beruhenden Wahrheit besteht. Es ist deshalb nicht nötig, daß dergleichen Fragen von dem Staate mittels Auslegung der Heiligen Schrift entschieden werden; sie gehören nicht zu dem Worte Gottes in dem Sinne, wonach das Wort Gottes das Wort *über* Gott, d. h. die evangelische Lehre bedeutet. Und der, welcher die höchste Gewalt in der Kirche hat, braucht zu dergleichen Entscheidungen keine geistlichen Doktoren zuzuziehen. Für die Entscheidung der Glaubensfragen, d. h. der Fragen über Gott, welche die menschliche Fassungskraft übersteigen, bedarf es aber der göttlichen Weihe (damit man wenigstens in dem Notwendigen nicht getäuscht werden kann), welche sich durch Auflegung der Hände von Christus aus fortgepflanzt hat. Denn da wir zu unserem ewigen Heil eine übernatürliche Lehre annehmen müssen, die man deshalb nicht verstehen kann, so widerspräche es der Billigkeit, wenn wir in einem so trostlosen Zustande gelassen würden, daß man uns über das

Notwendige täuschen könnte. Diese Unfehlbarkeit hat unser Erlöser in den heilsnotwendigen Dingen den Aposteln bis zu dem Tage des Gerichts verheißen, d. h. den Aposteln und den ihnen folgenden, durch Handauflegung zu weihenden Pastoren. Deshalb ist der Inhaber der Staatsgewalt als ein Christ verpflichtet, die Heilige Schrift in Fragen der Glaubensgeheimnisse durch rechtmäßig ordinierte Geistliche auslegen zu lassen. In dieser Weise gebührt in den christlichen Staaten die Rechtsprechung sowohl in weltlichen als auch in geistlichen Dingen der bürgerlichen Gewalt. Der Mensch oder die Versammlung, welche die Staatsgewalt innehat, ist das Haupt des Staats und der Kirche; denn die Kirche und der christliche Staat sind dasselbe.

18. KAPITEL

Von dem zum Eintritt in das himmlische Reich Erforderlichen

1. Man hat immer zugegeben, daß alle Gewalt in weltlichen Dingen sich von der Machtvollkommenheit des Inhabers der höchsten Staatsgewalt, sei es ein einzelner Mensch oder eine Versammlung, herleitet. Daß in geistlichen Dingen diese Gewalt von der Kirche abhängt, ist aus dem unmittelbar Vorausgehenden klar; und außerdem daraus, daß jeder christliche Staat eine mit solcher Macht versehene Kirche ist. Daraus kann auch der Beschränkteste ersehen, daß in einem christlichen Staate, d. h. in einem Staate, wo ein christlicher Fürst oder eine christliche Versammlung die höchste Gewalt hat, alle weltliche wie geistliche Macht unter Christus vereinigt ist und folglich ihm in allen Dingen zu gehorchen ist. Indes ist darüber eine Schwierigkeit entstanden, wie, da man Gott mehr gehorchen muß als den Menschen, den Inhabern der Staatsgewalt sicher Gehorsam geleistet werden könne, wenn sie jemals etwas gebieten sollten, was Christus verboten hat. Der Grund der Schwierigkeit liegt darin, daß Gott nicht mehr durch Christus und die Propheten in lebendigen Worten

zu uns redet, sondern durch die Heilige Schrift, die von verschiedenen Menschen verschieden ausgelegt wird. Man weiß daher wohl, was die Könige und die versammelte Kirche gebieten; ob aber ihre Gebote gegen die Gebote Gottes verstoßen oder nicht, das weiß man nicht. Deshalb schwankt man beim Gehorsam zwischen den Strafen des zeitlichen und des geistlichen Todes, wie die, welche zwischen der Scylla und der Charybdis dahinfuhren, und fällt oft in beide. Unterscheidet man aber richtig zwischen dem, was zum Heil notwendig ist, und dem was nicht, so kann ein solcher Zweifel nicht aufkommen. Ist der Befehl eines Fürsten oder Staates so beschaffen, daß man ihn ohne Verlust des ewigen Heils befolgen kann, so ist der Ungehorsam ein Unrecht, und es gelten da die Gebote des Apostels, Kol. 3, 20; 22: „Ihr Kinder, gehorchet in allem euren Eltern", und „Ihr Knechte, gehorchet in allem eurem fleischlichen Herrn", und das Gebot Christi in Matth. 23, 2: „Auf dem Sessel des Moses sitzen die Schriftgelehrten und Pharisäer; deshalb bewahrt und tut alles, was sie euch sagen." Befehlen dagegen die Inhaber der Staatsgewalt etwas, worauf die Strafe des ewigen Todes steht, so wäre es wahnsinnig, nicht lieber des natürlichen Todes zu sterben, als durch Gehorsam sich in den ewigen Tod zu stürzen. Hier gilt, was Christus Matth. 10, 28 sagt: „Fürchtet euch nicht vor denen, die den Leib töten, die Seele aber nicht töten können." Es ist also zu ermitteln, was alles zum Heile notwendig ist.

2. In den beiden Tugenden des Glaubens und des Gehorsams ist alles Heilsnotwendige enthalten. Könnte der Gehorsam vollkommen sein, so würde er allein gegen die Verdammnis schützen; aber da wir alle schon seit langem des Ungehorsams gegen Gott durch Adam schuldig sind und überdies auch selbst durch die Tat gesündigt haben, so genügt der Gehorsam ohne Vergebung der Sünden nicht. Diese aber ist zugleich mit unserm Eintritt in das himmlische Reich der Lohn des Glaubens. Weiter ist zum Heil nichts nötig. Denn das Reich Gottes ist nur den Sündern verschlossen, d. h. denen, welche den Gesetzen Gottes nicht den schuldigen Gehorsam geleistet haben, und selbst diesen nicht, wenn sie an den notwendigen Artikeln des christlichen

Glaubens festhalten. Wenn nun ermittelt ist, worin der Gehorsam besteht und welches die notwendigen Artikel des christlichen Glaubens sind, so ist damit auch entschieden, welchen Geboten der Staaten und Fürsten zu folgen und welchen nicht zu folgen ist.

3. Unter Gehorsam wird hier nicht die Handlung, sondern der Wille und das Bemühen verstanden, mit dem man nach Möglichkeit versucht, künftig zu gehorchen. In diesem Sinne ist das Wort Gehorsam gleichbedeutend mit Reue; denn die Tugend der Reue besteht nicht in dem Schmerze, der die Erinnerung an die Sünde begleitet, sondern in der Umkehr auf dem Wege und in dem Vorsatz, nicht mehr zu sündigen; sonst würde jener Schmerz keine Reue, sondern die Verzweiflung sein. Da nun die, die Gott lieben, gar nichts anderes wollen können, als dem göttlichen Gesetz zu gehorchen, und die, die ihren Nächsten lieben, gar nichts anderes wollen können, als dem moralischen Gesetz zu gehorchen, das, wie ich in Kap. 3 gezeigt habe, in dem Verbot des Stolzes, der Undankbarkeit, der Beleidigung, der Unmenschlichkeit, Hartherzigkeit, Verleumdung und ähnlichen Unrechts, durch das die Nächsten verletzt werden, besteht, so besagt auch die Liebe oder christliche Milde dasselbe wie der Gehorsam; auch die Gerechtigkeit, als der beharrliche Wille, jedem das Seine zu geben, bedeutet dasselbe. Daß Glaube und Reue offenbar zum Heil genügen, geht erstens aus dem Bund der Taufe selbst hervor. Denn als die, welche am Tage des Pfingstfestes von Petrus bekehrt wurden, ihn fragten, was sie nun tun sollten, antwortete er ihnen: „Bereuet und laßt euch ein jeder im Namen Jesu zur Vergebung der Sünden taufen“, Apostelgesch. 2, 38. Also war nur die Reue und der Glaube an Jesu Namen zur Erlangung der Taufe, d. h. zum Eintritt in das Reich Gottes nötig; denn in dem durch die Taufe sich vollziehenden Vertrage wird das himmlische Reich versprochen. Ferner erhellt dies aus der Antwort Jesu, als ein Vornehmer ihn fragte, was er zur Gewinnung des ewigen Lebens tun solle, Luk. 18, 20 und Mark. 10, 21: „Du kennst die Gebote: Du sollst nicht töten, nicht ehebrechen“ usw.; dies bezieht sich auf den Gehorsam; und „Verkaufe alle deine Habe, komm und folge mir nach“;

dies bezieht sich auf den Glauben. Auch ergibt es sich aus den Worten: „Der Gerechte (nicht jedweder, sondern der Gerechte) wird durch seinen Glauben leben." Denn die Gerechtigkeit ist dieselbe Einstellung des Willens wie die Reue und der Gehorsam. Auch aus den Worten des heiligen Markus, 1, 15: „Weil die Zeit erfüllt ist und das Reich Gottes naht, so bereuet und glaubet an das Evangelium." Damit ist deutlich angezeigt, daß es zum Eintritt in das Himmelreich keiner andern Tugenden bedarf als der Reue und des Glaubens. Daher ist dieser zum Heil notwendig erforderte Gehorsam nichts anderes als der Wille oder das Bestreben zu gehorchen, d. h. nach den Gesetzen Gottes zu handeln, d. h. nach den moralischen Gesetzen, welche für alle dieselben sind, sowie nach den bürgerlichen Gesetzen, d. h. den Geboten der Herrscher in weltlichen Dingen und den Kirchengesetzen in geistlichen Dingen. Die beiden letzten Arten von Gesetzen sind in den verschiedenen Staaten und Kirchen verschieden und werden durch ihre Verkündigung und die öffentlichen Rechtssprüche bekannt.

4. Um das Wesen des christlichen Glaubens zu verstehen, ist der Glaube im allgemeinen zu definieren und von den andern geistigen Akten, mit denen er verwechselt zu werden pflegt, zu unterscheiden. Der Gegenstand des Glaubens allgemein genommen, also das, was man glaubt, ist immer ein Satz, d. h. eine bejahende oder verneinende Rede, deren Wahrheit man anerkennt. Da man indes Sätzen aus verschiedenen Gründen zustimmen kann, so werden diese Zustimmungen verschieden benannt. Manchmal stimmt man Sätzen zu, die man trotzdem nicht in seine Seele aufnimmt; es geschieht entweder nur zeitweilig, solange bis man durch Erwägung der Folgen ihre Wahrheit geprüft hat, und dies nennt man *vorläufiges Annehmen;* oder die Zustimmung geschieht einfach, wie aus Furcht vor dem Gesetz, dies ist das *Bekenntnis,* d. h. das durch äußere Zeichen erfolgende Anerkenntnis; oder sie erfolgt aus freiwilligem Gehorsam, welchen die Menschen denen, die sie hochachten, aus Höflichkeit oder anderen um des Friedens willen entgegenbringen, was man *Zugestehen* nennt. Wenn man aber einen Satz für wahr anerkennt, so wird man immer durch gewisse

eigene Gründe dazu bestimmt, die entweder in dem Satze selbst liegen oder in der Person, welche den Satz behauptet. Sie liegen in dem Satz selbst, wenn man sich erinnert, welche Gegenstände durch die Worte, welche der Satz enthält, mit allgemeiner Übereinstimmung bezeichnet werden; die hieraus folgende Zustimmung nennt man *Wissen.* Kann man sich aber nicht entsinnen, welches die sichere Bedeutung der Worte ist, durch die bald ein, bald ein anderer Gegenstand bezeichnet wird, dann heißt dies *Meinen.* Wenn z. B. der Satz aufgestellt wird, daß 2 und 3 gleich 5 seien, und man sich entsinnt, daß die Reihe der Zahlworte durch die Übereinstimmung der die gleiche Sprache sprechenden Personen (gleichsam durch einen für die menschliche Gesellschaft unentbehrlichen Vertrag) so gebildet ist, daß mit 5 so viel Einheiten bezeichnet werden, wie in 2 und 3 zusammen enthalten sind, und stimmt man dem bei und nimmt man den Satz für wahr, weil 2 und 3 zusammen ebensoviel sind wie 5, so heißt diese Zustimmung ein *Wissen.* Das Wissen dieser Wahrheit ist nur die Anerkennung, daß sie von uns selbst gebildet ist. Denn durch wessen willkürliche Sprachregelung die Zahl II „zwei", III „drei" und IIIII „fünf" heißt, dessen Willkür hat auch bewirkt, daß der Satz wahr ist, wonach 2 und 3 zusammen soviel sind wie 5. Wenn man sich so entsinnt, was Diebstahl und was Unrecht heißt, so weiß man durch die Worte selbst, ob der Satz wahr oder nicht wahr sei, daß der Diebstahl ein Unrecht ist. Wahrheit ist dasselbe wie ein wahrer Satz; und der Satz ist wahr, wenn sein zweites Nomen, das bei den Logikern *Prädikat* heißt, in seinem Umfange das erste Nomen, das *Subjekt* heißt, umfaßt. Das Wissen der Wahrheit ist die Vergegenwärtigung, daß sie von uns selbst durch die den Worten beigelegte Bedeutung gebildet worden ist; deshalb hat Plato einst nicht unüberlegt gesagt, daß das Wissen ein Erinnern sei. Doch kommt es mitunter vor, daß Worte, obgleich sie eine feste und bestimmte, auf Festsetzung beruhende Bedeutung haben, durch den gemeinen Gebrauch und die besondere Absicht, zu verschönern oder sogar zu täuschen, von ihrer eigentlichen Bedeutung so abgebracht werden, daß die Vergegenwärtigung der Vorstellungen, denen zufolge diese

Worte den Dingen beigelegt worden sind, große Schwierigkeit bereitet, die nur ein scharfes Urteil und größte Sorgfalt überwinden kann. Auch kommt es vor, daß viele Worte keine eigene, bestimmte, überall sich durchhaltende Bedeutung haben und deshalb für sich allein zum Verständnis nicht genügen, sondern nur mit Hilfe anderer gleichzeitig gebrauchter Zeichen. Drittens gibt es einzelne Worte für unvorstellbare Dinge, von denen es daher zwar Namen, aber keine Vorstellungen gibt, und deshalb sucht man die Wahrheit der davon gebildeten Sätze aus den Worten selbst vergeblich zu ermitteln. Wenn man in solchen Fällen durch Betrachtung der Definitionen der Worte die Wahrheit eines Satzes zu ermitteln sucht, so hält man, je nachdem man Hoffnung hat, sie zu erweisen, einen solchen Satz manchmal für wahr und manchmal für falsch. Jedes für sich heißt meinen oder auch glauben, beides zusammen: *zweifeln*. Stammen dagegen die Gründe unserer Zustimmung zu einem Satze nicht von diesem selbst ab, sondern von der Person, welche den Satz behauptet, die man für so erfahren hält, daß sie nicht getäuscht wird und bei der man auch keinen Grund sieht, weshalb sie uns täuschen sollte, so heißt diese Zustimmung, weil sie auf dem Vertrauen in das Wissen eines andern und nicht in das eigene beruht, *Glaube*. So auf die Person vertrauen heißt *ihr glauben* oder *an sie glauben*. Aus dem Gesagten ergibt sich erstens der Unterschied zwischen Glauben und Bekenntnis: jener ist immer mit der innern Zustimmung verbunden, dieses nicht immer; jener ist eine innere Überzeugung des Geistes, dieses ein äußerer Gehorsam. Ferner erhellt der Unterschied zwischen Glauben und Meinung: diese stützt sich auf die eigene Vernunft, jener auf die Achtung vor einer andern. Endlich der Unterschied zwischen Glauben und Wissen: dieses prüft den Satz und nimmt ihn nur langsam, ihn gleichsam durchkauend, an, jener verschlingt ihn im ganzen. Zum Wissen nützt die Erklärung der Worte, mit denen der zu untersuchende Satz ausgesprochen ist, ja der einzige Weg zum Wissen führt durch die Definition; aber dem Glauben ist dies schädlich, da alles, was die menschliche Fassungskraft übersteigt und ausgesprochen wird, damit man es glaube, durch Erklärung niemals deutlicher, sondern im Gegenteil dunkler und unglaubwürdiger wird. Einem Menschen, der sich die Geheimnisse des Glaubens durch die natürliche Vernunft zu beweisen sucht, geht es wie einem Kranken, der die heilsamen, aber bittern Pillen erst kauen will, bevor er sie verschluckt; er muß sie dann sofort wieder ausspucken, während sie ihn sonst, wenn er sie hinuntergeschluckt hätte, geheilt hätten.

5. Wir haben gesehen, was der Glaube ist. Aber was ist der Glaube an Christus? Oder, welcher Satz ist der Gegenstand unseres Glaubens an Christus? Denn wenn man sagt: „Ich glaube an Christus", so ist damit wohl ausgedrückt, *wem*, aber nicht *was* man glaubt. Der Glaube an Christus besteht nun lediglich in dem Glauben, daß Jesus der Christus ist, nämlich der, welcher nach den Prophezeiungen des Moses und der israelitischen Propheten in diese Welt kommen sollte, um das Reich Gottes einzurichten. Dies erhellt hinreichend deutlich aus Christi Worten zu Martha, Joh. 11, 25—27: „Ich bin die Auferstehung und das Leben; wer an mich glaubt, wird leben, selbst wenn er gestorben sein wird, und alle, die leben und an mich glauben, werden in Ewigkeit nicht sterben. Glaubst du dies? Und jene sprach: Ja, Herr, ich glaube, daß du Christus bist, der Sohn des lebendigen Gottes, der in diese Welt gekommen ist." Aus diesen Worten ersieht man, daß die Frage „Glaubst du an mich?" erläutert wird durch die Antwort „Du bist Christus." Deshalb besteht der Glaube an Christus nur darin, daß man Jesus glaubt, der da sagt, er sei Christus.

Da zum Heile Glaube und Gehorsam, und zwar beide notwendig, gehören, so ist in Abschn. 3 die Natur des Gehorsams, und wem er zu leisten ist, dargelegt worden. Jetzt soll nun untersucht werden, welche Glaubensartikel gefordert werden. Ich behaupte, daß neben dem Satze, daß Jesus der Christus sei*), kein weiterer Satz für das Heil des

*) Dieser Satz wird möglicherweise sehr vielen Theologen durch seine Neuheit mißfallen; obgleich ich ihn durch das Folgende für hinreichend begründet erachte, habe ich es doch der Mühe wert gehalten, ihn noch weiter zu erläutern. Wenn ich also

sage, daß allein der Satz: *Jesus ist Christus,* heilsnotwendig ist, so meine ich erstens nicht, daß der Glaube allein heilsnotwendig sei, sondern ich fordere auch Gerechtigkeit oder den schuldigen Gehorsam gegen Gottes Gesetze, d. h. den Willen, recht zu leben. Zweitens bestreite ich nicht, daß das Bekenntnis vieler anderer Sätze ebenfalls heilsnotwendig ist, vorausgesetzt, daß das Bekenntnis von der Kirche verlangt wird. Allein der Glaube ist etwas Innerliches, das Bekenntnis etwas Äußerliches, und deshalb meine ich, daß nur das erste eigentlich Glaube ist, das letzte ein Teil des Gehorsams, so daß jener Satz zu dem innern Glauben allein zureicht, wenn auch nicht zum Bekenntnis eines Christen. Endlich würde, wenn ich gesagt hätte, daß auf der Seite der Gerechtigkeit die wahre und innere Reue über die Sünden allein heilsnotwendig sei, dies nicht als Widerspruch haben gelten können, weil ja in der Reue Gerechtigkeit, Gehorsam und ein allen Tugenden zugewandtes Gemüt enthalten ist, wie jedermann anerkennt. Es kann deshalb nicht verwundern, wenn ich sage, daß der Glaube an diesen einen Satz zum Heile genüge, da in ihm so viele andere Sätze enthalten sind. Denn die Worte: *Jesus ist Christus,* sagen, daß Jesus der sei, den Gott durch die Propheten versprochen hatte in die Welt zu senden, um sein Reich einzurichten, d. h., daß Jesus der Sohn Gottes, des Schöpfers des Himmels und der Erde sei, der von einer Jungfrau geboren und für die Sünden derer, die an ihn glauben würden, gestorben sei; daß er Christus sei, d. h. der König; daß er wieder zum Leben erstanden sei (denn sonst könnte er nicht wieder herrschen), um die Welt zu richten und jeden nach seinen Werken zu belohnen (denn sonst könnte er nicht König sein); auch daß die Menschen auferstehen würden, denn sonst könnten sie nicht zum Gericht kommen. Somit enthält jener einzige Satz das ganze apostolische Glaubensbekenntnis. Ich habe aber geglaubt, es so zusammenziehen zu sollen, weil ich sah, daß wegen dieses Satzes allein ohne die übrigen, die sich als Folgerungen daraus ableiten lassen, sehr viele sowohl von Christus als von den Aposteln in das Reich Gottes zugelassen wurden; so der Übeltäter am Kreuze; so der von Philippus getaufte Verschnittene; so die 2000 Menschen, welche der heilige Petrus auf einmal in die Kirche aufgenommen hat. Wenn es aber manchem mißfällt, daß ich nicht alle die für ewig verdammt ansehe, die nicht jedem kirchlichen Lehrsatz innerlich zustimmen (ihm jedoch nicht widersprechen, sondern auf Geheiß ihn zugeben), so weiß ich nicht, was ich darauf sagen soll. Denn die folgenden, völlig klaren Zeugnisse der Schrift machen es mir unmöglich, meine Ansicht zu ändern.

Christenmenschen nötig ist. Indes muß man hier, wie schon in Abschn. 4, zwischen dem Glauben und dem Bekenntnis unterscheiden. Das Bekenntnis von mehreren Glaubenssätzen (wenn es geboten wird) kann nötig sein, da dies zu dem den Gesetzen schuldigen Gehorsam gehört. Allein jetzt handelt es sich nicht um den heilsnotwendigen Gehorsam, sondern um den Glauben. Nun läßt sich jener Satz zunächst aus dem Zweck der Evangelisten beweisen, welche durch die Beschreibung des Lebens unsers Erlösers nur diesen einen Satz feststellen wollten; daß dies der Zweck und die Absicht der Evangelisten war, ersieht man, wenn man nur die Geschichtserzählung selbst betrachtet. Der heilige Matthäus beginnt Kap. 1 mit dem Geschlechtsregister Jesu und zeigt, daß er aus dem Geschlechte Davids stammt und von einer Jungfrau geboren wurde; Kap. 2, daß er von den Weisen als der König der Juden angebetet wurde und daß deshalb Herodes ihn zu töten versucht hat; Kap. 3, 4, daß sein Königreich von Johannes dem Täufer und ihm selbst verkündet wurde; Kap. 5, 6, 7, daß er Gesetze gelehrt hat, nicht wie die Schriftgelehrten, sondern wie einer, der Vollmacht besaß; Kap. 8, 9, daß er Kranke durch seine Wunder geheilt hat; Kap. 10, daß er die Apostel als Verkünder des Reichs in alle Gegenden Judäas ausgesandt hat, um das Himmelreich zu predigen; Kap. 11, daß er den von Johannes gesandten Boten auf ihre Frage, ob er der Christus sei, geantwortet hat, sie sollten berichten, was sie gesehen hätten, nämlich die Wunder, die Christus allein zustünden; Kap. 12—20, daß er sein Reich durch Beweise, Gleichnisse und Zeichen den Pharisäern und andern gegenüber dargelegt und erklärt hat; Kap. 21, daß er bei seinem Einzuge in Jerusalem mit dem Namen König begrüßt wurde; Kap. 22 bis 25, daß er gegen die Pharisäer daran festgehalten hat, daß er jener Christus sei; daß er andere vor falschen Christi gewarnt hat und durch Gleichnisse gezeigt hat, welcher Art sein Reich sei; Kap. 26, 27, daß er, weil er sich König genannt, gefangengenommen und angeklagt wurde und daß das Kreuz die Aufschrift gehabt: „Dies ist Jesus, der König der Juden"; Kap. 28 endlich, daß er nach der Auferstehung den Aposteln gesagt habe, ihm sei alle Gewalt im Himmel und auf Erden gegeben worden. Dies alles zielt darauf ab, daß wir glauben sollen, Jesus sei jener Christus. Dies war somit der Zweck des heiligen Matthäus bei Abfassung seines Evangeliums. Dasselbe Ziel hatten auch die andern Evangelisten, was der heilige Johannes am Ende seines Evangeliums ausdrücklich in den Worten anerkennt, Joh. 20, 31: „Dies ist geschrieben worden, damit ihr wisset, daß Jesus ist Christus, der Sohn des lebendigen Gottes."

7. Zweitens wird obiger Satz durch die Predigt der Apostel bestätigt. Sie waren die Verkünder des Reichs, und Christus hatte sie nur ausgesandt, das Reich Gottes zu predigen (Luk. 9, 2; Apostelgesch. 10, 42). Aus der gegen sie erhobenen Anklage ergibt sich, was sie nach seiner Himmelfahrt getan haben. Der heilige Lukas sagt Apostelgeschichte 17, 6; 7: „Sie schleppten den Jason und einige Brüder zu den Vorgesetzten der Stadt und schrieen: Diese sind es, welche die Stadt aufregen und hierher gekommen sind, wo Jason sie aufgenommen hat; diese alle handeln gegen die Befehle des Kaisers und sagen, Jesus sei ein anderer König." Auch der Gegenstand der Reden der Apostel ergibt sich, wenn es heißt, Apostelgesch. 17, 2; 3: „Er eröffnete ihnen die Schriften (nämlich des Alten Testaments) und lehrte sie, daß Christus hat leiden und von den Toten auferstehen müssen und daß dieser Jesus der Christus sei."

8. Es ergibt sich obiger Satz drittens aus den Stellen, welche die leichte Faßlichkeit dessen darlegen, was Christus zum Heil verlangt. Denn wäre die innere Zustimmung des Gemüts zur Wahrheit aller einzelnen Sätze heilsnotwendig, welche heutzutage in betreff des christlichen Glaubens in Frage stehen und von den verschiedenen Kirchen in verschiedener Weise abgefaßt worden sind, so gäbe es nichts Schwierigeres als die christliche Religion. Wie könnte es dann wahr sein, wenn es Matth. 11, 30 heißt: „Mein Joch ist sanft und meine Last ist leicht", und Matth. 18, 6: „daß auch die Kindlein an ihn glauben", und 1. Kor. 1, 21: „daß es Gott gefallen habe, durch die Einfalt der Predigt die Gläubigen zu erretten"? Oder wie konnte der Übeltäter am Kreuze schon genügend für das Heil belehrt sein, dessen Glaubensbekenntnis in den Worten enthalten war: „Herr,

gedenke meiner, wenn du in dein Reich kommst"? Oder wie hätte der heilige Paulus selbst so schnell aus einem Feinde zu einem Lehrer der Christen werden können?

9. Viertens ergibt sich meine Behauptung daraus, daß dieser Satz die Grundlage des Glaubens bildet, ohne selbst sich auf eine andere Grundlage zu stützen. So heißt es Matth. 24, 23; 24: „Sollte euch jemand sagen: Sehet, hier ist Christus, oder dort, so glaubt ihm nicht, denn es stehen falsche Christi auf und falsche Propheten, die große Zeichen und Wunder ergehen lassen werden." Hieraus folgt, daß auf Grund des Glaubens an jenen Satz den Zeichen und Wundern kein Glaube geschenkt werden soll. So sagt der Apostel, Gal. 1, 8: „Selbst wenn wir oder ein Engel vom Himmel euch etwas als das Evangelium verkündet außer dem, was wir euch verkündet haben, so soll er verdammt sein." Somit dürfte jenes Satzes wegen selbst den Aposteln und Engeln, also, denke ich, auch der Kirche, nicht geglaubt werden, wenn sie etwas anderes lehrten. Johannes sagt 1. Joh. 4, 1; 2: „Meine Lieben, glaubt nicht jedem Geiste, sondern prüfet ihn, ob er von Gott kommt, denn es sind viele falsche Propheten in die Welt gekommen. Daran erkennt man den Geist Gottes: jeder Geist, welcher bekennt, daß Jesus Christus im Fleische gekommen, ist von Gott." Somit ist jener Satz der Maßstab für die Geister, und nach diesem wird die Autorität der Lehrer gelten gelassen oder verworfen. Allerdings kann man nicht leugnen, daß heutzutage alle Christen von den Lehrern gelernt haben, daß Jesus es gewesen, der alles getan hat, wodurch er als der Christus anerkannt werden konnte. Daraus folgt aber nicht, daß man diesen Satz der Lehrer oder der Kirche wegen glaubt, sondern um Jesu selbst willen. Denn dieser Satz war früher als die christliche Kirche, wenngleich alle andern Sätze später sind; die Kirche ist auf ihn, und nicht er auf die Kirche gegründet, Matth. 16, 18. Jener Satz, daß Jesus der Christus sei, bildet so sehr die Grundlage, daß nach dem heiligen Paulus alle andern darauf aufgebaut sind. Er sagt 1. Kor. 3, 11—15: „Niemand kann einen andern Grund legen als den, der gelegt ist, daß Jesus Christus ist (d. h. daß Jesus der Christus ist). Wer auf diesen Grund aufbaut Gold, Silber,

kostbare Steine, Holz, Heu, Stroh, so wird eines jeden Werk offenbar sein. Wessen Werk, das er darauf gebaut hat, bleiben wird, der wird den Lohn empfangen; wessen Werk aber verbrennen wird, mag den Schaden tragen, er selbst wird aber gerettet werden.“ Hieraus erhellt, daß unter dem „Grund“ der Satz, daß Jesus der Christus sei, verstanden worden ist; denn man kann nicht auf die Person Christi Gold, Silber, Heu und Stroh, womit die Lehren gemeint sind, aufbauen; ferner daß selbst falsche Lehren darauf erbaut werden können, ohne daß die, welche sie gelehrt haben, deshalb verdammt sind.

10. Endlich kann auch aus vielen Stellen der Heiligen Schrift aufs klarste bewiesen werden, daß jener Satz allein mit dem innern Glauben notwendig festzuhalten ist, möge der Ausleger der Schrift sein, wer er will. Joh. 5, 39 heißt es: „Suchet in den Schriften, weil ihr meint, in ihnen das ewige Leben zu haben, und sie legen Zeugnis ab für mich.“ Christus versteht aber darunter nur die Bücher des Alten Testaments; denn das Neue war noch gar nicht schriftlich abgefaßt. Das Alte Testament enthält aber über Christus kein anderes Zeugnis, als daß ein ewiger König kommen werde, und zwar an diesem Orte, daß er von diesen Eltern werde geboren werden, das und das lehren und tun werde, und an welchen Zeichen er zu erkennen sein werde. Dies alles bezeugt somit das eine, daß der so geborene und mit solcher Lehre und solchen Taten auftretende Jesus der Christus war. Neben diesem Satze wurde also kein weiterer Glaube für das ewige Leben gefordert. Es heißt Joh. 11, 26: „Alle, die leben und an mich glauben, werden in Ewigkeit nicht sterben.“ An Jesus glauben — wie es dort erklärt wird — ist aber dasselbe wie glauben, daß Jesus der Christus sei. Wer also dies glaubt, wird in Ewigkeit nicht sterben; und mithin ist dieser Satz allein heilsnotwendig. Joh. 20, 31 heißt es: „Dies ist geschrieben worden, damit ihr glaubt, daß Jesus ist Christus, der Sohn Gottes, und durch diesen Glauben in seinem Namen das ewige Leben habt.“ Wer so glaubt, wird also das ewige Leben haben und braucht keinen andern Glauben. 1. Joh. 4, 2 heißt es: „Jeder Geist, der bekennt, daß Jesus Christus im Fleische gekom-

men, ist von Gott", und 1. Joh. 5, 1: „Jeder, der glaubt, daß Jesus der Christus ist, ist aus Gott geboren", und Vers 5: „Nur der wird die Welt besiegen, der da glaubt, daß Jesus der Sohn Gottes ist." Wenn man also, um „von Gott", „von Gott geboren" zu sein und „die Welt zu besiegen", nichts anderes zu glauben braucht, als daß Jesus der Christus sei, so reicht dieser Satz allein zum Heile hin. Ferner heißt es Apostelgesch. 8, 36; 37: „Siehe da das Wasser; was hindert, daß ich getauft werde? Aber Philippus sagte: Nur wenn du von ganzem Herzen glaubst, darf es geschehen, und jener antwortete: Ich glaube, daß Jesus Christus der Sohn Gottes ist." Wenn also dieser Satz, sofern man von ganzem Herzen, d. h. innerlich, an ihn glaubt, zur Taufe genügt, so genügt er auch zum Heil. Außer diesen Stellen bestätigen noch unzählige andere dies klar und ausdrücklich. Ja, wo immer wir lesen, daß unser Erlöser jemandes Glauben gelobt hat oder gesagt: „Dein Glaube hat dich gerettet", oder daß er einen Kranken seines Glaubens wegen geheilt hat, da war der unmittelbar oder mittelbar geglaubte Satz immer der, daß Jesus der Christus sei.

11. Niemand kann glauben, daß Jesus der Christus sei, wenn er weiß, daß unter Christus jener König verstanden wird, den Gott durch Moses und die Propheten der Welt als König und Erlöser verheißen hat, er aber dabei nicht an Moses und die Propheten glaubt. Ebensowenig kann er an diese glauben, wenn er nicht glaubt, daß es einen Gott gibt und daß er die Welt regiert; deshalb muß jener Glaube an Gott und an das Alte Testament auch in dem Glauben des Neuen Testaments enthalten sein. Nun bildete in dem natürlichen Reiche Gottes nur die Gottesleugnung und die Leugnung der göttlichen Vorsehung das Verbrechen der Majestätsverletzung; dagegen gehörte in dem Reiche des Alten Bundes auch der Götzendienst dazu; und in dem Reiche des Neuen Bundes tritt die Abtrünnigkeit hinzu, oder das Aufgeben des einmal angenommenen Satzes, daß Jesus der Christus sei. Den übrigen von der rechtmäßigen Kirche festgelegten Lehren darf man zwar auch nicht widersprechen, denn das wäre die Sünde des Ungehorsams, und der Gehorsam ist heilsnotwendig; aber diese Sätze brau-

chen nicht innerlich geglaubt zu werden, wie in den vorhergehenden Abschnitten eingehend gezeigt worden ist.

12. Der Glaube und der Gehorsam haben jeder seine besondere Rolle bei der Erwirkung des Heils des Christen; dieser gibt die Möglichkeit und die Fähigkeit, jener die Wirklichkeit; jeder rechtfertigt in seiner Weise. Denn Christus vergibt nicht allen die Sünden, sondern nur den Reuigen oder Gehorsamen, d. h. den Gerechten (ich sage nicht: den Unschuldigen, sondern den Gerechten; denn die Gerechtigkeit besteht in dem Willen, den Gesetzen zu gehorchen, und kann auch bei einem Sünder bestehen; der Wille zu gehorchen gilt aber bei Christus für den Gehorsam selbst). Denn nicht jeder, sondern nur der Gerechte wird durch den Glauben leben. Der Gehorsam rechtfertigt also, weil er in derselben Weise gerecht macht wie die Mäßigkeit mäßig, die Klugheit klug, die Keuschheit keusch, nämlich weil er dem Wesen nach gerecht macht, und weil er den Menschen in den Zustand versetzt, wo er der Gnade fähig wird. Aber Christus hat auch nicht allen Gerechten die Vergebung ihrer Sünden verheißen, sondern nur denen, die glauben, daß er der Christus sei. Der Glaube rechtfertigt also in dem Sinne, in dem man sagt, daß ein Richter rechtfertigt, der jemand freispricht, nämlich durch einen Urteilsspruch, der ihn tatsächlich straflos macht. In diesem Sinne des Wortes Rechtfertigung (das zweideutig ist) rechtfertigt allein der Glaube; in jenem Sinne allein der Gehorsam; aber weder der Glaube noch der Gehorsam allein erwirken das Heil, sondern nur beide zusammen.

13. Aus dem Bisherigen kann man leicht die Pflichten der christlichen Bürger gegen ihre Herrscher entnehmen. Solange diese selbst Christen sind, können sie ihren Untertanen nicht gebieten, Christus zu verleugnen oder zu beleidigen; denn wenn sie dies täten, würden sie bekennen, daß sie keine Christen seien. Denn ich habe aus der natürlichen Vernunft und der Heiligen Schrift dargelegt, daß die Bürger den Fürsten und höchsten Lenkern des Staates in allem gehorchen müssen, außer wenn es gegen die Gebote Gottes verstößt. Ebenso habe ich gezeigt, daß in einem christlichen Staate die Gebote Gottes betreffs welt-

licher Angelegenheiten, d. h. alles dessen, was nach der natürlichen Vernunft zu beurteilen ist, aus den Gesetzen und Urteilen des Staats bestehen, welche von denen ausgehen, denen die Vollmacht zur Gesetzgebung und zur Rechtsprechung vom Staate übertragen worden ist; daß sie aber betreffs geistlicher Dinge, d. h. alles dessen, was nach der Heiligen Schrift zu bestimmen ist, aus den Gesetzen und Urteilen des Staats, d. h. der Kirche bestehen (denn der christliche Staat und die Kirche sind nach Kap. 17, Abschn. 20, ein und dasselbe), welche von den rechtmäßig ordinierten Geistlichen, welchen der Staat die Vollmacht dazu gegeben hat, ausgehen. Hieraus folgt offenbar, daß in einem christlichen Staate man den Herrschern in allen Dingen, sowohl geistlichen wie weltlichen, Gehorsam schuldig ist. Wenn der Herrscher kein Christ ist, so muß dennoch der christliche Bürger unzweifelhaft in allen weltlichen Dingen ihm denselben Gehorsam leisten; dagegen hat er in geistlichen Dingen, d. h. in allem, was die Gottesverehrung anlangt, einer christlichen Kirche zu folgen. Denn es ist eine Voraussetzung des christlichen Glaubens, daß Gott in den übernatürlichen Dingen sich nur durch die christlichen Ausleger der Heiligen Schrift vernehmen läßt. Hier entsteht nun die Frage, ob man diesen Fürsten sich da widersetzen darf, wo man ihnen nicht gehorchen kann. Sicherlich nicht, denn das würde gegen den Staatsvertrag gehen. Was hat man also zu tun? Man soll durch den Märtyrertod zu Christus gehen. Wem dies zu hart erscheint, der glaubt gewiß nicht aus ganzem Herzen, daß Jesus der Christus, der Sohn des lebendigen Gottes sei (denn er würde sonst hinweggenommen und auch bei Christus sein wollen), sondern er will unter dem Vorwand des christlichen Glaubens dem Gehorsam sich entziehen, den er dem Staat versprochen hat.

14. Wenn aber alle Sätze (mit Ausnahme des einen, daß Jesus der Christus ist, welcher zu dem innern Glauben gehört und heilsnotwendig ist) zu dem Gehorsam gehören sollen, den man leisten könne, wenn man auch innerlich nicht an alles glaube, was von der Kirche aufgestellt wird (sofern man nur den Willen habe, es zu glauben, und es

äußerlich bekenne, wo es nötig ist), so wird mancher sich vielleicht wundern, woher es kommt, daß es heutzutage so viele Lehrsätze gibt, welche alle so zu dem Glauben gehören sollen, daß ohne den innern Glauben an sie man in das Himmelreich nicht eingehen könne. Indes wird dies weniger sonderbar erscheinen, wenn man bedenkt, daß es bei den meisten Streitfragen sich um die menschliche Herrschaft handelt, bei einigen um den Gewinn und bei andern um den Ruhm des Geistes. Die Frage nach den Eigenrechten der Kirche ist die Frage nach dem Rechte der Herrschaft; denn wenn man weiß, was die Kirche ist, so weiß man zugleich auch, wem die Herrschaft über die Christen zusteht. Wenn nämlich jeder christliche Staat zugleich die Kirche ist, die jeder Christ, der Untertan dieses Staates ist, nach Christi Gebot hören soll, dann ist jeder Bürger verpflichtet, seinem Staate, d. h. dem oder den Inhabern der höchsten Gewalt, nicht bloß in weltlichen, sondern auch in geistlichen Dingen zu gehorchen. Wäre nicht jeder christliche Staat diese Kirche, dann gäbe es eine andere allgemeinere Kirche, der er zu gehorchen hat; alle Christen müßten dieser daher so gehorchen, wie sie Christus gehorchen würden, wenn er auf die Erde käme. Diese Kirche würde also entweder durch einen Monarchen oder durch eine Versammlung herrschen, und es handelt sich daher um das Recht der Herrschaft. Ebendahin zielt auch die Frage über die Unfehlbarkeit. Wer von dem ganzen menschlichen Geschlechte wahrhaft und innerlich für unfehlbar gehalten würde, der wäre aller weltlichen und geistlichen Herrschaft über die ganze Menschheit sicher, wenn er selbst sie nicht verschmähen würde. Denn wenn er sagt, daß man ihm im Weltlichen gehorchen müsse, so muß, weil man von ihm annimmt, daß er nicht irren kann, ihm dieses Recht der Herrschaft zugestanden werden. Ebendahin zielt das Vorrecht der Schriftauslegung. Denn wer die Streitigkeiten, die aus der verschiedenen Auslegung der Heiligen Schrift erwachsen können, zu entscheiden hat, dem kommt das Recht zu, schlechthin alle Streitigkeiten zu entscheiden; ein solcher hat aber die Herrschaft über alle, welche die Heilige Schrift als das Wort Gottes anerkennen. Ebendahin zielt die Streitfrage über die Macht, Sünden zu vergeben und zu belassen, oder das Recht der Exkommunikation. Denn jedweder, der seiner Sinne mächtig ist, wird in allem schlechthin dem gehorchen, von dem es nach seiner Meinung abhängt, ob er gerettet oder verdammt werden soll. Ebendahin zielt die Macht, Ordensgesellschaften zu gründen. Denn diese hängen von dem ab, durch den sie bestehen, und er hat so viel Untertanen wie Mönche, wenn diese Untertanen auch in feindlichen Staaten leben. Ebendahin zielt die Frage über das Richteramt in Ehesachen. Denn dem Richter hierüber gebührt auch die Entscheidung in Fragen der Erbschaft und Nachfolge aller Güter und Rechte, nicht bloß bei den einzelnen Bürgern, sondern auch bei den höchsten Fürsten. Ebendahin zielt in gewisser Weise das ehelose Leben der Geistlichen; die Ehelosen sind weniger als die andern mit dem Staate verknüpft; auch darf der Nachteil nicht gering angeschlagen werden, daß die Fürsten dadurch entweder gezwungen sind, das Priesteramt, welches ein starkes Band für den bürgerlichen Gehorsam ist, aufzugeben, oder kein erbliches Reich zu haben. Ebendahin zielt die Heiligsprechung einzelner Personen, welche bei den Heiden Apotheose heißt: denn wer fremde Untertanen durch solche Belohnungen an sich locken kann, der kann die Ehrgeizigen darunter zu jedem Wagestück und jeder Unternehmung verleiten. Denn was anderes als Ehre bei der Nachwelt haben die Decier und andere Römer erstrebt, die sich opferten, und tausend andere, die sich in unglaubliche Gefahren stürzten? Die Streitfragen über das Fegefeuer und den Ablaß sind Vermögensfragen. Die Fragen über den freien Willen, die Rechtfertigung, und die Frage über die Art, wie Christus bei dem Abendmahl empfangen wird, sind dagegen philosophischer Natur. Andere Fragen betreffen gewisse Gebräuche, die nicht von der Kirche eingeführt worden sind, aber sich in der nicht genügend vom Heidentum gereinigten Kirche erhalten haben; indes brauche ich davon keine weiter hier aufzuzählen. Bekanntlich ist die menschliche Natur so beschaffen, daß bei Meinungsverschiedenheiten in Fragen, wo es sich um Macht oder Gewinn oder die Überlegenheit des Geistes handelt, die Menschen einander beschimpfen und verfluchen. Es kann deshalb nicht wundernehmen, daß es beinahe keinen Glaubenssatz gibt, der nicht, wenn die Menschen sich im Streit erhitzen, von diesem oder jenem für notwendig zum Eintritt in das Reich Gottes erklärt worden wäre, und daß alle, die solche Sätze nicht zugestehen, nicht bloß als Widerspenstige behandelt werden sollen (was sie, nachdem die Kirche einmal diese Sätze anerkannt hat, in Wahrheit auch sind), sondern als Ungläubige. Indes habe ich oben aus vielen Stellen der Heiligen Schrift auf das deutlichste gezeigt, daß dies unrichtig ist, und ich füge nur die Worte des heiligen Paulus aus Röm. 14, 3; 5 hinzu: „Wer da ißt, der verachte nicht den, welcher nicht ißt, und wer nicht ißt, der richte nicht über den, der ißt; denn Gott hat ihn angenommen. Einer stellt den einen Tag über den andern; dem andern sind alle Tage gleich. Ein jeder sei in seinem Sinn gewiß."

REGISTER

1. Namen

(Biblische Namen, die nur im Zusammenhang eines Zitats gelegentlich vorkommen, sind nicht erfaßt)

2. Bibelzitate

3. Begriffe

13.2. ab 20.15 Uhr

René Descartes
in der Philosophischen Bibliothek

Regulae ad directionem ingenii
(Regeln zur Ausrichtung der Erkenntniskraft). Lt.-Dtsch.
PhB 262a. 1973. LII, 223 S.
Kart. 32,—

Regeln zur Ausrichtung der Erkenntniskraft.
Nur der deutsche Text.
PhB 262b. 1979. XXVII, 125 S.
Kart. 20,—

Regulae ad directionem ingenii
Das lateinische Fragment.
Mit den Varianten der Textquellen und einer Einleitung über die Texttradition. PhB 262c. 1973.
XX, 99 S. Kart. 20,—

Discours de la Méthode
(Von der Methode des richtigen Vernunftgebrauchs und der wissenschaftlichen Forschung).
Französisch-deutsch. PhB 261.
1969. VI, 129 S. Kart. 12,—

Von der Methode des richtigen Vernunftgebrauchs und der wissenschaftlichen Forschung.
Nur der deutsche Text. PhB 26a.
1978. VI, 66 S. Kart. 8,—

Meditationes de prima philosophia
(Meditationen über die Grundlagen der Philosophie). Lt.-Dtsch.
PhB 250a. 1977. XIII, 166 S.
Kart. 22,—

Meditationen über die Grundlagen der Philosophie
Sonderausgabe des deutschen Textes der sechs Meditationen.
PhB 271. 1976. VII, 85 S.
Kart. 8,—

Meditationen über die Grundlagen der Philosophie mit den sämtlichen Einwänden
(von Caterus, Mersenne, Hobbes, Antoine Arnauld, Gassendi, Bourdin u.a.)
und Erwiderungen (Descartes').
PhB 27. 1972. XVI,
493 S. Kart. 38,—

Prinzipien der Philosophie
Mit Anhang: Bemerkungen René Descartes' über ein gewisses in den Niederlanden gegen Ende 1647 gedrucktes Programm.
PhB 28. 1965. XLVII, 310 S.
Kart. 32,—

Gespräch mit Burman
Lateinisch-deutsch.
PhB 325. 1982. XXXIII, 188 S.
Kart. 32,—

Die Leidenschaften der Seele
(Les passions de l'âme).
Französisch-deutsch.
PhB 345. 1984. XCVIII, 369 S.
Kart. 48,—

Stand: 1.10.1984

FELIX MEINER VERLAG · HAMBURG